Scientific Governance on Innovation Ecosystem

创新生态与科学治理

——爱科创2020文集

陈 强　邵鲁宁　主编

同济大学 出版社

TONGJI UNIVERSITY PRESS

图书在版编目(CIP)数据

创新生态与科学治理. 爱科创 2020 文集 / 陈强,邵
鲁宁主编. —上海:同济大学出版社,2021.5
ISBN 978-7-5608-9724-0

Ⅰ.①创… Ⅱ.①陈… ②邵… Ⅲ.①生态环境—环
境治理—中国—文集 Ⅳ.①X321.2-53

中国版本图书馆 CIP 数据核字(2021)第 085496 号

创新生态与科学治理——爱科创 2020 文集

陈 强 邵鲁宁 主编

责任编辑 张德胜   **助理编辑** 裴晓霖   **责任校对** 徐逢乔   **封面设计** 陈杰妮

出版发行   同济大学出版社   www.tongjipress.com.cn
           (地址:上海市四平路 1239 号   邮编:200092   电话:021-65985622)
经   销   全国各地新华书店
排   版   南京文脉图文设计制作有限公司
印   刷   上海安枫印务有限公司
开   本   710 mm×960 mm   1/16
印   张   32.25
字   数   645 000
版   次   2021 年 5 月第 1 版   2021 年 5 月第 1 次印刷
书   号   ISBN 978-7-5608-9724-0

定   价   138.00 元

本书出版得到 2020 年度
上海市"科技创新行动计划"软科学重点项目资助。

序
让"爱科创"渗入产业生态和社会风尚

| 陈　强

　　新年伊始,有感而发。"爱科创"微信公众号诞生于 2019 年 1 月 20 日,转眼间就一岁啦! 从最初的七八个核心作者,发展到目前由二十多名教授、副教授、助理教授和研究生组成的稳定作者群。从刚开始时的每周一篇,到现在的每周二至三篇,一年间发文 100 篇,其中原创 78 篇,吸粉超过 1 500 人,阅读量突破10 万次。"爱科创"已形成初步的战斗力和影响力。

　　作为上海市产业创新生态系统中心的微信公众号,"爱科创"不再仅仅是本中心研究成果的发布平台,已逐步成为上海科技创新研究领域交流互动的社会空间之一。2019 年,依托"爱科创"平台,中心先后围绕"高成长科创企业发展与生态培育""长三角数字经济创新发展""增强上海创新策源能力"等主题,邀请各方专家举行研讨,并首次发布了高成长科创企业发展指数和高成长科创企业培育生态指数,产生了一定的社会反响。

　　挥别 2019 年,拥抱 2020 年。"爱科创"将不忘初心,砥砺前行,努力在学术研究、社会传播、建言献策三个方面有新作为。

　　一是深入开展科技创新治理方面的学术研究,探索并寻求产业创新生态相关领域的规律性发现。上海要当好全国改革开放排头兵、创新发展先行者,必须"源""策"并举,增强创新策源能力。这其中既涉及关键核心技术领域的持续突破,也涉及重大科研基础设施和功能性平台的规划布局。这其中既需要培育和建设战略科技力量,更需要推动形成良好的产业生态和社会氛围。这其中既要关注学术新思想—科学新发现—技术新发明—产业新方向的演进逻辑,也要着力提升政策和制度供给的质量和效率。围绕这些重要问题,开展决策咨询研究,一要加大调查研究的力度,增进对相关实践背景的认知,二要提高站位,拓宽视野,进一步提升理论研究的质量。同时,在理论研究的科学指引下,丰富相关领域的方法和工具研究。

二是关注和影响社会。上海推进科技创新发展,既需要高远的目标,更需要坚实的社会基础,还需要有利于创新的社会环境。首先,上海的全球科创中心建设,需要形成尽可能广泛的社会共识,并在行动层面予以响应。其次,上海增强创新策源能力,应从基础抓起,尤其应注重全社会公民科学素养的提升,培育力量雄厚的科技创新"后备军"。再者,科技创新的过程充满不确定性,面临各种挑战和风险,需要推动形成开放、包容、友善的社会氛围。因此,"爱科创"在开展学术研究和决策咨询研究的同时,将继续积极推进社会传播,通过多种方式为改善上海创新环境做出贡献。

三是服务国家战略,做好科技创新领域"十四五"及中长期规划的前期研究工作。2020 年是"十三五"规划的收官之年,也是"科创 22 条"设定的第二个关键时间节点:形成科技创新中心的基本框架体系,还是"科改 25 条"设定的"科创中心建设重点领域和关键环节的体制机制改革取得实效,科创策源能力全面提升,在全球创新网络中发挥关键节点作用"目标实现的截至时间。作为上海市软科学研究基地,上海市产业创新生态系统研究中心将继续聚焦产业和区域层面的创新生态和体制机制改革研究,为增强上海创新策源能力、建设具有全球影响力的科技创新中心,提出更多更有价值的政策建议和行动方案。

科技创新治理是一项复杂巨系统工程,需要多方主体同心协力。真心希望"爱科创"能够在这一伟大事业中贡献微薄之力。同时,也希望"爱科创"成为产业生态和社会风尚的题中应有之义。

本文为"爱科创"公众号 2020 年首篇,代为本书序。本书选录的论文均来自"爱科创",希望能为上海市乃至国家的创新生态营造和科技创新治理提供借鉴。

(作者系上海市产业创新生态系统研究中心执行主任,
同济大学经济与管理学院教授)

目　录

序

·创新生态理论与框架·

·疫情防控经验启示·

·上海科创中心建设·

·高校发展与科技成果转化·

·国际标杆·

·新经济、新产业、新模式、新技术与创新治理·

创新生态理论与框架

创新策源：需要理念、信念和思维先行

| 任声策

经过"十三五"期间的努力建设，上海市全球有影响力科创中心的四梁八柱、框架体系基本成型。"十四五"时期，是上海建设创新策源功能的关键期，在此期间，创新生态系统中的各个参与主体需要在关于创新策源的认识上不断深化，才能产生更好的创新策源建设成效。原因是创新策源不是创新的升级版，而是创新的颠覆版，需要理念、信念和思维先行。

创新策源不是创新的升级版，而是创新的颠覆版

由于创新策源功能建设的宗旨是催生更多的创新策源成果，即努力实现科学新发现、技术新发明、产业新方向、发展新理念从无到有的跨越，因此，创新策源功能建设的目标不同于传统创新型区域建设中所追求的创新目标。由于创新策源功能建设所追求的目标是从无到有的创新，实质上是颠覆式创新，因而建设创新策源功能不是在原有一般创新功能建设上简单地加大力度、放大规模或加快速度，而是要对原有一般创新功能建设模式有所颠覆。要完成这种颠覆，需要创新生态系统中各参与主体首先在理念上有所转变，无创新策源理念，难以有创新策源显著成效；其次需要转变思维方式，无创新策源思维，难以有创新策源建设显著成效；最后是树立创新策源信念，无创新策源信念，难以有创新策源显著成效。

无创新策源理念，难以有创新策源显著成效

创新策源理念是在对事物的总体看法和理解中遵循创新策源导向。由于创新策源功能建设异于一般的创新功能建设，因而建设创新策源功能需要坚持创

作者系同济大学上海国际知识产权学院教授、博士生导师，上海市产业创新生态系统研究中心研究员。

新策源理念,而非一般创新理念。若无创新策源理念,创新策源的总体部署和关键机制建设将难以完善,难以产生创新策源的显著成效。首先在创新策源决策上需要坚持创新策源理念,无论是创新规划部署,还是创新环境建设、政策供给、需求引导等决策制定,均需要以创新策源理念为核心导向。其次是在资源配置时坚持创新策源理念,在人才、土地、资金等资源配置中需要有一定的优先顺序。再次是在创新策源任务的执行和评估中坚持创新策源理念,创新策源任务一般具有更大不确定性,有更多、更大挑战,因而在执行过程中要有与之相适应的机制体制,这种机制体制建设需要坚持创新策源理念。

无创新策源思维,难以有创新策源显著成效

创新策源思维是在日常创新管理和创新活动中秉持创新策源精神。形成创新策源思维,一要认识创新策源的本质,二要掌握创新策源的形成路径,三是要把握创新策源的能效发挥机制。若无创新策源思维,创新策源日常活动开展容易,难以产生创新策源显著成效。首先,无创新策源思维,政府部门难以在创新策源的要素集聚、条件建设、政策供给、行动促进等关键角色中发挥出色。其次,无创新策源思维,研究机构作为创新策源行动的重大实践主体,难以在科学新发现及技术新发明这些基础研究及应用基础研究类创新策源成果创造中取得优异表现。第三,无创新策源思维,广大企业作为创新策源的另一大类实践主体,难以在技术新发明和产业新方向这些应用基础研究和应用研究创新策源成果创造中表现卓越。此外,无创新策源思维,研发人员难以有创新显著成效;无创新策源思维,社会资源难以向创新策源显著集中;无创新策源思维,社会文化难以形成显著的创新策源导向。

无创新策源信念,难以有创新策源显著成效

从追求创新到追求创新策源,是一次重大的转变,也是一次极大的持续性挑战。在这种质变过程中,通常需要强大的信念支撑,才能顺利完成蜕变,实现质的飞跃。因而,在创新策源功能建设中不仅要有创新策源理念和思维,更要有创新策源信念。创新策源信念是对创新策源的坚定追求,拥有坚定的信仰,并使之成为人们心中的明灯,从而使各类创新策源主体在成为全面创新策源者的道路上步履坚定。无创新策源信念,将缺乏行动的长期目标,也难以形成攻坚克难的决心,难以在创新策源的重重考验中过关,难以产生创新策源的显著成效。

　　因而,对于上海而言,要在"十四五"期间加强创新策源功能建设,成为科学规律的第一发现者、技术发明的第一创造者、创新产业的第一开拓者、创新理念的第一实践者,不能囿于传统的创新管理理念、思维和信念,需要尽快在整个创新生态系统中形成创新策源理念、思维和信念。然而,任何一种理念、思维和信念的形成都需要大量时间和努力,当下,有必要在创新生态系统中的各类主体中加快创新策源理念、思维和信念塑造。一是在创新策源理念、思维和信念塑造上做好顶层设计;二是积极组织创新策源功能建设大讨论,形成反思和思考本领域创新和创新策源的差异、驱动机制的习惯;三是凝练和研讨创新策源发展成功范例,学习相关经验;四是在相关行动中积极贯彻创新策源理念、思维和信念。总之,无创新策源理念、思维和信念,创新策源功能建设将难以很快产生显著成效,理念、思维和信念的塑造,是强化创新策源功能建设的奠基性工作,需要优先给予充分重视。

论从"自主创新"到"科技自立自强"

| 常旭华

2020 年 10 月 29 日，十九届五中全会落幕，会议确定"把科技自立自强作为国家发展的战略支撑"，并将其摆在各项规划任务的首位进行专章部署。这既是"中美脱钩"大背景下我国在关键核心技术领域频频遭遇封锁的应激反应，更是中国科技创新发展到新阶段的必然要求。回顾上一个科技发展中长期规划纲要（2006—2020），"自主创新"首次被确认为国家战略，相关部委、省市出台了大量配套政策，其中最引人注目的是自主创新产品认定及政府采购目录、知识产权保护、反垄断政策、科技管理体制四个方面。然而，"自主创新"遭遇到了西方发达国家的强烈反对，美国商会甚至直言"这是一份规模空前的盗窃技术的蓝图"。正因为发达国家的强烈反对，到 2010 年左右，我国通过政府采购促进本土企业自主创新的相关政策全部被叫停。基于此，在新的"科技自立自强"战略提出之际，我们有必要再次反思 15 年前的"自主创新"，为"十四五"和中长期发展规划纲要如何落实"自立自强"提供针对性的务实建议。

一、西方发达国家当年为什么反对"自主创新"

"自主创新"被广泛地翻译为 independent innovation、self-innovation、autonomous innovation 等。对此，西方发达国家从科技体制、基础与应用研究、政府采购、知识产权、技术标准、反垄断政策等方面对我国大肆攻击甚至抹黑：

（1）科技体制：我国计划式的科技发展体系，对科研活动进行社会干预，与西方的科学自由精神相悖。科学的被结构化和官僚化导致科研机构与科研人员浮躁。所有创新活动采取目标导向驱动从长远看中国创新不会成功。

（2）基础科学与应用研究：我国的自主创新不是基础研究或原始创新，而是国家基于特定产业发展目标的战略。

作者系上海产业创新生态系统研究中心研究员，同济大学上海国际知识产权学院副教授。

（3）政府采购、知识产权、技术标准、反垄断政策：我国构建了一张以自主创新为核心，"强迫"外资企业转移技术的政策网络，将大型国有企业打造成拥有核心技术和全球竞争力的跨国企业。"自主创新"本质上不是创新政策，而是产业政策。

可以判断，发达国家根本无意融入我国创新体系，其偏面地强调"自主创新的排他性"，其根本原因是"担心自主创新动了外资企业庞大的在华商业利益"。

二、我们为什么提出"科技自立自强"

1949 年后，由于我国实施"一边倒"的国家战略，西方发达国家在巴黎统筹委员会和《瓦森纳协定》中单独设置了对华技术管制清单。这导致我国在军事国防、高精尖制造等领域遭到长达 70 年的技术禁运。尤其是 2018 年中美贸易摩擦以来，双方在科技领域的冲突愈演愈烈，美国泛化"国家安全"，美商务部分 11 个批次对我国超过 300 家国有和民营企业、高等院校、科研院所进行了技术制裁。其中，集成电路及相关产业的技术出口管制直接导致了华为、中兴、晋华等企业的民用产品开发陷入困境。在此背景下，十九届五中全会首次提出"科技自立自强"。

对比当年"自主创新"战略被围剿，今天的形势远比 15 年前严峻。以美国为首的部分西方发达国家的关注焦点不再是在华利益，而是如何遏制中国发展，其斗争逻辑从"分蛋糕"转变为"踢桌子"。因此，"科技自立自强"聚焦的不是发展问题，而是生死存亡问题。面对这一新的转变，中国是否还有必要顾忌外资在华企业的利益问题，是否还有必要顾忌"政府力量还是市场力量主导"的争议？显然，答案是否定的。

三、我国如何实现"科技自立自强"

一是在事关国家战略利益的关键核心技术领域加强举国体制的作用发挥。目前，我国的科技计划体系没有平衡好竞争性资助与延续性资助、自由选题与任务分配之间的关系，导致科研人员倾向开展知识生产不确定性低、风险小、结果可控的累积性研究，畏于从事具有较大失败风险、一旦成功影响深远的科研活动。对此，应当加强对科技创新活动的社会干预，以目标和问题导向，效率优先、兼顾公平，从产业安全和国家安全的高度出发，组建矩阵式的项目攻关团队，按照科研任务需求配置科技资源，不必过多顾忌"新型举国体制是创新政策还是产业政策"的非议。

二是加强市场机制对科技自立自强的支撑。创新产品离不开市场力量的扶持,以往各部门在制定政策采购时相对谨慎,通过资本市场支持本土企业壮大方面做的工作不多。对此,应当明确"科技自立自强"不是"中国融入全球贸易体系的备胎",必须加大政府采购力度,引导全社会广泛运用本土创新产品,培育产品应用生态系统,降低研发成本,实现"科技自立自强"下的市场正循环。同时,按照市场规则有礼有节回应相关国家的技术限制,不必过多顾忌"外资在华利益是否受损"。

三是建立议题驱动式的交叉学科科研体系。目前国务院学位委员会规定的13个学科门类壁垒森严,所有部门按照一级学科调配科研资源,科学研究范式固化,难以真正实现学科交叉,产生前沿性、突破性、颠覆性成果。对此,必须改革传统的学科描述,构建以议题驱动为核心的交叉学科体系,在传统的"学科—资源"纵向配置模式基础上,要求每个学科配置固定比例的资源用于学科交叉研究。同时,在学科评估体系中加入学科交叉的考核指标,不必过多顾忌传统学科僵化、保守的"研究范式"。

让企业全生命周期发展有依托

| 陈　强

营造更具国际竞争力的投资发展环境,要注重实效,强化政策有效供给。上海市委书记李强指出,在土地、环境、人才等政策精准供给上下更大功夫,加快形成一整套更加务实管用的政策体系,放大政策集成效应,确保好项目高效发展有空间、企业全生命周期发展有依托、各类人才创新创业有保障。

蛙声十里出山泉。企业的成长规律不尽相同,不同类型的企业在不同发展阶段遭遇的困难和瓶颈各异,对于营商环境的需求重点也不一样。一般情况下,企业在发展初期往往存在强烈的资金饥渴,发展到一定阶段亟待突破技术瓶颈,壮大后常常陷入"空间窘境",进入平稳期后又面临创新乏力和知识产权挑战。对于这些问题,政府并不一定总能找到介入或干预的机会,即使干预也未必总是有效。在政策精准供给上下更大功夫,必须突出问题导向,提高改革精准化程度。深入调研是精准施策的基础。要研究企业从开办、运营到注销等各个环节的需求特征,了解企业从初创、成长、到成熟各个阶段发展的痛点,进而对准重点和要害发力,为企业全生命周期发展提供综合的、全面的"店小二"式服务。上海打造营商环境 3.0 版,一方面应进一步盘活公共数据和一部分企事业单位沉淀的"准公共数据",开发新型监测指标;另一方面,人类已经进入"感知社会",可以依托大数据、人工智能等技术发展,建构相应的采集、传导和分析机制,探索各类市场主体对于营商环境的需求结构及其特征。

从某种意义上看,营商环境其实是一种特定的产业生态和社会氛围,对其进行优化应该有集群视角和生态视角。企业总是在由创新链、产业链、服务链交织而成的社会网络中开展经营活动,实现价值。因此,在关注某一类或某一具体企业的同时,还要关注其"根植性"和"朋友圈"。在自然界,某一区域的生态环境往

作者系上海市产业创新生态系统研究中心执行主任、同济大学经济与管理学院教授、上海市习近平新时代中国特色社会主义思想研究中心特聘研究员。

往只适合某一些物种及群落的繁衍生息。营商环境也是如此,不可能适合所有类型企业的生存发展,兼容性和容纳能力都相对有限。换言之,有的企业决定扎根,另外一些企业也会紧随而来;有的企业留下后,另外一些企业会选择离开。因此,营商环境的优化往往具有导向作用。对于上海而言,应加强优化营商环境的集群分析和生态分析,根据上海未来发展战略及产业布局规划,优化营商环境的导向设计。上海既要着力引进技术领先,具有较强辐射和带动能力的优质大项目,更要关注中小微科技型企业成长规律及其所需要的微观生态。上海经济要逆势上扬,既需要"头部企业"大象起舞,也需要"蚂蚁雄兵"铺天盖地。

对于企业而言,热情的工作态度、友善的服务界面、便捷的办事流程固然重要,但结果往往更关键,这个结果就是企业在行政效率、融资成本、信息获取、竞争机会、政府采购、社会服务、市场秩序、创新供给等方面切切实实的获得感。让企业全生命周期发展有依托,要刀刃向内,大胆破除体制壁垒,同时也要"小心求证",精心设计,将集成优化方案的系统效能放到最大。

（转载自《文汇报》2020-01-09）

探索科技治理新型举国体制

| 陈　强

当前,科技创新迎来发展的历史机遇期。进一步优化国家创新体系、系统提升科技创新治理效能,已成为提升国家治理能力的关键要素。

更具韧性、黏度、张力、活力和弹性

当今世界,综合国力的竞争说到底是创新能力的竞争、创新体系的比拼。经过多年的发展,我国创新体系建设成效显著,总体科技实力进入世界前列,创新指数排名持续上升,基础研究"多点突破",学科实力不断增强,发明专利申请量和授权量等创新指标表现抢眼,科技人才储备已形成一定规模。特别是,载人航天、探月工程、北斗导航、超级计算等战略领域实现跨越发展,人工智能、5G、物联网、量子通信等新兴技术领域占据发展先机,越来越多的中国企业成为高科技领域的新锐力量。

不过,随着经济全球化、政治多极化、社会信息化、文化多样化向纵深发展,国家创新体系也暴露一些局限性,面临一系列新的挑战和压力。例如,国家创新体系整体效能还不强,科技创新资源分散、重复、低效的问题未从根本上得到解决,"项目多、帽子多、牌子多"等现象仍较突出,科技投入的产出效益不高,科技成果转移转化、实现产业化、创造市场价值的能力不足。又如,科研院所改革、建立健全科技和金融结合机制、创新型人才培养等领域的进展滞后于总体进展,科研人员开展原创性科技创新的积极性还没有充分激发出来。

显然,面对新的全球变局,科技创新亟待提升治理效能,形成更具韧性、黏度、张力、活力和弹性的体系能力,推动实现从点到面、从局部到系统的突破,为经济社会高质量发展提供源源不断的新动能。

作者系上海市产业创新生态系统研究中心执行主任、同济大学经济与管理学院教授、上海市习近平新时代中国特色社会主义思想研究中心特聘研究员。

网络化、数字化、平台化及社会化

当前,我国在诸多关键核心技术领域受制于人的局面,没有得到根本改变。例如,人工智能发展方兴未艾。我国在数据和商业应用方面已形成一定优势,但与领先国家相比,在基础算法领域的差距仍然很大。随着我国综合国力的快速提升,一些西方发达国家的心态变得日益复杂,戒备心理急剧抬升,各种质疑和指责层出不穷,国际科技合作的外部环境遭遇严峻挑战。可以预见,如果不能实现关键核心技术领域的持续突破,将严重影响和制约我国战略性新兴产业的发展,甚至危及国家安全与可持续发展。由此,在很大程度上,科技创新治理必须承担起保障高质量科技供给的责任。

国家创新体系一方面需要承担不断塑造经济发展新动能的责任,另一方面还要面对可能出现的科技财政投入减少的困难局面。这就更加需要创新主体的密切协同,推动科技与经济的融合、科技与教育的融合,缩短从基础研究到应用研究、从技术原型到产品开发和商业化的时间。

事实上,随着人工智能、量子计算大数据、区块链等技术迭代加速,科技创新模式和科研组织形式正显现网络化、数字化、平台化及社会化趋势,"开源、外包、社交化、并行式"成为创新体系的新特征,群体式、策略化、有组织的颠覆性创新日益重要。科技创新领域的竞争态势发生根本性变化,开始从实体、组织之间的竞争,逐步演化为系统、生态之间的竞争。这都对科技创新治理提出了更高要求。

避免出现"越位""缺位"与"错位"

提升科技创新治理效能,需要正确处理以下几个方面的关系:

一是处理好政府与市场的关系。

在科技创新治理中,政府要贯彻和落实国家战略意志和重大要求,集中资源和力量,构建战略科技力量,不断推动关键核心技术领域的攻坚克难。

一方面,要提高政策和制度供给的质量和效率,为科技创新提供高质量公共产品和公共服务。同时,要正确发挥学术团体、行政决策、市场机制在科技资源配置中的作用。

另一方面,要厘清各类创新主体的功能定位及协同关系,避免出现"越位""缺位"与"错位"。同时,增进创新主体间的互动,推动创新网络和创新生态的形成,营造崇尚科学、鼓励创新的社会氛围。

二是处理好自主创新与对外开放的关系。

国际上,先进技术、关键技术越来越难以获得,单边主义、贸易保护主义上升。因此,在涉及国计民生和长远发展的核心技术领域,不管存在多大差距,都必须保持战略定力,发挥"集中力量办大事"的制度优势,积极探索和推进科技创新领域的新型举国体制,力求自主可控。

同时,推进更高水平的扩大开放,提升国家创新体系的开放质量。要深度参与全球科技治理,广泛开展国际科技合作,集聚和运筹全球创新资源,提升自主创新的有效性和效率。当然,这种开放必须建立在新的对等能力和平等对话的基础上。

三是处理好科技创新中"源"与"策"的关系。

科技创新治理是"源"与"策"双螺旋交互推升的过程。"源"强调的是科技创新条件的形成和累积;"策"指的是依托"源"的条件,策划、组织和实施各类创新活动,不断推动科学新发现,促进技术新发明,催生产业发展新动力。

经验表明,高水平的"策"可以进一步提升"源"的质量和能级,为更高层次的"策"创造条件。通过"源"与"策"的高效互动,有助于增强科技创新能力。

(原载于 2020 年 1 月 7 日《解放日报》)

科技创新治理体系的"梁柱台基"

| 陈 强

　　科技创新中长期及"十四五"规划编制工作正进入关键阶段,如何推进科技创新治理体系和治理能力现代化,增强治理效能,是规划考虑的关键问题。其实,科技创新治理体系的构建如同造房子,筑基、垒台、立柱、架梁,一样都少不了。

　　其纵向结构自下而上可以分解为:基础培育、条件建设、体制机制构建、体系能力形成四个层面,分别对应中国古代建筑结构中的地基、台基以及"四梁八柱"。

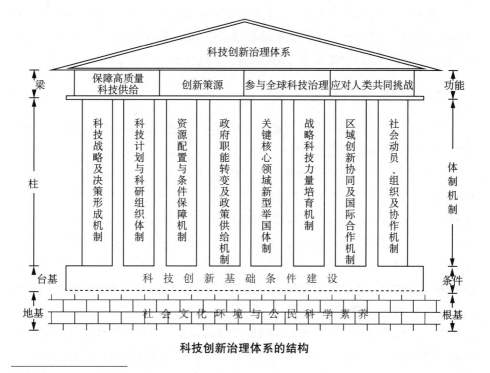

科技创新治理体系的结构

　　作者系上海市产业创新生态系统研究中心执行主任、同济大学经济与管理学院教授、上海市习近平新时代中国特色社会主义思想研究中心特聘研究员。

"地基"与"台基"

在科技创新治理体系中,基础建设和条件保障十分重要。具体可以分为两个层面:

一是"地基",指的是社会文化环境与公民科学素养。前者包括公众对于科学的敬畏和对科学家的尊崇、鼓励创新突破、宽容失败的社会氛围、较为成熟的科研诚信体系及科技伦理环境等方面。后者更多指向公民的科学精神和态度、知识和技能储备、认识和分析问题的方法以及面向未来的创新能力。社会文化环境和公民科学素养是科技创新治理的"根基",是创新生态的"土壤",需要长期涵养,久久方可为功。

二是"台基",指的是科技创新治理依托的各种基础条件。包括高水平大学和科研机构、活跃的新型研发组织、前瞻布局的重大科研基础设施、运行良好的功能性平台、充沛的创新创业空间、专业化的科技创新服务体系等。当然,5G、工业互联网、人工智能、大数据、云计算等新型基础设施也包括在内。相对于"地基"而言,这些基础条件的建设并不需要很长的时间,但在投入产出效率、服务质量、运行可靠性、可持续发展等方面,提出了更高要求。

"四梁八柱"

中国古代建筑的"四梁八柱"属于实指范畴。在科技创新治理体系中,"四"和"八"只是一种比喻的说法。

"四梁"可以理解为科技创新治理必须形成四个方面的体系能力。一是确保科技创新活动围绕国家重大战略意图和经济社会发展现实需求展开,保障高质量科技供给;二是"源""策"并举,增强创新策源能力,不断催生学术新思想、科学新发现、技术新发明、产业新方向;三是主动布局和融入全球创新网络,参与和组织国际大科学计划和工程,提升我国在全球科技治理中的影响力、贡献度和话语权;四是面向世界,面向未来,谋划科技创新治理的总体布局,为应对人类共同面对的挑战贡献"中国智慧"。

"八柱"则可以理解为八个方面的体制机制建设。一是科技战略及决策形成机制。既要发挥国家科技领导小组在研究国家科技发展战略规划等方面的重要作用以及国家科技咨询委员会为重大科技决策提供咨询建议的作用,也要调动专业智库和研究机构在完善科技决策机制,提升战略决策能力方面的积极性。

二是科技计划与科研组织体制。指的是对国家科技计划的顶层设计、总体部署和贯通管理,组织各方力量推进实施,落实国家战略意图,保障经济社会发展的一整套制度安排。三是资源配置与条件保障机制。指的是把握科技创新发展新趋势,打造科技创新资源集聚的"强磁场"。将有限的科技创新资源配置到最能够发挥作用、效率最高的方向和领域。四是政府职能转变与政策供给机制。一方面须厘清政府和市场在科技创新中的角色关系,另一方面须确保科技进步加速背景下政策和制度供给的质量和效率。五是关键核心技术领域的新型举国体制。通过构建更加自主、协同、开放的新型举国体制,集中和部署优势力量,实现关键领域自主可控技术的突破。六是战略科技力量培育机制。以重大科技专项和产业化项目为抓手,强化机制建设,构建若干支贯通不同类型组织,跨产业、跨领域、跨区域,能够直面全球科技前沿竞争的战略突击力量,着力形成系统突破能力。七是区域创新协同及国际合作机制。加强京津冀、长三角、粤港澳等创新区域之间的科技创新合作交流和协调发展,探索各具特色的区域创新协同机制。同时,在国际科技交流与合作背景发生深刻变化的特殊时期,探索更高水平国际合作的模式和途径。八是社会动员、组织及协作机制。在科技创新日趋网络化、平台化、数字化、社会化的新形势下,提升社会动员水平,创新组织和协作方式,让更多"民间高手"脱颖而出,合力攻克科技创新领域的"急难险重"问题。

"四梁八柱"是科技创新治理体系的主体结构,是形成体系能力的关键所在。只有严谨设计、合理选材和精心施工,才能建造起科技创新治理的"鸿图华构"。

冗余设计和安全系数

在中国古代建筑结构中,"梁"主要担负平面承载,"柱"主要负责竖向承载,"梁""柱"从横纵两个方向,共同形成具有承载功能和结构固定作用的空间结构体系,在承载的同时,抵抗变形压力。

建筑结构既要面对恒定荷载,还要经受风、雨等活荷载以及地震、地面塌陷等不确定荷载的考验。对于有规律可循,能够计算清楚的荷载,一般情况下可以通过冗余设计解决问题。对于难以计算清楚或偶尔发生的荷载,可以通过预设安全系数的方式解决。古代工匠主要靠经验和智慧,现代施工依据规范和标准进行,这些规范和标准在工程实践中形成,并不断优化。

同样,科技创新治理体系一方面要承担高质量科技供给、创新策源、参与全球科技治理、应对人类共同挑战等"恒定荷载",另一方面还要面对国际局势变化、周期性经济消长、社会心理波动等"活荷载"以及全球经济危机、自然灾害、重大公共卫生事件甚至战争等"不确定荷载"的挑战。因此,在科技创新治理体系设计时,必须也要有冗余设计,预设必要的安全系数,使得体系既具有足够的韧性,也保持必要的柔性。当然,无论是冗余设计,还是预设安全系数,必须考虑成本和效率等方面的因素。

科技创新治理体系的构建其实也是"夯基垒台、立柱架梁"的过程,要起高坐稳,必须基筑深、台垒实、柱立直、梁架正。同时,科技创新治理必须面对"黑天鹅""灰犀牛"以及"大白象"等各种风险,应保持体系结构设计的"多自由度",居安思危,未雨绸缪。

(转载自"学习强国"App 2020-03-12)

全面优化营商环境，增强创新策源能力

│宫 磊 陈 强

上海作为科技创新的前沿阵地，正加快向具有全球影响力的科创中心进军。随着科创中心建设的不断推进，增强创新策源能力，正成为上海建设全球科创中心的重要战略目标。对上海而言，良好的营商环境正是增强创新策源能力的核心竞争要素，优化营商环境也应服务于这一战略目标的实现。

一、上海营商环境现状

根据世界银行发布的《2020 年营商环境报告》(下简称"报告")显示，中国的营商环境持续优化，营商环境便利度排名从上期的第 46 位跃升至第 31 位。其中上海贡献了 55% 的权重，但通过对各项指标前沿距离的分析，并对标国内外最高标准，可以发现，上海在办理施工许可证、办理破产、纳税和获得信贷等方面仍存在短板。

（1）行政审批效率待改提升

在办理施工许可证和办理破产两项指标上，上海的便利度分数较低，存在制度性短板。以北京、香港、新加坡、东京、纽约、伦敦为例（见表 1），上海办理施工

表 1　主要城市行政审批效率相关指标比较

指标		上海	北京	香港	新加坡	东京	纽约	伦敦
办理施工许可证	程序（个）	18	18	8	9	12	15	9
	时间（天）	125.5	93	69	35.5	108	89	86
	成本	2.3%	3.5%	0.3%	3.3%	0.5%	0.3%	1.1%
办理破产	回收率	36.9%	36.9%	87.2%	88.7%	91.8%	81.0%	85.4%
	时间（天）	1.7	1.7	0.8	0.8	0.6	1.0	1.0
	成本	22.0%	22.0%	5.0%	4.0%	4.5%	10.0%	6.0%

作者宫磊系同济大学经济与管理学院博士研究生；陈强系上海市产业创新生态系统研究中心执行主任，同济大学经济与管理学院教授。

许可证需 18 项手续,而新加坡仅需 9 项,在所需时间上,上海平均 125.5 天完成,而新加坡只需要 35.5 天,北京也仅需 93 天。上海办理破产时间为 1.7 年,而其他城市均少于 1 年。此外,回收率是债权人通过重组、清算或债务执行等法律行动收回的债务占比情况,上海远低于其他城市。

(2)企业税负过重,税后流程亟待优化

"报告"中指出,中国实行的税费改革,加强对中小企业所得税的优惠政策,取得了显著成效,便利度分数较上期提高 2.2%。通过表 2 可以发现,在纳税次数和纳税所需时间上,上海与北京已处于领先水平,但对比单项排名领先的香港,纳税次数为 3 次,耗时 35 小时。在税率水平上,上海的税率远高于香港、新加坡和伦敦,也高于北京。此外,上海在税后审计、退税等流程上得分仅 50 分,远低于其他城市,这在一定程度上反映出,上海在报税后流程上亟待优化。

表 2 主要城市纳税相关指标比较

指标	上海	北京	香港	新加坡	东京	纽约	伦敦
纳税次数	7	7	3	5	19	11	9
纳税所需时间(小时)	138	138	35	64	129	175	114
税率	62.6%	55.1%	21.9%	21.0%	46.7%	38.9%	30.6%
报税后流程指标	50.0	50.0	98.9	72.0	95.2	94.0	71.0

(3)中小企业获得信贷便利度排名下降

上海获得信贷的营商环境便利度排名为第 80 位,由于其他经济体该项分数的提升,上海较上期排名下降了 7 位。具体来看,在信贷信息深度指数上,上海已达到满分 8 分,但在合法权利力度指数上,与上期各项得分一致,与最佳水平存在较大差距。但部分专家认为,在 12 项指标中存在误判项,应有 11 个方面符合世行的最佳实践。

表 3 主要城市获得信贷相关指标比较

指标	上海	北京	香港	新加坡	东京	纽约	伦敦
合法权利力度指数(0~12)	4	4	8	8	5	11	7
信贷信息深度指数(0~8)	8	8	7	7	6	8	8

二、对策建议

(1) 双管齐下,一手抓改善政府服务,一手抓推动行业参与

优化营商环境不能只是"一头热",必须调动政府和企业两方面的积极性。对于政府而言,上海应发挥"一网通办""一网统管"优势,开展服务事项的自检自查,加快政务流程优化再造落实,提升部门间数据共享互通的效率,推动线上线下业务的深度融合和统筹优化,减少企业跨行政区域、涉外等事务的办理时间和成本。对于企业侧而言,关键在于发挥行业协会的作用,广泛收集、分析、整理行业内企业关于营商环境优化的各种意见和建议,形成营商环境优化的行业方案。

(2) 有的放矢,科学推进税收优惠政策设计

在税收优惠政策设计时,要考虑面向中小微企业的普惠性税收政策,诸如放宽小规模增值税纳税人的免税标准、扩大小微企业所得税减免政策的覆盖范围等,减轻中小微型企业的缴税负担。同时,上海也应根据科创中心建设的战略需求以及重点产业发展规划,进行税收优惠的导向性设计。在此基础上,相关部门应进一步优化企业报税后流程,依托"一网通办"平台,推行多元化的缴税方式。

(3) 扬长避短,探索更具地方特色的营商环境优化方案

上海优化营商环境 3.0 版方案围绕"1+2+X"设计。"1"是"一网通办"。"2"是提升上海在世界银行与国家两个营商环境评价中的表现,借鉴国内外先进政务服务理念和经验。其实,除了"2"之外,还有其他更多有关营商环境的评价体系,观察角度和指标选择都不一样。上海优化营商环境不应"唯 2",而应"求实",应充分考虑上海未来发展的实际需求和优化所需成本,因地制宜,形成具有地方特色的营商环境优化方案。

(4) 博采众长,打造长三角营商环境最佳实践示范区

作为世界银行考察的两个样本城市之一,上海有上海的优势,长三角其他城市在营商环境建设方面也各有千秋。譬如,杭州推出大中型企业办电"三省"服务和小微企业"三零"服务。苏州则提出"我们的目标,就是审批速度永远比别人更快捷一点,办事流程永远比别人更方便一点,政策措施永远比别人更优惠一点,真正让我们的营商服务像汽车 4S 店一样公开透明,像五星级酒店一样标准可靠"。在长三角一体化背景下,上海可以与其他城市互学互鉴,共同打造营商环境最佳实践示范区。

以良好生态赋能创新型企业成长

肖雨桐　陈　强

创业板作为多层次资本市场的重要组成部分,正成为创新驱动发展的助推力量。2009 年 10 月启动至今,深圳创业板培育了一批战略性新兴产业和未来产业领域的高科技企业,这些企业大多具有明显的创新及高成长特征,高成长性创新型企业的潮起云涌,推动了创业板市场的繁荣发展。

关于企业成长性的探讨,最早可以追溯至亚当·斯密的《国富论》,他指出,专业化和劳动分工所引发的报酬递增是企业成长的必要前提,从而认为企业成长在于外部力量驱动。其后的理论发展大致可分为企业内因成长理论、企业外因成长理论和企业生命周期成长理论三类。从实践角度来看,企业的成长性一直广受关注。角度不同,评价的方式和结果也不一样,体现了不同类型主体对于成长性内涵的认知差异和关注侧重。

笔者选取 2018 年度创业板 269 家上市企业(剔除当年上市)的数据,从盈利能力、风控能力、发展能力、研发能力和营运能力等角度考察创业板上市企业的综合成长性。通过因子分析法构建的创业板上市企业成长性综合评价指标体系如图 1 所示。

笔者在运用突变级数法计算各公司成长性的基础上,采用模糊集定性比较分析法(QCA)探索高成长性创新型企业的形成路径,将综合成长性作为结果变量,条件指标如图 2。

通过组态分析,形成以下结论。

(1) 创业板上市企业在上市初期对于市场环境的要求更高。可能的解释是创业板企业在上市初期面临更多不确定性,能否尽快扩大市场对其成长至关重要。

作者肖雨桐系同济大学经济与管理学院 2017 级硕士研究生;陈强系上海市产业创新生态系统研究中心执行主任,同济大学经济与管理学院教授。

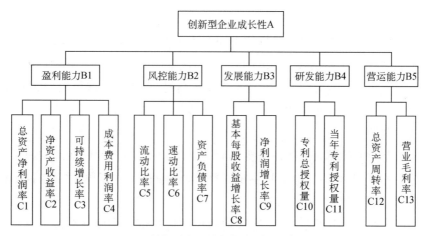

图 1　创新型企业成长性评价指标体系

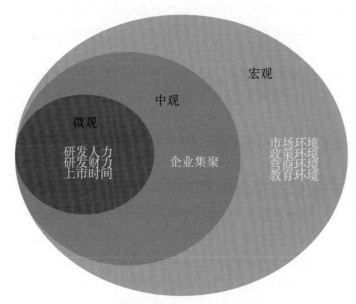

图 2　创新型企业成长性的内外部影响因素

　　(2) R&D 投入对于创业板上市企业成长性具有一定的推动作用,当企业所在地政府财政科技投入力度较大或企业内部 R&D 投入力度较大时,企业的成长性较高。这一发现和大多数相关学者的观点一致。

　　(3) 企业研发人员占比较高和研发投入力度较大往往同时出现。投入要素分为财力投入和人力投入,两者的投入力度之间需要达成一定的平衡,方能优化资源配置,提高企业研发投入的产出效率。

（4）企业所在地政府对科技的重视和投入对企业成长性具有重要意义,能够弥补企业内部研发投入不足的问题,减轻企业研发投入的成本压力。

（5）企业所在地的创新型企业集聚度较高时,企业更易取得较高的成长性。也有研究发现创业企业集聚在城市创业环境对企业成长性的影响机制中发挥明显的中介作用。

（6）企业的研发人员往往需要具有高学历背景,当企业所在地的教育环境处于良好水平时,可以为企业提供足够数量和质量的人才资源,尤其是高端技术人才资源,进而助推企业成长。

（7）企业上市时间越长,对所在地营商环境的依赖程度就越高。营商环境良好的城市往往拥有成熟的基础设施、较为明显的商务成本优势、开放包容的文化氛围以及优良的生态环境。对于大多数创业板上市企业来说,随着上市时间的延长,其业务结构逐渐稳定,产品线逐渐清晰,成本竞争日趋激烈,良好的营商环境在一定程度上可以降低企业的经营成本。

总的来看,高成长性创新型企业的形成路径各异,其所处的综合环境和企业自身对于研发的重视程度对企业成长都具有重要意义,良好的产业生态环境往往能够弥补企业内部的一些不足。高成长性创新型企业的成长需要政策、教育、营商、园区等综合环境要素的赋能。

首先,政府相关部门应进一步完善支持创新型企业发展的政策环境,努力实现政策设计和制度安排对企业发展需求的及时响应和精准支持。

其次,政府应不断优化教育环境,加大财政支持力度,全面提升区域教育水平,满足创新型企业的人才需求。同时,通过良好教育环境吸引高端人才。

此外,政府应着力改善营商环境,为企业减负。一是要转变政府职能,简化办事流程、降低服务费用,为创新型企业提供更加全面、高效的服务。二是发挥国资创投对社会风险资本的引导和带动作用,深化知识产权质押等金融科技创新,营造多元化和便利化的融资环境。三是不断完善基础设施建设,提高城市内部和城际交通的通勤效率。四是进一步改善区域的生态环境和人文环境。

最后,地方政府应依托特色化发展的产业园区,充分发挥创新集群对于区域经济发展的带动作用,促进人力、资本、技术、管理、信息等资源快速、精准地向创新型企业集聚,打造更具韧性和效率的创新链和产业链。

加快打造原始创新策源地

| 万劲波

所谓策源,指策划、动议、起源。近代以来,世界经济长周期依赖于科技第一生产力和创新第一动力。特别是基础研究和前沿技术开发,具有基础性、源头性、体系性、累积性和衍生性等特点。从长周期看,世界经济正处于下行周期,新增长周期短期内难以出现。各国都在寻找新动能,发展的周期性问题与结构性问题叠加,新旧动能转换需要经历一个中长期过程。

我国将于 2021 年开始实施"十四五"规划,开启全面建设社会主义现代化国家新征程。与"十三五"相比,"十四五"的复杂性和不确定性更加突出。要重视规划的确定性和可预见性,同时也要为不确定性和不可预见性留足空间。关于"十四五"规划,习近平总书记强调,要开门问策、集思广益,把加强顶层设计和坚持问计于民统一起来,鼓励广大人民群众和社会各界以各种方式为"十四五"规划建言献策,切实把社会期盼、群众智慧、专家意见、基层经验充分吸收到"十四五"规划编制中来。7月至9月,习近平总书记先后主持召开系列座谈会,当面听取各方面的意见建议,充分体现了顶层设计和问计于民相统一的规划思想。

2019 年 11 月,习近平总书记在上海考察时,要求上海强化全球资源配置、科技创新策源、高端产业引领、开放枢纽门户四大功能。就强化科技创新策源功能而言,要"努力实现科学新发现、技术新发明、产业新方向、发展新理念从无到有的跨越,成为科学规律的第一发现者、技术发明的第一创造者、创新产业的第一开拓者、创新理念的第一实践者,形成一批基础研究和应用基础研究的原创性成果,突破一批卡脖子的关键核心技术"。对科学家、发明家、工程师、企业家和管理者都提出了勇当"第一"的要求。

上海加快打造原始创新策源地,从生产力和生产关系角度看,核心是科技创新和制度创新,要打造创新驱动发展先行示范区和改革开放先行示范区,有三个

作者系中国科学院科技战略咨询研究院研究员。

着力点。

一是抓住科技革命和产业变革机遇

从变革对象、发生机理、表现形式及变革影响来看,科学革命是科学思想的飞跃,源于现有理论与科学观察、科学实验的本质冲突,表现为新的科学理论体系的构建,导致科学思想、理论和认识的变革,提高了人们认识世界的能力,并为改造世界奠定知识基础。技术革命是人类生存发展手段的飞跃,源于人类实践经验的升华和科学理论的创造性应用,表现为技术的集群式发明与创新,导致重大工具、手段和方法的创新,提高了人们改造世界的能力,并为进一步认识世界奠定技术基础。

科技革命的发生取决于现代化进程强大的需求拉动,源于知识和技术体系的创新和突破。近代以来,科技创新发挥着重要的策源作用。经济发展进入瓶颈期,会对某些新兴领域的创新提出强烈需求。在成熟的市场机制和严格的知识产权保护环境下,新需求会吸引科学家和企业家关注,导致社会投资显著增加,进而带动广泛领域的科学技术进步。

科学革命是技术革命和产业变革的先导和源泉,其周期远长于技术革命和产业变革的周期,需要基础研究的长期积累。新一轮科学革命的到来可能为时尚早,但新一轮技术革命和产业变革正在孕育,数据作为新的生产要素促进全球科技创新进入密集活跃期,新技术、新产业、新业态、新模式层出不穷,科学、技术、工程、产业与经济社会发展交叉融合的特征越来越明显。第三次工业革命的核心特征是信息化,第四次工业革命的核心特征是智能化。

回顾历史,主要发达国家都经历了从强调贸工技到重视基础科学和源头创新的发展过程。世界科学中心的转移伴随着大国兴衰和国际竞争格局大调整。中国也必然要经历从技术引进为主向创新引领为主的战略转变。上海 2019 年人均 GDP 为 2.28 万美元,已进入创新驱动发展阶段。未来十五年,上海有条件依托国际科创中心、综合性国家科学中心、国家实验室建设,发挥长三角、长江经济带龙头带动作用,承担更多国家使命,以重点领域和重点区域创新突破,带动和推进全面创新,率先建设世界科学、教育中心和创新、人才高地。

二是加强基础研究和应用基础研究

我国基础研究投入总量增长很快,但基础研究投入占全社会研发投入比例没有实现"大幅增长"目标。基础研究投入不足与结构不合理问题并存。应用研究投入占比有较大幅度的下降。全社会支持基础研究、应用基础研究和应用研究的环境需要进一步优化。地方与企业对基础研究和应用基础研究投入重视不够,社会资金投入科学研究的渠道狭窄、不畅,激励机制尚未建立,亟待建立拉动地方与企业投入基础研究和应用基础研究的有效激励机制。

习近平总书记在科学家座谈会上的讲话中强调:"一方面要遵循科学发现自身规律,以探索世界奥秘的好奇心来驱动,鼓励自由探索和充分的交流辩论;另一方面要通过重大科技问题带动,在重大应用研究中抽象出理论问题,进而探索科学规律,使基础研究和应用研究相互促进。"就地方和企业而言,要把握科技的渗透性、扩散性、颠覆性和不确定性,加强对科技前沿趋势和科技创新范式变革的研判,选准科技创新优先领域和"赛道",加强基础研究、应用基础研究、应用研究和技术创新的统筹部署。在不具备或失去"源头科学"创新机会的条件下,应将科技创新的焦点引导到"源头技术"创新机会的动态识别、前瞻选择和系统布局上。

近年来,中国掀起了双创热潮,就是面对不确定性和不可预见性的主动试错。对已有传统或主流技术产生颠覆性效果的技术创新,既可能是全新技术,也可能是基于现有技术跨学科、跨领域的融合创新及创新型应用。一个地区的产业分工地位由要素禀赋(资本、技术、管理、生态)、地理位置、市场规模和体制政策决定:从产业技术来看,要保障产业链关键环节核心技术自主可控,从样品、产品到商品都需要高质量;从供应链体系来看,产业供应链灵活高效绿色,具有较强的韧性和抗冲击能力;从产业控制力来看,领先企业和机构具有较强垂直整合能力,能在邻近空间甚至全球范围内配置创新资源;从要素支撑来看,产业链要和供应链、创新链、资金链、价值链、人才链、政策链等深度融合,提供系统有效的支撑。上海建设有全球影响力的科技创新中心,必须加强基础研究和应用基础研究,疏通基础研究、应用基础研究和产业化双向链接的快车道,加速科技成果涌现并持续向现实生产力转化。

三是促进产业链与创新链深度融合

创新链是指从创意产生到形成科技成果进而转化为现实生产力的完整链条。针对创新链不同阶段的规律特征和主要任务,需要提高所有环节的创新要素供给质量,优化协同创新的体制机制,促进不同阶段科技创新和制度创新的接续转换,消除科技创新及治理过程中的"孤岛现象"。围绕创新链布局产业链,旨在实现创新成果快速转移转化并推动产业结构转型升级。产业链是指从原材料到终端产品各生产部门的完整链条。消费需求、市场、生产质量与产业生命周期、产业上下游组织关系、产业配套性等是决定产业链形成与变化的决定性因素。围绕产业链部署创新链,旨在推动创新链高效服务产业链,增强产业链的安全性和竞争力。强链补链固链,既要有"铺天盖地"的中小微创新企业,又要有"顶天立地"的创新领军企业。

围绕产业链部署创新链的基础是打好关键核心技术攻坚战,打造科技、教育、产业、金融紧密融合的创新体系,增强科技创新体系化能力,提高创新体系整体效能。围绕创新链布局产业链的基础是打好产业基础高级化、产业链现代化攻坚战,推动产业链上中下游、大中小企业融通创新,畅通设计、研发、服务与生产、流通、分配、消费循环,优化同新发展格局相适应的现代化基础设施体系及产业、教育、人才、金融体系,确保供应链产业链安全。

着眼于优化要素结构、企业结构和产业结构,深化供给侧结构性改革,提升微观层面企业竞争力与生产者积极性、中观层面产业组织状况与产业链和产业结构的高级化、宏观层面经济体系的现代化、完备性和协调性等,形成"需求牵引供给、供给创造需求"动态平衡。

2020 年 11 月,习近平总书记在浦东开发开放 30 周年庆祝大会上的讲话中要求浦东全力做强创新引擎,打造自主创新新高地;加强基础研究和应用基础研究,打好关键核心技术攻坚战,加速科技成果向现实生产力转化,提升产业链水平,更好发挥科技创新策源功能;优化创新创业生态环境,疏通基础研究、应用基础研究和产业化双向链接的快车道;打造世界级产业集群;深化科技创新体制改革;开展全球科技协同创新。这对上海来说也是新要求。

建议从五个方面系统落实:一是把握科技革命和产业变革新机遇。强化国家战略科技力量建设,建设国际科创中心、综合性国家科学中心和区域创新高地,优化生产力布局,推动数字转型、绿色发展,塑造发展新优势。二是积极提升自主创新能力。强化科技创新供给支撑引领能力,解决关键领域供应链、产业链、创新链存在的断点、堵点和梗阻。支持企业牵头组建创新联合体,注重新技术成果转化应用,提高创新链整体效能。三是营造优质的软硬环境。注重现代化基础设施建设、创造极具吸引力的软环境、提供充足的风险资本支持,保障创新要素自由流动,培育双创人才,打造良好双创生态。四是积极推动创新集群发展。发展专业联结组织,促进供应链、产业链、创新链、价值链、资金链、人才链、政策链深度融合,促进知识集群向创新集群延伸,产业集群向创新集群拓展,提升区域创新创业活力、竞争力及国际分工地位。五是发挥好政府引导作用。提供多元化的财税金融政策支持,提升自贸区、自主创新示范区、高新区、经开区、全面创新改革试验区、双创示范基地等各类区域创新治理及服务能力,激励原生科创企业做大做强,促进上海加快打造原始创新策源地。

(编辑:陈杰妮)

科学研究高质量发展的三个特征

| 周文泳

　　"高质量发展"是党的十九大报告提出的新概念,是一种内涵式发展状态。现阶段,我国科研领域正处于从量的累积到质的飞跃的关键转型期,促进科研领域的高质量发展是新时代的客观要求。科学研究高质量发展(以下简称"科研高质量发展")是指能够促进科技进步、支撑社会经济高质量发展、增强基础组织和社会公众获得感的科研发展状态。由此可见,科研高质量发展至少具有如下三个显著特征。

　　一是科研高质量发展有利于稳步提升国家科技竞争力。科研高质量发展是一种注重外延拓展、内涵深化和实质贡献的科研发展状态。对一个国家科技事业而言,科研高质量发展,有利于该国在特定领域率先取得从 0 到 1 的基础原创成果、应用基础研究成果和应用研究成果,有利于该国弥补科技前沿、共性技术和关键核心技术的短板,有利于该国促进科技进步和提升国际科技竞争力。需要指出的是:提升科技竞争力,不能痴迷于某些国际排名榜的特定指标,而是体现在对该国社会经济发展的隐性或显性的支撑力。

　　二是科研高质量发展有利于支撑社会经济高质量发展。科研生态不是孤立的,而是人类社会生态的一个组成部分,并与社会经济生态发生千丝万缕的联系。从科学研究与社会经济关系的角度看,科研高质量发展是一种有利于支撑社会经济高质量发展的科研发展状态。这种科技支撑力,主要体现其对经济、文化、政治、习俗、体制等一系列的社会存在的总体高质量发展的引领作用、先导作用和促进作用。从支撑社会经济高质量发展的角度看,科研高质量发展主要体现在其为社会经济发展所需的前瞻性基础研究成果、应用基础研究成果和应用研究成果的有效供给,如为维持国际产业竞争优势提供所需的基础理论、共性技

　　作者系上海市产业创新生态系统研究中心副主任、同济大学经济与管理学院教授、同济大学科研管理研究室副主任。

术和关键核心技术的有效供给。

　　三是科研高质量发展有利于增强社会公众的获得感。科研高质量发展离不开必要的来自公共财政和相关基层组织的科技投入,其中,公共财政科技投入最终源于各类基层组织和社会公众所缴纳的税收。无论是自由探索性基础研究,还是前瞻性基础研究、应用基础研究或应用研究,归根结底都是为了满足各类基层组织和社会公众的潜在的或现实的需求。由此可见,科研高质量发展是一种有利于增强基层组织和社会公众获得感的科研发展状态。

(本文节选自《上海质量》2020 年第三期)

如何消除科研质量内涵的认知误区

周文泳

新冠疫情初期，我国出现的疫情论文风波，源自社会各界对科学研究质量内涵认知差异，也折射出国人对促进我国科研高质量发展的迫切需求。本文阐述了科学研究的内涵、特征、对象与类型，界定了科学研究质量（以下简称"科研质量"）的基本内涵，分析了我国学术界对科研质量的认知误区，提出了消除科研质量内涵认知误区的几点建议。

一、科学研究

科学研究是人类在特定的科学建制下，运用科学方法，揭示客观事物本质特性及其发展现律的系统性活动，具有创造性、目标性、过程性、知识性和影响力等本质特征。

（1）科研对象。科学研究的对象，不仅包括自然界、人类社会、思维等特定现象，还包括上述不同现象之间的内在联系，由此衍生出自然科学研究、社会科学研究、思维科学研究、交叉科学研究等不同类型的科学研究。

（2）科研性质。按科研性质区分，科学研究可以分为基础研究和应用研究两类，其中：基础研究是以获取知识性认识为目的的科学研究，又可分为自由探索性基础研究、前瞻性基础研究和应用基础研究三类；应用研究是以解决工程和社会经济等实践问题为目的的科学研究。根据科学研究的性质差异，可以把学科分为三类：基础学科（数学、逻辑学、天文学和天体物理学、地球科学和空间科学、物理学、化学、生命科学、哲学、历史学等），应用学科（工程学、管理学、设计学等），交叉学科（因学科交叉而形成新兴学科）。

（3）科研价值。从价值创造看，基础研究以获取知识性认识为导向，主要创

作者系上海市产业创新生态系统研究中心副主任、同济大学经济与管理学院教授、同济大学科研管理研究室副主任。

造认知价值,其科研价值认可往往需要较长时间的检验;应用研究以解决实践问题为导向,主要创造实践价值,其科研价值认可时间较短。

(4) 科研成果表达与传播。按表达形式区分,科研成果可以分为论文、学术著作、科技报告、研究报告、专利等表达形式,通过期刊、报纸、媒体、书籍、互联网等载体进行传播。

二、科学研究的质量内涵

科学研究质量问题伴随人类科技发展而日趋严峻,现已成为困扰我国乃至全球科技进步和社会经济发展的重要课题。20 世纪 80 年代,美国学界最早关注科研质量问题。

然而,学术界至今尚未形成对科研质量的认知共识。如:周兴明、李家利、杨榕等(1998)认为,科研质量是"科学研究活动的创造特征与特点的总和并有促进科技进步、社会经济发展的作用";王利荣(2005)认为,科研质量是"科学研究满足学者们的专业需要和社会需要的充分程度";周文泳、尤建新、陈守明(2006)认为,科研质量是"科学研究的体系、过程和产品的特性满足顾客与相关方要求的程度"。

依据科学研究的本质特征和国际标准化组织的质量内涵,本文给出如下定义:科研质量是科学建制、科研过程和科研成果的一组固有特性满足科研主体要求的程度。其中,科研主体包括科研供给方(如科研人员、科研单位等),科研需求方(如资助方、委托方、用户等),科研合作方和其他相关方(如各级科研管理部门、社会公众、科技中介等)。

三、科研质量的认知误区

由于学术界尚未对科学研究质量的内涵形成普遍共识,在考察科研质量水平时,存在如下三个认知误区。

(1) 忽视不同科研主体对科研需求的冲突。考察科研质量时,不同科研主体因视角差异容易引起对彼此科研需求的冲突,导致不同科研主体对特定科研成果评价结论的差异。如疫情论文风波源自社会各方对科研质量的认知差异。科研成果在国际顶级期刊发表是高质量科研成果的具体体现,也有利于促进疫情防控工作的国际交流和合作。绝大部分国内网友则对论文作者国际期刊论文没有获得感,还因其他原因产生对论文作者非常不满。

（2）忽视科研质量特性之间的内在联系。科学研究的质量特性主要分为科学建制、科研过程和科研成果三类。考察特定科研要素的质量特性时,由于忽视了不同科研要素之间的内在联系,引发科研主体对特定科研质量特性的认识误区。

（3）简单量化考察科学研究质量水平。考察科研质量水平时,普遍存在忽视不同科研要素质量特性之间的差异性及内在联系。采用若干定量指标简单量化问题非常严重,导致评价结果失真。如评判科研项目成果质量时,片面注重不同档次论文数、专利数、科研经费数等定量指标,忽视了成果的内涵和实质贡献。

四、消除科研质量内涵认知误区的几点建议

为了顺应我国科研高质量发展的现实需求,消除社会各界对科研质量内涵的认知误区,提出如下三点建议。

（1）客观认知不同科研主体的共性需求。考察科研质量时,无论是科研供给方,还是科研需求方或其他相关方,需要遵循求同存异、相互尊重、和而不同的原则,客观认知彼此的共性需求。科研供方要以满足不同科研主体的共性需求为底线,树立以满足科研需方要求为导向的科研质量观念。

（2）客观认识科研质量特性及相互联系。考察科学建制、科研过程和科研成果等三类科研要素的质量特性时,不仅需要关注特定科研要素的质量特性,还需要把握三者之间的内在联系。这种联系表现为,科研过程质量决定科研成果质量,并受到科学建制质量的制约。坚持系统的观点,有利于更好地把握特定科研要素的质量特性与形成原因,更好地识别、发现和解决科研质量问题。

（3）客观认知科研质量评价的若干判据。考察科学建制的质量水平时,需重点关注不同科研主体之间价值诉求的一致性和协同性;评价科研过程的质量水平时,需要重点关注科研过程的适宜性、可验证性、效率和有效性;评价科研成果的质量水平时,需要依据科研成果的学科和性质差异,重点关注科研成果的内涵和实质贡献。宏观层面看,一项科研成果质量高低,最终体现在其对科技进步和社会经济发展特定领域的理论或现实需求的满足程度。如疫情防控之际,评判疫情科技攻关成果的质量标准是在满足疫情防控需求中的实质贡献大小。

讲好创新栖息地的空间故事需要多一些基础理论研究

| 马军杰

空间是城市的"第一资源",区域与城市规划的核心任务即是空间资源配置。然而长久以来,空间始终被看作事物发生的容器或者活动与思考的背景,并被认为几乎从未困扰过我们,人类自以为对空间的概念认识得很清楚。然而正如国内外许多学者所担忧的:"我们长期以来处于一个漠视空间、缺乏空间想象力的时代。"海德格尔也曾说过:"空间存在的阐释工作始终处于窘境。"事实上,马克思曾经对于社会本质的前瞻性揭示,已经昭示它必将为人们空间性的实践带来令人意想不到的前景。戴维·哈维、亨利·勒菲弗尔、吉登斯、福柯、苏贾等人自20世纪60年代开始,就基于马克思主义理论,通过将特定的空间与特定的生产方式相联系,对于社会构成的某些重要因素与空间之间复杂的互动关系进行了前所未有的描述与分析。由于空间具备切入问题内部的独特视点,当前在理解全球经济危机、人口与就业压力、城市病、自然灾害、公共卫生与疾病等问题上,其虽未被当作唯一的决定性因素,但空间也逐渐成为一个普遍性的关键因子。人们越来越意识到空间资源的重要性与空间"健康性"的合理意义,空间性问题亦成为当今学术界一个亟待认真诠释与处理的问题。

一、地理环境与空间决定论的合理意义

福柯在《地理学问题》中说:"空间在以往被当作是僵死的、刻板的、非辩证的和静止的东西。相反,时间却是丰富的、多产的、有生命力的、辩证的。"苏贾(2004)认为,历史决定论"等同于创造一种批判的缄默,心照不宣地将空间附丽于时间,而这种时间掩盖了对社会世界可变性的诸种地理阐释,扰乱了理论话语的每一个层面",并形成了"空间贬值的根源"。他强调,理论意识中的这种历史决定论,长期以来处于不可动摇的霸权地位。其结果是,它往往扼杀了人们对社

作者系上海市产业创新生态系统研究中心研究员、同济大学法学院副研究员。

会生产空间性的一种旗鼓相当的批判敏感性。但我们现在正进入一个前所未有的具有同存性的"空间时代"。在漫长的时间经历中形成的生命经验已经让位于自身与整个空间性的各个位置、场所交织在一起而形成的空间网络的经验（童强，2011）。目前在许多大都市所出现相互冲突的现象，有许多已经难以通过时间的叙述来令人信服地加以把握。因此，从这个意义上来说，普列汉罗夫通过完善和丰富孟德斯鸠薄弱的"地理环境决定论"，将空间从社会生产力的外生变量作为内生因子引入社会理论分析框架当中，是对马克思唯物史观的创新与发展，同时也是十分具有前瞻性的。

然而，苏联和我国曾发动对"地理环境决定论"的大规模批判，全面否定地理环境的重大作用。斯大林的《论辩证唯物主义和历史唯物主义》，更是对"地理环境决定论"作了"死亡宣判"。导致此后学术界的理论与实证研究长期以来担心被人视为地理环境决定论，而故意过分忽视空间的能动作用。并且，由于对马克思历史唯物史观的片面理解，马克思主义的实践标准被偷换成了实用标准，"人定胜天"原则成为面对环境与空间问题时的主流态度，而由此所带来的各类环境反噬与自然危机已广为人们所熟知。此外，近年来随着资本的全球流动以及信息技术的迅速发展，尤其是互联网技术所带来的传统产业链重组和虚拟空间的出现，导致有部分学者产生了当前的社会生活与生产实践已经出现了"脱域现象"的错误判断。对此，早有学者论证了网络与信息技术不仅无法取代面对面的交流（Nikos，1999；Diana，2010），而且随着网络空间信息的实时共享和交换频率的提高，在方便普通信息传递的同时，会进一步提升对于现实世界亲密性的需求和面对面深度交流的频率（Esmaeilpoorarabi，2018）。另一方面，以创新栖息地为例，互联网技术的确会引起企业的空间需求与城市空间价值发生演变，而产业链断裂与重组往往会形成新的空间集聚与空间组织形态。位于垂直产业链上对于知识溢出和创新交往需求依赖较低的企业，会借助互联网或物联网技术重新进行区位选择，但是这类企业并非不受空间因素的影响，其中一部分往往会在地租成本较小或具有其他空间优势的区位形成新的集聚，这类企业外迁所形成的空白则会由处于核心产业链或价值链高端的企业或具有较强水平关联性的服务性企业所填充，而核心创新创业企业对于知识溢出和交往的需求以及相应的集聚性则会更强。

此外，否认空间的主体作用，是对个体、民族和国家多样性与丰富性认识的抹杀。从全球层面来说，空间依然是地缘政治的重要决定性因素。再比如，在国家层面,从短期到长期,到中心大城市距离和到最近大港口的距离对于城市经济增长的影响都非常显著,同时,地理(空间)都是城市经济增长的重要决定因素,而且在长期更重要(陆铭,2011)。在城市层面,城市地形、城市空间形态及其拓扑结构、城市肌理以及城市交通网络的空间结构影响和决定着城市人口与产业的分布、城市经济的空间运行效率、城市健康与空间防控系统的质量、城市生态的稳定性、位置流动的空间价值、空间需求与空间价值演变、信息交互能力、能源利用效率、城市物理结构的安全性和抗御风险的能力、城市的犯罪率以及城市行为主体与城市空间结构和形态的相互作用机制。在街区层面,建筑物的排列形式、微观空间构件(如雕塑、公共长椅、大门与拱廊、立柱、围墙、绿地)的位置和形态、建筑立面形态与材质、街区边缘结构等空间因素,影响着城市的可步行性、渗透性、亲密度、空间活力以及街区的性格与街区空间质量等。

二、创新栖息地的理念反映了在对待人与空间的关系方面,中西方的传统观念存在很大不同

在西方传统的观念与理论思辨当中,认为人对于空间的占有是一种天赋的权利,这在很大程度上造成了不可逆转的对物的征服和拜物主义,并形成了相应的哲学辩护。无论是康德还是黑格尔,都认为人可以理所当然地占有和征服空间。因此,在西方资本主义社会背景下,空间主要通过资本与技术的同质化、普遍化被分割成块被进行交易。空间在整体上被降到了物和商品的水平。通过反思这种以自我为中心而漠视空间的传统观念,海德格尔(1927)提出了"栖居"的理念,用以揭示空间性在人的生存意义上的关键性作用。

我们所提出的创新栖息地的理念,是对中国传统空间观念的继承与发展。中国的"齐物""生寄死归""天人合一"的重要思想,无一不反映出我们对空间与物质世界所持有的一种谨慎而明智的态度。在需要占据、使用他物时,意志与他物之间实际上有着不间断的询问与协商过程。创新栖息地研究为我们提供了重新理解人与空间最基本关系的机会,即人是栖居于空间当中的,除了知道人类具有理解和改造空间的能力,还应意识到自然法则并未赋予我们所自以为是的空间特权。

三、关于创新空间的研究富于技术性处理,缺乏统一的基础理论建设

从学术研究的角度来说,许多专业学科都会不同程度地涉及空间。空间通过这些专业化的研究被分散到不同的技术领域当中,导致最终不存在所谓的空间问题,而只有具体的技术问题。在熊彼特的创新理论、波特的竞争模型以及传统的创新集群理论当中,空间往往是作为静止而稳固的背景或容器进行处理,从未走到过理论分析的前台。甚至在理论界还存在着关于科技活动和知识生产无位置性和无地方性的有偏判断。此外,从某种意义上来说,区域经济学、城市经济学、空间经济学是经济学当中专门应对空间问题的学科。然而城市经济学基于地租成本理论对城市空间结构与土地利用模式进行解释,传统区位理论当中的最优区位也意味着成本最小,遵循的依然是速度—效率型的城市空间发展理念,难以反映创新目标和对创新栖息地当中的空间性格特征进行处理,同时对于城市空间形态与创新行为之间的相互作用机制也缺乏有效的解释。空间经济学对于金融外部性进行了深入的理论解释,然而对于创新与知识溢出的空间机理并未过多涉及。地理学是专门解决地理空间问题的科学,研究内容包括空间差异、空间演化、空间结构与空间布局、空间体系、空间规律、人地关系及其相互作用机制、空间利用等,在考察物理与人文、经济空间独特性的同时,探索空间的普遍法则与规律及其对人类行为的影响。地理学在创新集群与创新空间方面已经展开了大量的理论和实证研究,提出了许多对于特殊空间问题与空间模式的解释,然而在关于创新的空间逻辑、创新的空间需求及空间价值演化、创新机制及创新行为的空间响应等许多方面,依然缺乏深入的研究甚至某些方面存在空白。

总体来说,在关于创新栖息地的空间理解方面,传统的理论研究常常将空间作为社会活动的容器,忽视了空间的主体性,并且对于空间的物理形式几乎没有涉及。同时,专门与细化的研究在一定程度上掩盖了空间作为一个基本事实的整体性和统一性。研究的方法多是通过经济和社会活动过程的空间落实来解析空间的形式,客观上阻碍了对空间自身发展规律的深入探讨。理论上的简单判断导致最终空间规划与设计不能发挥应有的作用。此外,对知识溢出的外部性及其与城市环境的复杂性、密度、人们的行为偏好和文化多样性之间的相互作用机制缺乏有效的模型解释。与之相应,对于创新栖息地空间生产理论相关的一些问题,例如在空间的符号价值、空间的消费性与商品化、空间亲密性、空间性格特征、空间品位、空间权力与空间责任等方面,均未形成足够的理论研究。

四、关于创新栖息地空间研究的基础理论需求

创新栖息地的空间营造与规划需要自然科学、社会科学的融合及与技术的合作,然而我国目前支撑空间规划尤其是其理论创新的基础科学发展严重滞后。

与此同时,中国目前互联网技术正在蓬勃发展,大数据与人工智能技术正在对生产力与生产关系进行空间重塑。因而,如何在西方理论工具的限定下,理解中国性格所代表的空间生产关系,则必须要对创新栖息地给予整体性的思考,从理论的层面直接面对空间和思考空间,并对创新空间问题的本质给予基础性的分析和理解。在此基础上,通过对创新栖息地这一具体问题的研究建立起进一步推动创新空间逻辑研究的术语、概念以及基本理论框架,在解释中国城市化问题的独特性和新的城市现象时发挥空间的阐释性力量,形成一种理论批判视野与思考路径,在更高的层面形成必要的空间洞察力。

(1)需要从哲学层面对创新栖息地的空间地位与特性进行界定,并在城市空间拓扑结构的社会逻辑等理论分析基础上,探索创新活动的空间逻辑与创新栖息地的空间秩序及其动力机制,考察创新行为的结构性制约以及相关空间要素与规律的再语境化。

(2)需要对创新栖息地物理空间的主体作用进行重新思考与直接和整体性分析,考察城市创新生态系统物理网络的拓扑结构与空间形态构件对于创新栖息地各类功能结构、空间渗透性、空间亲密性与创新行为的作用机制,考察城市空间肌理对于创新栖息地空间韧性和空间稳定性的影响。

(3)需要对创新栖息地的空间复杂性和不确定性进行分析。

(4)需要对创新栖息地的空间生产理论进行深入挖掘,考察创新栖息地的空间符号价值、空间的消费性与商品化、空间性格特征、空间品位、创新活动的空间权力与空间责任、创新关系的空间延伸等理论问题,探索创新栖息地的空间生产模式。

(5)从理论上考察在当前互联网、大数据和人工智能技术的影响下,创新栖息地当中关于城市传统功能的空间价值如何转换以及空间资源的成本需求如何演化。

基于三元空间理论的创新栖息地规划思考

马军杰

　　创新栖息地的空间生产与设计,包括对城市空间的规模问题、结构问题、社会问题、物理环境问题、视觉问题、感受问题、认知问题与品质问题等方面的处理,同时还涉及创新空间生产的程序性与场所性问题。而当前关于创新生态系统的理论研究成果主要集中在创新管理、技术经济与科技政策等领域,在应对空间性问题时则缺乏有力的解释,对于创新活动的空间逻辑、创新栖息地的空间秩序的理解与研究也显得十分薄弱。与之相应,创新生态系统理论如何"落地"以及如何真正将其用于创新空间规划的研究与实践问题始终未得到有效解决。事实上,这当中涉及对创新栖息地的物理空间与社会网络空间当中关键协同关系的属性特征进行整体解析。

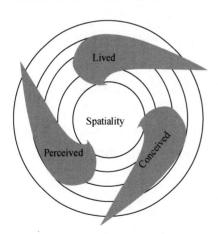

图1　列斐伏尔的三元空间概念体系

列斐伏尔(Lefebvre,1991)首先采用三元辩证法将空间分为空间实践(spatial practice)、空间的再现(representation of space)与再现的空间(representation space)三元,后由地理学家戴维·哈维(David Harvey)和爱德华·W.索亚(Edward W. Soja)等诸多学者逐步将其完善,形成了第一空间(first space)、第二空间(second space)与第三空间(third space)的三元空间体系,分别对应感知空间(perceived space)、构想空间(conceived space)以及生活的空间(lived space)。这为深入解释创新栖息地的空间生产模式提供了一种有效的理论范式。

作者系上海市产业创新生态系统研究中心研究员、同济大学法学院副研究员。

（1）第一空间即在实践中直接感知到的空间，是以经验描述的事物为基础的物质性的空间，聚焦真实的、客观的物质世界，源于人与空间的直接沟通，在一定范围内可以准确测量和描绘。

表1　三元空间的概念演化

亨利·列斐伏尔 （Henri Lefebvre）	空间实践（spatial practice）	空间的再现 （representation of space）	再现的空间 （representation space）
	物质空间	精神空间	社会空间
爱德华·W. 索亚 （Edward W. Soja）	感知（perceived）	构想（conceived）	生活的（lived）
	第一空间	第二空间	第三空间

创新栖息地的空间质量与创新集群的物理形态及特征密切相关。例如许多回归都市中心区域的创新活动均与街道这一基本城市要素密切相关，狭窄的街道通常与整个城市网络具有良好的连通性，同时小型建筑为初创企业提供了便利的办公空间，细粒度的小规模城市空间肌理意味着企业往往在步行距离之内可达。创新栖息地的区位、空间的形态与结构设计、建筑结构及空间肌理设计、各类便利设施的布局等城市要素，从人的身体和社会两个层面，为支撑充满活力与能够健康、蓬勃发展的知识工作者和创新创业企业提供了更具吸引力的物质环境。创新栖息地的空间吸引力与其自然条件高度相关，因此，在创新栖息地的规划阶段，应仔细确定其空间形态及定位（包括物理模式、布局、结构等）以及先进的便利设施与高品质的城市空间性格，以创造独特的用户体验。例如：

• 独特的自然生态环境，比如滨水地区、国家公园、丛林附近、历史遗迹与旅游胜地等。

• 城市空间布局，包括连通性和可达性、土地利用等。

• 城市空间形态，比如创新栖息地的形状、大小、密度、空间肌理与结构等。

• 城市与建筑设计，包括城市景观、天际线、公园、街景、建筑外立面、材质等。

• 基础设施的可获得性，比如学校、医院、商店、咖啡馆、餐厅、酒吧等。

（2）第二空间即人们在感知空间的基础上，建构起来的认知空间和心灵空间，是想象和抽象的空间，是统治和主导的空间，通常与权力和秩序相关。

创新栖息地的关键功能是促进互动与协同。人们主要通过互动获得灵感，无论是主动交谈还是被动观看。人们分享知识,交换信息和新闻,互相建议,分享办公室、设施、设备和工作。同时,创新创业企业通过社会互动形成企业间的合作、协同与集群延续。个人与企业在互动与协同过程当中,通过位置的转换形成对空间的感知。人们在城市当中行走或者从家里走到办公室时,会受到周围环境的启发,而空间接近和小尺度空间构件可以为人们提供轻松散步机会,增进亲密感。同时街道、广场、咖啡馆、酒吧、餐厅、微型城市公共场所、办公室和文化场所等地方的整体位置、活动与身体可及性都有助于社会互动。此外,ICT 技术与互联网的广泛应用使得许多相互作用是建立在网络之上的,因此,社区连通性和虚拟可访问性也是十分重要的。因此,在创新栖息地的规划阶段,应当综合考虑人们的空间感知、创新活动的空间权力与空间责任等因素和诉求,设计与组织塑造有利于形成良性互动网络与社会协同关系和信息交互能力的空间产品与活动。例如:

- 公共与文化事件,例如集市、表演、文化节、儿童节目等。
- 有吸引力的工作环境,例如轻松的氛围,与其他专业人士交流的机会等。
- 社会互动水平,包括社区环境、社交网络、社区活动等。
- 社会结构,包括种族、语言、收入、教育、职业、年龄、宗教等。
- 创意氛围,例如艺术、文化、科技、经济创意氛围以及高科技展览等。

(3)第三空间即生活和体验的空间,是将真实空间与想象空间联系起来,又超越真实与想象二元对立划分方法的动态的空间,是物质与精神、具象与抽象、过去与现在、我者与他者、宏观与微观、真实与想象的对立统一空间。第三空间的主体是所有空间使用者,是人们直接生活的空间。

随着创新栖息地越来越向具有合作和开放特征的"生活—工作—学习—娱乐"型城市模式转变,创新主体的空间需求与空间价值导向也越来越体现出对于自由、包容、公平的空间权利与舒适、美观、便利、配套完善、有品位的空间气质及空间质量的追求。同时,具有创意、创新、知识等符号特征的人群和阶层,开始着力推动形成能够表达自己阶层的消费趣味与消费品味的公共场所与消费空间。具有接近性、渗透性和互动功能的空间肌理以及多元化、高破碎度的土地利用方式,增加了身体的可及性,丰富了人们的步行体验,并催生了不同的社会活动和创新生产的空间多样性。相应地增加了空间的故事性、亲密感与黏性,提升了创新栖息地的空间韧性与空间活力。互动式微型城市公共场所通过与建筑物和公共生活对话,影响着创新栖息地的人群、活动类型、运动速度、花费时长等。同时,微观城市构型与公共空间构件,提供了诸多能够与城市共生的焦点和可以被依靠的建筑元素,进一步推动着创新资源、社会经济网络与物理空间的有效嵌入与卓越空间品质的形成。因此,创新栖息地的规划,应当动态考虑创新主体的空间需求与空间价值的演变及导向作用,准确定位创新主体的群体空间消费特性与符号特征,围绕创新栖息的空间品位与空间性格塑造,寻求创新关系的空间落实与延伸。例如:

- 城市生活的节奏特征,比如忙碌、安静、迅速、活跃、丰富多元或无聊。

- 生活方式的多样性,包括街区与街道生活的活力以及多元化的餐厅、城市设施、公共空间、广场舞、丰富多彩的夜生活等。

- 安全性,指人们对于深夜外出的风险、治安、行人与自行车的街道安全等客观因素的主观感知。

- 品牌或独特性,例如著名社区和具有新奇不寻常的空间品质、音乐场景、能引起故事性以及文化艺术美感的历史纪念物。

数字技术影响下的创新栖息地健康空间规划思考

马军杰

一、疫情防控的常态化对创新栖息地的影响

2020 年初的新冠肺炎疫情暴露了当前城市发展与空间规划当中的许多问题,随着疫情防控进入常态化,如何系统应对城市经济发展与疫情防控之间的平衡关系,有效处理重大公共卫生事件和传统城市治理模式之间的矛盾,是对我国未来城市规划与发展模式的新要求。在这一背景下,需要对创新栖息地的规划理念与发展模式进行重新思考。疫情对创新栖息地的影响主要表现在两个方面。

(一) 疫情防控的常态化对城市的空间需求、功能、发展与规划理念提出了新的挑战

疫情防控的常态化要求城市发展应当回归人的安全、健康本质,具备应对重大疫情与灾害的免疫力。将如何有效应对城市空间隔离与高密度发展之间的矛盾纳入城市国土空间规划体系思考,通过城市空间精细化重构,发挥城市空间自组织性在空间阻隔当中的作用,提升城市在应对外来灾害和健康风险冲击当中的治理能力。

韧性:强调城市应当对外来冲击具备一定的缓冲、适应、反弹能力,同时对困难情境有预防、准备、响应的能力。

健康:要求将"健康城市"理念纳入国土空间规划编制和实施,降低国土空间的健康风险,构建完善的城市公共健康保障系统。

承载性:城市空间规划应当综合评价城市自然环境、社会经济环境、城市结构及微观形态等因素对于公共卫生及灾害的影响,充分考虑城市空间对于重大疫情与灾害的承载能力。

作者系上海市产业创新生态系统研究中心研究员、同济大学法学院副研究员。

应急：城市应当具有应对快速易变性（Volatility）、不确定性（Uncertainty）、复杂性（Complexity）和模糊性（Ambiguity）（即 VUCA）的能力。

安全：城市空间规划体系应当正视城市系统的复杂性与脆弱性风险，充分考虑城市安全的需要，具备城市疫情、灾害等的综合应对体系与风险管理体系。

智慧：要求城市空间与信息技术的深度融合，在城市空间规划体系中应引入智能预警技术及机制，提升城市空间主动的健康支持能力和被动的可防疫能力，构建城市现代化治理体系，提升基层空间单元的治理效能。

（二）疫情加速了数字技术应用与数字经济的发展，深刻影响了知识溢出与创新集聚的方式

此次疫情加速了新技术、新模式对现有工作和生活方式的冲击，"数字化竞争"开始变成商业竞争的基础逻辑。与疫情相关的数字化沉淀正在全面渗透至社会运行的每一个角落。大数据、云计算、5G、AI 等"新基建"技术成为我国数字经济发展以及应对各类不确定性和复杂性的必要保障，但同时对于创新栖息地的传统空间价值形成了挑战。

（1）随着互联网＋和大数据及 5G 等"新基建"技术的快速发展和应用，降低了部分企业原来需要通过空间邻近性规避搜寻成本与交易成本的动机，创新空间产业链上下游企业的空间依存度也相应降低。

（2）即时通信工具、VR/AR、多媒体技术的快速发展，促进了互联网会议、远程办公、在线教育，在线研发设计的广泛应用，将深刻改变知识的获取方式、知识的溢出途径与交流方式，并会部分改变创新主体对知识源的需求结构与空间关系。

（3）数字经济与互联网商业模式的兴起，使得满足长尾消费者的异质性需求成为可能，企业与消费者之间可以更为便捷迅速地进行信息交流，进而促使双方主体在信息网络虚拟空间中形成新的耦合关系。

（4）随着生产和生活空间的进一步数据化和网络化，创新主体、治理主体、社区主体能够在信息网络中更为有效地传递隐性知识与相关信息。会在一定程度上改变原有的物理空间、社会空间、经济空间的融合方式，并在网络空间中形成新的数字化融合模式，重构了空间与空间价值网络。

（5）数字经济与互联网平台对于生产要素与资源空间配置方式的改变，使得企业创新主体将面临新的竞争协作型关系网络与动态契约关系，并有利于通过竞争协作的策略互动培育和激发创新。

（6）外卖平台、生鲜电商、无接触配送等的蓬勃发展，有效解决了创新主体必要的日常生活需求，并深刻影响对物理街区的生活性空间需求。在线文娱、在线展览展示等虚拟技术应用一定程度上弥补了公共空间的社区活动。在线医疗弥补了公共卫生体系和防疫力量的不足。

二、疫情并不会从根本上改变创新的空间需求与空间逻辑

疫情是创新栖息地发展的约束和障碍，会影响创新集聚和抑制创新主体的自然接触，但并不会完全改变创新活动的空间逻辑和创新主体的空间需求。引用吴志强院士关于"创客都是吃货"的研究观点，"所有全世界最具创造力的地方，专利最多的地方，人均专利最高、地均专利最高的地方和这个地方的环境质量呈非常重要的正相关。也就是说，这些世界顶级的人物，最好的脑子对工作场所的环境极其敏感"。对此，笔者深表同意。事实上，创新栖息地是创新生态系统的栖息地，是创新创业活动的栖息地，但更为关键的是创新工作者或知识生产者的栖息地。根据三元空间生产理论，创新栖息地应由物质、精神和社会空间构成，强调自然、社会、经济网络的有效融合。因此创新栖息地的规划建设要求：

（1）从人的身体和社会两个层面，为充满活力与能够健康、蓬勃发展的知识工作者和创新创业企业提供先进的便利设施、具有吸引力的物质环境、与特定创新活动相契合的用户体验。

（2）能够通过分享知识，交换信息和新闻，互相建议，分享办公室、设施、设备和工作促进创新主体的互动与协同，塑造有利于形成良性互动网络与社会协同关系和信息交互能力的空间产品与活动。

（3）形成具有"生活—工作—学习—娱乐"型的创新生态系统城市模式，要求形成高品质的城市空间性格，满足对自由、包容、公平的空间权利和舒适、美观、便利、配套完善、有品位的空间气质及空间质量的追求，提供能够反映创新主体群体符号特征的公共场所与消费空间。

因此，网络和虚拟技术无法提供人们对于自然环境和空间亲密感的天然需求，难以取代户外锻炼或旨在放松身心的空间移动过程中，对人们维持健康所必需的积极作用；无法解决人们所必须的身体接触和对于各种社会活动例如音乐会、展览等特定群体活动的参与深度；也难以解决人们与"志同道合"的伙伴共同培育熟悉的街区环境印象和高品质的空间性格的诉求；更无法解决在品尝美食，享用剧院、电影院、咖啡馆的过程中，在群体消费趣味与空间品位的交流与自我

表达当中获得的幸福感和满足感以及享用具有群体符合特征的公共场所与消费空间的诉求。此外,互联网及各种虚拟技术虽然降低了显性知识甚至部分不可编码信息的空间局限性,但创新与灵感往往来自大量非正式深度交流,实证研究也表明,随着网络空间信息的实时共享和交换频率的提高,会进一步提升对于现实世界亲密性的需求和面对面深度交流的频率。同时,虚拟集聚会带来创新栖息地原有部分产业及价值环节出现"脱域现象",但非正式信息交换的场所和频率要求,导致核心产业链与价值链高端的人才和企业对于知识源、知识溢出和交往的空间邻近性需求以及相应的集聚性反而会更强。

三、后疫情时代创新栖息地的健康发展建议

(1)进一步优化创新栖息地的建成环境,增强公共空间的美感和艺术性,提升创新主体与创新空间微观结构及要素的亲密度;增强空间品质,提升创新主体交往和灵感激发的有效性。

(2)提升创新栖息地的创意与公共活动氛围,培养创新行为主体的群体消费特征与空间品味,增强创新栖息地的品牌认同和辐射能力,吸引创新人才与创新要素汇聚。

(3)树立以人为本,健康、安全、生态的规划和发展理念,提升创新栖息地在生活、学习、工作与娱乐信息交流和共享等方面的便利性和多样性,培育创新空间的活力与黏性。

(4)基于大数据评估创新栖息地空间,推动创新栖息地的微观空间更新,构建具有高渗透性、强韧性以及更为健康的空间肌理。围绕空间阻隔设置的科学性、空间疏散能力和创新行为活跃度提升,发挥创新栖息地空间结构要素与空间网络的催化能力和自组织性。

(5)综合评估创新栖息物理空间对于灾害与疫情的承载力,构建有针对性的空间预警机制。

(6)动态评估创新栖息地微观空间单元公共服务覆盖率及基础设施配置水平,提升社区公共服务品质与创新主体生活品质。

(7)以智慧规划引领智慧城市建设,提升创新栖息地智能化水平,重构创新栖息地自然、经济与社会网络的融合方式。

(8)充分利用互联网、大数据、人工智能技术,形成高频、快速、主动、多中心、短链路、分散化的决策机制,降低公共服务与公共产品供给的碎片化,增强创

新栖息地的治理能级和疫情防控及应急管理能力。

（9）构建以创新主体、企业、大楼、社区为核心的多级防控机制，围绕综合防疫体系建设进行空间资源、线下卫生医疗资源及社会资产的配置，提高社区精细化管理水平。并通过整合互联网医疗平台和大数据医疗数据分析，完善应急预案，提升创新栖息地的免疫力。

如何"优化蛋糕切割"

——浅谈科研经费的额度设置问题

| 常旭华

2020 年 4 月 15 日,上海市 2020 年度"科技创新行动计划"软科学项目申报指南如期公布,与以往设置"自选课题"与"主题项目"两大类别不同,2020 年新增了"专题三:青年项目",其资助额度下调至 5 万元。这一面向科研青椒倾斜性资助的做法,一定程度上优化了财政科研经费的使用效率,对占大多数的青年科研人员也是"雪中送炭"。另一方面,2020 年年初新型冠状病毒突然爆发,全球陷入自 1929 年以来的最严重的经济危机,各国科研经费投入的总体规模和增速必将进一步缩减。因此,面对科研经费"蛋糕"不可能继续做大的局面,如何"优化蛋糕切割",改革科技计划项目的资助机制,将成为未来数年科技管理部门和财政部门关心的热点议题。

一、"切蛋糕"的难点

在科研经费总量固定的前提下,"切蛋糕"是一个涉及科研资源如何有效分配的科学问题。国际国内通常采取定额资助或成本补偿法两种方式,其中,小额资助以定额居多,大额资助通常要求采取成本补偿法。但是,无论小额或大额,单笔经费的额度都需要科学设置。

若单笔经费额度过低,会促使科研人员从事中短期、知识稳定增长、风险厌恶型的研究,以确保具有持续、稳定的科研产出,为争取下一轮经费提供基础,这种保守的科研生态不利于产生颠覆性创新成果。同时,经费额度不足也会迫使科研人员不断撰写倾向稳定性产出的申请书,浪费了宝贵的科研时间。

然而,若单笔经费额度过高,必然资助项目少,这无形中会挤占大多数科研人才的发展空间,无益于个体积极性的调动,某种程度上也提高了政府项目筛选

作者系上海市产业创新生态系统研究中心研究员,同济大学上海国际知识产权学院副教授。

的成本与责任,背离了科学自由探索精神,并很有可能造成经费浪费,利用率偏低等问题。

因此,"切蛋糕"的核心议题是资助机制设计和相应额度分配的问题。

二、"小额资助＋延续性资助"——NIH"切蛋糕"的成功典范

美国国立卫生研究院(NIH)是世界公认的最为成功的科研管理机构,代表美国联邦政府管理了大量科研项目,产出了大批至今影响世界的科研成果(每年科研经费占联邦科研预算超过 20％)。其资助机制与科研经费额度设置的成功做法包括:

(1) 不断优化整体的资助理念。历史上,NIH 的资助理念发生三次变动,分别为"为一流的科研项目提供资助→为最好的科学和科学家服务→为在新的研究领域进行早期研究的人员提供资助"。围绕此,其资助通过率也从"首次申请项目负责人与获得过资助的项目负责人相仿"调整成"首次申请者项目资助通过率 22％,其他申请者项目资助通过率降至 16％",更加强调发现新的具有科研潜力的人才。

(2) 小额资助鼓励青年科学家成长。在历次资助理念的调整过程中,对首次申请项目的科研人员和青年科研人才给予特别关注,青年科学家的项目申请通过率高于 NIH 平均资助率。

(3) 重视延续性资助。NIH 充分考虑了资助对象的学科特色,为防止因经费问题导致科研被迫中止或失败,实施了大量非竞争性延续资助(占比约50％)。因此,尽管单笔经费额度不高,但科研人员预期可以不断拿到延续资助,可以按照自己想法设计实验。对 NIH 而言,延续资助也是控制资助风险的有效手段,避免了机构式资助中经费遭到浪费甚至通过"无中生有"骗取科研经费的问题。

总体而言,NIH"小额资助＋延续性资助"的做法既确保了科研经费的覆盖面,又为真正从事科研工作的人才解决了后顾之忧,规避了单笔大额资助或机构式资助的使用效率偏低和资金风险问题。

三、上海不同科研经费额度的产出效率分析

由于科技报告系统建设尚不完备,且科研人员申请专利时并不强制要求说明受资助情况。本文仅以上海市科学技术委员会 2014—2018 年的科研项目为

例,模糊匹配"科研项目名称、项目承担单位、项目承担人"信息,分析科研经费的产出效率,如表1所示。

表1 上海市科技计划委员会项目的专利产出情况

主要类型	数量	数量占比	金额(亿元)	金额占比	单笔金额(万元)	专利申请数量	平均每个项目的专利产出
高校与科研院所	9 480	37.4%	62.32	38.3%	65.7	5 076 (34.26%)	0.54
国有企业和集体企业	1 719	6.8%	21.47	13.2%	124.9	1 125 (7.59%)	0.65
外资企业	402	1.6%	3.54	2.2%	88.1	279 (1.88%)	0.69
非国有、非外资企业组织	13 747	54.2%	75.31	46.3%	54.8	8 332 (56.25%)	0.61
合计	25 348	100%	162.64	100%	/	14 812	/

尽管整理数据满足"单笔项目的资助额度越高,专利产出越高"的规律;但是,不考虑资助对象差异时,本文发现资助额度与专利产出的相关关系可以简化为线性拟合或指数拟合,资助额度的边际递增效应非常弱,某种程度上几乎可以忽略不计。

本文又匹配了科研人员的科委项目承担情况与其作为发明人完成专利的交易情况,结果显示,二者基本不具有明显的规律性,即长期承担科委科研项目的科研团队在专利转移转化中并未表现出明显的客观规律,具体如表2所示。

表2 受上海市科委项目资助的科研人员的专利交易情况

分析规则	上海市部分高校的情况
按科研人员获批的科委科研经费排名	上海大学的部分教师承担科委项目经费排名靠前,但专利交易数和专利交易额均排名中等
按专利交易数量排名	东华大学、华东理工大学这两所学校的部分教师承担科委项目经费额度不高,但专利交易数量全市排名靠前,专利交易总额不高
按专利交易成交额排名	上海交通大学的部分教师获得科委资助不多,但专利交易数和专利交易额均位居全市前列
按专利平均成交价排名	上海中医药大学的部分教师获科委资助额度排名靠后,但专利交易总额排名靠前,平均专利价格居全市前列

由此可见,从提升科研经费额度与专利产出与贡献率匹配度的视角看,上海仍有进一步优化的空间,可以参照 NIH 的做法,在基础研究领域探索延续性资助,提高科研人员的风险偏好;在应用研究领域强调专利产出与转化交易,提升经费使用效率。

科研诚信监管中的若干问题和对策

| 舒贵彪

　　科研诚信是由研究人员在研究、生产和科学出版过程中的道德责任所塑造，采用与调节研究伦理的伦理规程和程序相一致的行为。科研诚信是规范化的道德要求，要求科研人员自觉遵守，但科研诚信监管也同样重要。我国的科研诚信监管机制是自上而下的三级监管体系：最高监管层是国家层，负责从国家层面对科研诚信监管提供政策指导，并协调不同部委开展职责范围内的科研监管相关工作；二级监管层是部委层，包含负责科研管理工作的六部委，各部委分别按照既定职责和权力，承担对各自领域和科技工作范围内的科研诚信监管工作；三级监管层是基层监管层，由各部委所属的各基层机构、组织或团体组成，负责相关基层部门职责范围内以及组织或团体内科研监管相关工作。

一、科研诚信监管的若干问题

　　我国自上而下的三级科研诚信监管体系的权力相对集中，有利于科研政策的制定与推动，但也存在一些问题：基层监管层在监管职能的发挥上相对被动，难以根据实际情况灵活处置和有效应对失信行为；监管链长，相关政策难以在基层有效全面落实，反馈链也长，不利于及时响应；各部门之间的信息共享存在壁垒，不利于科研信息统一管理和广泛共享。随着科技的迅猛发展，科研环境日益复杂，学术竞争压力日益激烈，在相关利益诱使下，易催生科研诚信问题，如"汉芯"事件、医学文章被大量撤稿等。有研究发现，过去 20 年，我国的撤搞数量在增加，其中，约 75％的撤稿是由于剽窃、欺诈、伪造同行评审等原因，且这些作者倾向于将目标定位于较低影响力的期刊上，体现出我国科研诚信问题十分严峻。

　　我国科研诚信问题的成因主要体现在两方面：第一，科研激励措施与科研竞争压力促生学术不端行为。当前，我国科研人员在科研经费支持与评价考核等

　　作者系同济大学经济与管理学院硕士研究生。

方面面临很大的竞争压力,且在科研激励中存在明显的马太效应,催生并增加了可能导致科研失信行为的可能性。第二,不完善的科研诚信监管体制与较低的科研失信成本助长学术不端行为。科研失信行为的发生并不仅仅因不经意而产生,研究发现我国因科研人员"有意"而产生的科研失信行为占很大比例,造成这一现象的主要原因是我国的科研失信成本低,潜在风险远小于潜在利益,未能搭建牢固的诚信防线。

二、科研诚信监管的若干对策

(1) 加大科研失信成本,完善构建科研失信档案管理与科研不端惩罚机制,让科研工作者不敢违背科研诚信规范。

科研人员所面临的科研诚信成本相对较低,致使部分科研人员在科研失信的边缘徘徊试探甚至有恃无恐。因此,为改善科研诚信环境,首先要从加大失信成本入手,坚决贯彻落实科研失信档案管理,公开科研失信行为与科研失信行为人,让守信者如履平地,失信者举步维艰,实现科研工作者不敢违背科研诚信规范。

(2) 完善科研诚信监管机制,提高监管效率,让科研工作者不能违背科研诚信规范。

我国现行的科研诚信监管体系监管链长,在基层监管层执行监管职能时对科研失信行为的响应效率低。在科研诚信监管方面,美国联邦政府在其中发挥了重要的作用。美国政府设立了一些专门的机构以保障和监督包括科研诚信在内政府部门的诚信。第一,政府伦理办公室(OGE)负责政府部门伦理计划的总体领导和监督,包括制定和实施伦理行为标准、开展伦理教育和培训等,以预防和避免利益冲突。但政府伦理办公室的职责重在预防,不负责处理有关不当行为的指控,也没有调查和起诉权。第二,联邦各部门监察长办公室(OIG)作为设在各部门内的独立、客观的机构,负责防止各部门计划和运作中的浪费、欺诈等不当行为,负责对可疑或被举报的科研不端行为开展质询和调查。第三,监察长诚信和效率委员会(CIGIE)的成员包括所有监察长以及与联邦法律实施和确保诚信有关的人员,负责单个部门无法解决的诚信、经济和效果等问题,同时,CIGIE通过制定政策、标准等提高监察长办公室工作人员的专业能力和工作效果。

借鉴国外经验并结合我国实际,为破解集权存在的不足,应建立和完善地方整体科研诚信监管机制,在原有的科研诚信监管体系的基础上,提升下级基层的科研诚信监管权限,以省级科研诚信监管体系作为我国科研诚信监管体系的枢纽和节点,完善各省市之间的信息共享机制,弥补整体科研诚信监管机制的低效率。

同时,要强化监督与自我监督,完善举报人保护机制。有学者研究发现,亚洲的历史文化导致学者在目睹违背科研失信行为时倾向于保持沉默。这不仅仅是亚洲现象,结合全世界近年的科研失信事件可知,科研诚信问题是全世界科研领域都存在的问题,且当前的科研诚信监管机制对举报人的保护力度缺失或不到位。因此要建立并完善检举人保护制度,督促各机构在研究人员中制定明确的指控研究不端行为的既定准则与程序,并制订可靠独立的指控系统,同时要聘用具有研究伦理经验背景的人员处理科研失信指控,严格保密举报人信息,营造鼓励合法检举、严正有序的科研生态。

(3)强化诚信教育与道德教育,充分发挥科学共同体的自律功能,让科研工作者不想违背科研诚信规范。

科研诚信道德规范是所有科研人员都应共同遵守的契约。但尽管存在道德准则,科研领域的不端行为仍时有发生,在利益面前难以坚守道德底线,其根本原因是科研工作者在思想上存在不足。为从思想源头上抓科研诚信,加快建设诚信的科研创新环境,要明确各主体科研诚信建设责任,针对所有的科研工作者与潜在的科研工作者开展全方位、全阶段的科研诚信教育。在学生教育上,要将诚信教育与道德教育融入各个阶段,特别是高等教育阶段,落实导师制,实现传帮带,不断强化学生的科研诚信意识与道德意识;在科研人员教育上,科研机构要加强对科研人员的诚信教育,倡导风清气正的学术氛围,引导科研人员潜心科研,不以科研事业作为追名逐利的工具,敬畏科研、形成自觉。

同时,要建立并完善奖励成功、宽容失败的科研生态。科技创新需要在不断试错的过程中积累经验,厚积薄发。急功近利势必成为学术造假、科研失信的培养基。要正确认识到科研人员在科研工作中所面临的实际压力,在合理的制度框架内为科研工作者营造学术民主环境,激励科研工作者开放创新,不累于各种不尽合理的硬性指标。要宽容科研人员在试错过程中的失败,也要充分肯定科研人员的成就并适当激励。

建设国家实验室需要关注的若干问题

| 常旭华

当今世界,新一轮科技革命的前景正逐渐明朗化,学科分化与交叉融合加快,科学研究目标日益综合化、极端化。科学领域的研究活动需要多学科团队的配合和大型科研设施的支撑。因此,未来科学前沿的革命性突破越来越依赖于有组织科研与科研设施技术性能的突破。根据《国家重大科技基础设施建设中长期规划(2012—2030 年)》的规划部署,我国正在建设北京怀柔科学城、合肥综合性国家科学中心、上海张江综合性国家科学中心以及张江实验室,未来粤港澳大湾区也将建设第四个综合性国家科学中心。在四个综合性国家科学中心建设高密度的大科学装置,将加快我国的科学技术突破,使我国成为全球科技重要发源地和新兴产业策源地。基于国家实验室及其科研基础设施的重要性,本文尝试探讨建设国家实验室需要关注的六个问题。

一、目标设定:高度强调使命导向,效率优先,不鼓励自由探索

自第二次世界大战以来,国家实验室建设均高度强调使命导向,最早是为世界大战特定任务而设立,如伯克利国家实验室最早是为发展雷达技术而设立,二战后才并入原子能委员会。冷战期间,国家实验室大都以核物理研究为主,包括核弹头制造、储存、核废料处理及环境保护等。随着大科学时代的到来,国家实验室需要彻底改变传统单打独斗式的科研组织形式,瞄准科学最前沿领域开展基础研究。因此,无论处于哪个时代,国家实验室内部目标非常明确,要么侧重学科内部的单一任务环节(比如粒子撞击),要么面向特定学科群(比如天体物理),但均不鼓励内部科研人员开展自由探索式科研活动。

作者系上海产业创新生态系统研究中心研究员,同济大学上海国际知识产权学院副教授。

二、独立性问题：充分体现科学家的治理权利

国家实验室在其生命周期内必须充分体现科学家的治理权利。在实验室建设期间，必须由科学家主导设计方案，军方代表只负责按照科学家的设计思路按图施工。在实验室运行期间，科学家必须拥有关键否决权，以德国亥姆霍兹联合会为例，其最高决策委员会中，4 名代表来自四大科研机构、4 名代表来自政府部委、9 名来自国内外高水平的科学家、8 名来自经济界和工业界的专家代表，科技界始终多 1 票。

三、经费问题：中央政府部门出"大头"，国家实验室不得私自接受外部门资助

国家实验室承担国家的重大科技战略任务，必须由中央政府承担绝大部分经费。以美国为例，国家实验室经费来源单一，绝大部分经费来自联邦主资助部门。根据联邦采购协议，国家实验室通常有一个主资助单位、若干次资助单位，国家实验室不低于 70% 的资金必须来自联邦政府。主资助部门出"大头"保证国家实验室一切以完成国家交待的任务为核心，不承接非政府部门的资助。例如，美国国防部要求下属国家实验室不得与非国家实验室竞争正式的投标申请，能源部要求下属国家实验室必须建立信赖关系，未经批准，不得接受非联邦部门资助。

四、项目管理：国家实验室是一级独立的项目管理主体

在美国，国家实验室作为独立的一级项目管理主体，充当了联邦政府部门和具体项目负责人之间的桥梁。能源部根据国会预算，按研究计划将研发经费分配给下属各国家实验室，再由国家实验室与具体项目承担单位或个人签订研究合同。在德国，亥姆霍兹联合会在项目管理上采取评议会制度，定期制定研究战略，并向政府推荐符合国家和国际利益的科研领域，接受联邦政府资助，进而开展自主性研究。未来我国的国家实验室建成后，国家应明确赋予其项目管理职能，实施真正意义上的机构式资助。

五、人才管理：遴选实验室主任，保持足够人员规模，根据需要开展学生培养

国家实验室主任必须在学术水平和社会影响力两方面具有优秀表现。美国

国家实验室主任遴选标准就高度强调发现新研究方向的能力和组织协调能力、资源调动能力、资金筹集能力。其次,国家实验室科研人员数量必须达到一定规模,美国国家实验室平均约 4 000 人,包括科学家、工程师、实验技术人才、管理人才、访问学者等。最后,国家实验室应当根据自身发展需要考虑是否招收学生。必须注意的是,实验室并不必然具有培养学生的能力和责任,如果没有稳定的研究方向也很难保证学生获得学位。

六、考核机制:必须建立一套全方位的考核体系

国家实验室的考核包括三方面:一是战略审查,即考评"国家实验室是否优先完成了主资助部门交待的科研任务";二是自评估、外部评估及飞行检查,重点考察国家实验室的运行有效性、安全性、科研产出效率、影响力等,尤其需要通过飞行检查确保"国家实验室是否有潜在重大安全事故风险";三是成本考评,审计国家实验室的经费执行情况。

突发公共卫生事件背景下国际科研合作探讨

| 秦函宇　钟之阳

据世界卫生组织（WHO）统计，截至 2020 年 4 月 26 日，全球新冠肺炎感染病例已经超过 288 万人，死亡人数超过 20 万人，新增病例创下数据公布以来的纪录，拐点似乎还没到来。这是进入 21 世纪以来，人类面临的最大一次公共卫生危机，不仅对人类的生存与健康造成极大威胁，亦对全球的经济发展与学术发展造成了沉重打击。公共卫生安全是人类面临的共同挑战，没有一个国家或地区能够独善其身，而且仅依靠单个国家的力量也远远不够，在此情景下开展国际科研合作对应对疫情国际扩散具有重要意义。

一、六次历史突发公共卫生事件

根据 WHO 的规定，国际关注的公共卫生紧急情况（PHEIC）被定义为"确定通过疾病的国际传播对其他国家构成公共卫生风险的特殊事件，并可能需要国际上协调一致的反应"。自 2003 年 4 月严重急性呼吸综合征（SARS）爆发被认定为 21 世纪第一次全球公共卫生突发事件后，后续 15 年间又陆续出现了 2009 年 6 月甲型 H1N1 流感（俗称猪流感）爆发、2014 年 5 月脊髓灰质炎（俗称小儿麻痹症）爆发、2014 年 8 月埃博拉病毒爆发、2016 年寨卡病毒爆发、2019 年 7 月埃博拉病毒再次爆发以及 2020 年 1 月新型冠状病毒爆发。中国医学科学院院长王辰院士表示，疫情防控有两条主线，一是防控和诊治，二是科学研究。特殊时期的国际科研合作不仅是人类同病毒的殊死较量，也是科研与疫情的激烈搏斗。

作者秦函宇系同济大学高等教育所硕士研究生；钟之阳系上海市产业创新生态系统研究中心研究员、同济大学高等教育研究所讲师。

二、新冠疫情下的国际科研合作现状

(一) 加强国际合作的重要性

疫情扩散的全球化趋势加剧,全球几乎所有国家都未能幸免。3 月 30 日,联合国教科文组织召集多国科学部门代表举行线上会议,会上教科文组织总干事阿祖莱呼吁参会的 122 个国家政府加强科学合作,并将开放科学纳入本国科研体系以预防和减缓全球性危机。3 月 31 日,联合国秘书长古特雷斯在《共担责任、全球声援:应对新冠肺炎疫情的社会经济影响》的报告中强调,新冠肺炎疫情是联合国成立以来面临的最大考验,国际社会需要作出更强有力、更有效的应对,只有团结一致才能共同战胜这场危机。

(二) 国际合作平台快速搭建

世界各国积极加强科技交流与国际智库之间的合作,能够为疫情的防控提供智力支持。2003 年美国疾病预防控制中心(CDC)联合其他发达国家重点实验室,快速确定了严重急性呼吸综合征(SARS)的致病源冠状病毒,并为全球疫情控制和药物研发攻关发挥了积极作用。2020 年疫情爆发以来,多个国际联盟在短时间内快速成立,在极大程度上推动了新冠病毒的研究与治疗。疫情发生后,中国及时向包括世卫组织、有关国家和地区性组织在内的国际社会通报疫情信息,为世界范围内了解新型病毒争取了时间。中国科学院在国家微生物科学数据中心、国家基因组科学数据中心向全世界共享数据的基础上,又搭建了"中国科学院新型冠状病毒肺炎科研文献共享平台"。该平台汇聚了中国科学院科研人员和所属科技期刊正式发表的新冠病毒肺炎论文,共享了国家微生物科学数据中心、国家基因组科学数据中心的有关核酸序列、菌毒种信息等科学数据资源,是非营利的专题性自存储仓储库。该平台遵循国际科研机构《关于公共卫生紧急情况下数据共享的声明》,提供开放式的浏览、检索和共享服务,为推动世界各国开展病毒研究和疫情防控提供参考。

(三) 国际合作已取得显著成果

自疫情大面积爆发以来,国际科学界迅速对自身运作方式进行智能化改革,2020 年 1 月中上旬,这场特殊的科学抗疫之战正式打响第一枪。中国疾控中心、中国医学科学院以及中国科学院三方均在掌握到新型冠状病毒全基因组序列后,第一时间向世界卫生组织提交了病毒序列,且在全球流感共享数据库(GISAID, Global Initiative on Sharing All Influenza Data)上发布。自此之后,学术界以最快速度加入了这个没有硝烟的"战场"。在世界卫生组织的号召下，1 000多篇科研论文相继在开放渠道发表。以 Novel Coronavirus 为关键词在 scopus 数据库中进行检索，发现2020年发表493篇，2019年发表136篇，历史上一共发表2 412篇。文献类型包括 article review、note、editorial letter、book、chapter 等。2019—2020年的国际合作论文占比为28.8%，历史全部国际合作比是30.5%。

在论文发表方面，除《新英格兰医学杂志》(*The New England Journal of Medicine*)、《柳叶刀》(*The Lancet*)等世界级著名医学杂志单独为新冠肺炎开设了专栏外，冷泉港实验室(The Cold Spring Harbor Laboratory，缩写 CSHL)创立的预印本网站 bioRxiv 和 medRxiv 发稿量为最大，占总稿量的45%，加速疫情期间的科研成果尽快面世。同时《新英格兰医学杂志》的论文发表进程大大加快，从提交到发布的时间短至48小时。

（四）国际科研成果免费共享

面对新冠肺炎疫情全球"大流行"的严峻形势，世卫组织总干事谭德塞表示，这场疫情对全球在政治、资金以及科学领域的团结都是考验，全球要发挥团结精神应对疫情，公开、公平地分享数据和信息，尤其是共享样本和基因序列方面的关键信息。日前，上海医疗救治专家张文宏将新著作《2019冠状病毒病——从基础到临床》的著作权无偿授予复旦大学出版社，向西班牙、意大利、伊朗等国提供免费版权，为世界其他疫区相关科研的开展提供参考资料。

三、突发公共卫生事件下国际科研合作前景

目前，我国国内的疫情已经得到了有效控制，但在全世界范围内与病毒的战斗还在继续。此次突发的公共卫生事件让各国面临前所未有的压力，当挑战和压力与各国政治运作的逻辑产生碰撞后，对国家间的信任与合作带来了巨大冲击。疫情之下，有些国家显然没有承担作为世界大国的国际责任，原先精诚协作的国家共同体也面临分崩离析的局面，一些政客站在各自立场不遗余力地对对手进行污名化，现有的国际合作组织动员能力有限……，正如基辛格直言，本次疫情改变世界秩序已成事实。虽然，此次疫情将对我国的经济和社会秩序有所冲击，但出色的动员能力和相对完备的科技产业体系，体现了我国在突发公共卫生事件影响下所具有的抗风险能力和自我修复能力。当前，我国应抓住国内疫情得以有效控制所带来的有利条件，抓住时机，转危为安，提升我国参与国际科

研合作水平,拓宽合作路径。

首先,积极开展公共卫生疾病防控和生命科学的国际合作研究。疫情已经成为全人类的共同威胁,全球合作是防治并战胜疫情的关键。我国在此次疫情期间积极推动疫情防控的国际科技合作,第一时间向全球分享病毒全基因序列信息;与全球 180 个国家、10 多个国际组织分享疫情防控和诊疗方案;累计向 11 国派出 13 批医疗专家组;同 150 多个国家及国际组织举行了 70 多场专家视频会议等,为国际社会提供了强有力的科技援助。疫情也暴露出各国公共卫生体系在应对重大传染疾病中的短板,预防是战胜重大传染疾病的最有效方法。因此各国应共同建立稳定的全球性重大传染疾病预防体系和合作机制。我国应顺势而为,积极开展全球卫生领域的科技合作,加大对药物、疫苗和诊断仪器、试剂的研发力量和研发投入,推动相关领域的科技人才交流合作。

其次,积极参与国际科技合作治理体系重构。当前,新一轮全球科技革命和产业变革到来,新兴技术发展带来的伦理道德和安全等问题使得国际科技治理面临重构。中国在此次疫情中积极向国际社会分享抗击疫情的科研成果和实践经验,将为中国更大程度参与国际科技治理体系的重构发挥重要作用。在加强国际科研合作与交流过程中,我国应避免陷入针锋相对的恶性竞争,坚持开放、多元和包容的人文环境,提升制度型开放水平,完善国内外知识产权保护,形成能够与国际科研合作规则对接的高标准高质量的开放体系,增强在国际科研合作中的话语权和影响力。

最后,提升社会力量在国际科研合作中的参与度。此次疫情,社会力量的参与在我国的疫情防控阻击战中发挥了积极作用。在国内疫情初期,多个企业和海外华侨华人等民间力量通过不同途径提供资金和物资支援;而后中国大型企业也通过捐款、捐物、增产等方式助力全球抗疫,塑造了良好形象。疫情之后,在全球经济面临下滑形势下,一方面加强对已有科研成果的推介,吸引民间投资机构的参与;另一方面,对有些尚不具备在国内产业化的科研成果,可适当放宽管制,鼓励民间资本参与"海外孵化"。

"冬将尽,春可期;山河无恙,人间皆安。"各国只有加强合作,共同应对,才能有效地预防和控制突发公共卫生事件的爆发。

双循环需要什么样的科技创新生态

| 任声策

双循环新发展格局是我国根据形势适时提出的重要发展思路。双循环意味着社会经济系统的系列变革。科技创新生态系统是双循环新发展格局的重要支撑系统,因而需要根据双循环新发展格局这一发展思路重新审视科技创新生态系统,研判双循环新发展格局对科技创新的新要求以及如何发展适应双循环新发展格局的科技创新生态系统。

一、双循环新发展格局需要重新审视科技创新生态系统

双循环新发展格局是我国在新形势下提出的新的重要战略思路。2020 年以来,面对严峻的外部环境,中央提出"逐步形成以国内大循环为主体、国内国际双循环相互促进的新发展格局",大力推进高质量发展。2020 年 5 月 14 日,中共中央政治局常委会会议首次提出"构建国内国际双循环相互促进的新发展格局",其后在两会期间以及 2020 年 7 月 21 日召开的企业家座谈会上被多次强调。2020 年 7 月 30 日的中共中央政治局会议指出:"当前遇到的很多问题是中长期的,必须从持久战的角度加以认识,要加快形成以国内大循环为主体、国内国际双循环相互促进的新发展格局。"加快建设双循环新发展格局实质是要健全和壮大国内大循环,调整和优化国际大循环,形成国内国际双循环相互促进的关系,从而保障我国经济社会安全,加快经济高质量发展。这是对当前复杂严峻的发展形势的研判应对,是现代化经济体系和更高水平改革开放的需要,是一项长期战略。

双循环新发展格局需要经济社会大系统中各类子生态系统的支撑。要形成国内大循环为主体,在供给侧需要形成健全的生产供应系统,保障各类产业链的安全,提升其竞争力;在需求侧需要培育和发展国内市场系统,发挥大规模市场

作者系上海市产业创新生态系统研究中心研究员,同济大学上海国际知识产权学院教授、博士生导师。

优势。要形成国内国际双循环相互促进也需要发展新型国际合作体系,形成更高水平的开放格局。因此,双循环新发展格局需要重新审视各类子生态系统并推动变革。

双循环新发展格局尤其需要重新审视科技创新生态系统。这既需要审视科技创新生态系统的目标、任务、结构和资源配置是否符合双循环新发展格局要求,也需要重新审视科技创新生态系统的机制体制是否符合双循环发展新格局要求。科技创新是知识和信息等要素不断流动和互动而形成的结果,双循环新发展格局将显著改变这些创新要素的流动和互动模式,因而,科技创新生态系统的改变是必然的。

二、双循环新发展格局对科技创新提出了新要求

双循环新发展格局是事实上是对经济中供给侧和需求侧的重大战略调整,这意味着相应的科技创新也要有对应的重大调整,长期遵循的科技创新模式也应做对应调整。

双循环新发展格局对科技创新的新要求,首先是需要尽快弥补关键技术短板,即"补短板",解决国内大循环的断点和堵点。双循环是以国内大循环为主体的,这对我国经济而言是一次重大转型,因为我国经济已形成显著的外向型特征,具有典型的研发和消费"两头在外"特征,特别是部分关键技术受控于人,产业安全受到威胁。要实现这一转型,对科技创新而言,关键技术必须实现自主可控,因此必须大力发展"补短板"式科技创新,这在双循环新发展格局中显得十分急迫。其次是需要加快前沿技术研发和应用的进程,避免形成新的关键技术"短板",积极锻造关键技术"长板"。

双循环新发展格局需要加快发展相适应的科技创新模式。无论是要加快关键技术"补短板""锻长板",还是要避免形成新的关键技术"短板",在双循环新发展格局中,国际形势已迥异于以往,特别是在国际主要创新网络中,无论是人才流动,还是知识和信息流动,均已产生明显变化,并且无法排除会受到更多无端限制的可能。因此,此时我们既需要快速形成有利于加快关键技术"补短板""锻长板"的科技创新模式,又需要构建国际科技创新合作的新模式。

三、双循环新发展格局需要形成科技创新生态新循环

要实现双循环新发展格局对科技创新提出的新要求,就需要在科技创新生

态之中形成相适应的新循环,这包括科技创新生态中主体的角色、资源和要素的流动、主体的互动关系和体制机制的支撑等。

适应双循环发展新格局的科技创新生态新循环,一是需要有更多创新主体投入加快关键技术"补短板""锻长板"任务之中。关键技术"补短板"虽然在过去一直被强调,但从未有当前这么急迫。"补短板"之所以一直未得到明显缓解,关键并非因为缺乏"补短板"能力,而是因为缺乏"补短板"的责任主体和动力,结果都将希望寄托于他人,最终"补短板"却成了"老大难"。因此,科技创新生态新循环之中应加强"补短板"主体的明确和任务的落实。二是需要在战略和战术上加大对"补短板"的重视,在资源配置中加大"补短板"资源的投入力度。三是需要总体上在科技创新生态中投入更多创新资源,从而避免关键技术"锻长板"不被"补短板"拖了后腿。

适应双循环发展新格局的科技创新生态还需要形成新的体制机制。如上所述,因为双循环新发展格局之中,对科技创新有新要求,需要部署加快关键技术"补短板""锻长板"的能力和动力,因而,需要与之相适应的机制体制。这种机制体制,首先是在科技创新规划和计划形成之中,构建合理的项目筛选标准,从而可以避免"补短板"任务被淘汰出局;其次是在科技创新活动开展过程中,要形成有利于促进"补短板"工作积极性的评估评价体系,从而使科研机构和科研人员心无旁骛从事"补短板"工作。这种能够融合"补短板""锻长板"的机制体制,是当前机制体制优化的一个挑战,应得到广泛重视。日积月累,这种新的机制体制将形成双循环新发展格局中的科技创新生态新文化,从而保障双循环新发展格局的高效运转。

总之,双循环新发展格局需要我们重新审视科技创新生态系统,包括科技创新生态系统的目标、任务、结构和资源配置是否符合双循环新发展格局要求,也需要重新审视科技创新生态系统的机制体制是否符合双循环发展新格局要求。双循环新发展格局对科技创新提出了新要求,既要尽快弥补关键技术短板,即"补短板",解决国内大循环的断点和堵点,也要加快锻造关键技术"长板",还要形成与之相适应的科技创新模式。要实现双循环新发展格局对科技创新提出的新要求,就需要在科技创新生态系统之中形成相适应的新循环,这包括科技创新生态中主体的角色、资源和要素的流动、主体的互动关系和机制的支撑等。

以"制度化"赋能科技伦理治理

| 贾 婷 陈 强

与世界范围内科技快速进步及创新成果高速转化相伴随,科技风险频频亮灯示警。尽管风险的发生只是一种可能性,但科技活动过程及结果的未知性必然会加剧风险的不可控,尤其是在基因技术、人工智能等尖端科技领域,少数人的失范行为便有可能威胁社会稳定和生态安全,侵犯人的生命尊严。甚至,致毁知识可能导致的危机也逐渐浮现。韩春雨、贺建奎等事件进一步引发了关于"如何在科学技术与伦理道德间架起桥梁,以引导科技向善发展"的广泛讨论。显然,科技伦理风险对科技治理形成巨大挑战。为发挥科技伦理的核心规约作用,从治理角度化解科技伦理风险,国家科技伦理委员会于 2019 年 7 月组建,标志着科技伦理治理的新进展,也意味着相关机制、政策、法律体系建设以及科技伦理教育将逐渐步入正轨,这一系列"制度化"举措将成为构建科技伦理治理体系的重要基石。

一、制度化为何重要

作为一种弱制度,伦理规范的有效性受到很大限制,其作用的发挥需要通过相应的机构和制度来保障和强化,并将普适性的规范和要求传导应用到实践中去,科技伦理治理亦是如此。所谓科技伦理治理的制度化,是将科技伦理规范转化为社会普遍认可的固定模式,并通过机构和制度予以执行的过程。制度化的过程既需要自下而上的讨论,充分听取不同主体的意见,也要有自上而下的制度安排和组织架构设计,将抽象的伦理价值具体化,将科技伦理治理的基本原则规则化,强化可操作性,做到弱制度、强规范,强化其规约作用。

作者贾婷系同济大学经济与管理学院 2019 级博士研究生、大理大学经济与管理学院讲师;陈强系上海市产业创新生态系统研究中心执行主任、同济大学经济与管理学院教授、同济大学中国特色社会主义理论研究中心研究员。

二、科技伦理治理的"制度化"框架

科技伦理治理制度化的过程必须以重视科技伦理的"政府理念"和"价值设计"为前提。如图 1 所示,其核心过程应包括以下四个层面。

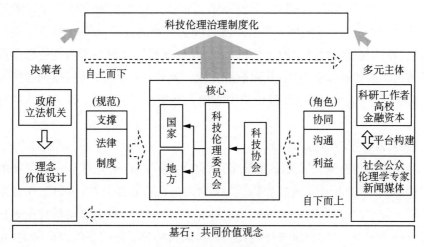

图 1 科技伦理治理的"制度化"框架

(一) 确立共同的科技伦理价值观

提升全社会的科技伦理责任意识,形成一致价值取向;通过高校、科研院所开设科技伦理课程,开展科技伦理教育,提升科研工作者及潜在科研工作者的职业道德水平和科技伦理素养,增强防范科技伦理风险的自觉性和敏感性;提高媒体科普能力,推动公众对科技伦理问题的关注和传播,深入理解科技伦理的价值和逻辑。

(二) 强化科技伦理治理的制度供给

共同的价值观需要有规可循,规范注重的是普遍性而非特殊性,应明确划定科技伦理的红线,对越轨行为进行惩戒。这就要求政府相关部门和立法机关加强研究,不断完善科技伦理治理的制度基础,使科技伦理相关政策的出台和实施有法可依;细化伦理审查规则,将技术规范和伦理守则以"制度化"的方式落实到科技活动的管理实践和技术细节中。

(三) 建立多层次监管体系

要以国家科技伦理委员会等机构为核心,建立健全中央、地方两级监管机制,制定可行的工作流程,开展科技伦理论证、评估和审查工作,为推进相关立法提供依据,为科技伦理规范的实施提供制度平台。我国已出台一系列针对具体领域的科技伦理规范条例,如《涉及人的生物医学研究伦理审查办法》(2007 年发布,2016 年修订)、《人类器官移植条例》(2007 年)、《人类遗传资源管理条例》(2019 年)等,在一定程度上明确了相关领域伦理问题监管的法律与制度基础。在这些条例中,都提出了一项指导性原则:"在各个领域的研究单位及管理机构中组建伦理委员会,其职责是对相关领域科学研究的伦理风险及科学性进行综合审查、咨询与监督。"提供政策咨询,以强化外部监管。但并未明确伦理委员会的具体工作流程及监管范围,导致职能受限。此外,鼓励建立各科技领域的专业技术协会,可结合专业特点,以价值中立的角色审查伦理问题,作为监督的有益补充。

(四) 倡导多主体协同共治

科技伦理治理问题需要多领域多主体广泛参与,构建完整且联系紧密的治理结构,实现职能互补。政府要提供制度基础,同时加强监管;科研工作者要明确科学研究中的伦理责任,坚守科技伦理底线;伦理学专家要参与科技伦理顶层制度设计,跨学科地提出审查原则;高校、科研机构等要加强基础理论研究,包括如何制定相应的科技伦理原则以及可实施的管理规范,如何加强科技伦理教育和社会传播问题等;新兴技术研发和应用机构要增强科技伦理的敏感性及评估能力,提倡负责任的创新。尝试在学术界与公众之间建立沟通对话的平台,使得科技伦理风险以适当方式公开并进行讨论,为在实践中不断修正科技伦理治理原则提供可能。这一过程同样需要媒体及伦理学专家参与其中,以保证科技伦理审查的时效性和全面性。同时,着力保障媒体宣传的真实性和客观性。这些举措都需要"制度化"保障才能得以实施。

美国诗人金斯伯格说:"自由只存在于束缚之中,没有堤岸,哪来江河?"通过科技伦理治理的"制度化"设计,可以实现目标间平衡,将科技伦理转化为科技工作者的自觉意识,并贯彻到科技活动实践中,将风险降低到最低程度。

健全顺应科研高质量发展的学术话语体系

| 周文泳

　　高质量发展是党的十九大报告提出的新概念,是一种内涵式发展状态。科研高质量发展,是指能够促进科技进步、支撑社会经济高质量发展、增强基础组织和社会公众获得感的科研发展状态。学术话语体系是科技创新领域的"上层建筑",顺应国情特色的学术话语体系是实现科研高质量发展的重要条件保障。

一、现阶段我国学术话语体系的薄弱环节

　　学术话语体系主要由话语主体、话语工具、话语规则和话语制度等要素构成,是帮助学术共同体开展学术活动与实现话语功能的话语平台(盛昭瀚,2019)。现代科学源于西方,逐步形成了利于英美等国获取知识资源的国际学术话语体系。由于历史原因,我国学术话语体系相对滞后,现已成为我国科研高质量发展的制约因素。

(一)国内学术话语体系过度西化

　　我国学术界参与国际学术话语体系的初心,是通过国际学术交流提升我国科技竞争能力,进而支撑我国社会经济发展。然而,我国学术界出现了"SCI至上"等学术话语体系过度西化的不良倾向,在各类科研人才、科研项目和科研机构评估中,出现了向擅长发 SCI/SSCI 等英文期刊论文的科研单位和科研人员过度倾斜的现象,造成了从事不同类型研究和不同学科的科研人员和科研机构学术发展机会不均等,破坏了国内学术生态的多样性,不利于满足国家社会经济高质量发展对不同领域的基础研究原创成果、应用基础研究成果和应用研究成果的现实需要,直接导致了我国科技对社会经济发展支撑不足的局面。

　　作者系上海市产业创新生态系统研究中心副主任、同济大学经济与管理学院教授、同济大学科研管理研究室副主任。

（二）我国学术话语主体自主意识比较淡漠

改革开放初期，我国与美英等发达国家之间的科技实力差距很大，融入美英主导国际学术话语体系，有助于逐步累积科技实力；改革四十余年，我国不仅完成了科技领域量的累积阶段，也在国际学术话语体系许多领域获得一定程度的话语权，但我国学术界也出现了重在参与、主体自主意识比较淡漠的被动局面。由于我国学术话语主体自主意识薄弱，缺乏对以我为主的学术话语规则和制度设计，误导了我国学术话语内容盲目追随"国际热点"与"国际前沿"的误区，导致科研资源配置和科研产出脱离国情需要，制约了我国科技竞争力的稳步提升。

（三）学术交流语言工具英语偏好

我国在融入国际学术话语体系过程中，在各类国内外西化的学术领域排名榜误导下，国内诸多基层科研单位和科研人员出现了优先在 SCI/SSCI/EI 等英文期刊发表科研成果的选择偏好，导致了基层科研单位和科研人员最新知识性成果优先惠及英语国家国民，增加了国人获取国内最新科研成果的难度，降低了我国基层组织和社会公众的获得感。

二、加快中国特色学术话语体系建设步伐

为了顺应我国科研高质量发展需求，消除我国学术话语体系建设滞后的不良效应，在此提出如下三点建议。

（一）强化中国特色学术话语体系顶层设计

中国学术特色话语体系主导世界，是中华民族伟大复兴在学术领域的重要标志。要实现这个目标，需要分三步走。现阶段，可采用参与国际学术话语体系和建设中国特色学术话语体系并重的双规思路，一是我国学术话语体系建设的核心任务是有序治理国内学术话语体系过度西化现象，通过政策引导（如国家两部委联合清理"SCI 至上"问题），构建中国特色学术话语体系的基本框架并持续充实内涵，以利于支撑国家社会经济高质量发展的现实需要；二是本着服务我国社会经济高质量发展客观要求，参与国际学术话语体系中要做到有所为、有所不为。第二阶段，在中国特色学术话语体系初步成形后，一边充实内涵，一边增强这一话语体系在华人社会、一带一路国家乃至全球的影响力。第三阶段，在我国综合实力和科技实力处于世界领先地位时，中国特色学术话语体系水到渠成地引领世界。

（二）加快我国自主学术话语规则制度设计

坚持文化自信，加强政策引导和荣誉激励，增强我国基层单位和科研人员的家国情怀以及参与国际学术交流和合作中的主体意识，以打造自主学术话语规则和制度为着力点，完善具有国情特色的学术话语体系，消除现行国际学术话语体系中我国学术话语内容的负面效应，引导我国学术话语内容实现从追随"国际热点"与"国际前沿"到服务我国科技进步的转型，以利于提升我国科技竞争力。

（三）加强我国汉语科技成果传播载体建设

推动我国学术成果交流和传播载体（学术期刊、在线论文发布平台、学术成果检索平台等）的评价体系改革，强化我国学术成果同行评议制度建设，营造我国学术成果交流和传播载体的公平竞争环境，以打造国内精品学术期刊为契机，形成以汉语精品学术期刊为代表的高质量学术成果交流和传播载体，增强其对我国基层科研单位和科研人员乃至国外学者的吸引力，以利于提升我国基层组织和社会公众及时获取我国乃至世界最新科研成果的及时性和获得感。

（本文节选自上海质量第三期[周文泳.疫情论文风波反思：论科学研究的高质量发展[J].上海质量,2020(3):58-62.]，并对个别文字作一些修正。）

企业、高校、科研院所，谁能解决"卡脖子"技术问题

任声策

当前，我国科技领域面临的"卡脖子"问题已经日益突出，到了亟需解决的时候。解决"卡脖子"技术问题本质上是解决现实中的重大需求问题，其中既需要基础研究的突破，也需要应用研究的发展，更需要应用基础研究的发力，即钱学森所指的技术科学发展。习近平总书记多次强调，要推进基础研究和应用基础研究，指出"关键核心技术是要不来、买不来、讨不来的"，就是要求尽快解决"卡脖子"技术问题。

那么，对我国创新生态系统中的各大创新主体而言，谁能解决"卡脖子"技术问题，成为勇挑重担、攻坚克难的突击手呢？可以简要的通过对创新主体中企业、高校和科研院所三类主要研究力量分别进行考察进行初步探究。

一、企业、高校、科研院所可以解决"卡脖子"技术问题吗

首先，我国企业可以解决"卡脖子"技术问题吗？从我国企业当前研发投入情况看，根据全球企业研发投入排行榜，全球前100位中，我国有8家，美国有38家，日本有15家；全球前10位中，我国只有华为1家，而美国有5家；全球前50位中，我国有2家，美国有22家，日本有6家；全球前1 000位中，我国有147家，美国有319家，日本有145家。可见，虽然我国企业研发投入进入全球前1 000的比例在不断提高，但是进入全球前100、前50、前10的卓越企业却依旧很少，且我国企业总体上平均研发强度低于国际同行。这说明我国企业中拥有雄厚研发实力的依然很少，显然很难依靠企业作为主力军解决"卡脖子"技术问题。

作者系上海市产业创新生态系统研究中心研究员，同济大学上海国际知识产权学院教授、博士生导师。

全球排名	公司	研发投入 2018/19（百万欧元）	R&D投入增长率	销售输入增长率	R&D强度
5	华为	12 739.6	12.9%	19.5%	13.9%
28	阿里巴巴	4 770.8	64.5%	50.6%	9.9%
53	腾讯	2 923.0	31.4%	31.5%	7.3%
71	上海汽车	2 029.1	52.9%	3.5%	1.9%
72	中国建筑	2 027.8	28.5%	13.8%	1.3%
73	百度	2 010.0	21.8%	20.6%	15.4%
81	中国石油	1 796.0	14.4%	16.8%	0.6%
84	中国铁路	1 712.3	21.0%	7.5%	1.8%

其次，我国高校可以解决"卡脖子"技术问题吗？我们有充分的理由期望高校挑起担子，而且我国高校近年来科技进步的确很快，基础研究实力不断壮大。但是，高校当前存在三个问题阻碍着其解决"卡脖子"技术问题，一是高校中有组织的科研力量较为薄弱，二是高校间团队竞争多于协同，三是高校在过去十余年存在以发表 SCI 论文为代表的重基础理论研究、轻应用或应用基础研究倾向，若要解决"卡脖子"问题需要在科研理念和有关机制上有所扭转。由此可见，高校也很难在一时成为解决"卡脖子"技术问题的主要依靠。

最后，我国科研院所可以解决"卡脖子"技术问题吗？科研院所更容易形成有组织的科研力量，更容易集中火力朝一个科研方向进攻，的确有更大的希望成为解决"卡脖子"问题的主力。但是，科研院所也存在一定的障碍：一是长期集中一个目标的机制逐渐减弱，二是攻坚克难文化和机制逐渐减弱。因而，科研院所也需要有所变革才会有更好地解决"卡脖子"技术问题的表现。

总而言之，三大创新主体短期内尚难以解决"卡脖子"技术问题，主要原因在于研究力量和机制上难以以应用基础研究为重心集中、持久攻关。因此，需要创新机制才能促使三大创新主体在解决"卡脖子"技术问题上表现更好。

二、企业、高校、科研院所如何才能解决"卡脖子"技术问题

一是引导高校从过度关注基础研究到适度关注应用研究，从而形成一支应用基础研究的力量。高校在加强解决"卡脖子"问题能力时，一方面需要加强有组织科研队伍建设，另一方面要加强与重大现实需求对接，此外还需要加强外部

合作,树立一种应用基础研究新理念并建立一种相适应的新机制。钱学森强调,技术科学工作中最主要的一点是对所研究问题的认识,高校通过与重大需求对接,有益于理解应用基础研究问题,从而解决应用基础研究问题。

二是引导企业从过度关注应用研究到适度关注基础研究,从而形成另一支应用基础研究力量。当前,我国多数企业缺乏从事基础研究的能力,多从事试验开发等应用研究工作,但是很多企业有提出需求的能力和适度的应用基础研究能力,因此,可以积极自主进入或借助与高校等研究机构合作,尽早向基础研究一端倾斜,逐渐形成应用基础研究能力,当我国有一批优势企业形成应用基础研究实力之时,解决"卡脖子"技术问题障碍将显著降低。华为鸿蒙系统开发就是一个例证,是华为与上海交通大学持续合作加强应用基础研究的重要成果。

三是引导科研院所注重应用基础研究,加大任务导向,或者新建以应用基础任务为导向的新型研究机构,从而形成第三支应用基础研究力量。可以通过给科研院所安排"卡脖子"技术问题的解决任务,或者建立新型研究机构,明确目标导向,如以解决某"卡脖子"技术问题为目标,辅以相应机制和容错文化等,那么新兴举国体制或许会在新时代焕发新机。

总之,当前"卡脖子"技术问题给我国带来的压力日趋严峻。解决"卡脖子"技术问题需要有创新主体作为突击手,实质上是在应用基础研究上更多发力,也包含着基础研究和应用研究有所突破。企业、高校和科研机构均需要创新机制才能在解决"卡脖子"技术问题上表现更好。

都在瞄准"高精尖",谁来解决"老大难"

任声策

一、我国科技创新既要"高精尖",也要"补短板"

随着中国特色社会主义进入新时代,科技创新对我国经济社会发展的重大意义日趋凸显。当前,两类科技创新对我国经济意义重大,一类主要是面向世界科技前沿的理论和技术突破,不妨谓之"高精尖";另一类主要是面向经济主战场和国家重大需求的技术突破,包括"补短板"。伴随着世界经济格局和科技竞争局势发展,"补短板"已刻不容缓。习近平总书记在 2018 年两院院士大会上强调"关键核心技术是要不来、买不来、讨不来的","补短板"补的正是这种关键核心技术,这种技术通常已在经济社会生活中广泛运用,发挥着重要影响。表面上看,"补短板"相对"高精尖"其实更容易实现,毕竟问题相对更加明确,也存在参考技术,这比世界科技前沿中从无到有的科技突破不确定性也更低。然而,事实表明,"补短板"并非易事,若无足够重视,"补短板"或成为"老大难"。

二、防止"补短板"成为"老大难",重在机制和文化

"补短板"要重视什么呢?"补短板"的难点又在哪里?相对提出问题和解决问题的能力,更需要重视的是机制和文化。毕竟相对两弹一星时代,我们在科技资源和科技人才方面均有显著进步,但是当今未必有相对那个时代更好的"补短板"机制和文化。事实上,当前科技创新生态中的机制和文化或已偏离"补短板",过度倾向于"高精尖",这种机制和文化才是"补短板"沦为"老大难"的顽疾。试想,在当前的科技创新机制和文化里,"补短板"问题虽然已较为明确,但这类问题进入国家和各地主要科技计划项目的相对数量多少、比例多大?这也一定程度上决定了"补短板"科技资源投入的相对规模和比例。显然,这类"补短板"

作者系上海市产业创新生态系统研究中心研究员,同济大学上海国际知识产权学院教授、博士生导师。

问题在确立选题的讨论中或者在申请评审过程中最终很可能不敌"高精尖",原因何在？主要是机制和文化。例如,我国科技成果鉴定中使用的"国际领先、国际先进、国内领先、国内先进"不同等级制度,很大可能已在科技创新领域逐渐形成"国际领先"一定优于"国内领先"的意识,但是鉴于"补短板"项目的属性,这种意识很可能与"补短板"目标背道而驰,毕竟,"补短板"项目成果很可能一时难以达到国际领先,从而降低科研工作者对"补短板"的热情以及学术社区对这些工作的认同。

事实上,当前科技创新生态中的机制文化过度倾向"高精尖"、偏离"补短板"体现在多个方面。前述的例子是科技计划和项目评审中的偏离"补短板"情形,另一种偏离"补短板"情形主要可归集于当前的科研评价体系。当前,对科研组织、科研项目和科研人才评价的导向始终离不开成果,包括成果质量、成果数量以及各类人才数量,这些又与时间、年龄高度关联。这种评价并非一无是处,只是我们必须注意其不良影响。即使有关破四唯、破五唯已得到举国上下重视,但当前这种机制和文化的终极指向仍是快速产出高质量成果,破旧立新相当不易。

三、当前科技创新机制和文化难以适应"补短板"

"补短板"研究的主要特征,尤其是其研究成果明显不同于"高精尖"研究。一是实际价值高,理论价值不一定有那么高,因为其往往是一种替代技术,也有相关在先技术存在;二是发表论文相对更难,毕竟类似理论研究成果或已在多年前有所发表,或已并非理论前沿问题;三是申请专利相对更难,因为在先技术或已申请专利;四是持续时间较长。

"补短板"研究成果的这四个特征难以适应当前科技创新生态中的机制和文化。以一位优秀科研工作者为例,在当前机制和文化中,他的首要目标或是希望被选拔为国家某一类人才,通常这类选拔需要在某个年龄之前拥有某些成果,为此,他需要尽快多出高质量成果,可见,"快""多""高质量"是关键,但是"补短板"研究的成果恰恰很可能是"慢""少";如果他未打算参与某类人才选拔,也同样面临着各类考核评价,而"尽快多出高质量成果"仍是考核评价中的关键,因为科研组织和科研项目管理机构也面临同样的被评价评估问题。当然,我们不排除存在部分不受"尽快多出高质量成果"困扰的科研人员,但也不难估计其为少数。

四、"补短板"需要什么样的机制和文化

显然，我们的科技创新机制和文化需要兼顾"高精尖"和"补短板"。当前科技创新生态中，"多""快"出高质量成果的机制和文化是背离"补短板"科研的，或会打击组织、个人等科技创新主体从事"补短板"研究的积极性，或提升了组织开展"补短板"研究的难度。在"补短板"十分重要的当下，需要我国科技创新生态的机制和文化体现更多"补短板"导向，发展出一种适合"补短板"的机制和文化。首先，国家及省市科技创新规划及科技计划项目中应给予"补短板"研究应有的重视；二是强化"补短板"研究的动力机制，通过在科技评价机制中融入适应"补短板"研究的成果"少"、"慢"等特征的对应措施，调动创新主体的积极性；三是建立"补短板"能力机制，在科技计划项目和资源配置中给予"补短板"研究更多的支持；四是需要在科研创新生态中倡导一种长期文化，倡导"板凳宁坐十年冷"的冷板凳精神；最后，"补短板"研究还需要情怀，从事"补短板"研究的创新主体需要有家国情怀，需要有为国家富强、民族振兴而艰苦奋斗的精神，但"补短板"又不能仅依靠情怀，必须有完善的科技创新机制和文化。

总之，"补短板"已成为当务之急，"补短板"也绝非易事。当前，我国科技创新生态中的机制和文化过度倾向"高精尖"，偏离"补短板"，有可能使得"补短板"成为"老大难"。因此，需要我国科技创新生态的机制和文化建设体现更多"补短板"导向，发展出一种同时适合"补短板"的机制和文化，甚至可以发起"补短板"工程，落实"补短板"责任，建立兼容"高精尖"与"补短板"的科技创新机制和文化。

论基础科学研究的"无欲观妙"

周文泳

现阶段,中美大国竞争呈现日趋加剧态势,美国逐步加大了对我国科技领域的封锁政策。改革开放四十余年以来,我国在科技领域已取得了举世瞩目的伟大成就,但与美国相比,我国基础科学研究原创成果依然不足。为此,习近平总书记多次在不同场合强调我国基础科学研究工作的重要性,全国上下普遍期盼我国基础科学研究领域原创成果能不断涌现。那么,在基础科学研究领域中,原创成果从何而来?科学垃圾为何产生?促进原创应从何处入手呢?

一、无欲观妙,有欲观徼

在基础科学研究领域,科研人员在认识规律过程中,只有保持一颗纯洁、清澈、干净的心灵,才有可能接近现象背后的客观真理,逐步领会基础科学研究过程中的玄妙之处,才有可能发现和揭示客观规律,即"常无欲,以观其妙"。在探索科学真理过程中,如果一个科学家追求功利、内心浮躁,开展基础科学研究时,就像戴了一副有色的眼镜去看身边的事物,只能是真理的某些轮廓或表象,由此得出的研究结果与现象背后的真相会有一定差距,即"常有欲,以观其徼"。

二、科学垃圾,因何而生

目前基础科学研究领域的知识库中,夹杂大量的科学垃圾。制造科学垃圾,不仅浪费了制造科学垃圾的科研人员的宝贵青春,还浪费了大量国家稀缺的科研资源,也给后续研究者带来不少辨别真伪的困扰。那么,科学垃圾是如何产生的呢?以下试举两类原因。第一类是部分科研人员因追求名利制造科学垃圾,比如因科研动机不纯而制造科学垃圾,并以科学论文等形式公开发表,从最近几

作者系上海市产业创新生态系统研究中心副主任、同济大学经济与管理学院教授、同济大学科研管理研究室副主任。

年发生诸多国际顶级期刊出现的撤稿事件可见一斑。第二类是功利化环境诱发部分科研人员乐于去制造科学垃圾，如果一个基础科学研究单位学术环境不能顺应基础科学研究成果形成规律的需要，如以按不同等级期刊论文数、科研项目数量、人才称号等简单量化指标作为评判科研人员的主要依据，那么，定力不足的基础科学研究人员很容易将取得上述数量指标作为努力方向，进而迷失从事基础科学研究的初衷，出现大量科学垃圾也就不足为奇了。

三、促进原创，何处入手

现阶段，我国上至国家领导人，下至黎民百姓，国人普遍关心基础科学研究领域原创成果不足的问题。那么，如何促进基础科学研究领域的原创成果呢？

一是要持续优化基础科学研究领域资源配置质量和效率。在科研资源配置过程中，逐步扭转"竞争有余、保障不足"资源分配制度，注重结果导向，健全基于经验证的基础科学研究原创成果的科研人员和单位的后期补偿制度。

二是要配备符合原创成果产生的基础科学研究单位领导班子。在配备此类单位领导班子时，要关注领导班子成员的道德素养、科学情怀和服务意识，注重选拔干净担当、敬畏科学、服务意识强的年轻干部，尤其要防范基础科学研究单位领导成员公器私用、争名夺利的道德风险。

三是要营造符合原创成果发现规律的基础科学研究生态环境。好的基础科学研究生态环境具有崇尚科学、敬畏科学、热爱科学等特点，能够引导一线基础科学研究人员脚踏实地、心无旁骛地探究科学真理。

四是要建立健全符合原创成果发现规律的基础科学研究评价制度。简单量化、以刊评文、急功近利的评价制度，不利于一线科研人员平心静气地去探索科学规律，已经成为制约发现原创成果的绊脚石，现阶段迫切需要建立健全长周期、重质量轻数量、重内涵轻形式的基础科学研究领域的评价制度。

（本文得到 2020 年度上海市"科技创新行动计划"软科学重点项目（20692102200）《促进原创的基础研究项目评价机制研究》资助。）

基础研究"两头在外"如何破局

荣俊美 陈 强

在新发展格局中,基础研究被摆上了重要位置。党的十九大报告指出:"要实现前瞻性基础研究、引领性原创成果重大突破。"2018 年 1 月,国务院印发《关于全面加强基础科学研究的若干意见》,目标是在 21 世纪中叶,把我国建设成为世界重要科学中心和创新高地。2020 年 3 月 3 日,科技部、发改委、教育部、中科院、国家自然科学基金委联合颁布《加强"从 0 到 1"基础研究工作方案》,这些政策和措施旨在不断加强我国的基础研究工作。改革开放以来,在经济高速增长的同时,科学技术进步明显。然而,由于我国的现代科学研究远较欧美发达国家起步晚,基础较为薄弱。再加上过去一段时间,对基础研究缺乏足够重视,投入不足,导致基础研究陷入"两头在外"的被动局面。

一、"两头在外"的具体体现

基础研究"两头在外",一头指的是基础研究的方向引领、议题设置、研究平台、方法工具、仪器设备等,另一头指的是基础研究成果的发布和开发利用的平台,譬如高水平学术期刊、高等级学术会议等。简言之,就是沿着国外学者引领的方向和确定的路径,依托引进的科学仪器和设备,运用国外开发的方法、工具、软件开展基础研究,然后在国外的期刊或学术会议上发布研究结果,并逐渐形成以国际期刊级别和发文数量为导向的科研绩效评价体系,成为国内基础研究活动的"指挥棒"。"两头在外"具体体现在以下四个方面:

一是决定做什么基础研究的能力偏弱,缺乏研究方向决策和议题设置能力,在研究前沿探索方面的贡献有限。基础研究需要自由探索,但并非漫无目标的自由探索。过去较长时间里,在基础研究的大多数领域,我国科学家主要处于

作者荣俊美系同济大学经济与管理学院管理科学与工程专业 2020 级博士研究生;陈强系上海市产业创新生态系统研究中心执行主任、同济大学经济与管理学院教授、同济大学中国特色社会主义理论研究中心研究员。

"跟跑"位置,甚至是别人"起跑"许久之后才缓缓跟进。当我们奋起直追时,别人已经悄然换道。当然,在基础研究领域,研究方向的决策智慧和议题设置能力不可能一蹴而就,需要在科学前沿的暗黑地带持续摸索中逐步形成,需要与本领域的顶尖科学家进行高水平互动。日本 2000 年以来在自然科学领域年均一个诺贝尔奖的惊人斩获绝非偶然,其背后是大批日本科学家在诸多前沿科学领域持之以恒的潜心深耕。根据研究前沿报告,近年来,我国的研究前沿热度指数和核心论文排名第一的研究前沿个数逐年上升,虽已位列全球第 2 位,与美国相比仍有较大差距。从表 1 可以看出,美国的基础研究仍处于世界绝对领先水平。但是,我国学者正在砥砺前行,努力缩小差距。

表 1　研究前沿热度指数及核心论文排名第一的研究前沿数量

	2019 年研究前沿热度指数得分(分)	2017 年研究前沿热度指数得分(分)	2019 年核心论文排名第一的研究前沿数量(个)	2016 年核心论文排名第一的研究前沿数量(个)
美国	204.89	281.1	80	108
中国	139.68	118.8	33	16
英国	80.85	96.9	7	10
德国	67.52	90.98	1	8
法国	40.30	60.08	1	2

数据来源:《2019 研究前沿》《2019 研究前沿热度指数》《2017 研究前沿热度指数》《2016 研究前沿》

二是基础研究所需要的平台、仪器设备、基础软件、核心算法及实验材料等存在较严重的对外依赖。基础研究需要高等级实验平台和高端仪器设备的支撑。在仪器设备方面,2018 年的全球仪器公司 TOP20 榜单中没有一家中国企业。另据海关统计数据显示,我国仪器仪表行业 2019 年上半年贸易逆差达 95.7 亿美元。核磁、质谱、电镜等高端科研仪器基本被国外厂商垄断。操作系统、数据库管理系统、通用办公软件、数据分析及处理、专业计算、EDA 芯片设计、计算机辅助设计、计算机辅助工程等大部分基础软件由美国公司开发,随着国际局势的风云变幻,其潜在的风险不言而喻。

三是基础研究领域的交流与合作活动更多由发达国家主导,我国在国际学术组织中的影响力和发起顶级学术会议的能力欠缺。这与我国高等教育和科学研究的总体水平以及所处的发展阶段有关。改革开放以来,我国高等教育和科学技术均取得长足进步,但就整体水平而言,仍然存在不充分、不平衡的问题。国际学生的全球流动趋势可以充分证明这一情况,我国依然是留学生输出大国,2018 年出国留学生达 66.21 万人,目标国家分布如图 1 所示。而我国高等教育对欧美国家青年学生的吸引力还不够,在大约 50 万的来华留学生中,来自发达国家并攻读自然科学领域学位的学生占比仍然比较低。应该认识到,在现阶段及未来较长时间里,欧美发达国家的高水平教育对于我国的科技人才培养仍将具有重要推动作用。另外,我国学者在国际学术组织中的影响力与我国学者的学术贡献不匹配,如国际纯粹与应用化学联合会(IUPAC)成立近百年来,直到 2018 年才首次有华人任职主席;国际大会及会议协会(ICCA)公布 2019 年举办国际协会会议数量最多的国家依次是美国、德国、法国、西班牙、英国、意大利、中国,中国位列第七。在组织和发起重要的国际学术会议,提升中国学者在国际学术组织中的影响力等方面,我国科学家任重道远。

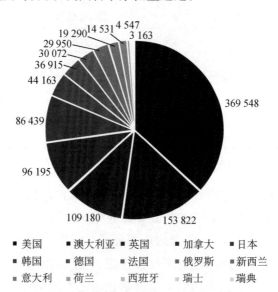

图 1 我国赴国外留学生去向分布情况

四是国内学术平台的国际学术影响力和运作能力整体偏弱,大量基础研究成果流向国外学术期刊。长期以来,我国学术期刊发展水平与我国学者科研能力进步处于不对称的状态。据 2008—2019 年 ESI 数据统计显示,在化学、物理、数学领域中,中国作者的高被引论文占比分别高达 33.88%、22.16% 和 35.86%,而在中国学术期刊上发表的高被引论文占全球高被引论文比例分别仅为 0.37％、1.66％和 0.84％,我国学者较高的"学术生产力"和我国学术期刊较低的"国际承载力"形成巨大反差。有学者在研究国内科研论文外流现象时发现,我国学者每年支付国外期刊版面费约 10 亿元人民币,同时我国 211 高校每年须花费十几亿元人民币购买国外数据库的使用权,其中包括中国学者发表的大量学术论文。究其原因,一是科技评价导向出了问题,对于国外学术期刊的过度推崇,在一定程度上影响了国内期刊的发展;二是国内学术平台的国际化进程整体上较为滞后,相当一部分的国内学术期刊尚未进入国际学术界的视野。

二、成因分析

我国的基础研究处于"两头在外"的局面,其成因与我国过去一段时间的基本国情和相关政策有关,具体分析如下:

(1) 改革开放以来,经济建设一直是"中心工作"和"主旋律",需求侧对于科技创新更多提出的是偏技术应用端的需求,研发经费主要用于技术研究与开发。改革开放之初,百废待兴,我国迫切需要实现全领域的追赶,全社会研发投入侧重于试验发展经费。如图 2 所示,长期以来,基础研究占社会研发总投入比重在5％左右,2019 年首次突破 6％,应用研究占比也仅在 10％左右,而发达国家基础研究投入比重大多在 15％以上,应用研究比重至少在 20％以上。我国在基础研究方面的长期"欠账"不仅缘于阶段性的社会应用需求,也与科技人力资源的结构、相关条件和能力建设、科技评价体系的导向等问题息息相关。

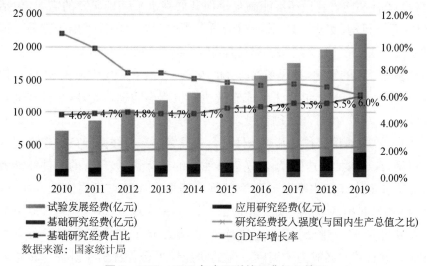

图 2　2010—2019 年全国科技经费投入情况

（2）在过去比较长的一段时间,我国国际科技合作的外部环境总体良好,从外部获取技术的难度相对不高,使得我国在一定程度上低估了基础研究的极端重要性。在这段时间里,科技革命和产业变革推动经济全球化发展,市场容量巨大的中国吸引了全球的科技产业及技术,收获了改革开放带来的丰厚红利。随之而来的是,基础研究未得到足够重视,国内相关技术领域自主研发进程不得不放缓,造成我国工业生产和科学研究高度依赖国外先进技术和设备的被动局面。在很长一段时间里,我国对基础研究的重视不足,对原始创新能力的培育和支持力度不足,加大了我国在芯片、光刻机、操作系统、航空及汽车发动机、高端数控机床等诸多关键核心技术领域的追赶和超越难度。

（3）在经济高速增长但社会成熟度不高的背景下,基础研究投入大、见效慢、不确定程度高等特征,在一定程度上影响了政府和企业推动和投入基础研究的积极性。在以经济建设为中心的时期,政府更多关注经济规模、增长速度以及其他更具显示度的指标,而相对忽略基础研究这样耗资巨大、周期漫长、前景不太明确的"隐性战略工程"。对于企业而言,也存在同样的问题,国门打开后,资金、装备、技术、市场机会扑面而来,考虑到机会成本问题,少有企业能够平心静气,深耕基础研究领域。再者,绝大部分企业都面临经营资金周转问题,投资基础研究将给其资金链带来巨大考验。2017 年的《中国科技统计年鉴》显示,我国企业的研发经费中仅有 0.2% 用于基础研究,说明企业开展基础研究,寻求"从 0 到 1"原始创新突破的积极性十分欠缺。

（4）条件和能力建设还不能满足全面开展高水平基础研究的需要,包括人才队伍、重点机构、实验平台、关键仪器设备等方面。原创性基础研究需要顶尖科学家及其团队在其细分领域不懈的精耕深作,受科研评价机制不合理、激励机制不完善等因素的影响,我国基础研究的人才队伍存在稳定性较差、团队结构不合理、积极性未充分调动、尚未形成有效协同机制等问题。此外,在科技基础资源建设方面,尽管 2003 年我国就设立了科技基础条件平台专项,2004 年就发布了《2004—2010 年国家科技基础条件平台建设纲要》,科技基础条件建设得到关注。但是,在技术加速迭代,颠覆式创新涌现的新背景下,现有的条件和能力建设尚无法满足持续高水平基础研究的现实需要。在重点机构建设方面,截至2019 年 5 月,我国国家重点实验室共 253 个,尚未完成 2020 年建设 300 个的目标。在功能性平台建设方面,比利时早在 1984 年就建设了微电子研究中心(IMEC),并将其发展成为了国际一流的功能性平台。我国在研发与转化功能性平台建设方面也有相应规划和建设部署,但较欧美发达国家还有一定差距。2018年,上海市开始正式实施《推进研发与转化功能性平台建设的实施意见》,加速建设16个功能性平台,开始实施追赶。此外,尽管国家自然科学基金委员会已启动国家重大科研仪器研制项目,但规模较小,尚不足以改变重要科研仪器设备受制于人的局面。

三、关于破局的几点想法

打破基础研究"两头在外"的局面,需要有战略定力,需要系统施策,需要持续推进。以下主要从思想认识、基础建设、重点工程、期刊发展四方面提出一些破局的想法。

(一)提高认知,统一思想

近年来,党和政府高度重视基础研究工作,已着手进行相关顶层设计和总体部署,并积极开展体制机制改革,其中包括国家层面的机构改革(重新组建后的科学技术部,整合了科学技术部、国家外国专家局的职责,并着手管理国家自然科学基金委员会)、科技计划体制改革、科技评价制度改革等各个方面。接下来的工作是进一步地将国家战略意志转化成为社会共识,并落实到创新主体的自觉行动中。一要加强宣传教育,让社会各界充分认识到基础研究的极端重要性,推动形成全社会重视基础研究工作的氛围。二要做好政策引导和制度保障,充分考虑基础研究工作的特点,探索并构建与之适配的评价体系和评价机制。同时,在队伍建设、投入保障、条件建设等方面提供坚实的制度保障。

(二)夯实基础学科,培养基础研究人才

高校基础学科在基础研究方面发挥理论支撑和人才供给作用,其建设水平在很大程度上决定了基础研究的高度、宽度和深度。为此,2020年1月14日,教育部出台《关于在部分高校开展基础学科招生改革试点工作的意见》(简称"强基计划"),着重选拔培养有志于服务国家重大战略需求且综合素质优秀或基础学科拔尖的学生。高校应充分利用"强基计划"以及"双一流"建设的契机,推进基础学科建设水平的全面提升,积极探索人才选拔和培养模式创新,培养既有浓厚的基础研究兴趣,又具有跨学科学习能力,既具有扎实的理论基础,也擅长动手实验的基础研究人才。同时,发挥高校的基础学科优势,加强面向中小学的学科启蒙,激发莘莘学子对于科学研究的崇尚与热情。

（三）强化条件和能力建设，加快基础研究平台建设、重大仪器设备研制及基础软件开发

基础研究的条件和能力建设既有紧迫性，又必须着眼于长远。我国应充分发挥"新型举国体制"的优势，在已有的工作基础上，集中资源和力量，加快与基础研究相关的条件和能力建设，加快大科学装置等重大科研基础设施建设，并依托这些设施发起大科学计划，启动大科学工程。通过设立重大专项，推进功能性平台建设、重大仪器设备研制和基础软件开发。

（四）加快具有国际影响力的高水平学术平台建设

基础研究需要更为紧密、更具深度的学术交流与合作，需要更多与"高手"过招的机会。一要继续鼓励和支持中国学者参与国际学术组织，并担任其中的重要学术职务；二要鼓励和支持我国学术机构和学者组织和发起基础研究领域的高水平国际学术会议，探索新的研究议题，发现相关领域的青年才俊，努力提升中国学者在基础研究领域的影响力和话语权；三要推进国内高水平学术期刊培育和建设，鼓励广大科技工作者在"把论文写在祖国的大地上"的同时，将优秀的基础研究成果发表在国内期刊。积极创办中英文双语学术期刊，扩大中国学术研究成果的国际影响力，吸引全球优质稿源，打造国际一流学术期刊。除此之外，在尊重知识产权的前提下，将我国学者在国际学术期刊上发表的优秀基础研究成果，以更为快捷、准确、友好的方式呈现，加快知识传播和转化的有效性和效率。

打破基础研究"两头在外"的困局，道阻且长。只要我们坚定信心，精心谋划，长远布局，潜心深耕，我国的基础研究必将迎来更广阔的发展空间。

新发展格局下需要科技创新体系双循环吗

| 任声策

一、双循环新发展格局需要科技创新体系支撑

我国已进入高质量发展阶段,高质量发展本就需要高质量创新驱动。党的十九大报告提出我国经济已由高速增长阶段转向高质量发展阶段,要转变发展方式、优化经济结构、转换增长动力。创新是引领发展的第一动力,是建设现代化经济体系的战略支撑,因此要加快建设创新型国家。

双循环新发展格局是高质量发展在新冠疫情发生后世界经济格局急剧变化下的主动应对思路,我国具备构建双循环新发展格局的条件。习近平总书记2020年5月以来反复强调要加快形成以国内大循环为主体、国内国际双循环相互促进的新发展格局。科技创新是双循环新发展格局的重要支撑,国内大循环的构建需要持续突破系列关键核心技术以支撑在供应端各类产业链堵点、断点的解决,在需求端激发各类新兴需求,国内国际大循环相互促进也需要我国持续科技进步向全球贡献创新能力,服务于人类共同体建设。

二、科技创新的本质更需要全球一体化

首先,科技创新的本质是知识生产。科技创新的知识产生过程事实上是在不断地提出和解决科技创新问题的循环中实现的。关于科技创新的大量研究认为,多样化的人才和供需等资源深入合作是科技创新产出的核心决定因素,对提出和解决科技关键创新问题均有显著的积极影响。因而,全球一体化带来的多样化创新要素有利于促进科技进步。所以说,科技创新的本质与全球一体化更加匹配。

作者系上海市产业创新生态系统研究中心研究员,同济大学上海国际知识产权学院教授、博士生导师。

其次,科技创新包含从基础研究到应用研究和技术商业化的多环节链条,涉及环节多、链条长,位于根部的基础和应用基础研究是科技创新的基础,已经高度全球一体化,其公共知识属性本身也无法人为分割。只有部分应用基础和应用技术创新及其商业化具备一定的本地特征,在逆全球化趋势中此类知识和技术的全球流动存在受限可能,需要积极应对。因此,从科技创新各环节总体上看,科技创新是高度全球化的,只在部分领域存在被撕裂的可能。即使在局部撕裂的领域构建出内循环,也无法在大局上称为科技创新体系的双循环。

因此,科技创新的本质更需要科技创新体系坚持全球一体化。

三、我国不具备科技创新体系双循环的基础条件

首先,我国在基础研究和应用基础研究领域的积累不具备建立独立科技创新循环的基础。虽然我国在基础研究和应用基础研究领域已经取得巨大进步,在 2020 年全球创新指数位列 14,但细分指标显示,在世界科技前沿和关键核心技术创新上,我国与先进国家的差距仍然较大。我国在世界科技前沿问题凝练、解决和科技话语的影响力等方面依然存在明显不足。

其次,当前科技创新的各种资源条件支撑已高度全球化,全球科技合作网络规模不断扩大、密度不断提升,历史经验表明全球科技合作是加快科技进步的重要途径。例如,大科学实施和大科学工程是推动人类科技进步的关键基础条件,全球合作共享是发挥其价值的关键。又如,人才的全球流动无疑会显著推动全球技术进步。这些现实条件需要更加紧密的合作而非科技创新体系内的双循环。

因此,与我国已具备双循环新发展格局的背景条件不同,无论是从基础积累,还是从人才和其他科技资源条件看,我国缺乏构建科技创新国内大循环的条件,科技创新双循环更无从谈起。

四、不应倡导科技创新体系双循环

由上可见,从科技创新的本质和现实条件看,我国不应倡导科技创新体系双循环,而应积极提倡科技创新体系对双循环新发展格局的支撑,两者需要区分。倡导科技创新体系双循环可能导致我国在科技创新的多数领域降低发展步伐,阻碍我国科技进步步伐。不倡导科技创新体系双循环并不意味着需要放弃关键技术的自主创新、放弃双循环所需要的技术“补短板”,两者并不矛盾。

反之,我国应遵循科技创新本质,坚持倡导全球科技合作。无论是 2020 年的新冠肺炎疫情防治,还是人类在科技创新中的长久合作。我国应积极以人类共同体理念为指导,进一步加强全球科技创新共同体的共识和凝聚,推动全球科技进步。鉴于全球科技工作者在科技进步上的共同理想,倡导全球科技创新共同体更容易受到全球科技工作者的拥护。

五、应警惕科技创新体系双循环苗头,积极倡导科技创新共同体理念

因此,当前无论是主动的科技创新体系双循环苗头,还是被动的科技创新体系双循环苗头,均需要警惕。个别技术发达国家为了遏制我国科技进步,在人才流动、资源条件共享上设置障碍,事实上违背了科技进步规律,试图封锁我国的科技创新体系,这种被动的科技创新体系双循环苗头尤其需要引起注意,积极探寻化解途径。

积极倡导人类共同体理念下的全球科技创新共同体理念有助于我国科技创新体系全球一体化发展,也符合科技创新规律。这有助于争取理性的全球科技工作者对我国科技进步的支持,也可以给个别国家违反科技规律的破坏性政策实施带来压力,最终使促进人类科技进步回到准确轨道上。

总之,我国双循环新发展格局亟需科技创新体系的关键支撑。但是,当前需要警惕科技创新体系内的主动或被动双循环,因为科技创新的本质不支持科技创新体系双循环,我国也不具备科技创新双循环条件。因此,我国应积极倡导人类共同体理念下的全球科技创新共同体理念,继续加强全球科技合作,不应倡导科技创新体系双循环。

论基础科学自立自强的"损有余补不足"

| 周文泳

党的十九届五中全会公报提出,"坚持创新在我国现代化建设全局中的核心地位,把科技自立自强作为国家发展的战略支撑"。基础科学研究是"国家科技创新体系的源头活水",唯有基础科学自立自强并引领世界科技前沿,才能真正夯实我国科技自立自强的坚实基础。改革开放四十多年以来,我国基础科学领域完成了"量的累积",实现了"点的突破",形成了较为完备的基础科学生态,但是,基础科学自立自强依然任重道远。基础科学自立自强不仅需要顺应基础科学自身发展的客观规律,也需要对现行的基础科学体系"损有余而补不足"。

一、成果产出:"损低质补创有余,补高质原创不足"

基础科学研究成果是研究者对客观规律认知的知识性表达,创新性是评判研究成果的一个重要依据。基础科学自立自强,要顺应"四个面向"的现实需求,创造系统化、集成化的高质量基础科学研究成果,激发我国科技创新体系的源头活水。现阶段,数量有余而质量不足,低端补创有余而高端原创不足,是我国基础研究成果分布的显著特征,也是我国基础科学自立自强急需解决的一个重要现实问题。为了解决上述问题,需要增强国家及相关部委出台的科技放管服改革政策文件的执行力,还需持续深化科研评价制度改革,强化评价结果的正面导向作用,切实引导基础科学研究机构潜心问道、为国效力。

二、资源配置:"损碎片竞争有余,补分类保障不足"

合理配置科研资源,为基础科学自立自强提供必要的条件保障。目前,基础科研资源配置中,碎片化运作有余而分类组织不足,无序竞争有余而有效保障不

作者系上海市产业创新生态系统研究中心副主任、同济大学经济与管理学院教授、同济大学科研管理研究室副主任。

足,少数群体独占有余而多数群体拥有不足,既不利于提升基础科学研究资源配置效率,也不利于基础科学领域的自立自强。基础科学自立自强,需要分类优化基础科学研究资源配置。自由探索性基础研究,过程不确定性强,成果价值验证滞后周期长,需要在资源配置中强化保障性投入和后期补偿。前瞻性基础科学研究,面向科学前沿,需要集中优势科技力量催生重大原创成果,持续提升科研资源要素的组织和集成能力,防范立项后的重大项目碎片化运作、结题时拼凑成果的风险。应用基础研究,面向共性技术攻关,需要整合政府、企事业单位优势科研资源,提升对关键核心技术攻关的支撑作用。

三、文化氛围:"损急功近利有余,补潜心问道不足"

基础科学研究是一个去伪存真的过程,客观上需要研究机构和研究人员见素抱朴、少私寡欲、宁静致远的良好心态。然而,目前,普遍急功近利、时髦科学有余而平心静气、潜心问道不足的基础科学研究的文化氛围,学术失范行为仍偶有发生,既不利于研究机构和科研人员攻坚克难培育基础科学研究成果,也不利于我国基础科学自立自强。为了营造良好的学术文化氛围,中共中央办公厅、国务院办公厅曾于 2019 年 6 月 11 日印发了《关于进一步弘扬科学家精神加强作风和学风建设的意见》(以下简称《意见》)。随着中办国办《意见》在基础科学研究机构的深入贯彻落实,将会激励一线科研人员潜心问道、攻坚克难,激发促进基础科学事业健康发展的强大精神动力,营造尊重科学、敬畏科学、热爱科学的文化氛围,助力我国基础科学自立自强。

(本文得到 2020 年度上海市"科技创新行动计划"软科学重点项目(20692102200)《促进原创的基础研究项目评价机制研究》资助。)

疫情防控经验启示

加强全球战"疫"合作，化解人类共同危机

尤建新

根据美国约翰斯·霍普金斯大学实时统计数据，截至北京时间 2020 年 3 月 27 日早 5 时 37 分，全球新冠肺炎确诊病例累计超过 52 万，累计死亡超过 2.3 万例。COVID-19 疫情不仅导致全球经济发展遭受重创，社会秩序陷入混乱，而且严重威胁世界各国人民的健康安全，甚至危及生命。

但是很遗憾，就在疫情迅速蔓延的危急时刻，各国政要仍然未能站到一起，共同面对这场世界级的病毒侵犯，甚至个别政治人物还在相互责难和甩锅。这种大局观的严重缺乏不只是丢了政治家的脸面，更是置人民安危于不顾，丧失了众多拯救生命的机会，实在不应该。

病毒是全球人民的公敌，到哪里哪里就遭殃，大难临头，谁都很难独善其身。从疫情蔓延的速度和广度来看，全球化已是趋势，经济发展如此，病毒传染更是如此。在当今全球危急时刻，各国应该摒弃前嫌，在世界卫生组织（WHO）的平台上联合起来，建立全球性联合抗疫协同组织，共同应对全球疫情挑战，推动疫情防控尽早取得突破。当然，要真正让各国进入同一个战壕并肩作战，还有许多障碍必须跨越，正是如此，才特别考验各国领导人以及政治团体的政治格局和智慧。

首先，要放下所有的傲慢与偏见，正视这场疫情对全球人民的侵害。病毒侵害，不分国别，充分说明了病毒是全球公敌，不管哪里遭遇病毒攻击，他人都应该施以援手，共同应对，帮人就是帮己。世界之大，无奇不有。在倡导民主和自由的今天，百花齐放、百家争鸣是进步生态。但是，在 COVID-19 大军压境之际，不着边际、口无遮拦是政治家之大忌。特别是政府要员和首脑，无论是什么言行，都应该服从于全球疫情防控合作这一大局。这才是真正的政治正确！

其次，协同作战、求同存异，尽快遏制疫情蔓延是硬道理。不同的国家和地

作者系上海市产业创新生态系统研究中心总顾问、同济大学经济与管理学院教授。

区有着不同的文化习俗、不同的价值观、不同的生活方式、不同的资源禀赋、不同的政治体制等。因此，在处理疫情防控的过程中，各国会采取不同的策略，智者见智，仁者见仁。国际之间应该尊重各国对疫情防控的对策措施，少一些指责和讽刺，多一些建议和帮助。经验可以借鉴，但绝不是生搬硬套，必须因地制宜，所以相互之间要给出应对策略的选择和协同空间，适时应变，以规避因国际之间的应急策略冲突而成为疫情防控的障碍，加重对企业或个人的疫情伤害。

第三，疫情防控和恢复经济要齐头并进，经济垮了，抗疫形势将更加艰难。自 2009 年"次贷危机"暴发以来，一些国家的经济发展尚未恢复元气，疫情之下雪上加霜。所以必须在疫情防控的同时，尽快拟定经济复苏方案。在目前的状况下，多国已经采取限航措施，虽然人不能动，但物必须流动。这不仅是经济活动的需要，更是人民生活之必须，是科教文卫体娱等活动之基础。大敌当前，所有国家应该暂停贸易争端和各种封锁，消除贸易壁垒和物流障碍，规避恶意竞争，合力修复全球经济。全球股市的暴跌显示，人们对未来经济发展的信心已经受伤，亟需修复和提振，而只有国际间减少摩擦、精诚合作才能实现双赢、重拾信心。对于疫情防控和恢复经济，重塑信心很关键。

第四，在 WHO 指导下构建全球病毒防御体系，合力推进疫苗以及抗疫药物的研发和临床试验速度，造福全球人民。疫苗研发的推进是人类与病毒的一场赛跑，是生命与病毒的竞争，而绝不是国与国之间的竞争。无论是发达国家还是发展中国家，都应该齐心合力，这样才能尽快超越病毒蔓延，减少这场病毒侵害给各国带来的伤害，并为今后跨国合作构建全球性公共卫生体系打好基础。

最后一点，发达国家以及人口大国多数已沦为疫情的重灾区，必须带头同甘苦共命运，扯皮、拌嘴对于疫情防控不仅无济于事，还会引发国与国之间的争端，经济上更是徒添烦恼。其中，尤以中美两国关系，更是影响全球疫情防控的关键。笔者曾经在 2010 年就撰文指出，中美两国关系是新世纪影响世界经济发展的关键。十年前如此，到了今天，这种影响更加巨大，超越了中美两国的边界。从近年来中美的一系列磕磕碰碰就可以看出，两国的政治和经济不仅已经搅合在一块、难以区分，而且相互依存有增无减。因此，在面对全球共同的病毒挑战之际，合则共赢，斗则俱损。如果各国能够真心实意共同做好这一合作抗疫的功课，将大大有助于全球各国和地区化解或减弱 COVID-19 疫情带来的灭顶之灾，这是全球人民的福祉。否则，2020 年及以后将会爆发更大的政治和经济两方面的危机，代价会更加惨重，没有哪个国家能够独善其身。

在科技飞速发展的今天,团结就是力量,只要全球各个国家精诚合作、凝聚合力,就一定能找到战胜病毒的路径,化解全球危机。对于全球各国人民而言,这是一场大考,任重道远,需要耐心和持久力,更需要充满爱心、希望和信心。

新型肺炎疫情防控中的十种生态反思

| 任声策

　　2020年的春节假期给人们留下了大量的思考时间。从春节前夕的若无其事到大年初一的忧心忡忡，人们在阻击新型冠状病毒引起的肺炎（新型肺炎）的战役中或奋战或静守。从1月21日钟南山院士公开新型冠状病毒有人传人特性，到1月23日上午10时武汉封城，全国人民的目光聚焦到疫情防控上来。截至2020年2月1日，新型肺炎确诊人数超万人，已超过2003年"非典"确诊总人数。在待在家里就是为国做贡献的日子里，人们时刻关注着疫情动态，有的令人振奋，有的令人不解，微信朋友圈里存在各种质疑。这些质疑提供了一个反思我国各种生态（本文指广义的生态）问题的机会。本文根据公开信息，初步梳理归纳了此次新型肺炎疫情防控带来的十种生态反思，仅为提出问题、正视问题，为进一步研究解决问题、促进国家治理体系和治理能力现代化服务。这十种生态分布在自然与社会两大生态之中，逻辑简略图如图1所示。

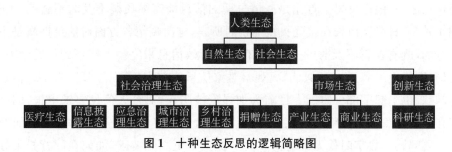

图1　十种生态反思的逻辑简略图

一、自然生态反思

　　反思之一：自然生态反思。我国已经在生态治理方面迈出了一大步，"绿水青山就是金山银山"逐渐成为共识。然而，在探究这次新型冠状病毒肺炎的病毒

作者系上海市产业创新生态系统研究中心研究员、同济大学上海国际知识产权学院教授、博士生导师。

宿主过程中,自然生态的平衡问题再次被提及。据悉,新型肺炎病毒的中间宿主很可能是某种野生动物,而其自然宿主很可能是蝙蝠。为什么漫漫历史中自然宿主携带病毒会在这个时刻将病毒传给中间宿主? 人们为什么要食用野生动物? 病毒的自然宿主之所以在此时将病毒传给了中间宿主,或是由于自然生态平衡受到破坏后的生态再平衡机制使然。这需要我们反思,在推动社会发展的过程中我们是否给予自然生态充分的尊重。

二、社会治理生态反思

反思之二:医疗生态反思。医疗体系是每个国家的工作重点,我国的医疗生态在此次疫情阻击战中体现了举国体制等一定的优势,但也表现出一些问题。一是针对此类疾病的医保体系仍需要引起反思。公开信息显示,政府部门先后发出通知,承担此次新型肺炎确诊及疑似病例的诊治费用。有信息显示,疫情初期或存在由于费用问题导致感染者未能到医院救治,影响了疫情防控。二是我国医疗生态中针对此类疾病的医疗物资保障体系存在不足。各种渠道的信息均显示抗击疫情过程中医疗物资短缺成为一个显著问题。三是存在受病毒感染病人无法入院治疗的情形,说明我们应对此类疾病的诊治防控体系尚未有效形成。

反思之三:信息披露生态反思。信息披露是信息时代社会治理的重要工作,我国在信息公开方面已取得极大进展,但这次疫情防控中信息披露是人们质疑的焦点之一,值得反思。首先是疫情早期的信息披露被质疑不及时不透明。正如 1 月 27 日武汉市长在接受央视专访时所言,这次疫情各方面对信息披露是不满意的,既有披露不及时的一面,也有利用有效信息来完善工作不到位的地方。另外,网络上有各种对疑似、隔离观察对象信息的披露,存在过渡披露个人信息的问题,也引起了部分质疑。目前为加强疫情防控,对个人信息要求申报,同样存在个人信息泄露风险。因此,如何在数字时代做好信息公开工作是需要研究的主要问题。数字时代无疑对信息公开提出了更高的要求,如何在此背景下处理疫情等特殊情境中的信息公开问题更需社会多方思考。

反思之四:应急治理生态反思。面对突发疫情,如何有效应对,这是一个社会成熟程度的体现。应急治理体系是国家多年来努力建设的领域,然而此次疫情依然暴露了大量问题。一方面是各种信息显示多种物资短缺,应急管理能力令人担忧。另外是民众心理准备不足,恐慌情绪容易抬头,缺乏应对经验。例如,国务院办公厅发布了延长春节假期、延迟复工通知,教育部发布通知大中小学延迟开学,专家也建议人们减少外出,待在家里就是为防控疫情做贡献。但是,疫情之中的人们该如何更好地调节心理、更好地度过这段时间?虽然有人推荐各种适合居家运动、娱乐信息,也有心理咨询机构提供咨询服务,但这显然不够,需要系统反思,毕竟人们对美好生活的追求是需要关注的首要问题。

反思之五:城市治理生态反思。随着城镇化进程加快,城市化程度大幅提升,城市治理是新时代社会治理核心内容。在此次防控新型肺炎疫情中,无疑给城市治理带来一次极大考验,尤其是对于武汉,城市封城、战争状态均是极少见的情境。其他城市也相继封路、停止公交运行等。一些城市和场所甚至出现一刀切拒绝湖北游客。这些做法值得反思。另外,社区是城市基本治理单元,各地城市社区管理在此次疫情中也是摸索着前进,缺乏体系性治理办法,各地的做法五花八门,多样性体现了社会的创造力,也反映出应对危机不够成熟,同样值得反思。

反思之六:乡村治理生态反思。近年来,随着新农村建设力度加大,现代化乡村雏形初现。在防控疫情中,一些硬核措施的确有利于防止疫情蔓延,令人称道。但是,随着形势日趋严峻,乡村在防控疫情中也出现了一些行为模糊了合法与非法的界限,引人反思。例如,为了阻止外人入村,一些乡村挖断入村公路。为此,交通运输部在《关于统筹做好疫情防控和交通运输保障工作的紧急通知》中要求:不得简单采取堆填、挖断等硬隔离方式,阻碍农村公路交通。1月27日,公安部也明确表示,对未经批准擅自设卡拦截、断路、阻断交通的违法行为要立即向当地党委、政府报告,依法妥善处置。又如在各地社区村庄实施网格化管理,坚决阻断疫情扩散渠道过程中,一些乡村存在野蛮拒绝武汉人、湖北人的行为,均与理想的乡村治理生态有较大差距。

反思之七:捐助生态反思。此次疫情防控的主要参与机构之一是红十字会,已成为人们热议的焦点。典型质疑之一如山东寿光捐赠蔬菜的处理问题。据悉,1月28日,山东省组织350吨寿光蔬菜捐赠武汉,蔬菜运抵武汉后,被安排到超市售卖,引起网友质疑,武汉市商务局、武汉市红十字会等分别作出回应。还有关于将捐赠物资分配给非抗疫医院质疑、非规范操作、管理能力不足等。凡此种种质疑指向红十字会之类机构,表明公众对当下捐助生态的信任不足。社会捐助系统面临巨大挑战,需要重建信任。

三、市场生态反思

反思之八:产业生态反思。我国拥有世界上最健全的制造业体系,产业生态处于不断升级之中。但是,此次疫情防控中体现出产业生态中仍有问题需要引起反思,特别是企业自身的社会责任感和义务观。有多种信息显示,存在不法商家发"国难财"现象。以口罩供应链为例,信息显示 1 月 26 日,义乌市场监督管理局发布通报称,核查两处网友举报的假口罩作坊,查获"清牌"及无标识口罩共计 15 余万只。另外,也有网友爆料买到假口罩等。可见,企业社会责任、企业家的道德建设依然任重道远。

反思之九:商业生态反思。随着经济发展,我国商业服务业快速发展,在疫情面前,许多出行组织免费退票、商场免租金等善举值得称赞。与此同时,也有刚需物品大幅涨价现象出现。例如,公开信息显示,1 月 28 日,上海市场监管局执法总队在巡查中发现某超市销售的精选生菜、小白菜等 15 个品种蔬菜,在进货价格无明显浮动的情况下,多次调高销售价格,其中生菜、小白菜、鸡毛菜的涨幅分别为 692%、405%、330%,行为涉嫌违反《中华人民共和国价格法》相关规定,且当事人在已收到执法部门告知的情况下,还故意调高价格,造成了恶劣的社会影响。市场监管局执法总队对该案立案查处,并于 1 月 30 日向当事人发出《行政处罚听证告知书》,拟作出罚款 200 万元的行政处罚。也有药店高价出售口罩,等等。特殊情形下,事实上老百姓可以理解并接受适当的价格上涨,但是一些商家将商品价格抬高近十倍,且在政府反复强调特殊时期控制物价的情形下屡有出现,表明商业生态中的诚信等问题依然突出。

四、创新生态反思

反思之十:科研生态反思。我国正在实施创新驱动发展战略,科学研究体系正在不断完善。此次新型肺炎疫情自爆发以来,中国学者已有十多篇论文或者相关文章发表在国内外权威期刊上,这本是一个好消息,却引发很多争议,需要我们反思我们的科研生态该把什么放在第一位?论文第一还是防疫第一?习近平指示,要把人民群众生命安全和身体健康放在第一位,坚决遏制疫情蔓延势头。但是,有质疑认为,此次疫情防控中存在科学家过度关注发表文章而影响防控疫情现象。科技部在下发《科技部办公厅关于加强新型冠状病毒肺炎科技攻关项目管理有关事项的通知》中提出:"各项目承担单位要把疫情防控工作作为当前最重要的工作,组织科研人员集中精力、协同攻关,确保高效率高质量完成新型冠状病毒肺炎防控的科技攻关任务。"并明确要求:"各项目承担单位及其科研人员要坚持国家利益和人民利益至上,把论文'写在祖国大地上',把研究成果应用到疫情防控中,在疫情防控任务完成之前,不应该把精力放在论文发表上。"另外,也有专家结合 SARS 相关研究缺少持续跟踪研究支持,提出当前我国科研项目持续性研究存在的问题。

五、结语

反思上述十种生态问题,若从硬件(物质、设备和设施等)和软件(观念、文化和制度等)两个维度分析其根源,不难发现问题根源更多在于软件而非硬件,特别是制度的完善和执行、法治意识、基本伦理道德和大众素养水平等,依然面临较大挑战。若进一步从问题根源的共性和个性因素来探究,共性因素可谓各种生态的基础设施,其中法治意识、伦理道德和大众素养等便是各种生态运转的共同软基础设施,目前挑战尤为严峻,因为这种基础设施的性质决定了其改善的缓慢,而在经济快速发展背景下科教文卫体等各领域的急功近利倾向又使得人们对生态软基础设施重视不足,导致软件跟不上硬件发展速度,"灵魂跟不上脚步"。

因而,加速各种生态系统的软件建设,尤其是软基础设施建设,让灵魂跟上脚步,是国家治理体系建设的重中之重。党的十九届四中全会提出坚持和完善中国特色社会主义制度、推进国家治理体系和治理能力现代化的总体目标:到中国共产党成立一百年时,在各方面制度更加成熟更加定型上取得明显成效;到2035 年,各方面制度更加完善,基本实现国家治理体系和治理能力现代化;到新中国成立一百年时,全面实现国家治理体系和治理能力现代化,使中国特色社会主义制度更加巩固、优越性充分展现。事实上就是要建设和完善我国的社会生态系统。面对新型肺炎疫情,上述十种生态作为应急管理体系的核心,是国家治理体系的关键构成,无疑需要朝国家治理体系和治理能力现代化目标努力,通过对各生态的反思,发现问题所在,有利于形成各种生态的认知升级、体系升级、效能升级。

为疫情期间企业复工提供政策支持和参考指南的建议

任声策

　　大量企业复工在即,疫情对企业影响巨大,因而企业复工困难重重,充满压力和焦虑。政府部门可通过为疫情期间企业复工提供政策支持、参考指南等方式减轻企业压力,稳定社会和经济发展。虽然上海已发布支持政策,但企业依然面临复工带来的系列问题需要指导。

一、疫情期间企业复工面临巨大压力,问题即紧迫又重要

　　当前,新型肺炎疫情确诊病例已超过 2 万例,且尚无明显好转趋势,然而企业却复工在即,国务院办公厅之前发布通知,延长 2020 年春节假期,2 月 3 日(星期一)起正常上班,上海也已发布通知,将企业复工时间推迟到 2 月 10 日。面临年前年后截然不同的局面,企业及其他组织管理者在复工伊始普遍面临一个共同的严峻挑战:如何在这样的特殊形势中做好经营管理?

　　疫情期间复工,企业面临两大挑战:一是短期内原有业务受到巨大冲击,需要进行一系列调整应对;二是疫情防控工作形势严峻,大部分公司缺乏疫情防控经验,对于如何保障员工安全健康、如何在疫情期间运营缺乏准备,焦虑和压力巨大。

　　企业复工困难必将带来一系列深远的社会影响,因此帮助企业为复工做好充分准备是当前紧迫重要的问题。当前大部分企业(尤其是中小企业)缺乏应急管理体系,而管理者又缺乏一个较为体系化的参考指南。因此企业亟需复工指导,以力保稳定运营,缓解社会经济压力。

二、支持疫情期间企业复工的建议

(一)为企业复工提供总体式指南

　　复工指南可以给大量企业提供参考。当前虽然有不少管理者或学者提供了

作者系上海市产业创新生态系统研究中心研究员、同济大学上海国际知识产权学院教授、博士生导师。

一些范例或建议,例如华住酒店季琦在 2020 年 2 月 2 日给员工的信件,从员工、顾客、加盟商、公司战略和应急行动计划方面较为全面地谈了公司的应对办法,又如近日中国多位管理学者给中小企业从不同角度提出的若干建议。但企业经营者事实上更需要一个应急作战地图,目前的资料仍然难以实现这一目标。

因此,建议首先为企业提供一个总体的复工指导框架。企业可以通过快速建构"双运行系统",即调整第一运行系统(原业务运行系统),同时并行建设并启动第二运行系统,即疫情防控系统,有效提升疫情期间风险应对能力并恢复生产运作能力。管理者可以根据"双运行系统"提供的行动清单,以清晰思路和框架完善公司在疫情期间的管理。该"双系统运行"模型以经典的 7S 管理模型(公司管理需要 7 个要素协同作用,即 7 个 S,分别为:Shared value——共享价值观,Strategy——战略,Structure——结构,System——制度,Style——风格,Staff——员工,Skill——技能,其科学性及逻辑此处不再赘述)为基础,提出企业的基本行动指南,管理者可以根据组织自身特征进一步快速明确、细化和补充。

(二)为企业调整第一运行系统、保障原业务运行系统提供指南

第一运行系统是指企业原有业务运行系统。在此次疫情的大面积影响之下,大多数企业必须在原有业务系统基础上迎接疫情挑战,故需对原有业务运行系统进行或多或少的调整。

在价值观上,保持原有价值观并针对疫情适当调整。首先,企业必须高度强调可持续发展的重要性,即活着,企业必须尽力保持存活到疫情之后。第二,企业需要在原有价值观中增补或强化员工和合作伙伴健康第一的观念,并贯彻落实。第三,企业需要就疫情对公司的影响有内部剖析沟通,以便获得员工一致认识、理解和后续决策支持,这可以通过发动员工参与方式开展,如员工建言献策等,从而更容易与员工形成同舟共济的思想统一。高管需要特别强调对上述价值观的调整。

在战略上,首先,高层需要保持镇定;其次,管理层需要开展疫情对公司影响的多情形评估和应对方案储备;第三,根据公司业务特征评估和调整战略目标,其中"活着"应作为一个底线目标,对业务结构、区域业务进行评估和调整;第四,评估和调整公司资源配置、预算,开源节流,对影响公司底线目标的项目进行压缩或延期;第五,做好现金流保障,用好信贷支持等各种政策。第六,增加短期战略评估和调整,疫情仍处于变化中,企业需要根据形势发展和运行反馈及时调整策略。最后,企业不应忽视关注新机会。这种事件常常孕育着新的机会,在条件合适的时候,企业也应及时抓住。

在结构上,企业需要根据上述战略适当调整组织结构,这可能或多或少涉及部门和岗位职责调整、人员配置调整等。例如某个业务、某个区域的营销人员可转向其他业务或区域,又如原来负责业务运行的员工或因业务量下降增补到营销队伍之中,等等。

在制度(含业务流程)体系上,企业首先应考虑业务操作流程调整,例如外勤人员(营销、采购、客服等)降低外出、接触环节及传染可能的规定以及对业务操作制度调整(降低外出、接触环节的规定);第二是建立和完善网上办公应急流程和制度;第三是评估增加无接触或降低人工进行业务操作的可能性;第四是与合作伙伴加强沟通、共渡难关,可在供应商付款、客户交付等条件上进行协商。

在风格上,需要管理者在原有风格中补充或突出疫情防控和健康关怀要素,鉴于疫情时期大量的变革发生,也需要领导原有风格中补充或突出变革要素,进一步激励员工同舟共济、团结一心的价值观。此外,企业原有文化也要与疫情防控期特殊要求进行结合。

在员工工作方面,首先需要评估并处理人员富余、缺乏情况,及时调整;其次是缩短员工工作时间、降低员工心理压力,提升员工工作效率;第三,必须遵守劳动法规,疫情时期违法劳动法规的负面效应会加倍放大;第四,评估自动化替代部分员工工作的可行性;第五,激发员工主动性,例如强调通过此次事件选拔和发现优秀人才。必要时考虑管理者带头降薪,降低公司成本负担。

在技能上,主要是提升员工远程办公、网上办公技能。以上指南列于表 1。

(三)为企业构建第二运行系统、应对疫情防控提供指南

第二运行系统是指疫情应对系统,这套系统完全为应对疫情的新增任务所生。这套系统建立的理论基础是企业社会责任理论、利益相关者理论,此时企业需要更加积极承担社会责任、更加积极关注利益相关者。第二运行系统是临时运行系统,可以按项目形式组织管理,在疫情结束时系统将停止运行。

在价值观上,企业需要快速形成第二运行系统的价值观,建立公司疫情防控系统的主要理念,强调为每一名员工、为家庭、为公司、为股东、为伙伴、为社区、为国家积极承担责任。此后,需要加强第二运行系统价值观在公司内部的沟通传达,形成共识,让员工认识到这是疫情特殊时期所需,公司需要疫情应对职责,促使全员重视疫情防控,获得全员支持疫情防控,提升员工对公司的认同感。

在战略上,第二运行系统需要围绕疫情防控确立公司目标,例如无感染、无传播、信息敏捷、合规、降低业务风险等,形成防疫工作任务。需要为疫情防控配置资

源,例如防护工具(如口罩、消毒水、备用药品等),同时为员工的工作餐、交通出行、工作场所设计等提供便利条件。同时,可在公司预算中适当增加危机管理资金和人员投入。最后,需要积极争取外部资源支持,例如政府或金融机构的贷款、惠免政策等。

在结构上,第二运行系统首先需要调集各部门代表人员组建疫情防控领导小组和临时执行团队,公司高管担任团队负责人,下设疫情防控临时主管岗位,可由行政后勤部门主管兼任。需要加强临时团队沟通,可组建疫情防控沟通群。其次,需要做好疫情防控临时团队职责分工,建立疫情防控信息采集和分析、决策职责和分工,建立疫情防控管理和执行、疫情外联职责,例如与园区、物业、社区等的外联沟通责任。

在制度(含业务流程)体系上,第二运行系统需要制定和实施简明内部、伙伴、社区、公共疫情防控信息报送流程和制度;制定和实施简明疫情防控措施实施流程和制度;制定和实施简明疫情防控信息通报制度;制定员工疫情应急管理办法,一旦公司内部员工发生感染,应有备用方案。

在风格上,第二运行系统需要首先发挥领导防疫示范作用,例如戴口罩、消毒,在交谈、会议、办公场所中的行为细节等。另外,可以加强疫情防控时期特殊文化建设,发挥有形和无形的文化作用。最后,需要及时沟通阶段性成果提升疫情防控士气。

在员工工作方面,第二运行系统需要汇集员工健康信息,建议公司按日汇总员工健康信息,可由每人通报给部门疫情防控代表,再汇总给疫情防控主管。其次,提供员工心理咨询和支持。第三,必须严格遵守疫情时期特殊用工相关政策规定。第四,建设疫情防控志愿者队伍、全员参与。

在技能上,第二运行系统员工培训员工防疫技能,加强管理者应急管理技能。以上指南也列于表1。

表1 双系统运行指南

构成要素	第一运行系统调整指南	第二运行系统建构指南
价值观	1. 价值观中必须高度强调可持续发展(即活着) 2. 在原有价值观中增补或强化员工和合作伙伴健康第一 3. 就疫情对公司的影响开展内部沟通,获得员工理解和后续决策支持	1. 快速形成第二运行系统的价值观 2. 快速沟通第二运行系统价值观,形成共识,引起全员重视,获得全员支持

(续表)

构成要素	第一运行系统调整指南	第二运行系统建构指南
战略	4. 开展疫情对公司影响的多情形评估和应对方案储备 5. 根据公司业务特征评估和调整战略目标 6. 评估和调整公司资源配置、预算,开源节流 7. 做好现金流保障 8. 关注新机会、或可创新、变革	3. 目标:安全、无感染、无传播、信息敏捷、合规、降低业务风险等 4. 任务:形成防疫工作任务,分解落实 5. 资源:疫情防控资源配置,争取外部资源(如政府补贴、政策)支持 6. 预算:危机管理资金和人员投入
结构	9. 根据上述战略适当调整组织结构(可能的部门和岗位职责调整、人员配置调整等)	7. 调集各部门代表人员组建疫情防控临时团队,设疫情防控临时主管岗位,组建疫情防控沟通群 8. 建立疫情防控信息采集和分析、决策职责和分工 9. 建立疫情防控管理和执行、疫情外联职责
体系	10. 业务操作流程调整(降低外出、接触环节) 11. 业务操作制度调整(降低外出、接触环节的规定) 12. 网上办公应急流程和制度 13. 评估增加无接触或降低人工业务操作的机会 14. 与伙伴沟通共渡难关	10. 制定和实施简明的内部、伙伴、社区、公共疫情防控信息报送流程和制度 11. 制定和实施简明的疫情防控措施实施流程和制度 12. 制定和实施简明的疫情防控信息通报制度 13. 制定员工疫情应急管理办法
风格	15. 在领导原有风格中补充或突出疫情防控和健康关怀要素、变革要素 16. 在原有企业文化与疫情防控期特殊要求的结合	14. 领导发挥防疫示范作用 15. 疫情防控时期特殊文化建设 16. 及时沟通疫情防控阶段性成果提升士气
员工	17. 评估并处理人员富余、缺乏情况 18. 缩短员工工作时间,降低员工心理压力,提升员工工作状态 19. 严格遵守劳动法规,必要时考虑管理者带头降薪 20. 实施自动化替代部分员工工作 21. 激发员工主动性,强调通过此次事件选拔和发现优秀人才	17. 每日员工健康信息汇报、汇总 18. 员工心理咨询和支持 19. 遵守疫情时期特殊用工相关政策规定 20. 建设疫情防控志愿者队伍、管理全员参与
技能	22. 强化远程办公、网上办公技能	21. 员工防疫技能 22. 应急管理技能

（四）为企业双系统运行压实责任、部门任务分解提供指南

鉴于各行各业不同规模企业受疫情影响的不同，企业可参考上述指南建构双运行系统，特别是缺少应急管理体系的广大中小型企业。为便于尽快构建双运行系统，可将上述指南中的任务分配到企业各个部门，高效推进。由于各类企业部门设置的差异，此处以传统企业部门设置为例，列出各主要部门在双系统运行中的主要任务清单，如表2所示。

表2　双系统运行期主要部门任务清单

部门	任务清单
高层	（1）价值观：强调特殊时期、员工健康、公司可持续，反复宣贯，形成共识，增强同舟共济意识，为各种临时的针对性行动赢得支持。给全体员工一封信。（2）战略：保持镇定，评估疫情影响，调整业务目标、经营计划、预算，制定复工计划，提高敏捷性。（3）组织：发起成立疫情防控领导小组和执行小组，决定人员配置调整，分析和决策。（4）制度：提议和决定防疫相关制度调整。（5）风格：关心健康、变革精神、防疫文化。（6）人员：决定人员工作制度、薪酬等临时调整。（7）技能：倡导全公司网上办公、网络会议
中层	（1）价值观：部门内上传下达疫情时期价值观，强化共识。（2）战略：评估本部门所受影响，提出调整建议，参与复工计划制定，熟悉公司战略调整内容。（3）组织：参与疫情防控小组，根据战略调整进行人员配置调整。（4）制度：提议和决定部分制度调整。（5）风格：关心健康，防疫文化，做好部门疫情防控。（6）人员：做好人员调配。（7）技能：推进本部门网上办公、网络会议
人力资源	除中层任务之外，主要有：（1）配合承担疫情防控小组主要操作任务。（2）调整员工考核、奖酬等制度。（3）关心全体员工健康，开展心理咨询等。（4）人员招聘培训等工作调整执行。（5）培训员工网上办公技能，建设学习型组织等
行政后勤	除中层任务之外，主要有：（1）制定公司复工计划（或相关部门负责）。（2）承担公司疫情防控小组主要操作任务。（3）调整员工考勤、餐饮、交通等制度。（4）公司防疫工作计划和推进，防疫物资备、发，内外部防疫信息汇集通报、外联。（5）做好应急管理。（6）优化物资、办公空间配置，降低疫情出现风险
财务	除中层任务之外，主要有：（1）提高现金流信息分析报告频次；（2）加强现金收支预测频次和情形分析；（3）减少现金接触；（4）开拓融资渠道；（5）做好现金流保障预案
营销	除中层任务之外，主要有：（1）根据复工安排，按业务暂时全停并转或扩大要求，做好营销计划调整和执行。（2）调整客户沟通方式，降低人员接触频次。（3）存在业务萎缩风险下调拨、培训其他富余员工进入营销队伍。（4）加强客户付款日期和交付日期沟通

（续表）

部门	任务清单
采购	除中层任务之外,主要有:（1）根据复工计划,做好采购计划调整和执行。（2）做好备择供应商调整计划,应对供应商中断风险。（3）加强供应商付款日期和交付日期沟通。（4）调整供应商沟通方式,降低人员接触频次
生产	除中层任务之外,主要有:（1）根据复工计划,做好生产计划调整和执行。（2）调整生产人员工作安排。（3）根据生产特征做好降低疫情风险工作
客服	除中层任务之外,主要有:（1）调整、发布疫情期间客服制度。（2）降低客服人员外出频次、加强客户沟通。（3）根据客服工作特征做好降低疫情风险工作

（五）为企业启动复工基础工作提供指南

企业疫情防控组开启复工工作,需要做好复工条件审查和复工后疫情防控准备两件基础工作。具体可参考如下建议。

1. 审查员工复工条件,建立复工程序。具体流程可以参考如下步骤执行:

第一步,员工复工前向疫情防控组提交个人信息。

第二步,防控组根据员工个人信息决定,例如可参考如下标准:

（1）如果假期间未离开本地且 14 天内（根据当地隔离时间标准确定）无外地人员接触史,身体健康,可复工。

（2）如果假期间未离开本地但有接触史者,按当地通行隔离时间要求,隔离期满后身体健康者,可复工。

（3）如果假期间离开本地已返回当地者,按当地通行隔离要求,隔离期满后身体健康者,可复工。

（4）如果假期间离开本地尚未返回当地者,若在湖北等疫情较严重地区,根据当地办法隔离观察,根据当地通知;若在其他地区,可尽早返回,按要求隔离期满后健康者,可申请复工。

（5）以上若有症状者,根据医生建议申请复工。

第三步,未复工者,若身体健康、部门需要、条件具备,可参与线上复工。

2. 复工后疫情防控措施。可以参考以下要点执行:

（1）日常防护:戴口罩,勤洗手,多留心。

（2）通勤:短途鼓励步行、自行车或电瓶车;远距离鼓励私家车或地铁错峰出行。

（3）办公:入门测温,超温禁入;暂停来访,避免外访;定时消毒,定时通风;

线上沟通,线上会议;线下集中,保持距离;健康信息,每日申报。

（4）就餐:鼓励自备餐食,食堂分批就餐,保持距离,鼓励打包、自备餐具。

（5）园区或物业:服从物业要求,借助物业、社会防疫支持。

（六）为企业复工、防疫、稳定运营提供支持

政府积极密切跟踪企业运行态势,出台企业帮扶政策,政策主要包括以下内容(参考北京、上海、深圳、苏州、宁波等地、商务部等最新通知):

（1）金融支持政策。包括融资成本降低,融资难度降低,融资渠道增加,金融机构支持服务等。

（2）员工就业政策。包括失业保险费政策,社会保险费政策等。

（3）企业减负政策。包括物业费减免政策,税费减免政策,税收延期政策,各种财政补贴、贴息政策,其他帮扶政策等。

（4）企业防控疫情支持措施。

疫情论文风波对科研高质量发展的几点反思

| 周文泳

新冠肺炎疫情防控的关键时刻，1 月 29 日，国际权威医学期刊《新英格兰医学杂志》(NEJM)官网上刊发了一篇题为《新型冠状病毒感染的肺炎在武汉的初期传播动力学》的回顾性分析论文。与以往国内学者在国际权威期刊发文不同，国内网友不仅没有引以为傲给予赞许，代之而起的是社会各界的普遍质疑。1 月 30 日，《科技部办公厅关于加强新型冠状病毒肺炎科技攻关项目管理有关事项的通知》中明确指出："各项目承担单位及科研人员要坚持国家利益和人民利益至上，把论文'写在祖国的大地上'，把研究成果应用到战胜疫情中，在疫情防控任务完成之前不应将精力放在论文发表上。"疫情论文风波，折射出国人对制约我国科研高质量发展的"残障顽疾"深恶痛绝。那么，如何促进我国科研领域的高质量发展呢？

一、要正确认识科研领域的质量内涵

科学研究是人类在特定的科学建制下，运用科学方法，揭示客观事物本质特性及其发展现律的系统性活动。科研质量是科学建制、科研过程和科研成果的一组固有特性满足要求的程度。一项科研成果质量高低，最终体现在其对科技进步和社会经济发展的特定领域的理论或现实的需求的满足程度。值此疫情防控之际，评判疫情科技攻关成果质量高低的标准是在满足疫情防控需求中的实质贡献大小，而不是发表疫情论文期刊档次的高低。由此可见，引起疫情论文风波根源在于相关各方对科研质量的认知差异。

作者系上海市产业创新生态系统研究中心副主任、同济大学经济与管理学院教授、同济大学科研管理研究室副主任。

二、要健全顺应高质量发展的科学建制

科学建制是自然科学发展过程中为摆脱自发随意状态而成立的一系列专门的组织机构，由价值观念、行为规范、组织形式和科学设施构成。现阶段，为顺应我国科研高质量发展需求，健全科学建制有如下两个着力点。在价值观念方面，基层科研单位需要强化扭转"唯排名"等功利倾向的不良政绩观，树立国家利益和人民利益至上的政绩观；科学共同体需要摆脱"小群体利益至上"的割据观，树立国计民生至上的大局观；科研人员需要摆脱"四唯/五唯"的功利倾向，树立具有家国情怀和崇尚科学家精神的理想信念。在行为规范方面，宏观层面需要进一步健全科研伦理、科研诚信等方面法律、法规和制度建设，强化相关法律、法规和制度的执行力度；基层科研单位和科学共同体需要强化对科研人员在科研行为规范的负面清单管控力度。

三、要加快中国特色学术话语体系建设

所谓国际标准实质是规则制定者统治世界的一个工具。现行科研领域的国际学术话语体系主要由美英等科技发达国家制定和主导，适用于这些国家以软实力操控世界科研财富，为其自身利益服务。如诸多科研单位和科研人员国际科研排名中，西方国家构建英文国际权威期刊的发文量及其影响因子等学术评价指标。很长一段时间以来，由于受到美英等国主导学术话语体系的误导，"出口转内销"科研论文传播方式，已经形成了我国学者"成功成才"的捷径。"出口转内销"科研论文传播方式，直接导致国家财政支持的科研论文版权和科研数据无私地奉献给了英美等国的出版商。与此同时，我国读者要看国人在英美等国期刊发表的科研论文，不仅要向国际出版集体交版面费，还因语言差异引起阅读不便。由此可见，要推动我国科研高质量发展，迫切需要消除西方学术话语体系的负面干扰，破除传统的科研成果"出口转内销"的传播误区，以贯彻落实最近几年以来我国科技领域放管服系列改革政策等为契机，进一步加强国家利益和人民利益至上的中国特色学术话语体系建设。

疫情之下支持和保障企业的政策优化研究

陈 强 敦 帅

伴随新型冠状病毒大范围、快速性传播和全社会防疫攻坚战拉开帷幕,各类企业特别是中小企业面临了较大的生存压力,各级部门纷纷出台关于应对新型冠状病毒感染的肺炎疫情支持企业渡过难关的政策,全力支持企业抗击疫情、稳定发展。研究通过比较提炼典型政策的共同着力点和差异性做法,总结评析政策设计的行动逻辑和存在的不足,针对疫情下企业的普遍性困难和行业性困难,提出了疫情之下支持与保障企业渡过难关的优化政策建议。

一、疫情之下企业面临的发展困境

新冠肺炎疫情的快速性、全国性蔓延,举国上下大规模、全范围的隔离防控,打断了中国经济"弱企稳"的现状,加剧了经济下行的压力,对宏观经济、行业发展和企业运营产生了严重的冲击,图 1 是疫情背景下企业发展困境的结构图。

(一) 疫情对宏观经济的冲击

供给需求同时骤降。供给方面,受全国范围封城隔离防控疫情的影响,原材料、劳动力等生产要素流通受阻,物流、生产、销售等正常经营活动受到严重干扰,各类企业停工减产,短期 CPI 上涨并伴随 PPI 供需同时回落,通缩加重。需求方面,消费、投资与出口均受到了不同程度的冲击和影响:①消费需求大幅降低;②短期投资基本停滞;③出口贸易持续放缓。受疫情的冲击和影响,企业发展面临着短期内持续恶化的宏观经济环境。

(二) 疫情对行业发展的冲击

多行业领域遭损失。①制造行业:持续走低,溢出效应明显;②服务行业:损失惨重,短期恢复缓慢——餐饮零售业断崖下跌,休闲文旅业完全停滞,影视娱

作者陈强系上海市产业创新生态系统研究中心执行主任、同济大学经济与管理学院教授;敦帅系同济大学经济与管理学院博士研究生。

乐业颗粒无收,交通运输业巨大冲击;③科技行业:停产缩销,产业链受影响。

(三)疫情对企业运营的冲击

诸多困境难以为继。①企业资金匮乏;②复工复产困难;③违约现象严重;④运营成本加剧。

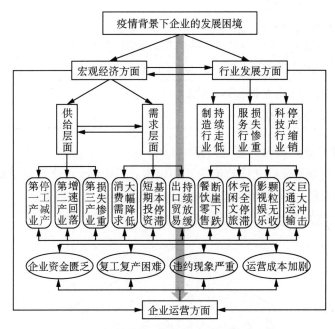

图1 疫情背景下企业发展困境结构图

二、疫情之下支持企业发展的典型政策总结评析

(一)支持政策涵盖的主要层面

政策层级、政策时效、政策性质、发布机构、政策倾向、政策内容、调控范围、作用领域与作用对象(表1)。

表1 政策文本的总结分析结果

政策维度	具体结果
政策层级	国家级(13);省级(35);市级(7)
政策时效	临时(<1年,55)
政策性质	通知(17);公告(1);措施(8);意见(5)

(续表)

政策维度	具体结果
发布机构	国家部委(13);省/直辖市级人民政府(35);市级人民政府(7)
政策倾向	强化(3);做好(6);支持(32);提供便利(2);帮助(5);促进(3);鼓励(1);缓解(2);有效应对(1)
政策内容	减较企业负担、加大金融支持、保障企业运营、支持抗击疫情、做好援企稳岗、促进复工复产、优化营商服务、实施灵活用工和给予多元补贴
调控范围	全国范围(13);全省范围(35);全市范围(7)
作用领域	抗击疫情;企业运营;金融支持;复工复产
作用对象	企业;中小企业;小微企业

(二)支持政策出台的驱动力量

①公共安全是驱动支持政策的首要因素;②国家政治稳定是驱动支持政策出台的基础因素;③经济发展是驱动支持政策出台的直接因素。

(三)支持政策提出的行动逻辑(见图 2)

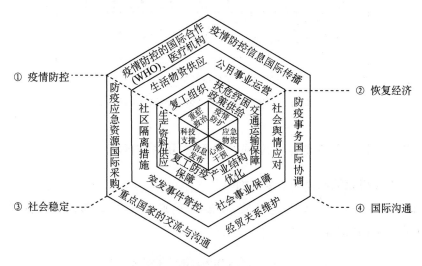

图 2　防控肺炎疫情、保障企业发展的四条"战疫"战线

①是国际政治及国际关系"战线",为企业发展营造良好的国际市场环境;②是疫情防控"战线",为企业发展打造良好的公共安全环境;③是恢复经济"战线",为企业发展构建良好的宏观经济环境;④是社会治理"战线",为企业发展建设良好的和谐稳定环境。

（四）支持政策存在的不足之处

①政策针对性较差；②政策融合性缺乏；③政策创新性不够；④政策联动性不佳；⑤政策前瞻性不足。

三、疫情之下支持企业发展的政策建议

（一）坚持"防控要防、复工要复、帮扶要帮"导向，加强政策针对性

一方面，在疫情防控方面，要坚持"防控要防"的主旨，极力消除可能存在的疫情传播隐患，应在做好适时隔离、杀菌消毒、信息宣传、体温采集和出行信息管理等有效控制手段的情况下，给予省外复工人员通行许可。另一方面，尽可能向当地已复工企业调配更多防疫物资，加强物业管理区域内卫生保洁、病毒消杀工作，强化包括防疫指导和疫情监察等干预措施，支持企业攻克困境、正常运转。

（二）深化疫情影响下企业维稳发展体制机制，加强各级政府间企业支持政策的联系和衔接关系，强化各地方政府间的互助合作，提升政策融合性

①地方政府注重与中央政府政策的一致性和互动性，在企业的紧迫需求方面形成一致合力，尽量避免政策不连贯和不全面造成的落实不到位问题；②各地方政府加强沟通联系，在人员流通、物料调度、物资互助和医疗帮扶等方面形成合作关系，为中小企业复工复产开设市际、省际甚至全国范围的"绿色通道"，做好疫情防控道路检查措施的同时消除企业生产运营物料运输与复工人员返企障碍；③构建省级乃至全国范围的政务一体化，加强各个政府间资讯、政务、健康、认证等各方面的互联、互通、互认，促进企业有序复工复产和平稳发展。

（三）做好企业扶持保障工作，发掘疫情影响下的经济增长新动能，支持新商业模式的变革进程，为新业态成长营造良好发展环境，提高政策创新性

我国政府一方面需要明晰当下企业面临的生存困境，以极力做好企业支持保障工作为首要任务，另一方面应顺应市场发展，重视对新业态、新模式和新方法的政策支持，培育经济发展新动能。

（四）突破传统企业激励手段，审时度势推进各个职能部门共同发力、发挥作用，在了解企业切实需求基础上强化政府服务能力，增强政策联动性

一方面除已经出台政策的财政部、商务部和工信部等相关部门外，需要动员其他政府职能部门发挥各自职能特点，对疫情产生的不利因素逐点击破，发挥政府政府部门齐聚发力的联动效应，推动企业支持政策精准化、精细化施行；另一方面需要加强政府与企业间的互动交流，及时收集各方意见和需求，推进政府服

务能力完善和升级。

（五）提升短期政策效用，加快施行有效政府干预，同时放眼疫情后企业经济重建，着手布局促进企业经济恢复的中长期战略规划，强化政策前瞻性

在制定短期政策方面，政府应该注重施行契合需求、响应迅速、效果稳定且针对性强的政策干预手段，结合疫情期间企业面临的生存困境精准施策。在制定中长期战略规划时，要从宏观经济、行业发展和企业运营三个层面入手：①尽快出台全年的金融工具和减税降费政策，做好宏观经济干预布控；②加强万物网络基础设施建设，鼓励产业发展线上平台模式，推动产业网络化结构变革；③鼓励企业数字化变革，加强"非接触式"的生产运营能力，建立长期有效防控机制应对未来挑战。

（本文转载自《中国特色社会主义研究》期刊 2020 年第二期，内容形式略有删修。）

国外应对新型冠状病毒感染肺炎的主要措施及启示

| 卢 超

　　根据国家卫生健康委员会公布的数据显示,截至 2020 年 2 月 15 日 24 时,国外共确诊 603 新冠肺炎病例。其中,日本确诊 259 例,是中国之外最严重的国家,韩国、德国、美国、法国、英国、加拿大等国的确诊病例也相对较多(表 1)。

表 1　部分国家新型冠状病毒感染肺炎的确诊病例数量

国家	日本	韩国	德国	美国	法国	英国	加拿大	合计
确诊病例数量	334	28	16	15	11	9	8	421
治愈病例数量	1	9	1	3	1	1	1	17

　　注:截至 2020 年 2 月 15 日 24 时。法国是欧洲首个确诊新型冠状病毒感染肺炎病例的国家(1 月 24 日确诊首例);德国是目前欧洲确诊病例最多的国家。

一、国外应对新型冠状病毒感染肺炎的主要措施

　　一是密切关注疫情蔓延态势,及时调整传染风险等级预警。在世界卫生组织(WHO)于 1 月 30 日晚将新型冠状病毒疫情列为"国际关注的突发公共卫生事件"之前,针对武汉疫情的变化情况,美国国家疾控中心(CDC)分别在 1 月 17 日、21 日,向美国公民发布到武汉旅行风险 1 级、2 级预警,并于 27 日面向中国全境将风险预警提升为 3 级;日本外务省分别在 1 月 21 日、23 日、24 日,针对中国全境发出传染病 1 级、2 级、3 级风险提示,并于 28 日将其定义为最高级别的传染病类型。此后,韩国、英国等国也逐步提升风险等级预警。

　　二是成立专门的对策/工作/领导小组,各司其职开展工作。主要为三种方式:一是韩国和加拿大由国家疾控中心或政府首脑牵头成立对策小组,相关部门

　　作者系上海市产业创新生态系统研究中心研究员、上海大学管理学院副教授、上海高水平地方高校创新团队"创新创业与战略管理"骨干成员。

共同谋划。二是日本自上而下建立疫情应对机构,首相牵头在中央层面建立跨部门、高级别的应对领导小组,各个省厅再分别建立应对小组,有效落实推进。三是美国自下而上设立疫情临时机构,州政府先成立跨部门、跨学科的新型冠状病毒观察组,风险升级后,联邦政府再成立跨部门特别工作组,并随时向总统通报情况。

三是政府牵头组织科研攻关,迅速开展病毒检测与疫苗研制。充分发挥政府的组织协调优势,集聚高水平研究机构、大学、医院、企业联合攻关,尽快掌握病毒及其发病机制,开发新的诊疗工具,研制安全的临床试验候选疫苗。如日本国立传染病研究所(NIID)联合民间研究力量共同研发能够快速判断是否感染的"简易检测试剂盒",加拿大国家微生物实验室与加拿大省级公共卫生实验室合作确保病毒诊断测试能力,美国流行病防疫和创新联盟(CEPI)资助 Inovio、Moderna 两家公司与昆士兰大学、美国国立卫生研究院(NIH)过敏症和传染病研究所合作开发新型冠状病毒疫苗等。

四是加强针对性的科普和宣传,及时发布民众关心的信息。基于已知的病毒性呼吸道感染传播情况,迅速制定、迭代更新面向不同对象的防护指南;建立透明的信息公开机制,确保民众知情。如美国疾控中心面向普通老百姓、各级医疗机构、实验室和海关,制定操作指南手册并启动宣传;法国卫生部在法国出现确诊病例后第一时间召开记者会,向公众通报病例确诊与救治情况,针对确诊病例、疑似病例、接触者和潜在风险者等不同人群作出分类防治建议与就诊指南。

五是调整对华航线和签证政策,实施更加严格的入境检查。多家国际航空公司(如美国航空公司、美国联合航空公司、达美航空公司、英国航空公司、大韩航空公司、德国汉莎航空公司、法国航空公司、加拿大航空公司等)分别宣布暂停往返中国的多个航线,多个国家政府(如美国、日本)采取取消或推迟未出签的签证预约申请、关闭中国大陆的(部分)签证申请中心等方式延缓或停止发放签证,加大力度限制人员的国际流动。此外,美国、德国等通过对来自中国的航班,采取指定机场降落方式,缩小疑似病例可能传播的范围,并通过区分入境前停留区域及身体健康情况的不同,采取强制隔离、居家隔离等方式,实施严格检查。

六是通过外交渠道和军方力量,为在华侨民提供撤侨服务。通过外交、卫生、金融等部门的协作,采取民航包机或出动军用飞机等方式,从中国疫情严重地区撤侨。如日本外务省负责向在华侨民征集撤离意愿,与中国外交部沟通具体事宜,派遣外交人员赴武汉直接开展撤离工作;防卫省派遣人员赴武汉开展机上人员的检疫和医疗保障工作;日本厚生劳动省、金融厅等参与归国侨民的安置隔离工作。德国政府用军机撤回在武汉的德国侨民,到达法兰克福后,集中安置在附近的空军基地接受检测和询问,并进行为期 12～15 天的隔离。

二、若干启示

当前,国内抗击新型冠状病毒感染肺炎疫情的战役尚未出现"拐点",上海受"返工潮"影响正在面临严峻考验。参考部分西方国家应对疫情的主要措施,有以下几点启示。

一是要形成"见微彰著"的疾控理念,构建上海在公共安全领域科技紧急攻关的体系与能力。对于公共卫生事件,宁可"小题大做",决不能心存侥幸。政府部门和社会大众,均需要时刻保持忧患意识。为及时应对公共安全事件科技攻关需求,上海应抓紧构建相关制度体系和管理流程,为应急攻关提供制度保障。同时,应在加强项目引导的同时,加强各科研主体能力体系的培育,以便在公共安全事件发生的时候能够及时有效地组织起相关力量开展体系化攻关。

二是加强国内外疫情信息互通和科研合作。此次疫情成为国际共同关注的全球事件。我国在相关数据资料方面也采取了非常开放的态度,面向全球公开了相关数据。在此背景下,国外主要科研机构和企业也在数据平台、专利许可等方面对我们开放。因此,我们要及时依托与国外机构有合作基础的机构(复旦大学、中科院上海药物所、巴斯德研究所等)以及优势企业,及时与国际机构开展数据、设施共享与合作,尽快取得并应用安全的临床成果。

三是运用现代信息技术手段,提高当前防控体系的运行效率。充分借助大数据、区块链、5G 等先进技术手段,迅速组织精干科研队伍研究疾控资源调配优化模型,提高调配能力。充分预估"返工潮"带来的隐患,做好应急预案,扩充医护队伍,储备医疗资源。一是压实各社区、企业、园区、校区的防疫工作,严格按规定执行;二是对医学院高年级学生进行紧急培训和实习训练,组建后备队伍;三是储备一定数量的医用防护用品和药品等"战略资源"。

调查报告：新冠肺炎疫情对上海市企业复工和经营的影响

任声策　胡　迟　苏涛永

2020 年春节，一场突如其来的新冠肺炎疫情肆虐全国，上海市企业停工停产、复工延长、经营管理遭遇巨大挑战。上海市政府按照党中央、国务院的决策部署，已出台了一系列防控法规、支持企业复工复产的政策和举措，如《上海市全力防控疫情支持服务企业平稳健康发展的若干政策措施》《关于本市国有企业减免中小企业房屋租金的实施细则》《关于全力支持科技企业抗疫情稳发展的通知》等，与此同时上海市各区级政府结合自身实际，出台了多项企业帮扶政策，根据《上海市疫情防控数据综合分析报告》，截至 2 月 10 日，已有 598 家企业有序复工，其中涉及疫情防控类企业 248 家。目前抗击疫情已到决战决胜的关键时刻，尽管 2 月 10 日起已有不少企业有序复工复产，但疫情对企业整体经济影响深远，需要认真思考疫情对企业带来的压力，在抗击疫情复工的同时做好充分准备。为了解疫情对企业带来的影响，以期发现企业生产经营面临的困难和政策诉求，本研究针对新冠肺炎疫情对上海市企业生产经营的影响进行了问卷调查和数据分析。

通过调研发现，此次疫情对上海市各行各业的企业经济都造成了一定程度的负面影响，大多数企业都认为第一季度业绩甚至 2020 年全年业绩下降 10%～30%，但出现大面积企业倒闭的可能性极低，多数企业能经受住疫情的冲击存活下来。随着疫情好转，企业趁势有序复工，上海企业普遍遇到的复工困难集中在员工难以按时返岗、防控疫情和客户需求减少方面，在政府部门对企业经济的全力支持下，现金流中断带来的压力逐渐放缓，但在政策诉求方面表现出企业规模差异导致政策诉求有所差别，规模以上企业希望银行和政府适当延长贷款偿还期

作者任声策系同济大学上海国际知识产权学院教授、博士生导师；胡迟系上海海事大学经济管理学院研究生；苏涛永系同济大学经济管理学院教授。

限以及配套的金融政策支持,不同于中小微企业在可流动性资金上的诉求。此外,上海各行业的企业普遍面对限制开工、订单锐减以及防控疫情等问题,也存在因行业差异导致的不同行业的特殊困难,加工制造业企业在产业链中原材料供给方面受到较大冲击,消费者服务类企业则面临着疫情导致客户需求锐减的困难。

一、调研情况

本次调研以疫情阶段中所有企业为研究对象,向基层、中层和高层的企业工作人员线上发放问卷,线上调研自 2 月 7 日开始,2 月 13 日结束,通过人工检验剔除信息缺失等无效问卷 149 份,共搜集有效问卷 939 份,涉及生产运营、产品开发、营销、经营管理等多类企业从业人员,其中有 8.52% 的调研者为企业经理级以上管理层。上述样本中上海市样本数量共有 161 份有效问卷,故特别对上海市企业样本进行了统计分析。

(一) 以民营企业为主,1 000 人以上规模企业占比最高

在上海市样本中,调查的企业对象以民营企业为主,其占比为 53.42%,其次是外资企业占 23.60%,国有企业占 16.15%。在企业人数规模上以 51 人以下的小微型企业和 1 000 人以上的大型企业居多,1 000 人以上规模企业占比最高,为 29.19%。

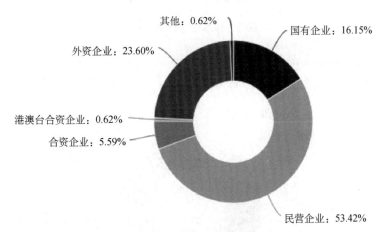

其他: 0.62%

国有企业: 16.15%

外资企业: 23.60%

港澳台合资企业: 0.62%

合资企业: 5.59%

民营企业: 53.42%

图 1 样本企业类型分布

(二) 行业分布以加工制造业和高科技行业为主

从行业分布来看,调查样本超过 10 个行业,占比前五的行业分别是加工制造业(32.30%)、高科技行业(20.50%)、金融业(8.70%)、物流运输批发贸易业

（8.07%）、零售与服务业（7.45%），在上海市支柱产业如医药业的样本上有所欠缺。

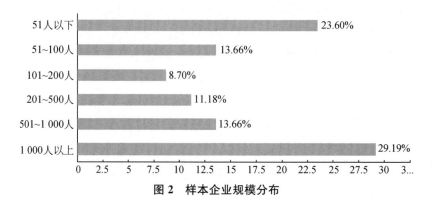

图 2　样本企业规模分布

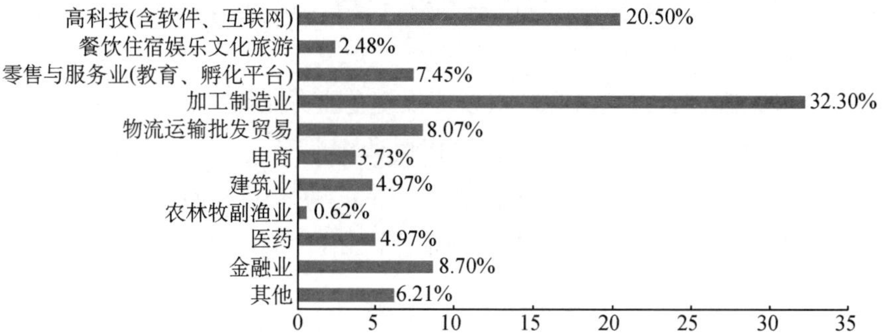

图 3　样本企业行业分布

（三）受访者所在部门多样化,高管较多

在上海市企业样本中,受访者为企业高管占比 24.84%,排名第一,其次是

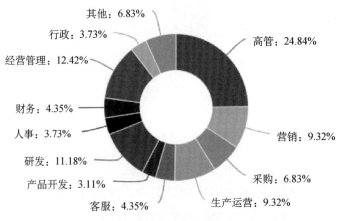

图 4　受访者所在部门分布

经营管理部门(12.42%)和研发部门(11.18%),可有针对性地分析企业战略和研发方面的影响,负责企业生产经营的受访者人数占比为9.32%,符合预期。

二、主要影响

(一)您预计自己所在部门工作所受的影响大小。(请按由低到高的1~7的分值进行选择)

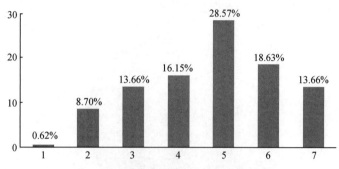

图5 疫情对受访者所在部门影响程度

聚焦于受访者各自所在部门所受影响程度,可以看到,多数受访者认为自己所在部门受影响程度较为严重,例如营销部门由疫情蔓延导致客户需求锐减、订单交付日期推迟,生产部门则面临着员工难返岗、难开工的困难,企业高管须支撑企业生存下去的同时结合自身情况制定疫情应对方案。

(二)您认为公司业绩会受多大影响?

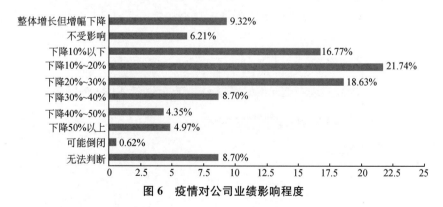

图6 疫情对公司业绩影响程度

观察疫情对上海市企业业绩的影响,主要指2020年企业营收情况。21.74%的受访者认为此次疫情会造成公司业绩下降10%~20%,18.63%的受访者认为公司业绩会下降 20%～30%,16.77%的受访者认为公司业绩会下降 10%以内,而也有 9.32%的受访者认为疫情的发生反而会提升公司业绩,另外仅有 0.62%的受访者认为企业因为此次疫情可能会倒闭。总体来看,大部分认为收入会下降 10%～30%。

三、复工

(一) 您所在公司会(已)按时复工吗?

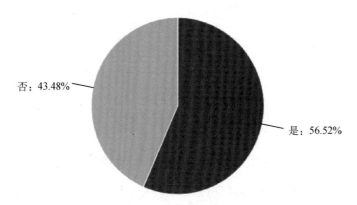

图7 企业复工情况

上海市政府于 1 月 27 日发布上海市各类企业不得早于 2 月 9 日 24 时前复工,由于此次调研自 2 月 7 日开始,2 月 13 日结束,期间包含企业复工时间 2 月 10 日,故有超过半数的企业会在 2 月 10 日按时复工。

(二) 您所在公司的复工部署令你感到周全吗?

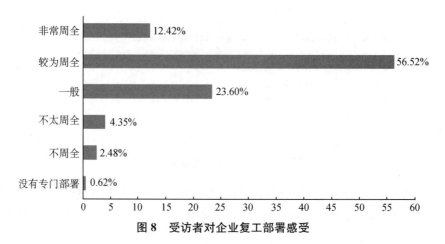

图8 受访者对企业复工部署感受

　　面对疫情,上海市政府在减免房租、财税支持、提供医疗物资等方面出台了相关政策,以指导企业有序复工复产,同时不少企业内部迅速制定疫情防控方案,为开展复工工作启动了一系列疫情防控措施,如审查员工复工条件、对工作场所全面消毒和为员工配备防护口罩等。数据显示,56.52%的被调研对象对所在企业复工部署感到较为周全,23.60%的企业员工认为企业复工部署一般,有待改善,仅有0.62%的企业没有进行复工专门部署。

　　(三) 在复工期间,您对下列场合的疫情防控工作(措施)担忧程度如何?(请按由低到高的 1~7 的分值进行选择)

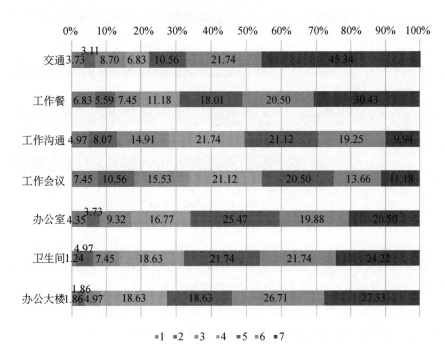

图8　受访者对企业复工防控工作感受

　　对员工个人而言,工作环境是否安全、有没有感染的危险是担忧的重点问题。数据显示,首先在个人出行上班途中交通环境方面的疫情防控措施最为担忧,其次受访者较为担忧工作餐、办公大楼以及卫生间等人员流动频繁的公共场合疫情防控工作;对会议场所和工作沟通的担忧程度相对较小。政府部门应进一步落实复工阶段环境消毒制度,加强对风险场合排查和封闭,同时企业应注重用餐管理,加强对办公室、办公大楼等相对封闭场所的消毒清洁。

（四）您认为复工过程中面临的下述困难大小程度。（请按由低到高的 1~7 的分值进行选择）

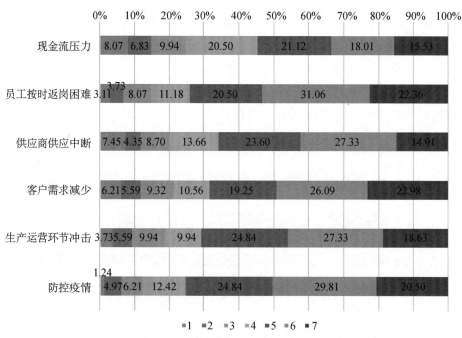

图 9　疫情对企业复工造成困难程度

为大范围防控疫情，全国各省市都采取了积极措施，如限制出行、关闭门店、卫生宣导等，企业生产运营也相继停滞，疫情对企业复工的具体影响体现在防控疫情、生产运营难度增大、供应商供应中断、现金流压力等多个方面。从调查结果来看，上海市企业面临以上各项复工困难的程度均较高，在员工难以按时返岗、防控疫情和客户需求减少方面尤为明显，而在现金流压力和供应商方面困难程度相对较低。

四、应对和政策诉求

（一）您预计公司开展线上办公或弹性工作制的可能性有多大？

为有效防控疫情和保证员工健康，不少企业可能会采取"云复工"的方式。从结果来看，开展线上办公（极有可能 27.33%）和实施弹性工作制度（极有可能 24.84%）的可能性很高，不同类型、不同规模的企业可结合自身情况制定复工复

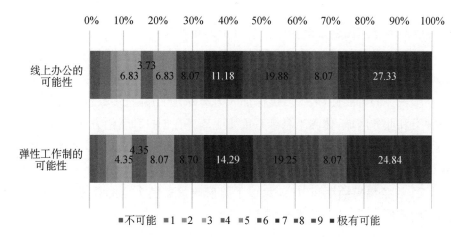

图 10　企业开展线上办公/弹性工作制的可能性

产方案,线上办公和启用弹性工作制也是目前企业解决限制开工和人工成本负担过重等问题较为不错的方法。

(二) 您预计公司裁员/公司降薪/公司业务收缩(业务种类、业务区域缩减)/研发创新投入降低/压缩研发人员数量/营销推广费降低/增加营销人员数量的可能性有多大?

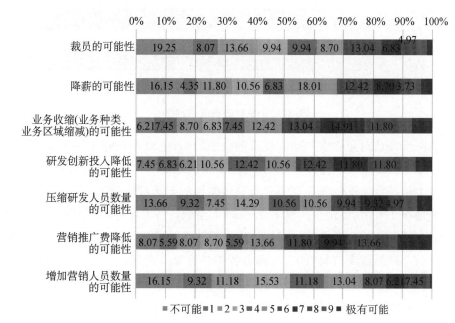

图 11　疫情对企业复工后续影响

　　尽管政府已经出台了众多支持政策帮助企业渡过难关,但企业也应积极自救、存活下来,并且此次疫情对中国企业整体经济带来的问题是复杂且持续的。根据调查结果,在疫情对企业的后续影响评估中,受访者普遍认为企业降薪的可能性高于裁员的可能性,最大限度保证人力资源充足,并且多数企业可能会收缩业务种类和业务区域,休养生息维系重要业务。在创投和营销方面,降低营销费用的可能性最高,其次可能会降低研发投入或压缩研发人员数量,增加营销人员数量的可能性最低。

　　(三) 在疫情持续期间,您认为以下政府政策支持企业的重要度如何? (请按由低到高的 1～7 的分值进行选择)

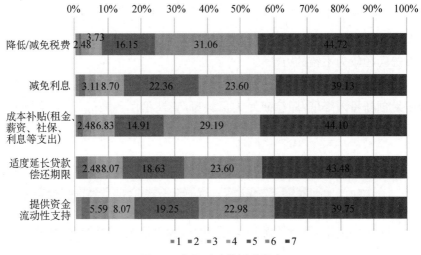

图 12　企业对政策诉求程度

　　为降低疫情对企业生产经营带来的负面影响,上海市政府和各区政府陆续出台了企业经济扶持和支持复工复产政策,如 2 月 8 日上海市人民政府发布《上海市全力防控疫情支持服务企业平稳健康发展的若干政策措施》共 28 条,涵盖支持企业抗击疫情、促进企业复工复产、加大金融扶持力度等六大方面。数据显示,列出的降低/减免税费、减免利息、成本补贴、延长贷款偿还期限、提供资金流动性支持 5 项经济支持政策中,上海市各类各行企业普遍认为此 5 项政策对企业经济有重大扶持作用。对比各项政策重要程度,企业希望优先降低/减免税费、补贴成本和适度延长贷款偿还期限。

五、交叉分析

从以上统计结果可以发现,此次疫情对上海市整体经济、不同行业、不同企业都造成了重大影响。为进一步探究疫情对上海市企业生产经营活动的影响,将样本企业基本特征(不同类型、不同行业、不同规模)作为可变因素,将疫情所造成的影响、企业复工的困难、对策以及政策诉求作为结果,进行多组交叉分析和方差分析,进一步讨论了不同条件下各种问题和疫情影响程度。

(一)疫情对不同类型、行业、规模企业的业绩影响差异

1. 疫情对不同类型企业的业绩影响差异

表1 疫情对不同类型企业的业绩影响差异　　　　　　单位:个

题目	名称	公司类型						总计
		国有企业	民营企业	合资企业	港澳台合资企业	外资企业	其他	
公司业绩所受影响	整体增长但增幅下降	5 (19.23%)	9 (10.47%)	0 (0.00%)	0 (0.00%)	1 (2.63%)	0 (0.00%)	15 (9.32%)
	不受影响	1 (3.85%)	5 (5.81%)	0 (0.00%)	0 (0.00%)	4 (10.53%)	0 (0.00%)	10 (6.21%)
	下降10%以下	7 (26.92%)	8 (9.30%)	2 (22.22%)	0 (0.00%)	10 (26.32%)	0 (0.00%)	27 (16.77%)
	下降10%~20%	3 (11.54%)	20 (23.26%)	2 (22.22%)	0 (0.00%)	9 (23.68%)	1 (100.00%)	35 (21.74%)
	下降20%~30%	7 (26.92%)	18 (20.93%)	2 (22.22%)	0 (0.00%)	3 (7.89%)	0 (0.00%)	30 (18.63%)
	下降30%~40%	1 (3.85%)	9 (10.47%)	2 (22.22%)	0 (0.00%)	2 (5.26%)	0 (0.00%)	14 (8.70%)
	下降40%~50%	2 (7.69%)	5 (5.81%)	0 (0.00%)	0 (0.00%)	0 (0.00%)	0 (0.00%)	7 (4.35%)
	下降50%以上	0 (0.00%)	7 (8.14%)	0 (0.00%)	1 (100.00%)	0 (0.00%)	0 (0.00%)	8 (4.97%)

（续表）

题目	名称	公司类型						总计
		国有企业	民营企业	合资企业	港澳台合资企业	外资企业	其他	
公司业绩所受影响	可能倒闭	0 (0.00%)	1 (1.16%)	0 (0.00%)	0 (0.00%)	0 (0.00%)	0 (0.00%)	1 (0.62%)
	无法判断	0 (0.00%)	4 (4.65%)	1 (11.11%)	0 (0.00%)	9 (23.68%)	0 (0.00%)	14 (8.70%)
总计		26	86	9	1	38	1	161

根据交叉分析结果来看,总体上各类型企业业绩都会出现一定程度的下降,各类型企业比较来看,民营企业业绩受疫情影响最为严重,其业绩下降 10%～20%、20%～30%的比例最高,分别为 23.26%和 20.93%,甚至出现了可能倒闭的状况,国有企业和合资企业受到的影响相对民营企业小一些,多集中于下降 10%以内,有 19.23%的国有企业业绩甚至整体增长但增幅下滑。由于国有企业多为大中型企业,现金流更为充足,抗风险能力较强,业绩上受到疫情影响的程度较小;而民营企业以小微型企业居多,面对疫情首先考虑"活下来"。

2. 疫情对不同行业企业的业绩影响差异

此次疫情对上海市整体经济和各个行业都造成了一定程度的负面影响,但各行业中组织敏捷度强的企业会抓住危机中的商业机会。上海的高科技类企业、建筑类企业和金融企业受疫情影响相对较小,而餐饮、住宿、娱乐、文化、旅游类的消费者服务业则业绩损失惨重,下降趋势明显,甚至倒闭,这主要是消费者服务类行业特性造成,疫情使得消费者服务类企业顾客大幅度减少甚至几近为 0。另外物流运输类企业虽然已渐渐复工,但第一季度营收会下降 10%～50%,加工制造业由于员工难以按时返岗,停工停产,业绩也会出现下滑。

3. 疫情对不同规模企业的业绩影响差异

从交叉分析结果可以明显看出,企业规模较大者业绩受疫情影响相对最小,企业营收多下降 10%以内,规模在 100 人至 1 000 人的中小型企业业绩下降水平集中于 10%～20%左右,而规模在 50 人以下的企业业绩下降 30%以上或可能倒闭的比例最高,下降幅度相比较更大,小微企业可能是受疫情影响损失最为严重的"受害者",由此可见,小微企业由于企业规模较小会遭受更大的冲击,值得关注。

单位：个

表 2　疫情对不同行业企业的业绩影响差异

名称	高科技（含软件、互联网）	餐饮住宿娱乐文化旅游	零售与服务业（教育、孵化平台）	加工制造业	物流运输批发贸易	电商	建筑业	农林牧副渔业	医药	金融业	其他	总计
整体增长但增幅下降	6 (18.18%)	0 (0.00%)	0 (0.00%)	4 (7.69%)	0 (0.00%)	0 (0.00%)	2 (25.00%)	0 (0.00%)	0 (0.00%)	3 (21.43%)	0 (0.00%)	15 (9.32%)
不受影响	3 (9.09%)	0 (0.00%)	1 (8.33%)	4 (7.69%)	0 (0.00%)	0 (0.00%)	1 (12.50%)	0 (0.00%)	1 (12.50%)	0 (0.00%)	0 (0.00%)	10 (6.21%)
下降10%以下	6 (18.18%)	0 (0.00%)	1 (8.33%)	12 (23.08%)	0 (0.00%)	2 (33.33%)	0 (0.00%)	0 (0.00%)	1 (12.50%)	3 (21.43%)	2 (20.00%)	27 (16.77%)
下降10%~20%	1 (3.03%)	1 (25.00%)	1 (8.33%)	17 (32.69%)	3 (23.08%)	1 (16.67%)	2 (25.00%)	0 (0.00%)	3 (37.50%)	4 (28.57%)	2 (20.00%)	35 (21.74%)
下降20%~30%	4 (12.12%)	0 (0.00%)	4 (33.33%)	6 (11.54%)	4 (30.77%)	1 (16.67%)	2 (25.00%)	1 (100.00%)	1 (12.50%)	1 (7.14%)	6 (60.00%)	30 (18.63%)
下降30%~40%	4 (12.12%)	1 (25.00%)	1 (8.33%)	4 (7.69%)	3 (23.08%)	1 (16.67%)	0 (0.00%)	0 (0.00%)	0 (0.00%)	0 (0.00%)	0 (0.00%)	14 (8.70%)
下降40%~50%	3 (9.09%)	0 (0.00%)	1 (8.33%)	1 (1.92%)	1 (7.69%)	0 (0.00%)	0 (0.00%)	0 (0.00%)	0 (0.00%)	1 (7.14%)	0 (0.00%)	7 (4.35%)
下降50%以上	2 (6.06%)	1 (25.00%)	2 (16.67%)	0 (0.00%)	0 (0.00%)	1 (16.67%)	1 (12.50%)	0 (0.00%)	0 (0.00%)	1 (7.14%)	0 (0.00%)	8 (4.97%)
可能倒闭	0 (0.00%)	1 (25.00%)	0 (0.00%)	0 (0.00%)	0 (0.00%)	0 (0.00%)	0 (0.00%)	0 (0.00%)	0 (0.00%)	0 (0.00%)	0 (0.00%)	1 (0.62%)
无法判断	4 (12.12%)	0 (0.00%)	1 (8.33%)	4 (7.69%)	2 (15.38%)	0 (0.00%)	0 (0.00%)	0 (0.00%)	2 (25.00%)	1 (7.14%)	0 (0.00%)	14 (8.70%)
总计	33	4	12	52	13	6	8	1	8	14	10	161

（题目：公司业绩所受影响；公司所属行业）

表 3 疫情对不同规模企业的业绩影响差异

单位:个

题目	名称	公司规模						总计
		51 人以下	51~100 人	101~200 人	201~500 人	501~1 000 人	1 000 人以上	
公司业绩所受影响	整体增长(但增幅下降)	2(5.26%)	4(18.18%)	0(0.00%)	2(11.11%)	3(13.64%)	4(8.51%)	15(9.32%)
	不受影响	3(7.89%)	3(13.64%)	1(7.14%)	0(0.00%)	1(4.55%)	2(4.26%)	10(6.21%)
	下降 10%以下	5(13.16%)	1(4.55%)	1(7.14%)	1(5.56%)	2(9.09%)	17(36.17%)	27(16.77%)
	下降 10%~20%	5(13.16%)	3(13.64%)	4(28.57%)	8(44.44%)	5(22.73%)	10(21.28%)	35(21.74%)
	下降 20%~30%	7(18.42%)	5(22.73%)	4(28.57%)	3(16.67%)	6(27.27%)	5(10.64%)	30(18.63%)
	下降 30%~40%	5(13.16%)	2(9.09%)	1(7.14%)	0(0.00%)	2(9.09%)	4(8.51%)	14(8.70%)
	下降 40%~50%	4(10.53%)	0(0.00%)	1(7.14%)	1(5.56%)	1(4.55%)	0(0.00%)	7(4.35%)
	下降 50%以上	2(5.26%)	3(13.64%)	0(0.00%)	0(0.00%)	1(4.55%)	2(4.26%)	8(4.97%)
	可能倒闭	1(2.63%)	0(0.00%)	0(0.00%)	0(0.00%)	0(0.00%)	0(0.00%)	1(0.62%)
	无法判断	4(10.53%)	1(4.55%)	2(14.29%)	3(16.67%)	1(4.55%)	3(6.38%)	14(8.70%)
	总计	38	22	14	18	22	47	161

（二）不同类型、行业、规模企业复工困难程度分析

1. 不同类型企业复工困难程度分析

表4　不同类型企业复工困难程度

	公司类型（平均值±标准差）					
	国有企业（n＝26）	民营企业（n＝86）	合资企业（n＝9）	港澳台合资企业（n＝1）	外资企业（n＝38）	其他（n＝1）
现金流压力	3.77±1.84	5.14±1.71	4.11±1.17	5.00±null	3.87±1.58	5.00±null
员工按时返岗困难	4.88±1.63	5.47±1.48	5.44±2.35	5.00±null	4.95±1.47	6.00±null
供应商供应中断	4.15±1.71	4.78±1.77	5.22±1.30	4.00±null	5.32±1.58	6.00±null
客户需求减少	4.92±1.70	5.34±1.74	5.56±1.59	7.00±null	4.13±1.74	6.00±null
生产运营环节冲击	5.04±1.54	5.09±1.68	5.22±1.56	1.00±null	4.92±1.50	6.00±null
防控疫情	5.04±1.73	5.35±1.47	5.44±0.88	6.00±null	5.11±1.29	7.00±null

由于企业规模较大、流动性资产充裕等因素,国有企业和外资企业面临的现金流压力较小,此外,国企产业链更为完善,原材料断供对其造成的影响较小,外资企业面临客户需求减少、订单锐减困难程度较小。而民营企业在现金流压力、员工难返岗、客户需求减少的问题上难度较大,合资企业和外资企业在供应商供应中断等问题上难度较大,需要引起有关部门的重视。

2. 不同行业企业复工困难程度分析

总体来看,上海市各行业企业在复工过程中,既有限制开工、订单锐减以及防控疫情等带来的普遍困难,也存在因行业差异导致的不同行业的特殊困难。排除样本量不足的农林牧副渔业,上海加工制造业企业在现金流压力和订单减少上困难较小,在原材料供应和生产运营环节上受到疫情冲击相对较大,高科技类企业在客户需求、现金流、防控疫情等方面都受到了一定程度的冲击。

表 5 不同行业企业复工困难程度

	公司所属行业（平均值±标准差）										
	高科技（含软件、互联网）(n=33)	餐饮住宿娱乐文化旅游 (n=4)	零售与服务业（教育、孵化平台）(n=12)	加工制造业 (n=52)	物流运输批发贸易 (n=13)	电商 (n=6)	建筑业 (n=8)	农林牧副渔业 (n=1)	医药 (n=8)	金融业 (n=14)	其他 (n=10)
现金流压力	5.06±1.69	5.50±1.29	5.00±1.54	4.21±1.56	4.77±1.79	5.17±1.47	3.88±2.47	4.00±null	4.00±2.33	4.43±2.03	4.40±2.12
员工按时返岗困难	5.39±1.56	6.00±0.82	5.42±1.08	5.46±1.42	4.54±2.07	5.33±1.37	5.75±1.75	4.00±null	4.75±1.67	4.86±1.83	4.70±1.64
供应商供应中断	4.91±1.81	5.00±1.41	5.00±1.60	5.38±1.24	4.92±1.12	6.17±0.98	4.75±2.05	4.00±null	3.50±2.07	3.71±2.02	3.30±2.00
客户需求减少	5.00±1.87	7.00±0.00	5.33±1.97	4.58±1.64	5.46±1.56	6.00±1.26	5.88±2.03	4.00±null	3.88±2.23	5.07±1.90	5.20±1.32
生产运营环节冲击	5.03±1.98	5.75±0.96	4.67±1.61	5.37±1.28	5.15±1.41	5.00±0.89	5.38±2.00	4.00±null	3.88±2.23	4.79±1.93	4.40±1.26
防控疫情	5.64±1.32	5.25±1.26	5.58±0.90	5.35±1.34	4.92±1.61	5.33±1.0	5.00±2.14	4.00±null	4.63±2.0	5.07±1.82	4.70±1.25

3. 不同规模企业复工困难程度分析

表 6　不同规模企业复工困难程度

	公司规模(平均值±标准差)					
	51 人以下 (n=38)	51~100 人(n=22)	101~200 人(n=14)	201~500 人(n=18)	501~1 000 人(n=22)	1 000 人以上(n=47)
现金流压力	5.37±1.76	4.41±2.15	4.64±1.65	5.17±1.20	4.36±1.73	3.81±1.53
员工按时返岗困难	5.58±1.70	5.00±1.51	5.36±1.60	5.61±1.38	5.64±1.00	4.74±1.63
供应商供应中断	4.95±1.66	4.41±2.20	4.64±1.45	4.83±1.69	4.95±1.43	4.94±1.75
客户需求减少	5.24±1.85	5.18±2.02	5.43±1.22	5.28±1.18	5.05±2.06	4.51±1.78
生产运营环节冲击	5.24±1.65	5.00±1.77	5.07±1.00	5.39±1.65	5.00±1.66	4.74±1.67
防控疫情	5.39±1.33	5.05±1.89	5.57±1.02	5.56±0.92	5.14±1.36	5.11±1.62

数据显示,员工人数在 1 000 人以上的企业的抗风险能力较强,组织结构稳定,其复工困难程度最小。员工按时返岗困难和防控疫情是不同规模企业共同面临的挑战。另外,规模大的企业,现金流压力造成的困难程度最小,与之相应,51 人以下的企业现金流压力对其造成困难程度大,对小微企业来说,足够的现金流是保证企业生存下来的重要因素。

(三) 不同类型、行业、规模企业应对疫情对策分析

1. 不同类型企业应对疫情对策分析

表 7　不同类型企业应对疫情对策

	公司类型(平均值±标准差)					
	国有企业 (n=26)	民营企业 (n=86)	合资企业 (n=9)	港澳台合资企业 (n=1)	外资企业 (n=38)	其他 (n=1)
裁员的可能性	3.42± 3.09	5.19± 2.86	4.56± 2.24	3.00± null	4.34± 2.50	7.00± null
降薪的可能性	4.77± 3.17	5.53± 2.84	5.33± 2.24	3.00± null	4.39± 2.54	8.00± null

(续表)

	公司类型(平均值±标准差)					
	国有企业 (*n*=26)	民营企业 (*n*=86)	合资企业 (*n*=9)	港澳台 合资企业 (*n*=1)	外资企业 (*n*=38)	其他 (*n*=1)
业务收缩(业务种 类、业务区域缩减) 的可能性	5.81± 3.27	6.51± 2.84	6.78± 2.82	3.00± null	5.71± 2.51	9.00± null
研发创新投入降低 的可能性	5.35± 2.97	6.34± 2.84	6.56± 2.24	4.00± null	5.53± 2.69	9.00± null
压缩研发人员数量 的可能性	4.31± 3.22	5.53± 3.00	6.11± 2.93	4.00± null	4.89± 2.58	6.00± null
营销推广费降低的 可能性	5.58± 3.52	7.00± 2.90	6.33± 2.96	4.00± null	5.45± 2.77	6.00± null
增加营销人员数量 的可能性	4.08± 2.61	4.87± 2.75	4.22± 2.11	2.00± null	4.34± 2.23	6.00± null

整体来看,排除样本量不足的港澳台合资企业,民营企业、合资企业采取裁员、降薪等各项措施来减少开支、压缩成本的可能性较大,国有企业和外资企业则需要在疫情好转后深入研判后决定是否采取以上对策,裁员和降薪的可能性都较低。此外,不同类型企业可能都会优先考虑降低营销推广费用和研发投入,并且将增加营销人员放于末位考虑。

2. 不同行业企业应对疫情对策分析

不同行业的企业,在应对疫情带来的负面影响时,其采取的措施也不尽相同。排除样本量不足的农林牧副渔业,高科技类企业和物流运输批发贸易类企业因受疫情影响严重,降低研发投入、压缩研发人员数量、减少营销费用支出来保障生存是可取的对策,其次是上海金融企业需通过裁员、降薪等方式缩减成本支出,并且部分企业会考虑业务缩减。而医药类企业降低研发投入和研发人员可能性都最低,甚至会考虑扩大研发投入和增加研发人员,进一步提升自身研发能力。

表8 不同行业企业应对疫情对策

	公司所属行业（平均值±标准差）										
	高科技（含软件、互联网）(n=33)	餐饮住宿、娱乐文化旅游(n=4)	零售业（教育、孵化平台）(n=12)	加工制造业(n=52)	物流运输批发贸易(n=13)	电商(n=6)	建筑业(n=8)	农林牧副渔业(n=1)	医药(n=8)	金融业(n=14)	其他(n=10)
裁员的可能性	4.85±2.69	5.50±3.00	4.67±3.14	4.44±2.75	5.08±2.56	4.50±2.17	4.38±2.83	5.00±null	3.50±3.21	5.79±3.45	4.00±3.37
降薪的可能性	5.36±2.85	4.25±2.50	4.75±3.08	4.94±2.64	5.38±2.33	3.83±3.19	5.63±2.39	7.00±null	3.50±3.25	6.93±2.92	4.80±3.26
业务收缩（业务种类、业务区域缩减）的可能性	6.27±2.70	5.25±3.10	5.92±2.91	5.96±2.79	7.00±1.78	5.50±2.59	6.25±3.24	7.00±null	5.88±4.29	7.36±3.27	6.10±3.11
研发创新投入降低的可能性	6.09±2.90	9.00±1.83	5.17±2.37	5.98±2.78	6.85±2.03	6.33±3.44	4.75±2.25	7.00±null	4.63±3.46	6.50±2.85	5.60±3.37
压缩研发人员数量的可能性	5.55±3.07	5.00±2.94	5.25±3.02	5.33±2.97	5.69±2.53	6.33±3.98	4.00±2.39	7.00±null	3.63±2.92	5.14±3.01	4.40±2.88
营销推广费降低的可能性	7.58±2.75	9.50±1.91	5.75±2.73	5.65±2.94	7.23±2.39	7.67±3.67	5.75±3.20	6.00±null	4.50±3.42	6.21±3.17	5.50±3.27
增加营销人员数量的可能性	4.94±2.78	3.75±2.50	3.67±2.02	4.81±2.38	5.23±2.45	2.83±3.13	4.75±2.82	7.00±null	3.88±2.36	4.79±2.91	3.60±2.80

3. 不同规模企业应对疫情对策分析

表 9　不同规模企业应对疫情对策

	公司规模(平均值±标准差)					
	51 人以下 （n=38）	51～100 人 （n=22）	101～200 人 （n=14）	201～500 人 （n=18）	501～1 000 人(n=22)	1 000 人以 上(n=47)
裁员的可能性	5.08±3.13	5.05±2.97	4.57±2.24	4.89±2.89	4.50±2.56	4.17±2.82
降薪的可能性	5.74±3.06	5.18±2.81	4.93±1.54	5.39±2.43	4.77±2.67	4.74±3.12
业务收缩（业务种类、业务区域缩减)的可能性	7.05±2.64	6.50±2.94	6.71±2.61	5.67±2.61	6.23±2.60	5.47±3.10
研发创新投入降低的可能性	6.68±2.91	5.82±3.28	6.29±2.33	5.83±2.48	6.18±2.72	5.43±2.76
压缩研发人员数量的可能性	5.50±3.27	5.32±3.48	5.14±2.60	4.78±2.46	5.91±2.79	4.79±2.77
营销推广费降低的可能性	7.37±3.08	5.82±3.35	6.21±2.29	5.78±2.69	6.68±2.70	5.85±3.20
增加营销人员数量的可能性	4.47±2.80	4.68±2.90	5.00±2.39	5.22±2.86	3.77±2.43	4.60±2.24

中小微企业首先考虑的是通过裁员和降薪保障企业正常的生产运营,规模以上企业裁员和降薪的可能性比中小型企业低,在降低研发投入、缩减研发人员、降低营销费用方面会做更细致的考量,保证创新能力和营销能力不下滑。另外在业务收缩方面,企业规模与业务缩减呈现出负向关系,即企业规模越小,业务收缩的可能性越高。

(四) 不同类型、行业、规模企业对支持政策的诉求程度分析

1. 不同类型企业对支持政策的诉求程度分析

眼下,经济已是战疫的"第二战场"。从调查数据来看,排除样本量不足的港澳台合资企业,第一,不同所有权性质的企业对政府经济扶持政策诉求强烈,民营企业最希望政府能提供资金流动性支持来缓解现金流不足的资金压力,合资企业则希望减免利息和适度延长贷款偿还期限。第二,从经济支持的不同措施来看,各类型企业对降低/减免税费和成本补贴政策诉求强烈,说明税费、利息、成本等各项经济压力是各类型企业共同面临的挑战。

表 10　不同类型企业对支持政策的诉求程度

	公司类型（平均值±标准差）					
	国有企业 （$n=26$）	民营企业 （$n=86$）	合资企业 （$n=9$）	港澳台 合资企业 （$n=1$）	外资企业 （$n=38$）	其他 （$n=1$）
降低/减免税费	5.62± 1.65	6.14± 1.05	6.00± 1.00	6.00± null	6.13± 1.12	7.00± null
减免利息	5.42± 1.70	5.78± 1.34	5.78± 0.97	5.00± null	5.95± 1.16	7.00± null
成本补贴(租金、薪资、社保、利息等支出)	5.73± 1.66	6.02± 1.13	6.11± 0.78	7.00± null	5.95± 1.29	7.00± null
适度延长贷款偿还期限	5.58± 1.58	5.87± 1.33	6.22± 0.83	5.00± null	5.92± 1.34	7.00± null
提供资金流动性支持	5.38± 1.70	5.94± 1.38	5.78± 0.97	5.00± null	5.26± 1.57	7.00± null

2. 不同行业企业对支持政策的诉求程度分析

调查数据显示，排除样本量不足的农林牧副渔业，电商行业和建筑业企业对各项支持政策诉求最为强烈，对于电商行业来说，现金流缺乏带来的压力最大，其次是消费者服务业、高科技行业、金融业的企业。从应对措施来看，降低/减免税费、减免利息、延长贷款偿还期限是各行业企业一致诉求。

3. 不同规模企业对支持政策的诉求程度分析

从调查数据来看，不同规模的企业对以上各项经济支持政策都有较强的诉求，都面临着较大的财务压力。比较而言，人数规模在 100 人以下的小微企业诉求更强，尤其希望政府能降低/减免税费、对企业固定成本进行补贴和提供流动性资金；大中型企业则希望银行和政府适当延长贷款偿还期限。

表 11　不同行业企业对支持政策的诉求程度

	高科技（含软件、互联网）(n=33)	餐饮住宿娱乐文化旅游(n=4)	零售与服务业（教育、孵化平台）(n=12)	加工制造业(n=52)	物流运输批发贸易(n=13)	电商(n=6)	建筑业(n=8)	农林牧副渔业(n=1)	医药(n=8)	金融业(n=14)	其他(n=10)
降低/减免税费	5.82±1.38	6.00±1.41	6.25±0.87	5.92±1.33	6.00±0.91	6.83±0.41	6.75±0.46	4.00±null	6.13±1.46	6.29±0.83	6.10±0.88
减免利息	5.55±1.39	6.00±0.82	5.83±1.27	5.77±1.34	5.92±1.26	6.67±0.82	5.88±1.73	4.00±null	6.13±1.46	5.43±1.40	5.80±1.48
成本补贴（租金、薪资、社保、利息等支出）	5.94±1.22	6.50±0.58	5.42±1.83	5.85±1.36	6.00±1.00	6.67±0.52	6.38±1.06	4.00±null	6.00±1.41	6.36±0.74	6.10±0.99
适度延长贷款偿还期限	5.76±1.35	6.00±0.82	5.58±1.24	5.98±1.28	5.62±1.56	7.00±0.00	6.38±1.06	4.00±null	5.75±2.05	5.71±1.59	5.50±1.18
提供资金流动性支持	5.70±1.51	5.75±0.96	5.58±1.38	5.42±1.60	5.77±1.17	6.83±0.41	6.00±2.07	4.00±null	5.63±2.26	6.00±1.04	5.80±1.03

公司所属行业（平均值±标准差）

表 12 不同规模企业对支持政策的诉求程度

	公司规模(平均值±标准差)					
	51 人以下 (n=38)	51~100 人 (n=22)	101~200 人 (n=14)	201~500 人 (n=18)	501~1 000 人 (n=22)	1 000 人以上 (n=47)
降低/减免税费	6.16± 1.26	6.55± 0.74	5.50± 1.02	6.06± 0.64	6.27± 0.77	5.79± 1.52
减免利息	5.71± 1.59	6.09± 1.31	5.50± 0.94	6.06± 0.80	5.91± 1.06	5.55± 1.52
成本补贴(租金、薪资、社保、利息等支出)	6.05± 1.29	6.23± 1.11	5.79± 0.97	5.94± 1.06	6.09± 0.92	5.81± 1.53
适度延长贷款偿还期限	5.66± 1.70	6.27± 1.03	5.79± 1.12	5.72± 0.83	6.00± 0.93	5.83± 1.54
提供资金流动性支持	6.24± 1.24	6.05± 1.53	5.00± 1.24	5.22± 1.35	5.82± 1.26	5.38± 1.69

调查报告：新冠肺炎疫情对汽车行业复工和经营的影响及建议

| 任声策　　胡尚文

一、前言

近日，为了应对新型冠状病毒肺炎在全国的蔓延势头，各地政府部门采取了限制人员流动等防疫措施，我国大多数企业延期复工复产。在此背景下，多家跨国汽车巨头爆出即将因供应中断而停产的消息：现代汽车从 2 月 4 日开始逐步停产多家在韩国的工厂；雷诺韩国子公司 RSM 将从 2 月 11 日起暂停釜山工厂4 天；大众近 40％汽车产销在中国，将是受新冠疫情影响最严重的车企……为了了解汽车行业所受影响，我们开展了问卷调查。

二、样本描述

2020 年 2 月 11 日至 2 月 16 日，我们在"问卷星"平台和"悟空洞察"平台分别通过样本服务面向汽车产业采集问卷，在两个平台上共收集到有效问卷 310 份。其中，原材料生产企业 19 份，零部件生产企业 184 份，整车生产企业 55 份，整车经销企业 37 份，汽车物流企业 13 份，其他 2 份（分别为汽车修理和汽车保险），基本涵盖了汽车产业链的全部环节。

三、问卷统计结果

（一）疫情对企业复工情况的影响

1. 您所在的企业是否可以在 2 月 10 日复工？

除湖北省外，多数省区市要求企业不早于 2 月 10 日 0 时复工。尽管没有了政策限制，近半数的企业在 2 月 10 日依然未恢复任何线下的生产经营活动，只

作者任声策系上海市产业创新生态系统研究中心研究员、同济大学上海国际知识产权学院教授、博士生导师；胡尚文系同济大学机械与能源工程学院本科生。

有 19％的企业可以在 2 月 10 日全部恢复线下的生产经营活动。

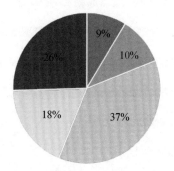

2. 您所在的企业在 2 月 10 日线下未全部复工的因素有哪些?

疫情造成的未复工因素主要体现在担心疫情扩散(75.8％)、政策因素(65.2％)、员工不能全部到岗(61.9％)、物流受阻(59.7％)等。值得注意的是,44％的受访者认为,担心疫情扩散是企业未全部复工"非常符合"的因素。

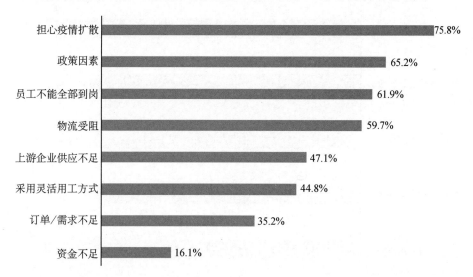

3. 您认为,您恢复工作面临哪些困难?

76.1％的受访者担心疫情在企业扩散,69.0％的受访者受到了社区出入的限制,56.8％的受访者受到未恢复公共交通的影响,54.5％的受访者认为缺乏防护用具。

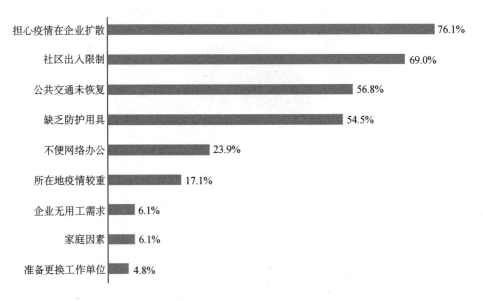

4. 您是否感受到了复工带来的焦虑情绪?

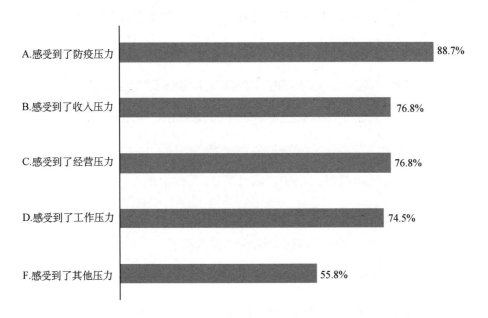

　　我们调查了受访者在面对复工时的心理状况,多数受访者感受到了复工所带来的多种焦虑情绪,其中最为突出的是防疫带来的压力,占所有受访者的 88.7%。

(二) 疫情对企业生产经营的影响

1. 您所在的企业在 2 月 10 日的产能利用率为:

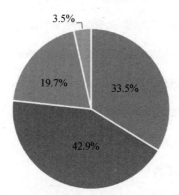

■小于25%　■25%~50%　■50%~75%　■75%~100%

尽管有 19% 的企业可以在 2 月 10 日"复工日"全部恢复线下的生产经营活动,只有 3.5% 的企业的产能利用率可以达到 75% 以上,大多数企业的产能利用率小于 50%,说明企业全面恢复生产尚需要一段时间。

2. 您认为,您所在的企业将在多久之后恢复到春节前的生产水平?

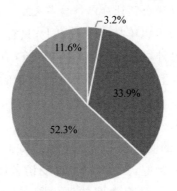

■小于1周　■1周~1个月　■1~3个月　■大于3个月

调查显示,近半企业将在 1~3 个月恢复到春节前的生产水平,大多数企业需要在 1 个月后才能恢复到正常的生产水平,仅有 3.2% 的受访者认为其所在企业可以很快恢复到正常的生产水平。

3. 您认为,您所在的企业恢复到春节前的生产水平面临哪些困难?

过半的受访者认为,员工不能全部到岗(71.9%)和物流受阻(67.4%)是其

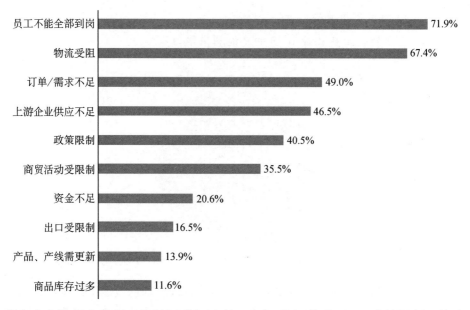

所在企业恢复生产所面临的困难。此外,需求不足、供应不足、政策限制和商贸活动限制也是影响企业恢复生产的重要因素,由此可见汽车产业链中环环相扣、牵一发而动全身的特点。

4. 您所在企业的流动资金预计可以维持多久?

半数企业的流动资金可以维持 3 个月以上,只有 5% 的企业流动资金预计维持时间小于 1 个月。另外,根据对受访者的调查,有 59.7% 的受访者对所在公司的现金流持"较好"以上评级,说明大多企业目前的现金流较好,但依然需要警惕疫情持续时间过长给企业带来的风险。

5. 员工对于企业的经营预期

在调查中,有 62.8% 的受访者对所在企业的员工士气持积极态度,17.1%的受访者认为员工士气非常好,只有 1.6% 的受访者认为员工士气很糟糕。相比而言,受访者对所在企业经营预期的评价稍差于对员工士气的评价。有58.4% 的受访者对企业经营持积极态度,仅有 6.8% 的受访者认为企业经营预期非常好,另有 1.9% 的受访者认为企业的经营预期糟糕。

6. 企业面临的交付问题

多数(62.86%)的受访企业 2 月 10 日的商品库存在 2 周以上,反映出若能在 2 月 24 日恢复正常生产,多数企业不会面临缺货造成的未及时交货风险。

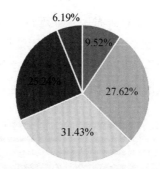

■A.小于1周　■B.1~2周　□C.2周~1个月　□D.1~3个月　■E.大于3个月
受访企业的商品库存

(三) 企业应对疫情的部署情况

调查结果显示,有95.5%企业已有应对疫情的部署,说明绝大多数企业应对疫情有及时的响应。在有应对部署的企业中,75.7%的受访者认为企业的应对措施较完善、完善或很完善。除持中立观点的受访者外,只有5.4%的受访者认为企业的应对措施较不完善或不完善,说明绝大多数企业采取的应对措施符合受访者的预期。调查发现,企业使用量较多的应对措施依次为:实行灵活用工方式(77.1%)、调整员工数量和岗位(69.0%)、寻求政府帮助(66.2%)、战略客户求援(60.0%)和进行融资/信贷活动(59.5%)。

(四) 受访者对于员工恢复工作和企业恢复生产的诉求

1. 您认为,下列管理措施对您恢复工作的帮助程度有多大?

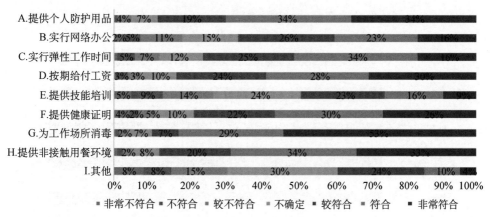

受访者认为对其恢复工作最有帮助的五项管理措施为:工作场所消毒(88.6%)、提供个人防护用品(87.1%)、提供非接触用餐环境(86.7%)、按期给付工资(81.9%)和提供健康证明(77.1%)。

结合具体应对措施看,受访者更希望企业进行全面的消毒和防疫工作,以便降低疫情在企业中传播的可能。同时考虑到员工通勤的需求,提供防护用品和健康证明可以便利员工家庭与单位间的往返,降低通勤途中被传染的风险。

2. 您认为,下列政策措施对您所在的企业恢复生产的帮助程度有多大?

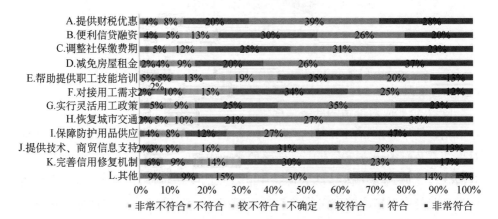

受访者认为,对其所在企业恢复生产最有帮助的五项政策措施为:提供财税优惠(86.7%)、保障防护用品供应(86.2%)、实行灵活用工政策(83.3%)、减免房屋租金(83.3%)和恢复城市交通(82.4%)。

四、交叉分析

(一) 不同类型企业在经营预期上的差异

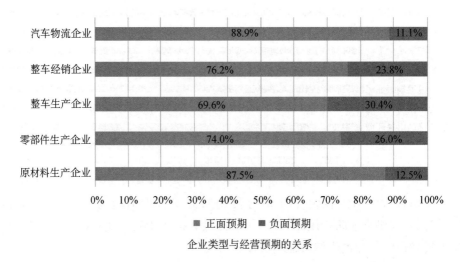

企业类型与经营预期的关系

　　整车生产企业受访者对经营持负面预期的比重最大,为30.4%。随着向整车生产企业上下游进行调查,持负面预期的受访者比重逐渐减小,说明相关扶持政策应当重点关注整车生产企业,从而通过整车生产企业实现政策向整个汽车产业链的传导。

　　(二)在汽车制造业中,不同类型企业在未复工因素上的差异

　　调查结果表明,政策因素和员工不能全部到岗对零部件生产企业未复工的影响显著大于其他企业;资金不足和需求不足对原材料生产企业未复工的影响显著大于其他企业。

　　在所有类型的企业中,担心疫情扩散是企业不能按时全部复工的最重要因素,资金不足是企业不能按时全部复工的最不重要因素。

　　(三)在汽车制造业中,不同类型企业在企业应对疫情措施上的差异

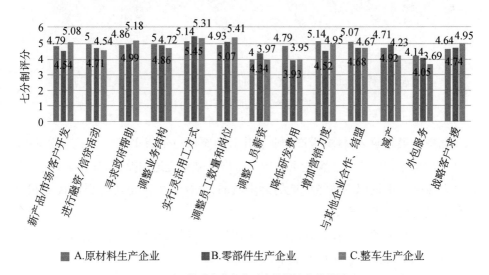

不同类型企业在应对疫情措施上的差异

　　调查结果表明,原材料生产企业相比其他企业采取了更多降低研发费用的措施;原材料生产企业和整车生产企业更多采取了新产品/市场/客户开发以及增加营销力度等针对市场的应对措施;外包服务策略更不适用于整车生产企业;降低研发费用更不适用于零部件生产企业和整车生产企业。

　　对于所有类型的企业,实行灵活用工方式或调整员工数量和岗位等用工调整措施是其使用最多的措施。除此之外,增加营销力度和与其他企业合作、结盟

是原材料企业所采取的重要措施;寻求政府帮助和新产品/市场/客户开发是整车生产企业所采取的重要措施。

（四）在汽车制造业中，不同类型企业在政策诉求上的差异

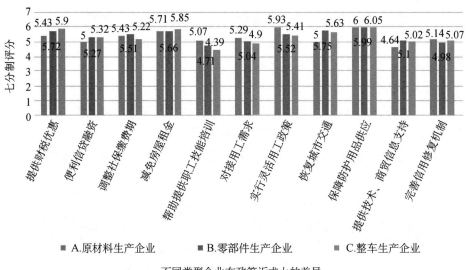

不同类型企业在政策诉求上的差异

调查结果表明，原材料生产企业相比其他企业更希望实行灵活用工政策;零部件生产企业和整车生产企业更希望早日恢复城市交通;相比其他企业，整车生产企业对帮助提供职工技能培训的诉求较弱;原材料生产企业对提供技术和商贸信息支持的诉求较弱。

对于所有类型的企业，保障防护用品供应是其最强烈的政策诉求;减免房屋租金和提供财税优惠也是所有企业的普遍诉求。

（五）不同类型企业在未复工因素上的差异

调查结果表明，政策因素和物流受阻对外资企业未复工的影响显著大于其他企业;员工不能全部到岗对民营企业和中外合资企业未复工的影响显著大于其他企业;多数国有企业受访者认为，订单/需求不足不是导致企业未复工的因素。

在所有类型的企业中，担心疫情扩散是企业未复工的最重要因素，资金不足是企业未复工的最不重要因素。

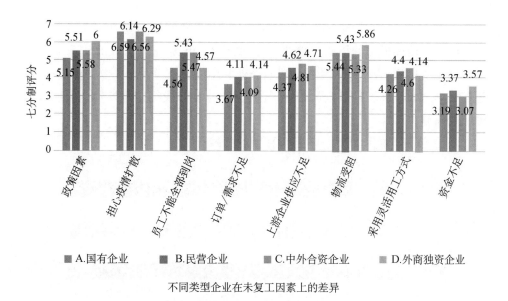

不同类型企业在未复工因素上的差异

（六）不同类型企业在应对疫情措施上的差异

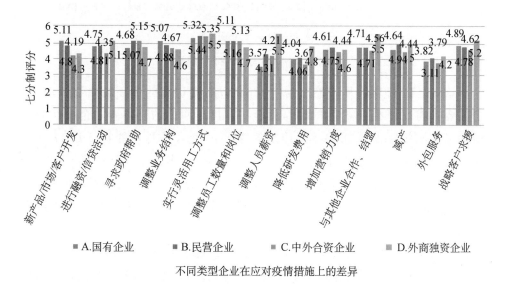

不同类型企业在应对疫情措施上的差异

调查结果表明,外资企业相比其他企业采取了更多降低研发费用、调整人员薪资、与其他企业合作或结盟的措施;国有企业更多采取了新产品/市场/客户开发的应对措施;调整人员薪资和外包服务策略更不适用于国有企业;降低研发费用和外包服务更不适用于中外合资企业。

对于所有类型的企业,实行灵活用工方式或调整员工数量和岗位等用工调整措施是其使用最多的措施。除此之外,新产品/市场/客户开发是国有企业所采取的重要措施;寻求政府帮助是民营企业和中外合资企业所采取的重要措施;进行融资/信贷活动、调整人员薪资、与其他企业合作或结盟是外资企业所采取的重要措施。

（七）恢复产能所需时间与经营预期的关系

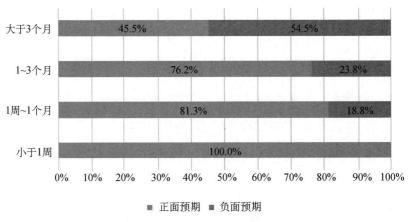

恢复产能所需时间与经营预期的关系

总体上看,随着恢复产能所需时间的增加,受访者的负面情绪逐渐增长。当需要一周以上才能恢复产能时,就至少有接近两成的受访者对企业经营持负面态度,表明在防疫形势得到控制的情况下,企业应尽可能在 2 月 17 日起全面复工复产,否则会对企业经营带来较大影响。当恢复产能所需时间大于三个月时,超过半数受访者对企业经营持负面预期,反映出政府和企业采取的措施应当使得 5 月 10 日前企业产能全部恢复,否则会对企业经营带来致命影响。

（八）企业外地员工占比与预计恢复正常产能所用时间的关系

调查结果表明,若企业外地员工超过一半,没有企业可以在 1 周之内全面恢复生产。企业外地员工占比超过 75％时,有 25％的企业需要三个月以上的时间恢复全面生产,这个比例是其他企业的 2 倍。企业外地员工占比在 50％～75％时,全面复产所需时间超过一个月的比例最高,反映出此类企业既缺乏本地员工较多带来的人员稳定性,也缺乏外地员工较多带来的员工替代性。

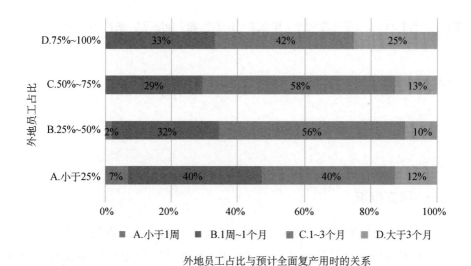

外地员工占比与预计全面复产用时的关系

结果分析和政策建议(略,报告有删减)

调查报告:疫情对建筑业的影响及对策建议

| 任声策

一、调查概况

自新冠肺炎疫情爆发以来,我国社会、经济的运行与发展均受到了显著影响。为了解新冠肺炎对我国建筑行业的影响,为建筑行业应对本次突发公共卫生事件献计献策,我们自 2020 年 2 月 11 日至 17 日面向建筑行业从业者发放了 392 份问卷,回收有效问卷 237 份,涉及市政、路桥、轨交、安装、园林等多类企业从业人员,其中 41% 的受调研者为企业中高层管理者。主要调研结果包括:

(1) 复工状态:38.82% 目前的工作状态为远程线上办公,只有 14.35% 目前的工作状态为线下办公,46.84% 目前尚未复工。3 000 人以上的企业复工率为 50%,100 人以下企业复工率为 33.33%。

(2) 复工困难来源:79.28% 认为担心疫情在企业扩散对复工造成了困难,74.77% 认为公共交通未恢复对复工造成了困难,67.57% 认为缺乏防护用具对复工造成了困难,67.57% 认为社区出入限制对复工造成了困难。受访者群体总体上感受到了复工带来的压力较为明显。

(3) 疫情影响:疫情对企业生产经营影响明显,受访者中,23.63% 认为疫情对公司生产经营影响很大,公司经营暂时停顿;46.41% 认为疫情对公司生产经营影响较大,公司经营出现部分困难。所在企业中 100 人以下的中小企业受疫情影响较为严重。

(4) 经营困难来源:83.54% 的受访者认为所在企业面临"工作人员集中难"的困难,66.67% 的受访者认为所在企业面临"部分紧急项目工期违约风险",

作者任声策系同济大学上海国际知识产权学院教授、博士生导师;方海波系同济大学经济管理学院硕士研究生;蔡三发系同济大学发展规划部部长、教授。

60.34%的受访者认为所在企业面临"物资运送难"的困难。75.11%的受访者表示所在企业"营业收入减少,流动资金紧张"。41.35%受访者预计企业流动资金还能支撑1~3个月,24.89%受访者预计企业流动资金还能支撑3~6个月。大型企业流动资金总体上较中小企业较为宽裕。70.89%的受访者表示所在企业"原材料采购遇到困难,库存不足"。

(5)收入影响:疫情对企业一季度收入影响明显。39.24%的受访者预计所在企业第一季度收入同比减少10%~30%;32.07%的受访者预计所在企业第一季度收入同比减少30%~50%。

二、基本信息

(一)受调研者基本情况

受调研者主要来自房屋和土木工程以及桥梁工程建筑业、建筑装饰业,占到了总受访者的70.88%,见图1。按照企业从事的主要业务划分,38.82%的受访者所在企业主要从事装饰业务,35.44%的受访者所在企业主要从事设计业务,详细数据见图2。

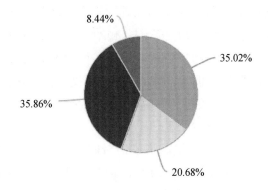

8.44%

35.02%

35.86%

20.68%

■ 房屋和土木工程以及桥梁工程建筑业 ■ 建筑安装业 ▨ 建筑装饰业 ■ 其他建筑业

图1　行业分布

本次调研中,11.81%的受访者就职于3 000人以上的企业,16.03%的受访者就职于1 000~3 000人的企业,18.14%的受访者就职于500~1 000人的企业,20.68%的受访者就职于200~500人的企业,14.35%的受访者就职于100~200人的企业,18.99%的受访者就职于100人以下的企业。按照出资人对受访者所在企业进行分类,18.57%的受访者就职于国有企业,75.11%的受访

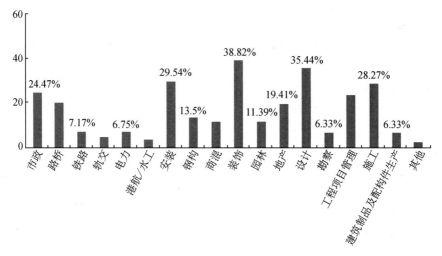

图 2 受访者所在企业主要从事的业务

者就职于民营企业,只有 6.3% 的受访者就职于中外合资、港澳台合资或外商独资企业。本次调研中 68.18% 的国营企业为从业人员数大于 500 人的大中型企业,而在民营企业中这个比例只达到了 38.12%。

10.97% 的受访企业有较多位于湖北省等重点疫区的业务,39.66% 的受访企业有少量位于湖北省等重点疫区的业务,49.37% 的受访企业没有位于湖北省等重点疫区的业务;11.39% 的受访企业有较多位于湖北省等重点疫区的供应商,50.21% 的受访企业有少量位于湖北省等重点疫区的供应商,38.4% 的受访企业没有位于湖北省等重点疫区的供应商。

(二) 受调研者受疫情影响情况

大多数受访者认为,本次新冠肺炎疫情对所在企业造成了消极的影响,其中 15.19% 的受访者认为本次疫情对所在企业造成了非常负面的影响,也有 23.8% 的受访者认为本次疫情对其所在企业有着积极的影响,详细数据见图 3。通过交叉分析发现,主要业务区域位于华中、西南地区的建企受疫情影响较为严重,主要业务区域位于东北、西北的建企受疫情影响较小,详细数据见图 4。在湖北省等重点疫区的业务越多,企业所受到的负面影响越严重,详细数据见图 5。有较多供应商位于湖北省等重点疫区的建企更易受负面影响,其中 22.22% 的受访者认为本次疫情对所在企业造成了极为负面的影响,详细数据见图 6。

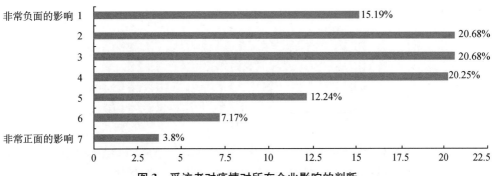

图3　受访者对疫情对所在企业影响的判断

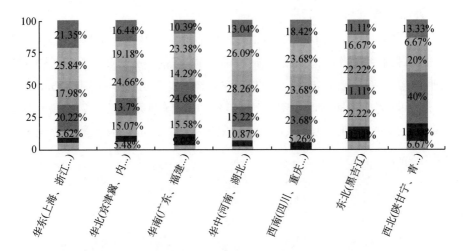

■ 非常负面的影响　■ 2　■ 3　■ 4　■ 5　■ 6　■ 非常正面的影响

图4　主要业务区域不同对企业的影响

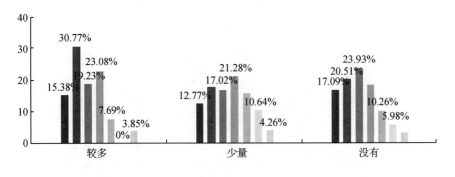

■ 非常负面的影响　■ 2　■ 3　■ 4　■ 5　■ 6　■ 非常正面的影响

图5　在湖北省等重点疫区的业务数量对企业的影响

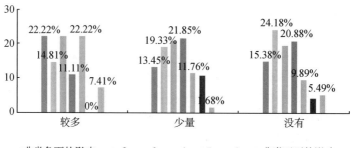

图 6 在湖北省等重点疫区的供应商数量对企业的影响

1. 疫情对复工的影响

（1）工作状态。在受访者中，38.82%目前的工作状态为远程线上办公，只有 14.35%目前的工作状态为线下办公，46.84%目前尚未复工。国有企业和民营企业的复工率（复工包括远程线上办公和线下办公）分别为 52.27%、52.25%，而中外合资企业的复工率达到 72.73%，详细数据见图 7。3 000 人以上的企业复工率为 50%，100 人以下企业复工率为 33.33%，详细数据见图 8。

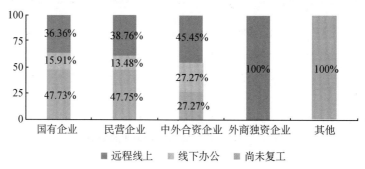

图 7 复工状态

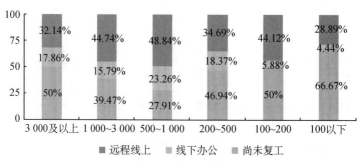

图 8 办公状态

（2）预期线下复工时间。尚未线下复工的受访者中,17％预计所在企业将于2月20日前线下复工,60％预计所在企业将于2月底或3月初线下复工。

（3）复工面临的困难。尚未复工的受访者中,79.28％担心疫情在企业扩散对复工造成了困难,74.77％认为公共交通未恢复对复工造成了困难,67.57％认为缺乏防护用具对复工造成了困难,67.57％认为社区出入限制对复工造成了困难,31.53％认为不便网络办公对复工造成了困难,28.83％认为所在地区疫情较重对复工造成了困难。

（4）复工带来的压力。受访者群体总体上感受到了由复工带来的较为明显压力,具体情况见图9。

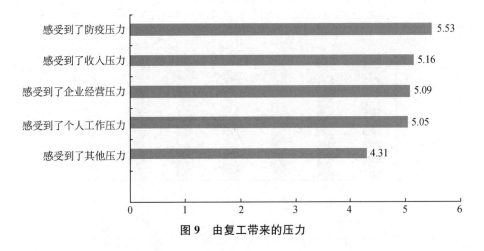

图9 由复工带来的压力

2. 疫情对企业经营的影响

（1）疫情对企业生产经营产生的影响。受访者中,23.63％认为疫情对公司生产经营影响很大,公司经营暂时停顿;46.41％认为疫情对公司生产经营影响较大,公司经营出现部分困难;26.16％认为疫情对公司生产经营影响较小,公司经营出现少量困难。所在企业为100人以下的企业受疫情影响较为严重,仅17.78％的受访者认为疫情对公司造成影响较小,详细数据见表1。主要业务区域位于华中区域的企业受疫情影响较大,82.61％的受访者认为疫情对企业造成了较大以上的影响,详细数据见图10。位于湖北省等重点疫区的供应商越多,企业的生产经营越易陷入困难,7.41％的有较多供应商位于湖北省等重点疫区的受访者表示公司面临倒闭危机,详细数据见图11。

表 1　疫情对企业生产经营的影响

X\Y	影响严重,公司面临倒闭危机	影响很大,企业经营暂时停顿	影响较大,企业经营出现部分困难	影响较小,企业经营出现少量困难	没有造成影响	小计
3 000 及以上	0(0.00%)	6(21.43%)	13(46.43%)	6(21.43%)	3(10.71%)	28
1 000～3 000	1(2.63%)	13(34.21%)	12(31.58%)	12(31.58%)	0(0.00%)	38
500～1 000	1(2.33%)	9(20.93%)	23(53.49%)	10(23.26%)	0(0.00%)	43
200～500	0(0.00%)	8(16.33%)	26(53.06%)	15(30.61%)	0(0.00%)	49
100～200	0(0.00%)	9(26.47%)	13(38.24%)	11(32.35%)	1(2.94%)	34
100 以下	1(2.22%)	11(24.44%)	23(51.11%)	8(17.78%)	2(4.44%)	45

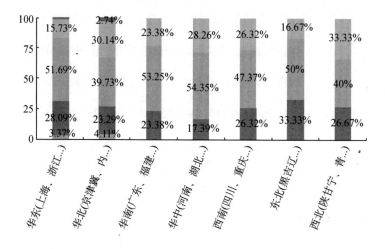

图 10　主要业务区域不同在疫情期间对企业生产经营的影响

（2）疫情导致企业面临的主要困难。83.54%的受访者认为所在企业面临"工作人员集中难"的困难,66.67%的受访者认为所在企业面临"部分紧急项目工期违约风险",60.34%的受访者认为所在企业面临"物资运送难"的困难,45.15%的受访者认为所在企业面临"审批流程及力度增加"的困难。

（3）疫情对企业经营资金方面的影响。75.11%的受访者表示所在企业

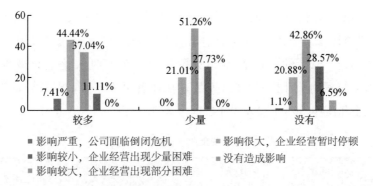

图 11 在湖北省等重点疫区供应商数量不同在疫区期间对企业经营的影响

"营业收入减少,流动资金紧张",47.68％的受访者表示所在企业"短期融资能力下降",44.73％的受访者表示所在企业"无法及时偿还贷款等债务,资金压力增大"。

41.35％的受访者预计企业流动资金还能支撑 1～3 个月,24.89％的受访者预计企业流动资金还能支撑 3～6 个月。根据企业从业人数进行交叉分析,大型企业流动资金总体上较中小企业更为宽裕,详细数据见图 12。

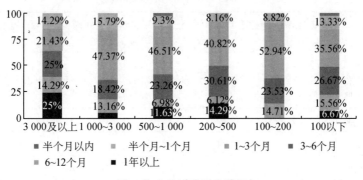

图 12 企业流动资金情况

（4）疫情对企业原材料方面的影响。70.89％的受访者表示所在企业"原材料采购遇到困难,库存不足"。

（5）疫情对企业收入的影响。39.24％的受访者预计所在企业第一季度收入同比减少 10％～30％;32.07％的受访者预计所在企业第一季度收入同比减少 30％～50％;14.77％的受访者预计所在企业第一季度收入同比减少 50％以上。相较于建筑行业的其他子行业,建筑安装业从业者对于所在企业一季度收

入预期更为悲观,59.18%预计一季度收入将同比减少 30%以上,详细数据见表
2。从长期预计来看,52.74%的受访者预计所在企业本年度收入比上年减少
10%～30%;21.52%的受访者预计所在企业本年度收入比上年减少 30%～
50%以内。与短期预计相似,建筑安装业从业者更为悲观,38.77%认为本年度
收入将比上年减少 30%以上,详细数据见表 3。

表 2 对所在企业一季度收入的预计

X\Y	同比减少 10%以内	同比减少 10%～30%	同比减少 30%～50%	同比减少 50%以上	同比持平	小计
房屋和土木工程以及桥梁工程建筑业	15(18.07%)	30(36.14%)	30(36.14%)	6(7.23%)	2(2.41%)	83
建筑安装业	7(14.29%)	13(26.53%)	18(36.73%)	11(22.45%)	0(0.00%)	49
建筑装饰业	4(4.71%)	43(50.59%)	23(27.06%)	15(17.65%)	0(0.00%)	85
其他违筑业	5(25%)	7(35%)	5(25%)	3(15%)	0(0.00%)	20

表 3 对所在企业本年度收入的预计

X\Y	比上年减少 10%以内	比上年减少 10%～30%	比上年减少 30%～50%	比上年减少 50%以上	与上年持平	小计
房屋和土木工程以及桥梁工程建筑业	22(26.51%)	43(51.81%)	14(16.87%)	1(1.20%)	3(3.61%)	83
建筑安装业	10(20.41%)	20(40.82%)	17(34.69%)	2(4.08%)	0(0.00%)	49
建筑装饰业	7(8.24%)	55(64.71%)	15(17.65%)	8(9.41%)	0(0.00%)	85
其他建筑业	6(30%)	7(35%)	5(25%)	1(5%)	1(5%)	20

(6) 对疫情结束后行业发展的预测。33.76%的受访者认为,建筑行业在疫
情结束后将会持续低迷较长一段时间;55.7%的受访者认为将会缓慢恢复至原
有水平。

三、调研发现

(一)建筑行业复工形式严峻,员工心理压力大

一方面,建筑行业作为劳动密集型产业,在疫情期间,相较于其他行业,一旦

复工,新冠肺炎在企业内部传播的可能性更大,一旦出现复工期间感染新冠的员工,会对企业造成比停工更大的损失。另一方面,各级政府对建筑行业复工的要求随着疫情发展也在提高,如成都市 2 月 7 日发布了《关于将新型冠状病毒感染的肺炎疫情防控工作纳入住建领域市场主体信用评价管理的通知》,明确规定,工地 1 人以上疫情确诊为重大安全事故。

(1) 小型建企复工更加艰难

根据问卷调查数据显示,3 000 人以上的大型企业复工率为 50%,而 100 人以下企业复工率仅为 33.33%。中大型企业的业务领域相较于小建企更为广泛,当部分线下业务无法开展时,能够通过线上完成的工作可依靠远程办公进行。而小型建企业务范围较窄,能够依托远程办公开展的业务较少。小型建企为复工员工提供防护的能力相较于中大企业也更为匮乏。

(2) 交通管制与隔离措施为建筑企业复工难度加码

调查显示,74.77%的受访者认为公共交通未恢复对复工造成了困难。此次新冠肺炎疫情爆发正值春节期间,国家采取了强力的防控措施,湖北几乎所有城市都采取了封城措施。其他省市也纷纷出台了交通管制措施,例如重庆自 2 月 3 日起对主城区道路实施临时交通管制,奉节多处路口实行临时交通管制,云阳关闭全县公园广场实行交通管制防控疫情,非渝牌车辆进出重庆高速实行网上预约,主城区车辆限行预案暂不执行。建筑行业作为劳动密集型产业,农民工是重要的劳动力量,而交通管制使得农民工难以返工。疫情期间部分社区和村子实行"封区"或"封村"措施,部分建筑行业从业者目前走出社区或村子都难以达成。另一方面,疫情期间全国多个省市实行了劝返和隔离措施,就算员工到达企业所在地,也大多需要进行 2 周的自我隔离,甚至面临被劝返的风险。

(3) 停工期间,建筑行业从业者心理压力较大

压力主要来源于防疫压力、收入压力、企业经营压力、个人工作压力。本次调研发现,受访者感受到的防疫压力最为明显,其次是收入压力。疫情停工期正值春节后,大部分受访者在春节期间花费较高,而在停工期间并无收入来源。并且部分受访者担忧所在企业能否支撑过疫情期间。

(二) 疫情对绝大部分建企的正常经营造成了影响,中小建企的困难尤为严峻

据调查数据显示,仅 28.69%的受访者表示新冠肺炎对疫情其所在企业造成的影响较小或没有影响,24.9%的受访者表示新冠肺炎疫情已经严重影响所

在企业的正常生产经营,甚至可能导致企业倒闭。企业规模为 100 人以下的小微型企业受影响尤其严重,仅 22.22％受访者认为疫情对公司造成影响较小或未对公司生产经营造成影响。

(1)普遍面临工期违约风险

除"复工难"之外,工期违约风险是广大建企所面临的最普遍问题,66.67％的受访者认为其为所在企业面临的主要问题。建筑行业中发包方与承包方签订合同时,一般会注明工期违约的赔偿金,除合同有条款特殊说明,赔偿款最高可达合同价款的 5％。

(2)物资运送困难,建筑企业原材料供给遭重创

疫情期间,全国公共交通网络受交通管制影响,难以为建筑企业物资运输提供顺畅的路线。新冠肺炎对我国物流行业也造成了较大冲击,一方面,快递与物流行业从业者也面临着"工作人员集中难"的困难;另一方面,虽然自 2 月 10 日起我国快递行业已正式复工,但交通管制使得物流行业服务的辐射范围被一定程度的压缩。据调查数据显示,60.34％的受访者认为所在建筑企业面临"物资运送难"的困难。一般而言,为了节约库存成本和保证充足的流动资金,建筑企业并不会大量存贮施工所需的原材料,而是通过供应商的及时供给来保证生产活动的正常进行。受"物资运送难"和供应商生产能力在疫情期间受限的影响,大量建筑企业的原材料供给面临困难,据调查数据显示,70.89％的受访者表示所在企业面临原材料供给的困难。

(3)资金压力大

在新冠肺炎疫情期间,大部分建筑企业的经营资金都面临着困难。一方面,75.11％的受访者表示所在企业"营业收入减少,流动资金紧张";而与此同时,外界部分金融机构提供融资的审核条件提高,手续增多或时间延长,企业从外界获取资金的能力在新冠肺炎疫情期间也有所减弱。部分企业还面临着债务到期的局面,使得资金压力进一步提升。根据企业从业人数进行交叉分析,大型企业流动资金总体上较中小企业更为宽裕。

(三)预计疫情对建筑企业一季度收入影响较大,全年收入影响较小

从短期来看,新冠肺炎疫情对我国实体经济产生了较为消极的影响,多个与建筑行业相关的行业,例如物流业等,受疫情影响较为严重。对于建筑行业来说,疫情使得节后复工时间推迟,原材料的获取运输成本提高,对一季度收入产生一定压力。把时间线拉长到全年来看,目前专家预测疫情将在 4 月份结束,新

冠肺炎对建筑行业的影响周期并不会持续太长时间,并且国家、各级政府都已陆续出台了对建筑行业的各项帮扶措施,例如南京市 2 月 14 日制定出台《关于应对新型冠状病毒疫情优化工程建设项目审批服务的实施意见》,给出费用缓缴、豁免审图等 12 条利好措施。

四、对策与建议

(一) 协调原材料采购、运输,适当调整供应链

原材料供给困难是各建筑企业开展正常生产经营活动的一大阻碍,解决该问题,需要政府部门与企业本身合力协调建筑企业原材料的采购、运输问题。政府部门可出台相应政策,为原材料运送车辆进行"交通管制"上的松绑,保障建筑企业物资运送网络的通畅。另一方面,据调查数据显示,61.6%的受访者所在企业有位于湖北省等重点疫区的供应商,受目前疫情影响,重点疫区的供应商生产力恢复速度以及原材料运输能力难以保障。建筑企业可适当调整供应链,选择供应能力较强的供应商。

(二) 扎实稳步推进建筑企业复工

(1) 建筑企业应遵守当地政府的复工复产政策,制定复工规划

目前,多地政府已经出台建筑企业复工的指导文件,例如郑州城乡建设局发布《关于应对新冠肺炎疫情防控期间支持建筑企业复工复产的实施意见》,陕西省发布《关于支持疫情防控期间建筑企业复工复产有关措施的通知》。建筑企业应当遵守当地政府的相关要求,制定复工复产规划。

(2) 可积极采取远程线上办公、分批复工等措施

建筑行业作为劳动力密集型行业,主要劳动力为农民工,且劳动力来源地分散在全国各地,疫情期间,一方面难以集中,另一方面,员工大规模集中会极大提升感染新冠肺炎的风险。建企可通过远程线上办公的方式,保证企业部分业务的正常运行。建筑企业应该根据工程所在地的疫情严重程度制定复工计划,在确保疫情不蔓延的情况下,可以在疫情较好的地区施行分阶段、部分复工。建筑企业还应当积极了解员工健康情况及员工所在地疫情状况,对部分可确保未感染且返工路线感染概率极低的员工,可由企业向其发放复工通知,安排这部分员工先行返岗。

(3) 成立疫情防护小组,确保安全措施到位

在疫情期间,建筑企业可外聘流行病学专家成立疫情防护小组,确保公司的

疫情防护措施准确到位。目前由于市面上防护用具紧缺,可由企业集中、大规模地采购防护用具,保证员工在工作期间能够获取充足的防护措施。另一方面,企业对复工员工还应进行严格的每日健康情况筛查。在每日上班前或下班后,应对工作区域进行严格的消毒处理,确保安全的工作环境。在条件允许的情况下,企业可设置临时消毒通道,让员工在步入公司前先进行消毒处理;企业也可通过分时段上班的方式,减少工作场地同时存在的员工数量,降低感染风险;为了避免员工乘坐公共交通而感染新冠肺炎的疫情,企业可安排经过严格消毒处理的专车接送员工。虽然采取了充足的安全措施,但出现新型肺炎感染者的概率依旧存在,建筑企业应建立应急处理工作机制,制定一套完善的流程与制度,当企业内部出现了新型冠状肺炎感染者、疑似者、高危接触者时,企业能够迅速反应,配合卫生健康部门、疾病预防控制机构、医疗卫生机构做好排查、隔离治疗和居家观察等工作,提供必要的人力物力和资金保障等,并严格按照有关部门和机构指导,配合做好相关后续管理工作。另外,要建立内部隔离机制,对不同的工作区域和工作小组间实行隔离,避免一旦出现感染者或疑似者就导致整个企业或工程都停工情况的发生。

(4)疏导员工压力,强化员工归属感

据调查,绝大部分受访者在疫情期间感受到了较为明显的压力,压力主要来自防疫、收入、企业经营情况和个人工作情况。据研究发现,过大的压力会降低员工的工作效率,并且会弱化员工对于企业的归属感。建企可以通过为员工提供心理咨询、防疫指导、疫情期间额外补助等方式缓和员工压力,另一方面也能强化员工对企业的归属感,激励员工与企业共渡难关。

(三)建企应与发包人积极协商,共渡难关

(1)与发包人协商好复工时间

建筑企业自身在积极准备复工准备时,应该及时与发包人进行沟通协商,掌握发包人对工程项目的安排与构想,了解发包人、设计人、监理人等复工条件是否具备以及预计的复工时间,通过积极的沟通协商,就具体工程的具体复工时间、复工安排达成一致,避免后期产生争议。

(2)部分紧急项目可申请工期顺延

我国法律规定,由于不可抗力所导致的工程进度滞后可申请工期顺延。《中华人民共和国合同法》第一百一十七条规定,本法所称不可抗力,是指不能预见、不能避免并不能克服的客观情况。具体来看本次疫情,一方面,疫情的爆发非认为故意导致的,另一方面,上一次类似的非典疫情发生在 13 年前。根据郑州城乡建设局发布《关于应对新冠肺炎疫情防控期间支持建筑企业复工复产的实施意见》,新冠肺炎疫情明确定为《建设工程施工合同》和《合同法》中所列明的不可抗力。

(3)疫情造成的部分额外费用可与发包人协商分担

受疫情影响,建筑企业产生了诸如停工费、额外材料费、防疫成本等费用。按照郑州城乡建设局发布《关于应对新冠肺炎疫情防控期间支持建筑企业复工复产的实施意见》,防疫期间施工单位在对应承建项目所产生的防疫成本列为工程造价予以全额追加,其他地区建筑企业也可以此为参照,向发包人协商承担防疫费用。建筑企业在疫情期间的停工费用包括员工工资、材料及设备在疫情期间的保管费用、设备在疫情期间的租赁费与折旧费等,目前来看,"示范文本"要求合理分担额外费用,但我国法律并未明确规定由于不可抗力导致的额外费用如何分担。建筑企业可以根据自身损失程度、发包人在本次工程中的获利率、发包人由于疫情在具体工程中的损失、发包人的经济能力等,与发包人进行协商,要求其承担部分额外费用。

(四)国家政策结合企业自身措施缓解资金压力

2 月 1 日,五部委出台金融支持政策,要求通过适当下调贷款利率、增加信用贷款和中长期贷款等方式,支持相关企业战胜疫情灾害影响。财税部门联合出台系列税收优惠政策,涉及企业所得税、个税、增值税、消费税等六税两费,覆盖绝大多数中小企业。对受疫情影响较大的行业以及有发展前景但受疫情影响暂遇困难的企业,特别是小微企业,不得盲目抽贷、断贷、压贷。同时,目前国家还在陆续出台相关扶持政策,这将极大地缓解建企的资金压力。另一方面,企业可通过融资、阶段性灵活薪酬等措施增加流动资金或减少财务支出。

由"全面质量观"看"全面打赢"

| 邵鲁宁

2020年2月21日,中共中央政治局会议首次明确提出全面打赢疫情防控人民战争、总体战、阻击战。同济大学经济与管理学院陈强教授撰文《首次提出"全面打赢",最新召开的这次中央政治局会议释放了怎样的重要信号?》指出,在疫情防控的紧要关头,我们既要有"风雨不动安如山"的定力,也要以"艰难困苦,玉汝于成"的斗争精神,不断淬炼治理能力,坚决打赢这场防控战,迎来疫情过后的"东方风来满眼春"。

如何全面理解,如何全面做到?

经历了2003年抗击非典的战疫,我们已经充分意识到,疫情防控工作是一项复杂的系统工程,它包括疫情防控、经济恢复、社会稳定以及国际关系等多条战线,涉及一系列的战略部署、政策制定、体系建构、机制设计、制度安排、要素流动、资源配置及执行协调。

全面质量管理正是一种预先控制和全面控制的思想和方法,它的主要特点就在于"全"字,全过程、全范围、全员参加。

从1月23日凌晨,武汉宣布封城,公众对疫情重视程度迅速提升。全国各地共同防控疫情的工作格局和强大合力正是在党中央统一指挥、统一协调、统一调度下形成的,并根据各地疫情形势的不同分类施策,形成区域之间的分工协调、良好配合。身处中华大地的每一个人都不是局外人。医务工作者冲锋在前,相关的物资保障紧随其后,而我们每一位普通百姓做好居家隔离和养成良好卫生习惯正是对疫情防控的最大贡献。全国一盘棋,全面强化政治担当,全面进入战时状态,全面树立信心决心,从上到下齐心努力,坚持不懈共同奋斗,我们正在逐渐接近疫情拐点,具体数据变化如图1和图2所示。

作者系上海市产业创新生态系统研究中心副主任,同济大学经济与管理学院创新与战略系教师。

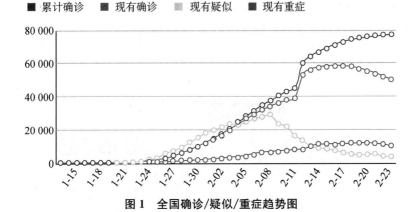

图 1　全国确诊/疑似/重症趋势图

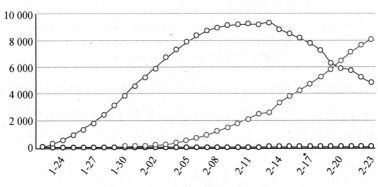

图 2　非湖北确诊/治愈/死亡趋势图

　　根据国家卫生健康委的信息,全国疫情形势出现积极向好的趋势,部分省份根据各地实际情况适当调整应急响应级别,做到分区分级精准防控,有序恢复生产生活秩序。这体现了"全面质量观"中质量成本概念。通过整体化的全系统控制,实现了全国疫情控制效果的全局较优,同时,对于疫情不紧迫的地区确实存在冗余现象,通过动态的调整来逐步释放控制强度和减少控制成本,也可以为全局的优化实现正向贡献。这也是 23 日习总书记讲话提出的统筹推进新冠肺炎疫情防控和经济社会发展最新要求。

　　虽然全国疫情趋于好转,但湖北形势依然严峻复杂,全国疫情拐点尚未到来,仍然不可掉以轻心。根据全面质量观,需要持续改进,也就是需要继续完善防控策略和措施,不断巩固成果、扩大战果。如图 3 所示,在形成持续改善的趋势之下,仍然要坚持预防的思维,进行有效的事前控制,把事故消灭在发生之前,使每个过程/工序/方面都处于控制状态,防患于未然。

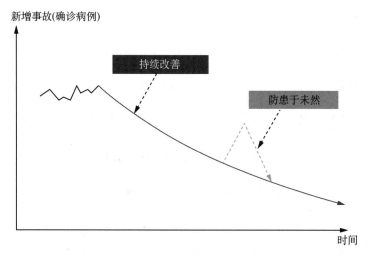

图 3　疫情控制的持续改进思路

确实,这样的防范还没有做到"全"的要求,数据马上就给我们敲响了警钟!如图 4 所示,2 月 20 日的这个突变,就是山东和浙江两地的监狱爆发聚集性疫情,给全国的战疫局面带来反复。我们全面战疫的这张大网还有些瑕疵。

图 4　全国(非湖北)新增确诊病例

接下来,需要如何实现持续改进呢? 在前期已经形成的计划(P)和执行(D)的基础上,系统性进行再检查(C)、再行动(A),实现 PDCA 的闭环,不断推进防疫工作的全面和深入。除了及时发现并修补不断暴露出的问题,再检查什么呢?重点应该检查系统设计。

从 1 月 23 日武汉封城至今,已经整整 1 个月。我们匆忙上阵的这套战疫体系整体性能是否可以保持? 还可以保持多久? 战疫的物资逐渐供应上了,但是持续高强度的医务工作者是否还能保持饱满的斗志和充沛的体力持续工作? 还能坚持多久? 坚守的各条战疫一线工作者是否还能保持高强度、高水平的工作状态? 还能保持多久? 我们居家隔离和受到各种约束的复工者,是否还会高标准配合各项防疫要求? 这些"全员"中的任何一方面出现问题,都可能带来全国战疫工作的反复,如图 4 的这个突变。

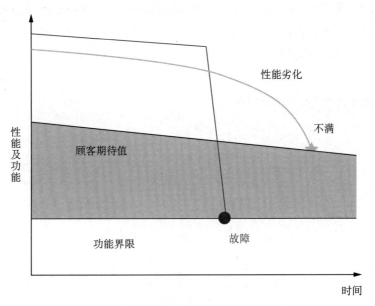

图 5 劣化质量概念示意图

全面质量观告诉我们这是劣化质量概念(图 5)。当疫情严重的时候,我们可以用严格的约束来规定人们的行为,提出一个高标准的防疫体系,以压倒性的优势超过实际需求的功能界限来获得主动权。随着时间的推移,系统的功能会出现劣化,达到一个时间点,可能会出现局部功能的丧失而引起故障。另一方面,这个系统里有重要参与者顾客,也就是我们想与病毒隔离的每一人,有各种突破限制的欲望,需要在满足他们合理要求的基础上,设计防疫体系的性能。为了我们持续改进的目标,为了我们战疫行动质量的可靠性,我们需要整体性考虑防止系统性能劣化。更进一步,我们需要再检查,是否可以根据顾客期望水平进行合理的再优化,使得全员可以持续支持。

与此同时,我们全国的战疫体系从来就不是一个封闭体系,即便我们对于湖北、尤其是武汉采取了极端限制手段来减少人口流动。但是全世界各地的物资源源不断支持中国,全中国的顶尖医务力量持续支援湖北,我们仍然与全球进行着紧密的联系。我们不愿意看到,但是已经发生的是,新型冠状病毒肺炎的疫情正在中国以外的地区蔓延,比如韩国、伊朗和意大利等国均出现了严重疫情,也迫使当地采取了极端限制手段来减少人口流动。我们下一步的防疫布局是否需要考虑由国外向国内输入性疫情的可能性呢?

中国实现了"全面打赢",但是世界其他地区陷入疫情的蔓延,我们就能独善其身保持经济社会的恢复和发展吗? 我们需要高度关注,保持跟相关国家的紧密联系,互通战疫情报和经验。只有全人类共同战胜了病毒,才是真正的全面打赢!

期待那样的"东方风来满眼春"!

疫情下凸显中医的科学挑战

| 郑莉莉

　　汹涌而来的疫情下，人类面对新发现的病毒，如何快速筛选出可以对抗新冠状病毒的特效药成了广大科研工作者、临床医生和所有关注疫情的人们最聚焦的问题之一。因而也就出现了抗艾滋病的药物被试验性地拿来治疗疾病，甚至连尚未经过三期临床试验的瑞德西韦（Remdesivir）也被批准紧急进入临床试验。

　　而与西药大受追捧恰好相反的是，当提出双黄连口服液对病毒也具有抑制作用时，舆论一片嘲笑声。而双黄连作为中药中的一种广谱抗菌药物，本就是在临床上大量应用于病毒性感冒。作为一个面世时间足够久，抗病毒作用文献可查，不良反应研究也有不少数据的药品，面临群嘲的境地，或许也反映了当下中医面临的尴尬境地。

　　复旦教授钟扬先生说："我希望把科学的种子、把珍贵的生物多样性保存下来，为世界留下更多宝贵的标本。一个基因可以为一个国家带来希望，一粒种子也许在未来的某一天就可以造福万千苍生。"一粒种子或许在很多年后会成为人类战胜癌症的希望，中医也或许在许多的疾病治疗上可以给患者带来新的希望，尤其是此次疫情没有特效药，疫苗研发还需要很长时间的情况下，中医药不仅可以成为中国方案，也或许可以成为让全世界来抄的中国答案。而要让中医药更好地走向世界的舞台，最重要的是放下傲慢的态度，用科学的态度审视自己，拥抱现代化医学。中医几千年的发展，从来就不是固步自封抱残守缺的，勇敢对过去的药物提出质疑和反对是医学发展必然的道路。

　　疫情下暴露出中医目前面临的三大挑战：

　　一是合法性。十三届全国人大常委会第十六次会议表决通过了关于全面禁止非法野生动物交易、革除滥食野生动物陋习、切实保障人民群众生命健康安全

作者系同济大学 MPA 校友、英国帝国理工学院访问学者。

的决定。此次疫情的中间宿主穿山甲正是国家一级保护动物并且其鳞片正是中医中一味目前仍在使用的药材，也正是因为这个原因导致了中医再次被推上风口浪尖。我们不否认过去几千年来将这些动植物入药的合法性和有效性，但随着曾经的常用药由于人类的大量捕杀采摘而变成珍稀野生动植物时，全面禁止珍稀野生动植物在临床的使用并且及时寻找合理的替代药品是改变中医目前尴尬状态最关键的一步。

二是药物安全性。直面中药肝损的质疑，努力创建安全可靠的中药环境。首先是欢迎各界的质疑，对于有质疑的药物做详细的毒理分析，并且对比炮制前后的药物毒性，若因炮制不当使药物毒性未能减少甚至反而增多，则出台炮制的标准流程和检验方法，合格后方可批准临床使用；如果即使经过标准的炮制后药物毒性仍然过大，的确会造成较大比例的人群的肝损或其他严重不良反应的，则需要进行预警甚至全面禁止使用。其次是反思药物不良反应的监测和评估机制。针对中药的不良反应监测几乎一片空白，并且目前大部分市面所售中成药的不良反应为尚不明确的情况，需要完善监测体系，强制要求厂家加大对不良反应的研究，临床使用时也需要做好记录和评估。最后是对每一批次的中药重金属含量和农药残留的检测公开可追溯。

三是有效性的论证。虽然对于许多中药，由于其成分复杂，现代科学仍未能破解其真正起效的成分，甚至同一棵植物的不同部分的药性截然相反，或者虽然检验出的成分相同但是由于采摘时间的不同导致药效天差地别。但是我们仍然可以采取多种方式来验证其有效性。在此次疫情中，全国各地都在按照要求大面积使用中西医两种方式结合治疗新型冠状病毒肺炎。然而治愈的患者究竟是中医药起了作用还是西医药起了作用，或者是中西医结合的治疗优于二者单独使用？要真正论证清楚这一点，必须专门开辟一些中医药作为定点收治医院，在患者自愿的情况下，使用中医药治疗以及中西医结合治疗。与其他医院使用西药治疗的轻症患者对比重症转化率、病死率、出院时间等等多项数据，用数据来说明其有效性。而如果证明了有效性，那么这些数据也将为中医药走向世界打开一扇大门，或将为全球抗病毒治疗提供一种可能性。

疫情带来了挑战，也给出了发展的机会。期待传统的中医药与现代科学碰撞出的火花，与时俱进迸发出新的生命力，在抗击疫情中发挥积极作用的同时，展现出中医药新科学的面貌，服务于中华民族健康生活，回馈那些曾经帮助中国渡过难关的友邦们，为全球抵御疫情传播贡献出中国力量。

提高新冠病毒检测可靠性的思考

| 刘虎沉　尤建新

　　目前,抗击新冠肺炎疫情取得了一些积极信号。已有多省市新增确诊病例为 0 例,西藏、青海现存确诊病例清零,湖北局部暴发的态势得到了遏制,湖北以外地区新增确诊病例接连下降;全国新增治愈出院人数连续超过新增确诊病例数。在此背景下,全国多地也下调新冠肺炎疫情应急响应等级。但是,"当前疫情形势依然严峻复杂,防控正处在最吃劲的关键阶段",需要"继续毫不放松抓紧抓实抓细各项防控工作","必须高度警惕,不获全胜决不轻言成功"。

　　如何及时准确地检测新冠病毒是取得抗疫胜利的关键,对落实病人的早发现、早诊断、早隔离、早治疗,阻止疫情扩散具用重要意义。目前,核酸检测是确诊是否存在新型肺炎的重要确定方式。但是国家卫健委发布的《新型冠状病毒肺炎防控方案(第五版)》,明确指出核酸检测结果阴性不能排除新冠病毒感染,需要排除产生假阴性的因素包括样本质量差、样本收集过早或过晚、没有正确保存和运输样本、检测技术缺陷等。有报道称,以逆转录—聚合酶链反应(RT-PCR)技术作为检测手段的新冠病毒检测的阳性率目前仅有 30%~50%。新冠病毒检测假阴性率过高,不仅会导致大量疑似病人无法得到及时收治,而且会使漏检者成为潜在的病毒传染源。那么到底有哪些因素导致核酸检测结果假阴性如此之高?这本质上是质量管理问题,可以利用质量管理理论、方法与工具来提高新冠病毒检测的可靠性。这里我们建议应用"人机料法环"方法分析新冠病毒检测流程,找出失效产生的原因,从而采取相应的预防改进措施从源头上提升病毒检测的精准性。

　　"人机料法环"是全面质量管理中影响产品质量五个主要因素的简称。人,指制造产品的人员;机,制造产品所用的设备;料,指制造产品所使用的原材料;

　　作者刘虎沉系上海市质量创新研究中心主任;尤建新系上海市产业创新生态系统研究中心总顾问、同济大学经济与管理学院教授。

法,指制造产品所使用的方法;环,指产品制造过程中所处的环境。在分析假阴性因素之前,先简单介绍一下新冠病毒检测流程:医护人员采样、保存、运输至检测实验室、样本灭活、裂解、核酸提取、qPCR 检测、出报告。该流程可大致划分为采样、运输和检测三个环节。在检测过程中,"人机料法环"任何一个方面出现问题,都会提高假阴性风险。

一、人的因素

人是指所有标本采集与检测过程的采样、送检与检测人员等。人是影响新冠病毒检测准确性的第一要素。每一个人的素质不同、技能高低不同、对检测的熟悉和熟练程度不同等因素,会导致新冠病毒检测具有极大的不确定性。此外,人还有许多不确定的因素,例如身体因素、心理因素、精神因素等等,都会影响到采样、检测人员的工作状态和行为,从而影响新冠病毒检测的可靠性。

人是新冠病毒检测中最不可控的因素,也是质量管理研究中讨论的重点。为此建议采取如下措施:

(1) 加强检测相关人员的培训和再教育,提升责任心和质量意识。使检测人员能够从心理和思想上重视,从而在行为上转化为重视规范。

(2) 加强检测各环节人员的生物安全和相应技能培训,提升管理能力和技术水平。确保检测人员都具有相应的工作技能,并通过技术讨论交流等形式使检测人员交换经验、技能提升。

关注检测人员的心理和身体,保持健康的心理和身体是新冠病毒检测可靠性的有力保障。

二、机的因素

机是指标本采集、存储、运输、检测过程所用的设备(仪器)、工具、诊断试剂。机的性能出现一点点偏差,就会导致新冠病毒检测可靠性下降。目前核酸检测能力虽然迅速提升,但依然不够,而且不同企业、试剂之间的精准程度有差别。中华医学会专家指出,不同提取试剂对最后提取到的核酸数量和质量存在差别,从而直接影响检测结果。因此,建议对于高度疑似病例或检测结果难以确定的病例采用两种以上试剂进行检测。因此,要提高检测的可靠性,就必须确保所使用的设备、工具、试剂是稳定的,符合可靠性要求。为此建议采取以下措施:

(1) 对检测各环节使用的设备和试剂必须进行验证,以确检测的稳定。

（2）对采样、运输、检测设备和试剂进行标识和统一管理。

（3）对检测设备和试剂进行统一的配置和管理，确保合格一致。

采用先进的、性能优越的检测技术，也会提升检测的可靠性。

三、料的因素

料是在新冠病毒检测中采集的标本和患者。只有符合质量要求的标本才能最终检测结果的准确性，所以必须保证采集标本的质量，并且在采集、运输、检测过程中不受外来物污染。《新型冠状病毒肺炎防控方案（第五版）》中指出，采集的临床标本包括病人的上呼吸道标本、下呼吸道标本、粪便/肛拭子标本、抗凝血和血清标本等。为提高核酸检测阳性率，应当尽量采集病例发病早期的呼吸道标本，留取痰液，实施气管插管时采集下呼吸道分泌物。国家卫健委专家指出，"从呼吸道标本来讲，肺泡灌洗液敏感性要高于痰的结果，痰的结果又高于咽部的"，而咽拭子取样对采集的位置要求比较高，必须是咽后壁或者扁桃体的部位。在新冠病毒检测过程中，我们建议将新冠病毒检测的质量控制从最终的验证和确认分解到检测的各个阶段（如取样、运输、检测）进行控制。此外，处于感染早期的患者因体内带毒数量有限，也可能出现检测结果为阴性。

四、法的因素

法是指新冠病毒检测取样、运输和检查过程中所使用的方法、所需遵循的规范。严格按照规范作业，是保证新冠病毒检测精度的重要条件。科学的操作必须有科学的态度和按规作业的良好习惯。没有规范的操作方法或者不按照标准执行，检测的可靠性是难以保证的。如由于医护人员取样操作的规范程度不同，会出现采样量不均一问题；采集的样本中病毒量少，假阴性的风险就高。国家卫健委发布的相关文件中，明确要求对标本进行灭活处理，但是对于病毒灭活的具体方法并未做出明确规定，只是笼统地要求"感染性材料或活病毒在采用可靠的方法灭活后进行的核酸检测"。在核酸提取环节，针对咽拭子或痰液这种难处理且微量的样本，不同处理方式是影响病毒核酸提取得率的主要因素。为此建议采取以下措施：

（1）首先要制定详细合理、简单易行的操作方法和规范，并在实行过程中持续优化。

（2）要落实标准规范，加大对相关人员的培训教育，定期对规范执行情况进行检查。

提高标本取样、运输、检测等机构的知识积累,定期培训,建立知识库,推广使用新技术和新方法。

五、环的因素

环,指新冠病毒检测过程中所处的环境。在检测过程中,取样、保存、运输和检测的环境(如湿度、温度、空气质量)都会对样本的质量产生影响。新冠病毒是单链 RNA 病毒,容易死亡和降解。在采到标本后运送到实验室检测的过程中,要是没有低温保存,路程耗时又很长,那么,病毒若是死亡并核酸降解,就不易检出阳性。有专家指出,核酸检测前需将采集到的标本进行 56℃灭活,这极有可能使新冠病毒核酸被降解,从而导致不能被正常检出。另外,不同品牌的样品保存液,也会对检测结果产生较大影响。此外,温度、湿度、噪声、卫生等环境也会影响到采样、检测人员的状态,从而影响到检测的精准性。因此必须对新冠病毒检测环境进行要求和管理。为此我们建议采取以下措施:

(1) 保证新冠病毒采样、运输与检测的外界环境,避免异常环境的影响。

(2) 不同检测机构工作环境的配置应进行策划,并尽量保持统一和正确。

(3) 确保工作环境安全,定期杀菌消毒,加强对各个环境的人员访问控制。

人机料法环是影响新冠病毒检测可靠性的重要因素,其中人是影响新冠病毒检测可靠性的重点。但其他因素缺一不可,只有人员、设备、样本、方法和环境之间相互协调,共同提升,才能保证新冠病毒检测的精度,避免假阴性的出现。针对五大因素的改进要综合考量、全面分析,单独改进其中的任何一个因素对新冠病毒检测可靠性的影响都有限,任何一个因素出现问题,都会使其他因素的改进成果付诸东流。

另外,现有新冠病毒核酸检测对样本要求高、人员风险大、检测过程繁琐,而且检测周期长。与其他病毒相比,新冠病毒具有传染快、潜伏期长、潜伏期具有传染性等特点。而目前采取测温的防控方式实质上是一种事后的质量控制方法。本着“大胆设想小心求证”的思想,我们希望有一种检测仪器像酒精检测一样能够即时检测患者是否含有病毒以及病毒含量。这对疾病防控以及全面打赢疫情防控人民战争具有重要意义。事实上很多产品都是起源于人们的大胆设想,而且现有的新冠病毒检测技术也不断改进升级。我们也希望这种检测仪早日研发成功!

疫情过后，在线教育还能获得接受吗

| 钟之阳

疫情突袭，各培训机构停止线下教学，教育部宣布 2020 年春季开学延期，并鼓励学校和培训机构将教育教学转移至线上场景。为了满足各年龄段学生的需求，全网各大科技公司、视频平台、直播平台、教育企业迅速跟进，纷纷针对这次"在家学习"的大潮做出了针对性举措。

阿里巴巴集团	旗下优酷、钉钉联手发起"在家上课"计划，提供免费课程，湖北省近 50 所中小学已加盟
腾讯	开展多条业务线联动，免费提供平台基础云资源
好未来	提供直播系统、课程内容、运营陪护等支持
网易教育	中国大学 MOOC、网易有道智云将免费提供在线教学服务
爱学习集团	免费开放优质内容与直播工具
VIPKID	将会免费开放旗下在线直播平台
麦奇教育科技	也将免费开放在线授课平台
7EDU	将向全国中学提供 SAT/AP 等系列学习资源
科大讯飞	表示向全湖北中小学免费提供智慧空中课堂
ClassIn	表示对非营利教育机构实施完全免费的政策
学堂在线	免费为全国教师提供线上培训，组织混合式教学名师开设示范课
北京猿力教育科技	为全国中小学生提供免费的巩固预习课；同时开放旗下猿辅导网课、猿题库、小猿搜题、小猿口算、斑马 AI 课等产品的核心功能，在寒假延长期内为学生提供系列支持
承承网络科技	在线英语启蒙 App 叽里呱啦向全国儿童免费开放在线英语启蒙资源

资料来源：公开资料，东兴证券研究所

其实从在线教育的发展来看，这种形式从有网络开始就已经存在。特别是

作者系上海市产业创新生态系统研究中心研究员、同济大学高等教育研究所讲师。

2010 年后随着移动互联网的发展,各种在线工具和平台开始出现,在线教育才开始真正爆发。但从使用者的规模和频率来讲,哪怕几年前 MOOC 横空出世,一时风头无两,还是比不上当前疫情期间在线教育的火爆场面。相关报告显示,2020 年春节后,教育学习类 App 的日均活跃用户规模比平日增长了 46%,教育学习微信小程序的日均活跃用户规模比平日增长了 218.1%,"腾讯课堂"在线学习的师生人数更是整体增长了近 128 倍。

大量的学生和家长在疫情期间体会到了在线教育的便捷,特别是在二三线城市的用户也能足不出户享受到优质课程资源,这对于促进教育普惠起到了一定作用。同时,此次大规模的使用场景也间接地培养了学生和老师接受在线教育的习惯,推动在线教育的普及。而面对突如其来的学习方式的改变,不少人也对在线教育模式产生了诸多质疑,诸如居家学习对学生自觉性的挑战,不同条件家庭的现实情况,学生用眼问题等。

那么在线教育在这次疫情间获得了大量体验之后,究竟是"昙花一现"还是"柳暗花明"呢?老师和学生是否真正接受此次新技术变革?在线教育企业该怎么做才能真正将获取的流量转化为客户?教育管理部门如何才能趁此次机会实现教学模式的改革?不妨从理论角度试着分析学生在此次被动或主动经历在线教育后呈现了什么的行为特征,又有哪些因素会影响他们的使用意愿。

技术接受模型(Technology Acceptance Model,TAM)是 Davis 基于理性行为理论发展而来,最早是用来研究用户对计算机技术使用行为提出的一个分析模型,理论模型如下图所示。

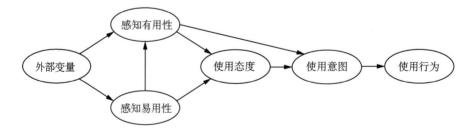

TAM 理论认为用户最终的使用行为由其他所有的因素影响,其中有两个主要的决定因素,感知有用性(perceived usefulness,PU),反映用户认为使用一个具体的系统对其工作业绩提高的程度;感知易用性(perceived ease of use,PEOU),反映用户认为容易使用一个具体的系统的程度。这两个因素水平越

高，用户对新技术的态度就越积极，从而会促进用户对技术的使用态度和接受意愿，进而产生更多的使用行为。

TAM 模型由于模型结构简单和各种实证研究对其价值的证实，目前被广泛地用于研究用户对新技术的接受和采纳，解释新技术被使用接受的影响因素、预测技术使用行为。近年来随着 MOOC、翻转课堂、混合式教学等利用新技术的教育教学模式兴起，已有不少研究从 TAM 理论模型角度讨论学生和教师对于教学模式中采用新技术的接受行为、使用意愿及满意度，并利用问卷调查和严格的统计推断验证了该理论模型在教育技术领域的研究价值，其可靠性和解释能力得到了广泛的肯定。基于 TAM 理论模型或许可以尝试总结出一些关于使用者的行为特征。

一、在线教育最主要的不是技术问题，而是学到了什么

学生对在线教育的感知有用性中介作用于感知易用性和使用态度，即感知易用性要想发挥作用，需要让学生感受到学习的价值所在。这说明能够转化为学生最终对在线教育的使用行为关键还是在于感知有用性，比如高质量的学习内容，良好的学习效果，获得有价值的知识和启发，或是实现学习效率和兴趣的提升等。

这个观点与教育技术研究领域的"以学习者为中心"的取向不谋而合，该取向不是迫使学习者去适应这些新技术的要求，相反，其主张的是以理解人类大脑如何工作为出发点，并基于此来考虑如何利用技术帮助人们更有效地学习，即让技术适应学习者的需要，从而实现"技术有用"。

此外值得注意的是，TAM 理论模型中"感知有用性"和"感知易用性"是一个主观概念，因此抛开用户仅仅从技术产品本身去探讨这两个概念也是没有实际意义的。其强调的是用户对技术产品本身的态度和使用行为，而非聚焦于技术产品的市场竞争问题。因此对于在线教育企业来说，在经历此次疫情大流量并发的技术大考之后，更多的挑战还是在于如何充分利用 AI 等技术优势，通过对用户学习行为、学习效果等数据采集，打造更精细的教学体系，采取更有针对性地在线教学和个性化学习内容推荐。

二、在线课程不在于内容多寡，而应"投其所好"

学生对在线课程的使用态度，即学生预期使用在线课程时主观上的正面或

是负面的判断,直接影响使用意图,从而影响使用行为。也就是说,学生对于在线课程的预期对使用行为有着较为直接的影响。学生对在线课程内容和服务的认同,认可其在提升知识水平、丰富兴趣视野上的作用,出于对课程的兴趣、爱好而增强学习动机,那么对新的学习模式参与意愿就会增强。

在线课程的呈现形式是吸引学生的重要因素,可以通过新技术进一步提升教育资源的展示空间,从课程的审美、情感和服务等维度激发学生的兴趣,同时利用前期调研、多样化的宣传手段对学生的预期感知进行铺垫,让他们预先感受到在线课程所带来的积极效应。

另一方面,在在线教学设计过程中需要更多关注学生的内在情绪感受,了解学生多样化的学习预期。特别是 95 后随着网络成长起来这一代人开始成为教育主流人群,将线下课堂直接搬到线上的学习课程较难激起他们的学习兴趣,学习的获得感反倒显得比内容容量更重要。"这届年轻人钟爱在 B 站学习"这样的热搜自然是用脚投票的结果了。B 站的实时弹幕讨论给学习者带来了不一样的学习体验,不单能够利用碎片化时间学得知识,还可以从弹幕评论里找到学习的陪伴感,其社交化学习属性让更多年轻人爱上学习。根据数据显示,B 站 2019年泛知识学习类内容的观看用户数突破 5 000 万,学习类 UP 主数量增长151%,学习视频播放量同比增长 274%。从这个角度来看,不同类型的在线课程的供给端基于其教学目的并结合自身特色提供差异化的学习内容和有效的学习模式则显得尤为重要。

三、引导自主学习,或将成为学习效果成败分水岭

此外,在 TAM 经典理论模型基础上也有不少研究发现学生的主动性在其中扮演着重要的角色:学生主动性变量能够有效调节感知易用性和感知有用性之间的关系,强化二者之间的正向联系,即当学生主动性越高时,感知易用性与感知有用性之间的正向关系越强。体验式学习理论认为,个人的主动参与可以加速知识的建构和领悟的过程。说明了在在线教育的设计中我们需要特别考虑到学生主体的作用,让学生更加积极地参与在线教育的学习中,而非成为知识的被动接受者。

这也印证了部分疫情期间社交媒体上关于"停课不停学"在线学习的各种吐槽。不少学生,特别低龄学生,自制力差、缺乏自觉性,居家学习容易受到的干扰比较多,包括环境的噪音和其他娱乐活动的诱惑,很难做到专注,学习效率低下。

甚至有人认为,在线教育仅仅是为部分好学的学生提供了更多样的选择。因此在当下,老师和家长或许应当想办法充分调动学生自主意识,培养自主学习的能力,养成自律自主的学习习惯。但另一方面也让我们反思,在线教育是否是一种具有普世性的教育模式,这种教育模式是否存在一定的应用范围和适用人群。

在线教育在 2020 年初突发公共卫生事件的催化下迎来了发展机遇,同时也面临着课程质量、服务效果、用户体验、科技水平、学习效果等方面严苛的考验。但技术进步带给教育的好处是远远超出其副作用的,何况时代的来临,线上的体验和认知是不可逆的,离开技术和网络的教育也不能成为现实。

破百万之际，拓宽生态位

｜尤建新

COVID-19 传染人数突破百万已成定局，这是全球人民的悲哀。痛定思痛，应该重新审视这场灾难带来的问题，不仅仅是规避错误、吸取教训、共度时艰，更应该亡羊补牢、审时度势、未雨绸缪。为此，COVID-19 确诊感染人数突破百万之际，必须关注以下几个方面。

一、全球化暂停，贸易保护主义死灰复燃

全球疫情防控严峻，封城封国必将持续，进出口受阻已成必然。为规避或减缓经济发展的暂停问题，各个国家或地区都开启了"自力更生"模式，加剧了贸易保护主义。发达国家如此，发展中国家更应关注挖掘和弥补自己的短板，以免不测。尤以生活必需为核心，必须构建全面保障体系，防患于未然，夯实基础设施。对于进出口贸易而言，必须管住国门，把住标准防线。同时，要积极推动 ISO 发挥作用，在规避国际间贸易壁垒和冲突方面尽快大步跨进、突破障碍。

二、股市暴跌，无底线宽松凸显流动性问题加剧

以华尔街为代表的全球股市暴跌显示出了全球性资本市场的恐慌，美国采取无底线的宽松策略说明发达国家面对危机束手无策。显然，由"美元慌"为代表的资本市场流动性不足问题并不局限于个别地区，而是全球性的经济萧条开始，并由此促进了全球经济格局的变化。变化的结果还难以预料，关键问题是，在变化后的世界格局中我们身处何处？ 如果没有研究和预判，遭遇的困境将是毁灭性的。

作者系上海市产业创新生态系统研究中心总顾问、同济大学经济与管理学院教授。

三、科技创新能力在疫情防控的比拼中彰显国际竞争力

疫情防控的紧迫需求揭示了国际间科技创新能力的强弱，而且也体现了紧急状态下各国生产的动员和应变能力的水平高低。无论是疫苗、药物、测试盒的研发，还是紧缺物资的全球调控和标准坚持，都彰显了国际间竞争力的巨大差异。借疫情防控之际，检查、揭示自己的短板，提升创新能力和知识产权质量水平，是当务之急。

四、疫情防控下凸显发展中国家的短板，必须急起直追

在严峻的挑战面前，暴露出来的许多短板背后，是觉悟水平的参差不齐。许多问题暴露了我们的组织能力和决策缺陷，导致错失良机、损失惨重，但许多人伤疤未好却已经忘了疼，疫情防控还在艰苦卓绝之中就已经迫不及待地莺歌燕舞了。更有甚者，借疫情防控之紧迫，趁火打劫、发灾难财。无论是疫情防控的急缺物资，还是政府强征的隔离空间，中间暴露出来的不仅仅是治理体系上的缺漏，更是良知上的短板，急需亡羊补牢，急起直追。

问题不局限于上述这些，笔者希望人们关注由此暴露出来的基础设施短板。以往我们非常重视基础设施建设，却只是关注了硬基础设施建设，忽视了软基础设施的存在和重要性。当下，应该醒悟我们在软基础设施方面的落后和疏忽，抓住契机，迎难而上，在新的世界格局中找准并拓宽中华民族伟大复兴的生态位。

疫情防控为上海营商环境作出新注解

陈　强

　　疫情防控是对上海这座超大城市的一次"大考",每一个市民都是"答卷人"。上海的腔调、智慧、精细和温度,在展现应对重大危机能力的同时,也在为这座城市不断优化的营商环境做出新的注解。

　　上海是有腔调的。在武汉告急,湖北告急的紧要关头,尽管也要面对同样严峻的疫情防控形势,上海还是在"第一时间"集结医疗系统的"精兵强将",除夕之夜,就派出首批医疗队驰援火线。上海前后共派出 1 600 多名医护人员,携带大批防护物资,奔赴武汉 17 家医院,在 ICU、重症病区、方舱医院,随处可见上海医护人员的忙碌身影。中山医院心内科主任、中国科学院院士葛均波教授在前方吃紧之时,郑重向院方递交请战书:"作为医生,国家有难,我有责任有义务挺身而出"。韩国疫情加重后,上海继向大邱市、庆尚北道地区捐赠 50 万只口罩之后,又给釜山市运去 7 万只口罩,表达了上海与其共克时艰的良好愿望。截至 4 月初,上海已向全球 20 多个友好城市援助防疫物资,包括医用民用口罩、防护服、呼吸机、检测试剂等,彰显了上海"山川异域,风月同天"的全球合作战"疫"意识。

　　上海是有智慧的。习近平总书记强调,战胜疫病离不开科技支撑,必须加快科技研发攻关。疫情初起,上海市科委就迅速行动,围绕疫情防控中的"急难险重"问题,启动科技攻关应急专项,尝试"悬赏揭榜""首功奖励"等举措,并在人才计划、资源开放共享、"零接触"科研服务、科技奖励等方面予以制度保障,努力为疫情防控贡献"上海智慧"。提炼自 300 多例临床救治案例,并汲取国内外同行经验的《上海市 2019 冠状病毒病综合救治专家共识》适时公布,为全球临床救治提供了"上海方案"。疫情期间,病人、家属及医护人员心理问题凸显,同济大学

作者系上海市产业创新生态系统研究中心执行主任,同济大学经济与管理学院教授,上海市习近平新时代中国特色社会主义思想研究中心特聘研究员。

赵旭东、刘中民教授急人所急,组织编写《抗疫·安心——大疫心理自助救援全民读本》,为特殊时期的心理救援和心理重建提供行动指南。

上海是精细的。迄今为止,上海新冠肺炎本土累计确诊病例和死亡人数均保持在较低水平,绝大部分确诊病例已治愈出院,疫情发展总体处于可控状态。近来,在输入型病例持续增加的巨大压力下,上海的疫情防控体系依旧整体有效。疫情之初,14家市级行业主管部门就联动起来,按照职责要求和行业特点,制订防控举措,形成136项疫情防控行业规范。面对疫情,"一网通办""一网统管"进一步提升网上效率,推出更多"无接触服务"。上海两家企业合作利用新型纳米材料,开发出高透气、不透水、便于消毒、可循环使用的防护口罩,并能够快速形成较大产能。上海市经信委闻讯后立刻行动起来,紧盯企业产品研发、设计、技术改造、原材料采购、产能组织、市场衔接的全过程,全力做好"店小二",助力企业以最快速度完成设计,投入生产,实现上市。

上海从来不缺"温度"。上海有超过100万家的中小企业,占全市企业总数的99.5%,已成为经济发展的重要力量。在疫情防控的巨大压力下,众多企业遭受严重冲击,部分行业陷入"停顿"。上海及时出台抗疫惠企"28条",全方位为企业纾困解难,缓解企业由于"人流、物流、资金流"阻断造成的经营困难,对于企业而言,"锦上添花"固然好,但更需要的其实是危难中的"雪中送炭"。在全社会共同帮助企业渡过难关的同时,上海街头还频现暖心一幕,八大知名商圈联动开启"无人值守爱心站",在料峭春寒中为快递小哥送上阵阵暖意。港汇广场门前的无人值守爱心餐车上,装满了周边商户和居民主动送来的食品等物,免费供外卖员、快递员、环卫工人等取用。

"海纳百川、追求卓越、开明睿智、大气谦和"是上海的城市精神,需要透过每一个人,每一件事,每一个细节,点点滴滴凝聚而成。优化营商环境所需要的开放城市胸怀、精准城市治理、高效政府服务、友善社会氛围,在疫情中不断得到淬炼和升华,正成为上海营商环境再上新台阶的强劲动力。

疫情防控向稳向好，科技型中小企业要更加主动作为

卢 超

根据 2020 年 3 月 25 日国务院联防联控机制发布会显示，截至 3 月 24 日，我国中小企业的复工率已经达到了 71.7%。但值得注意的是，不同行业的复工率参差不齐，且复工率并不等同于复产率。疫情冲击之下，规模小、实力弱、资产轻、投入大的科技型中小企业尤为"受伤"。相比一般的加工制造企业、流通企业，科技型企业更加依赖核心员工，更加需要产学研合作，更加需要国际交流。然而，受高校一直延迟开学导致大学实验室难以满负荷运转、海外疫情快速发酵导致人员出入境、跨国物流受阻，科技型中小企业仍将面临一段"苦日子"，建议适时调整策略，既要确保近期"活下去"，又要争取长期"活得好"。

一、科技型中小企业应对疫情危机的主要措施

疫情爆发以来，各级政府在做好疫情防控工作的同时，也在积极帮助科技型企业纾困解难。生存危机面前，科技型中小企业也全员参与，确保近期"活下去"。

一是对外想尽千方百计，争取资金支持。研发部门主动与相关政府部门、高校院所、大企业研发机构等加强对接，争取已有项目经费提前拨付到位，谋划启动新的研发计划并抓紧落实，积极争取放宽经费使用要求。生产部门、销售部门、财务部门积极与供应链中的大企业、平台型企业以及金融机构对接，寻求大企业、平台型企业在疫情防护物资、原材料供应、产成品消纳、银行贷款征信担保等方面的帮助，让交易数据成为科技型中小企业的资产，加强供应链融资。

二是对内使出浑身解数，力求正常运营。公共关系部门牵头组建跨部门的疫情防控相关政策研究团队，及时吃透全国一体化政务服务平台"小微企业和个

作者系上海市产业创新生态系统研究中心研究员、上海大学管理学院副教授、上海高水平地方高校重点创新团队"创新创业与战略管理"骨干成员。

体工商户服务专栏"以及各级政府部门的相关惠企政策，为企业内外部应急决策提供支撑。人事部门和财务部门调整薪酬分配和激励机制设计，压缩非核心业务的人力、物力、财力分配，从个人成长、公司贡献等方面设计一套非物质奖励的激励机制。高管团队考虑降薪举措，并带动非困难员工群体量力而行，形成与企业同命运的共同体，共克时艰。

二、科技型中小企业谋求长远发展的相关建议

疫情终将过去，大浪淘沙，沉者为金，具有关键核心技术优势、敏锐的市场需求感知能力、柔性灵活的内部组织结构、稳定可靠的外部协调资源的科技型中小企业定将胜出。优秀的企业擅长转危为机，在全民抗疫、停工停产、消费低迷的同时，亦是科研人员专心实验和潜心研发、管理人员深度思考和系统布局的大好时机。

一是建议聚焦前沿领域，深化技术创新。在疫情的刺激和催化作用下，IT及信息化、医疗健康、人工智能、电子商务、物流、共享经济等领域将会加速发展，科技型中小企业应结合自身优势，找准切入点，下大力气搞研发，力争成为"专精特新"企业。

二是建议聚焦细分市场，创新商业模式。疫情过后，大量被抑制、被冻结的体验型消费需求将会大概率呈现报复性反弹，一些非接触式、共享型的新型消费、升级消费也将逐步引领大众潮流。科技型中小企业应结合自身产品特性，抓紧研究未来市场需求，找准消费痛点，设计营销策略，优化销售渠道。

三是建议聚焦制度设计，创新公司治理。应对突发的、较长期的公共事件，传统的危机管理策略难以招架。科技型中小企业具有"船小好调头"的优势，应围绕核心技术攻关、重要研发人员、战略合作伙伴、关键客户资源等优化制度设计，以创新生态系统的思维来审视甚至重构公司治理逻辑。

当前，随着国内疫情防控形势持续向稳向好，如何尽快恢复到疫情之前的产能水平，需要整个供应链的系统协作；如何尽快恢复到疫情之前的消费能力，需要整个社会系统的全面复苏。科技型中小企业的正常发展需要更多的创新合作网络，需要源源不断的资本市场支持，需要更加丰富的应用场景，需要更加稳定的消费环境。因此，科技型中小企业尤其需要政府持续不断、精准及时的政策支持，期待疫情破坏的创新生态环境得到尽快修复，抑或新的创新生态系统得以重构。

九"YI"战一"疫"：疫情持续中企业经营创新的九字真经

| 任声策

新冠肺炎疫情已经持续三个月，虽然我国疫情形势得到明显控制，但全球疫情形势仍处于持续扩散之中，我国仍然存在疫情再次爆发的风险。越来越多的公共卫生专家预测疫情有很大可能会持续较长时间，甚至可能会成为一种周期性现象。当前，我国企业在国家分区分级精准复工复产指导思想下陆续恢复运营，但是在遭遇国内疫情带来的第一波冲击之后，现在又面临着国际疫情带来的第二波冲击，而且仍然面临极大的不确定性。总体上，在疫情大背景带来的更大不确定下，除少数行业外，大多数企业经营形势严峻，需要企业做好充分的思想准备，在做好疫情防控前提下，以九"YI"战一"疫"的九字真经，在经营理念、领导方式、经营举措中积极应对。

一、经营理念上的"YI"："易""毅""弈"

首先企业需要在经营理念上倡导"易"，即需要更多强调"变革"、"创新"精神。企业既要更高频次评估经营环境的"易"，也要加强自身的"易"动力、"易"能力和"易"成效。面对更加不确定的经营环境，管理者需要增强环境感知敏锐度，洞悉环境变化，积极做出应对决策；面对更多的经营调整需要，企业应摒弃常见的变革和创新阻力，形成坚持积极调整应变理念，以变求生。

其次企业需要在经营理念上倡导"毅"，即需要企业坚定、果断，当机立断，果断决策，坚定执行，保持信心。越是在不确定之际，越需要"毅"，需要企业有"已无退路"的断腕决心，果断作出决策，坚持执行决策，也需要企业能果断纠正错误决策。

作者系同济大学上海国际知识产权学院教授、博士生导师，上海市产业创新生态系统研究中心研究员。

再次是企业需要在经营理念上倡导"弈",即需要企业保持动态调整,如同对弈,强调因谁而变,因而不同于"易"。疫情中企业的"弈",既要企业保持全局认知又要走好当下一步,需要根据环境、用户、竞争者、合作伙伴的变化及时采取举措。

二、领导方式上的"YI":"义""议""一"

首先管理者需要在领导方式上发扬"义",即管理者需要在领导员工中更多从价值观角度强调仁义、正义和道义,倡导公正合宜、合乎正义的举动,动之以情、晓之以理。让员工了解企业所处形势,调动员工产生与企业同舟共济的决心。

其次管理者需要在领导方式上发扬"议",即管理者应对疫情这一高度不确定环境工程,需要在决策中集思广益、听取多方意见,既培养员工的主人翁意识,也能够提升决策的敏捷性、正确性。

三是管理者需要在领导方式上发扬"一",即专一、全力、统一。管理者在当下需要调动员工在工作中更加协同、步调一致、拧成一股绳,共克时艰;需要调动员工在工作上一心一意,更加高效;需要调动员工在工作中更加全力以赴。

三、经营举措中的"YI":"抑""移""依"

首先企业需要在经营举措上贯彻"抑",即抑制、压制,企业需要在此时抑止一些欲望,抑制一些行动,抑制一些业务,抑制一些支出,尤其是要抑制资源低效消耗,抑制资金低效支出。

其次企业需要在经营举措上贯彻"移",即转移,企业需要考虑原经营举措的转移。在业务上,企业需要考虑业务重点的转移,也需要考虑业务区域的转移;在资源配置上,企业需要考虑人员安排、资金配置的转移,如全员营销、开源节流;在办公方式上,企业需要考虑办公地点、业务流程的转移,如网上办公、线上办事。

最后企业需要在经营举措上贯彻"依",即相互依赖,企业需要注重与各利益相关方强化互相依靠、共渡难关,与生态共生。在外部与合作伙伴加强相互依赖,与金融机构、股东、客户、供应商甚至竞争对手加强沟通商讨,共同解决困难;在内部加强跟员工的相互依赖,发挥员工主人翁意识和积极主动性,共同应对挑战;最后是跟政府加强相互依赖关系,跟政府相关部门积极沟通,及时掌握政府政策信息,寻求政府纾困助业支持。

总之,疫情形势持续,企业持续面临高不确定性挑战,需要在经营理念上倡导"易""毅""弈",在领导方式上发扬"议""义""一",在经营举措中贯彻"抑""移""依",实则是要求企业家精神淋漓发挥,以此九字真经,九"YI"战一"疫",举一反三,方能一帆风顺。

关于大数据赋能我国疫情防控的思考与完善建议

臧邵彬　马军杰

2003 年 SARS 疫情的爆发，暴露出我国公共卫生信息系统中存在的短板，具体包括决策迟缓、指挥不灵与信息传递滞后等薄弱环节。对此，中央与地方于 2003 年建立了"全国传染病与突发公共卫生事件监测信息系统"以及时对可能出现的疫情进行快速分析与研判。但是从目前新型冠状肺炎的发现过程来看，我国当前的疾病与疫情防控体系、公共卫生应急管理及其支撑体系还不完善，并存在运行效率低、反应能力差等问题。对此，习近平总书记在 2020 年 2 月 14 日中央全面深化改革委员会第十二次会议上提出"要完善重大疫情防控体制机制，健全国家公共卫生应急管理体系"的要求，并于 23 日在"统筹推进新冠状肺炎疫情防控和经济社会发展工作部署会议"上强调："要抓紧补短板、堵漏洞、强弱项，提高应对突发重大公共卫生事件的能力和水平。"

一、大数据赋能疫情防控的主要方向

大数据作为互联网时代国家基础性战略资源，正在对当前社会经济发展模式产生深刻影响，也使得政府决策和社会治理开始从凭借小数据的简单粗糙的感性经验决策模式向依赖于精确分析的科学决策模式转变（赵云辉等，2019），并进一步增强了决策的时效性与政府在社会沟通、公共服务、危机预防和社会动员及组织协调等方面的能力。以大数据在疫情防控当中的应用为例：(1)基于大数据构建全国卫生情势演变模型，通过设定观测指标数据的态势区间，为一些重要医疗卫生数据指标设定阈值，可以改善疫情预防预警的短板；(2)构建大数据应急物资管理平台，可以自动预测疫情的严重程度和爆发范围，并且根据系统平台

作者臧邵彬系同济大学法学院、硕士研究生；马军杰系同济大学法学院副研究员、上海市产业创新生态系统研究中心研究员。

中的物资储备地点和储存量等数据,自动给出配置建议方案,有利于提高疫情防控与应急管理水平。(3)大数据技术目前还广泛应用于疫情溯源以及动态监测方面。

二、提升大数据抗"疫"能级的对策建议

目前由于疫情大数据质量良莠不齐以及相应的数据结构化缺失、事实失真和数据规律丧失等问题,进而引发大数据应用当中的准确性存在问题。不仅如此,在防疫工作进行中,各类数据平台在收集大量医疗数据、交通信息、人口流动数据过程当中,数据敏感性问题以及数据内容所牵涉的对象等方面也缺乏深入的考虑和必要的约束。同时,由于使用者对数据的管理技术参差不齐,数据拥有者与使用者的风险意识不高、动机取向不明确,导致防疫大数据的使用过程中出现了较高的法律风险。此外,大数据时代下隐私呈现数据化特征,数据的无序流通与共享也会导致隐私保护和数据安全方面出现重大风险,阻碍疫情防治工作的正常开展。

表 1   大数据赋能疫情防控的主要方向

	当前疫情防控体系的短板	大数据在疫情防控中的应用优势
疫情上报与排查	采用电话上报、邮件上报、网络直报等疫情上报方式,流程复杂且疫情排查效率较低	自动上报、数据实时传至云平台;可以实现多个部门的数据组合,快速找到密切接触者,实现精准排查
决策管理	采取"临时性应急指挥中心为主,其他部门配合"模式,且政府间条块分割,没有形成综合协调的平台和常设性工作机制	建立大数据疫情防控平台,汇集医疗、交通、公安等城市动态管理和实时监控数据,有利于将预防关口前移,为疫情防控工作提供了数据支撑和决策支持
生产调度	应急物资短缺且资源整合不合理,公共卫生服务与医疗服务不能有效衔接	通过大数据平台可以收集物资信息、监测采购动态、拓展采购政策、落实物资供应
联防联控	由于疫情防控涉及范围广,针对疫情发生后的重要场所、活动、事件的管理把控能力不足,疏漏较多	通过大数据技术了解多环节、多领域的疫情状况,有利于减少疏漏,提高联防联控的能力
群防群治	社区工作措施不到位,组织化、专业化程度不高,创新能力不足,且专职防范力量发展不平衡	将技术数据与社区疫情排查工作结合,有利于有组织地开展疫情网格化与全方位排查,普及专业化知识

（续表）

	当前疫情防控体系的短板	大数据在疫情防控中的应用优势
应急指挥	应急指挥决策系统运转效率低、应急指挥决策系统建设时间进度能力水平参差不齐	可以为统一应急指挥提供直观的数据支持,根据人员流动信息迅速判断重点防控区域,实施防控部署和应急管理
医疗救治	医疗救治机构技术力量薄弱、装备水平不高,资源整合与布局不合理导致难以形成区域内资源优势互补的合力	利用大数据技术促进信息共享,实现医疗救治资源合理配置与区域内资源优势互补,有利于形成分级、分层、分流的医疗救治体系
科研攻关	科研、临床、防控一线协同效应差,且跨学科、跨领域的科研能力不足	利用大数据技术将溯源调查、传播途径、临床医疗数据等资源整合,有利于协同推进病毒致病机理研究,为生物安全领域的科研攻关提供信息支撑
信息共享	疫情信息共享程度低,信息孤岛化严重,且信息披露制度不完善	推动政府数据开放进程,有利于打破"信息孤岛",提升数据的价值
政企合作	以政府单一主题为主,参与合作机制的主体单一化	推动政企合作,盘活双方资源,各尽其长,构建防疫数据平台
人才培养	医疗体系内缺乏统一高效的人才综合信息管理系统,招才引智模式缺乏创新	利用大数据技术将人才基本信息、项目进展、技术需求等统一纳入综合信息管理系统,运用算法实现资料分析和科学研判,为精准引才、精细育才、精致用才提供数据支撑和行动指南
绩效评价	人员绩效管理与评价机制创新能力不足,且信息化程度不高,建构不统一	根据工作的实际内容,利用大数据建立标准化与统一的绩效考评平台,有利于独立评价,提高专业化程度,抵御外部干扰

因此,加强大数据防疫体系建设应着眼于目前已经存在的机构与部门的调整、整合,加强利用大数据资源进行危机管理的科学化和法制化建设。目前,疫情防控部门不断开发利用大数据技术进行疫情信息收集、整合、分析与应用等工作,形成了较为科学有序的数字化防疫系统。在此形势下,需要发挥政府在资源调度,人才培养等方面的作用,处理防疫大数据应用过程中存在的关键瓶颈问题。具体来说,可以从体系建设、协同管理、研发政策、产业政策、金融政策、人才政策与监管政策七个具体层面入手,促进防疫大数据技术水平的不断提高和资

源的有效利用。

（1）体系建设

通过整合各省社会经济发展资源，建设数字化防疫平台以及平台化应急体系，有利于为今后重大事件的风险预警和应急处理提供关键的基础保障。数字化防疫平台可以实时监测疫情，掌握确诊与疑似病例的活动轨迹，同时还可以通过收集医疗资源的产能、库存等信息，促进资源的合理配置与及时调度。平台化应急体系具有高度自动化和智能化的特点，基于平台建设战略性行业重要物资的应急保障系统，可以在重大疫情发生时快速调度平台连接的战略物资，以实现防疫资源的紧急调拨。

疫情防控"绿色通道"主要包括：压缩重要事项行政审批时限，优先保证医疗卫生设施用地需求，落实疫情防控采购便利化以及及时开通防疫资金拨付便利通道等事项。此外，医疗卫生部门、交通部门和工信部门等疫情防控有关部门要加强信息共享，打破从基层到省级部门的信息传达壁垒，建立完备的防疫信息上报体系与机制。而目前阻碍数据共享的主要原因在于各部门信息系统烟囱林立，缺乏疫情数据的统一标准，导致数据难以融合。所以重大疫情防控工作的开展要从国家疾控管理层面入手，明确核心数据需求，在数据来源、数据格式与数据利用方面制定明确规范，这样才会稳步推进数据共享体系建设。

（2）协同管理

体系建设需要各部门的沟通联动，而在联防联控过程中，部门与部门之间存在工作运行效率低、反应能力差的问题，协同管理优势没有充分发挥出来。目前各级地方大数据部门联合创新企业开发数据平台，由于缺乏统一标准，出现了一数多源、数据冗余等问题，阻碍了各部门之间的沟通与联动，并且在防控数据信息的摸排工作中，存在无法及时准确对接的情况，原因是各省市、各单位采取了不同的数据报送格式、信息报送制度，影响了各部门协同管理。因此，政府部门可以推动开发一种统一的数据报送平台，由排查对象自行填写信息，不同层级授权管理，各部门工作人员逐级审核提交，并且统一按需汇总进行使用。而在科学预测疫情上，有关部门可以参考历史数据，结合现有的人员流动以及感染人群活动轨迹数据，制作疫情传播扩散模型，同时积极引入云计算、数据仓库、数据挖掘的技术，做到精准研判、科学治疫（樊鹏，2020）。除此之外，通过制定明确的防疫信息系统整合共享规划，有利于各部门加强信息合作与内外联动，进而提高数据的利用效率。

（3）研发政策

政府要积极倡导防疫大数据处理平台的研发工作，对研发项目加大资金支持。研发部门要将数据分析工作与信息技术有机结合在一起，满足防疫工作中各个部门的多样需求。应加大对半结构化与非结构化数据分析软件的研发力度，提高疫情预测的准确性。此外，国际间的学术交流是加快数据产业技术创新和发展的基础，政府可以通过建立学术论坛等方式，促进国大数据防疫方面的国际经验交流。同时，继续推动校企对接，促进校企双方优势互补与资源共享，支持双方合作科研进行大数据防疫重大专项研究。着力加强与第三方信息技术研发机构的合作，盘活各方资源，推动研发新兴的大数据技术和研究方法，提升大数据技术在疫情防控工作中的应用水平。

（4）产业政策

政府应当引导大数据产业与人工智能企业集聚发展，通过优化园区土地与房屋供应政策，引导企业做大做强，提高对数据产业与人工智能企业的帮扶力度。首先，加大资金扶持，对产业园区内购买、自建或者租用的企业提供财政补贴。其次，对在疫情防控期间建立的符合要求的大数据与人工智能产业项目、防疫公共平台、大数据与人工智能示范应用工程等给予资金补助。最后，政府可以拓宽多种投融资渠道，满足大数据与人工智能产业发展的融资需求。

（5）金融政策

疫情防控工作需要资金扶持。受疫情影响，医疗物资生产企业、保供企业、大数据研发企业等与疫情防控有关的产业资金供应链中断时有发生。由于企业众多，资金需求较大，金融机构面临信贷投放难题。基于此，政府部门可以推动利用大数据技术建立金融服务信息平台，促进金融机构、公共机构、大数据企业等机构信息交互，有利于实现金融机构资金供给能力信息与企业资金需求信息的精益匹配，促进信贷投放工作分类别、分阶段地有序进行。例如，当疫情防控企业与保供企业资金需求信息与金融机构的资金供给实现匹配时，通过开通"绿色审批通道"，可以有效提高信贷资金发放速度，为快速恢复防疫物资的生产运营提供资金支持。除此之外，在后疫情阶段，利用大数据技术促进金融机构与复工复产企业资金供需精准对接，有利于发挥金融产业的强大动能，早日助力经济恢复正常运行。需要注意的是，金融风险管控能力需要不断提高，风控要贯穿资料审核到信贷发放的各个环节，不能在资金发放效率提高的同时动摇金融体系的稳定。

（6）人才政策

疫情防控工作也需要人才注入创造活力。利用大数据技术将人才基本信息、工作进展、技术需求等统一纳入综合信息管理系统，可以精准预测人才缺口，有效解决关键时期人才短缺的困境。应当发挥数据研究团队与数据科学家可以在平台建设和技术研发方面的关键作用，鼓励开展数据人才培养与教育培训。通过建立大数据研究院，将大数据技术直接引入科学研究领域，有利于培养高端的数据科学人才。同时，学校、企业以及各研究院之间要加强合作，鼓励更多双一流高校将公共卫生学科与体系的高质量发展摆在重要位置，有效地从临床现状出发建言公共卫生管理。此外，应根据实际工作内容因地制宜地通过大数据技术建设统一标准的工作人员绩效考评平台，可以突破部门层级封闭化、分割化的格局，使得防疫部门与工作人员的绩效评价结果更加客观、准确，有利于形成鼓励机制，减少人才流失。最后，可通过建立与大数据有关的教育培训产业、开展"数字教育"，有利于提高公众利用大数据防疫的信息素养。

（7）监管政策

应利用技术安全工具评估分布式网络中的数据安全性，借助技术手段限制不道德信息、错误信息的公开和隐蔽传播。不断落实等级保护、电子认证、安全测评环节，建立涵盖数据采集、传输与存储、使用与开放共享的安全评估机制，全面清理和禁止公共数据仅向特定企业、社会组织开放的行为。具体来说，首先，要加强对知识产权的保护，对数字版权及其内容产品加大扶持力度。其次，政府部门要推进数据技术从业人员对安全防范意识的培养，加强大数据安全技术研发。第三，政府部门要与国际接轨，加强国际合作，提升跨境监管水平，还可以引进第三方机构开展合规审计与监督，进行风险评估。第四，政府部门要加强公共卫生立法，保护公民隐私权。个人隐私是数据安全的重要内容，不可在紧急状态牺牲公民的隐私权。在防疫过程中，有关部门应当只发布与疫情有关的信息，不可非法泄漏、恶意传播与疫情无关的个人信息。最后，政府应强化惩戒机制，重点打击违法违规使用防疫数据的行为。

浅析互联网医疗助力疫情防控与公共卫生服务体系完善

| 柏　杰　马军杰

　　自新冠病毒肺炎疫情发生以来,国家卫健委于 2020 年 2 月 8 日发布《国家卫生健康委办公厅关于在疫情防控中做好互联网诊疗咨询服务工作的通知》,要求在疫情防控期间,要大力开展互联网诊疗服务,特别是对发热患者的互联网诊疗咨询服务,有效缓解医院救治压力,减少人员集聚,降低交叉感染风险。同时为响应习总书记所提出的构建疫情防控体系及公共卫生服务体系,提高应对突发重大公共卫生事件的能力和水平的要求,加强信息技术在"在线医疗""数字健康"方面的应用,工信部加大 5G 等基础设施在医疗系统的布局,推动医院信息化、医疗设备智能化、在线平台便捷化。截至目前,阿里健康、平安好医生、百度、丁香医生、春雨、好大夫在线、腾讯健康平台、微医等平台召集全国各地的医生和专家,开通免费咨询服务、为全国患者提供 7×24 小时在线咨询和远程诊疗等,部分平台还对湖北地区用户提供免费的服务。除了线上医疗平台和互联网公司,公立医院以及政府相关部门也积极通过手机软件、官方微信公众号等渠道,开展在线问诊服务。

　　毋庸置疑,互联网医疗平台在此次疫情防控中发挥了巨大作用,而于整个互联网医疗行业而言,疫情则是让更多用户通过在线问诊开始真正接触到互联网医疗服务,提高了互联网医疗用户的整体规模和渗透率。同时,互联网医疗不仅可以从在线问诊、健康咨询等方面来为疫情减压,更可以从应急管理方案辅助决策、患者定制化医疗方案、形成居民健康管理数据库等途径对各地居民进行针对性的健康管理方案,助力完善疫情防控管理体系与公共卫生服务体系。

　　作者柏杰系同济大学法学院、硕士研究生;马军杰系上海市产业创新生态系统研究中心研究员、同济大学法学院副研究员。

（一）互联网医疗在疫情防控与公共卫生服务体系完善的中的作用路径

将互联网医疗应用于国家公共卫生应急管理体系与公共卫生服务体系建设，有助于促成互联网医疗平台实现更多实用性新功能，并在应用过程中形成大量的业务型数据。这些数据最终将促成医疗数据资产、医疗数据分析及医疗数据应用分层，并通过数据综合与汇聚、数据洞察、用户分群、用户需求分析、用户画像、数据应用、推动创新等方面，为构建居民健康管理、精细化健康管理、个性化定制科学医疗及健康教育、传染病预防提供平台、实施方案、预测工具与决策依据。

首先，在精细化管理方面，可以精准管理所有用户的健康数据医疗方案，根据患者医疗数据的反馈辅助医生制定相应的辅助治疗方案。

其次，通过医疗数据洞察患者的特征，这些特征及相关数据将会是政府在遇到突发公共卫生事件时决策的依据，可以很大程度减少决策成本和避免浪费医疗资源。

第三，在用户画像和公共卫生服务体系相结合之后，可以精确地模拟每一个用户的健康状况和管理方案，迅速为患者匹配最优选健康管理方案，甚至可以以此为依据为患者制定治疗计划，有利于提升医疗效果。

第四，在医疗数据汇集之后所形成的医学智库，对临床传染病医学的研究和数据更新有着非常重要的意义，并有利于科研再创新和医学资源的共享和拓展。

最后，通过互联网医疗平台创新公共卫生及公共防疫体系的模式与机制。

（二）互联网医疗的主要功能

1. 在线问诊

医疗机构以互联网医疗平台为媒介对患者进行诊疗，同时可以通过互联网医疗平台反馈的医疗数据进行临床医学研究。互联网医疗企业主要对平台进行技术支持，并通过互联网医疗平台收集诊疗数据，从而以大量数据为基础持续为互联网医疗平台赋能，形成良性循环，与此同时以数据为基础进行辅助医疗方案制定、精细化服务、个性化智能健康管理等附加价值创造工作。互联网医疗平台作为互联网医疗的线上信息中心，直接联系患者、医疗机构及互联网医疗企业，辅助医疗机构对患者进行线上诊疗，并收集相关数据供后端处理并应用。政府相关部门主要起监管及推动作用，一方面通过政策红利吸引社会资源流向互联网医疗行业，另一方面通过资格预审及安全监管等途径维护行业健康发展，保障患者生命及信息安全。

2. 精细化管理

互联网技术与医疗设备的融合,催生大量智能装备,一定程度上协助和替代人工进行医护工作,降低医务人员感染风险。医疗服务机器人代替人工"查房",减少医患接触。通过人脸识别、自动避障、远程协作等功能,医疗服务机器人可进入隔离区对患者测温、记录、简单问询、配药、送餐,并对病房进行消毒清洁等,在一定程度上接替医生远程查房。如上海交通大学医学院研发的 AirFace 人工智能医护服务机器人已在武汉抗疫一线使用,专家医护人员可在任何时间、地点,通过该机器人对病房内患者进行指导。高清监护系统辅助重症监护工作,减少医生感染概率。5G+VR 远程观察及指导系统采用高清显示,方便医生对重症病房监护观察,及时反馈病房情况。如浙江大学医学院隶属第二医院将高清摄像头分布在重症病区各处,医护人员能随时对病患进行远程观察指导与会诊,从而避免医护人员和重症患者之间的接触,减少医护人员可能因接触病患而出现的感染情况。

3. 电子病历

病历是医务人员对患者疾病的发生、发展、转归,进行检查、诊断、治疗等医疗活动过程的记录。在我国近代以来,病历一直沿用的是人工手写、纸质归档的模式,这一模式现存在着浪费时间、消耗资源、归档困难、难以形成系统医疗信息资源库等缺陷。电子病历可以实现病历数字化,从存储方式、管理模式、传输方式和分析预判等方面弥补传统病历的缺陷。电子病历在诊疗服务过程的全覆盖能够鼓励医疗机构在电子病历信息化建设工作中,将临床路径、临床诊疗指南、技术规范和用药指南等嵌入信息系统,提高临床诊疗规范化水平。

在电子病历数据化的过程中可以使分布在不同部门的不同信息系统由分散到整合再到嵌合融合,逐步解决信息孤岛问题,最终形成基于互联网医疗平台的整体统一的电子病历信息系统。除此之外,电子病历能够加强对诊疗行为的监督,通过对电子病历信息系统的后台监控,分析判断诊疗行为是否符合相关法律法规、核心制度、技术规范、用药指南等要求,同时促进线上线下医疗健康服务结合。鼓励医疗机构应用互联网医疗平台拓展医疗服务空间和内容,在实体医疗机构基础上,运用互联网技术提供安全适宜的医疗健康服务。推进在线信息采集、远程监测、远程指导、健康教育,在线开展部分常见病、慢性病复诊,允许医师在掌握患者病历资料后在线开具部分常见病、慢性病处方,药师在线审核处方及配送药品等。

（三）互联网医疗模式下的大数据防疫分析

1. 数据汇集

现在已经有越来越多的行业和技术领域需求大数据分析系统,例如各种应用场景需要大数据系统持续聚合和分析时序数据,各大科技公司需要建立大数据分析中台等等。抽象来看,支撑这些场景需求的分析系统,面临大致相同的技术挑战:业务分析的数据范围横跨实时数据和历史数据,既需要低延迟的实时数据分析,也需要对历史数据进行探索性的数据分析。那么进行数据收集的前提是确定数据源,这些数据是不同部门的各类来源数据,包括文件型、数据库型、Http 服务型等,数据汇集是通过软件实现原始数据的读取存储,将不同的数据都存储到各自的数据库,因为要保证与每个部门不发生扯皮的问题,所以必须保证读取的原始数据是对的,要独立存储不做任何加工,以便于后续的数据处理,实现对数据进行初步的清洗和加工,对数据进行规范化的管控。

2. 数据洞察

互联网医疗的推广,使得患者的医疗数据得以方便地再利用,成为教学、科研、管理决策的重要资料。结构化良好的医疗数据,可支持大规模病历的自动分析,能够更加高效、精确地辅助决策。然而医疗数据的利用存在两重困难:其一是数据分散,形态多样,不同部门的数据分散于不同系统,结构化与非结构化数据并存,缺乏统一规范的形式;其二是自由文本难以利用,文本信息方便表达概念以及事件等,医疗数据是临床治疗过程的主要记录形式,但不利于机器的理解和进一步分析。数据洞察可以很好地解决数据分散和文本难以利用的问题,数据洞察的关键是定义洞察策略,在此基础上明确定义期望达到的数据洞察目标,之后设定目标范围,尽可能明确分析的范围。这样能够有效聚焦于需要分析的数据。通过数据洞察能够高效地捕捉对互联网医疗发展有利的医疗数据,为后续的数据分析打下基础。

3. 用户分群

进入互联网医疗时代之后,医疗服务地域限制被打破。医疗机构可以通过互联网医疗平台服务所有用户,其面对所有用户是扁平式的。互联网医疗消费者逐渐年轻化,80 后、90 后成为客户主力,他们的消费意识和健康管理意识正在增强。医疗服务正在从以诊疗为中心,转向以健康管理为中心。所有互联网医疗行业面对的最大挑战是用户的就诊行为和健康管理需求的转变,互联网医疗企业迫切需要为产品寻找目标用户和为用户定制产品。对互联网医疗平台设计用户分群模型是梳理特征变量的关键工具,其可以在微观层面上进行数据分析和挖掘。用来描述用户的特征变量往往会达到数百个,有时甚至有数千个之多。面对众多可用的分析变量可以结合用户属性和业务属性设计两维衡量指标,一个维度以用户的类型为主,可以应用用户画像或已经定义好的用户分群;另一个维度基于业务场景,可以是互联网医疗产品的组合或产品生命周期,也可以是互联网医疗服务的过程或服务生命周期从原始医疗数据记录的提取开始,通过数据清洗、有效性验证和排错形成清洗后的互联网医疗数据,再经过数据排重和归并操作形成可供分析使用的互联网医疗数据集。

4. 用户需求分析

《健康中国 2030 规划纲要》明确指出:"以普及健康生活、优化健康服务、完善健康保障、建设健康环境、发展健康产业为重点,把健康融入所有政策,全方位、全周期保障人民健康。"顶层设计映射出的是全民健康需求的切实变化。随着生活水平的提升,客户对于"健康"的诉求已不再局限于疾病治疗和防控,而是考虑能否获得"更有效、更省心"的服务。比如有效控制疾病发生的健康管理;更加顺畅的问诊、就医安排和服务;疾病治疗时更好的诊疗方案和更舒适的医疗环境等。下沉至互联网医疗行业,洞察用户需求,布局产品上下游,构建服务闭环,打造综合健康管理生态,这一系列转型方向调整其实都是对互联网医疗产品和服务设计、资源整合等硬实力的考验。当前的互联网医疗应当从洞察用户需求出发,依托自身的丰富资源和实力优势主动打破思维桎梏,从追求单一服务的原始模式中跳出来,向客户提供"一个客户、多个产品、一个账户、一站式服务"、乃至综合健康管理产品组合、全流程服务。在应用数据分析和挖掘模型方法之前,应该通过基本的综合分析获得对互联网医疗数据的全面理解,比如数据的质量、分布特征和可追溯性等。要找到在统计上具有一致性意义且具有商业价值的静态细分,重要的任务是对不同的模型变量组合进行测试和学习。这一过程不能忽略的是,要将互联网医疗服务输入和用户细分输入在互联网医疗数据挖掘任务中视为一个整体来进行分析。

5. 数据应用

互联网医疗在通过对相关数据的分析之后可以生成健康管理方案。对分析洞察发现进行结果展示并进行互联网医疗服务业务解释至关重要。基于先前对互联网医疗用户数据洞察结果形成辅助策略。对于识别出的每一类用户细分,运用人口统计属性、潜在风险、身体状况等维度变量对用户群的健康状况和产品偏好等给出理解和详细的描述。之后制定健康管理方案。对于互联网医疗平台来说,最重要的工作就是优化每一类健康管理服务的价值,将对客户的医疗数据转化成相应服务策略和可行的健康管理方案。例如,对于识别出有潜在疾病风险的用户,主动发起健康关怀行动,唤醒他们对于疾病预防的认知,或者向他们提供高性价比的药品或健康服务,从而降低这些客户的患病可能性。此外,理解健康管理方案的准确性非常重要。辅助决策结果并非全部准确而是会随着潜在因素的变化而改变。例如,在医疗数据可以支撑的情况下,对用户健康变化和服务体验情况进行连续地跟踪分析,掌握用户在一个健康管理产品周期中的身体状况和患病风险水平变化,这些洞察可以用来进行临时健康管理方案的调整以及推荐适合的健康管理产品。

6. 驱动创新

近年大数据的各类业态加快聚集,新技术、新产品、新模式不断涌现,初步构建了从数据存储、清洗加工、数据安全等核心业态到电子信息制造、软件和信息技术服务等关联业态,再到服务电子商务、精准营销、互联网医疗等衍生业态的产业链条。当前的数据赋能互联网医疗,以医疗、医药、医保三医联动,助力医疗服务、公共卫生服务、家庭医生签约服务、药品供应保障服务、医保结算服务、医学教育和科普服务、人工智能应用服务等模式,实现了互联网医疗的提质升级。这一模式以实体医疗机构作基础,以卫生监督和信息安全作保障,使用了"大数据＋人工智能""物/互联网""临床治疗"等技术。医生、医联体或社区医生和患者共同用此平台,除了问诊外,还能利用当地医生进行体检、人工智能分诊,可将普通常见病分诊给医联体医生处理或在线指导基层医生处理,疑难重症及时转诊到上级医院,助力分级诊疗落地。

(四) 互联网医疗助力公共卫生服务体系完善

1. 科学预警

在公共事件的预警机制上,根据《中华人民共和国突发事件应对法》和《国家突发公共事件总体应急预案》,将突发事件分为自然灾害、事故灾难、公共卫生事件和社会安全事件四类,本次新冠肺炎疫情属于公共卫生事件。按照事件的性质、严重程度、可控性和影响范围等因素,将突发事件等级分为一级(特别重大)、二级(重大)、三级(较大)和四级(一般)四个级别。一般来说,一级响应由国务院组织实施,各省级人民政府在国务院统一领导和指挥下组织协调省内应急处置工作。下调应急响应级别,表明疫情的范围、性质和危害程度有所降低,应对疫情的组织实施部门也随之下调。二级响应、三级响应、四级响应分别由省级人民政府、市级人民政府、县级人民政府领导和指挥本行政区域内的应急处置工作，上一级人民政府可根据实际情况给予下级人民政府指导和支持。

国家预案中仅对一级（特别重大）事件的标准进行规定，各级人民政府在制订应急预案的过程中，对于不同级别事件的标准因自身实际略有不同，尤其是对各级人民政府、卫生行政部门、医疗机构、疾病预防控制机构、卫生监督机构、出入境检验检疫机构在应急响应过程中的职责也仅仅是进行了宏观规定，对部门之间的联动和信息共享没有具体的方案及举措。通过数据赋能互联网医疗可以将对公共卫生事件的预警机制更加具体化、规范化和信息化，按照事件的性质、严重程度、可控性和影响范围等因素设定启动相关等级预警的条件，协助各部门在解决公共卫生突发事件中的信息共享不及时、不准确的问题。

2. 科学防疫

2020 年 4 月 16 日，北京九次方大数据因其在新冠肺炎防疫中的积极表现入选北京市防疫重点保障企业。其在防疫一线部署的联防联控一体化管理大数据方案为北京防疫工作做出了卓越贡献。在这一过程中，数据赋能作为大数据的直接应用形式使互联网医疗防疫效果指数型上升，数据赋能使得互联网医疗不仅可以提供在线诊疗，同时可以利用大数据传播速度快、信息面广等优势建立全面、科学、有效、协同的区域甚至城际防疫网，为提升区域"免疫力"做出贡献。数据赋能，以其多变的表现形式活跃于疫情防控一线，多家互联网公司基于疫情数据，利用大数据赋能软件，开发出如"确诊患者同乘查询""定制防疫地图""发热门诊分布地图"等一系列应用程序，使得互联网医疗不再局限于问诊等基础形态。除此以外，一些省份相继实施了智慧防疫，将数据赋能作为防疫大脑，以数据为中心构建防疫系统，如浙江采取"一图一码一指数"措施、山东疫情可视化大数据分析、厦门市开发了"疫情监测溯源大数据平台"以及应急管理主管部门实施"交通大数据溯源"和"公安大数据定位"，开展"疫情动态追踪"。政府部门利用大数据系统将不同形态的数据进行交汇与再赋能，使得追踪确诊患者行程和跟踪密切接触者成为可能，不仅控制疫情传染源头，还有效掐断了疫情传播的途径。

正因为数据赋能后的互联网医疗同时拥有了互联网医疗不受场景和地域限制与数据赋能高效、科学的优势，各互联网医疗平台在疫情期间积累了大量的流量和信任基础。根据个推大数据，疫情期间大健康类 App 平均日活同比增长 52%。

3. 科学治疗

根据国家统计局数据显示,中国每千人医生人数达 2.59 人,每千人护士达 2.94 人,均处于世界前列。但在疫情期间,面对大范围传播的新冠肺炎,中国多省公共卫生服务体系几近满负荷运转,多地出现公共医疗资源供给不足的情况,多数医院一床难求。在疫情严重的城市,不仅是新冠肺炎患者难以得到及时有效的诊疗,某些普通疾病的诊疗也因居家隔离而难以进行。此时,互联网医疗因其不受地域限制的优势成为线下医生的补位者,通过互联网医疗平台,医生与患者可以高效、安全地进行常规疾病的诊疗。互联网医疗平台同时保证了患者与医生的安全,并且降低了普通疾病对新冠肺炎医疗资源的占用率,使得社会公共医疗资源分配趋于平衡,更多的线下资源倾向于新冠肺炎的治疗,互联网医疗平台为社区建立科学的治疗体系提供了可能性。

4. 居民健康档案

居民健康档案是公共卫生服务中的重要环节,在本次疫情防控中,做好对居民健康档案的及时监控,及时高效地落实疫情防控措施。同时在居民健康档案的建立部分增加居民健康卡有关内容,居民健康卡涵盖居民所有的健康信息和活动范围,在服务内容部分增加居民健康档案的终止和保存有关内容。在服务要求部分增加电子版化验和检查报告单据的留存办法,强调电子健康档案的信息整合和互联互通。

为使互联网医疗和大数据进一步助力新冠肺炎疫情防控工作,部分地方的省卫生健康委联合相关部门运用大数据进行分析比对,用电子健康卡二维码"红、黄、绿"三种颜色进行信息提示,为复工企业和个人提供疫情参考信息。使用健康码的城乡居民可以申领电子健康卡,并查询电子健康卡二维码颜色。电子健康卡主要针对个人和企业,目前电子健康卡二维码的颜色分为红黄绿三种。针对个人主要是根据大数据比对,分析出个人可能暴露在新冠病毒污染环境的不同等级。这一方式极大地提高了防控疫情的工作效率,也可以针对不同人群个性化、人性化地定制防疫要求。

上海科创中心建设

上海产业创新生态系统优化的十个建议

| 任声策

自 2014 年习近平总书记作出上海"要加快向具有全球影响力的科技创新中心进军"的重要指示以来,上海市在科创中心的四梁八柱建设上已取得显著成效,相关制度不断完善,投入不断加强,能力不断提升,重大成果不断涌现,创新策源能力持续提升、关键核心技术和卡脖子领域持续发力、科创中心多层次功能承载区逐渐形成、人才持续集聚、双创不断强化。产业创新系统建设已经取得了显著进步。

未来五至十年,是上海全球科创中心建设的关键时期,这个时期是我国建设创新型国家的关键阶段,上海产业创新生态系统建设需要持续优化,在总体创新生态不断优化的同时,应强化重点产业创新生态系统的优势建设,抓重点、补短板、强弱项,力争让上海市产业创新生态系统的长板更多、长板更长,并积极研究加强系统集成协同,提升产业基础能力,协调区域优势互补关系,促进长三角产业创新生态系统优势的进一步壮大和发挥。为进一步优化上海市产业创新生态系统,以下十个方面尤其值得重视:

一是提升产业创新生态系统的总体能级。2019 年,上海 GDP 总量 3.8 万亿元,上海全社会研发经费支出相当于全市生产总值的比例达到 4%,每万人口发明专利拥有量提高到 53.5 件,PCT 国际专利申请 3 200 件。但是同时期,北京 GDP 总量 3.5 万亿元,全社会研发投入强度已经超过 6%(2018 年),每万人口发明专利拥有量高达 132 件,PCT 国际专利申请 7 200 件。可见,上海产业创新生态系统的总体能级有很大提升空间。在创新投入和创新产出上需要进一步加大能级,尤其是需要提升关键领域、卡脖子技术的创新投入和高质量产出。

二是平衡产业创新生态系统主体的能力。目前,上海产业创新生态系统的

作者系上海市产业创新生态系统研究中心研究员,同济大学上海国际知识产权学院教授、博士生导师。

主体结构和能力在总体上存在非均衡性。上海产业创新生态系统的企业、研究机构在能力上存在非对称性,需要研究改善能力上的匹配度,提升产业创新生态的效率、效益。发挥高校在创新系统建设中的带动作用,加强高校创新生态系统建设。同时,也应发挥企业创新生态系统的影响力。

三是加强产业创新生态系统主体的互动。目前,上海产业创新生态系统关键主体之间联结通道仍不够通畅,资金、信息流动管道粗细不匀,人员互动有待进一步加强。企业与高校研究院所之间合作研发产生有影响力创新的案例较少。产业创新生态系统主体间的互动是产业创新生态系统的精髓,需要研究实施进一步促进各类主体互动的路径、方式和政策。

四是增强产业创新生态系统主体活力。当前,上海一些传统优势企业作为创新主体的活力有待进一步激活,企业的创新意识、创新能力均有待进一步加强。根据研发企业投入强度数据,上海市重点企业的研发投入强度不足,产出上也不够突出。因此,需要进一步激活企业和高校与研究机构创新主体的创新意识、创新行动,激活创新人才的创新潜力。

五是加大重点产业创新生态系统优势。当前,上海在重点发展的生物制药、人工智能、集成电路、先进制造等领域领先优势尚不稳固。未来应以上海重点产业为核心,塑造上海优势产业创新生态系统长板,使长板更多、长板更长。例如在生物医药领域上海产业创新生态系统优势相较明显,需研究如何进一步凸显优势,带动全国实现不断突破;上海人工智能产业创新生态系统优势处于形成过程之中,需要加大投入,加强研究、引导,尽快形成鲜明优势;集成电路产业创新生态系统处于不断变迁之中,需要适时评估、避免削弱。

六是研究并发挥跨区域产业创新生态系统的优势互补协同作用。目前,上海产业创新生态系统在与长三角以及其他区域产业创新系统互补合作方面需要主动强化,不同区域产业创新生态系统的协同互补尚未形成有力抓手。因此需立足长三角,放眼全国,聚焦不同区域产业创新生态系统优势,研究上海产业创新生态系统的互补者,探索促进产业创新生态系统互补发展。

七是加强发挥产业创新生态系统中的龙头企业、新创企业作用。根据2017年我国研发投入百强企业名录来看,一是上海无企业研发投入进入全国前十,二是上海研发投入领先企业以传统行业龙头企业为主,三是上海重点产业尚未形成明显优势,四是龙头企业研发强度较低,大部分低于国际上行业平均水平。因此,龙头企业的创新意识和创新能力需要不断提升,创新辐射作用需要加强;新创企业激活产业创新生态系统的作用需要妥善利用。需要促进龙头企业加强研发投入,建设研发机构,汇聚研发人才,加强基础研究,提升创新能力。

八是充分发挥上海创新优势,引领长三角创新发展。上海在国际经济、金融、贸易、航运和科技创新中心建设上已形成一定基础优势,上海产业创新生态系统建设需要研究如何进一步利用上海优势。上海产业创新生态系统建设需要充分发挥上海在制度、资源和人才等方面的优势,充分利用自贸区及自贸区新片区、自主创新示范区、科创板、长三角一体化等制度优势以及高校和科研机构的资源优势,勇于突破、勇于变革。

九是上海产业创新生态系统建设需要聚焦核心技术和"卡脖子"问题的突破解决。核心技术和卡脖子问题是国家科技发展的重中之重,上海产业创新生态系统需要对接其他地区产业创新生态系统,在解决核心技术和卡脖子问题中发挥更大作用。

十是不断提升重点产业、重点领域创新策源能力。提升创新策源能力需要从总体科创环境和产业创新生态两个层面发力,通过构建开放型区域协同创新共同体、打造重点领域高水平科技创新载体和平台、优化创新环境等措施,加强创新策源能力的政策制定、实施和评估。上海特别需要围绕重点产业、重点领域创新策源能力。

科创中心建设背景下上海高校学科建设策略思考

蔡三发　沈其娟

　　上海作为我国重要的经济和科教中心，在推进科技创新、实施创新驱动发展战略方面一直走在全国前列。但与建设世界科技强国的要求相比，在基础研究、顶尖研发机构、重大项目等方面仍需进一步强化。2015年中共上海市委、市政府发布《关于加快建设具有全球影响力的科技创新中心的意见》，提出大力实施创新驱动发展战略，加快上海建设成为具有全球影响力的科技创新中心。2020年，上海市十五届人大三次会议通过了《上海市推进科技创新中心建设条例》，旨在进一步加大财政科技投入特别是基础研究的投入力度、加快培育战略性科技力量、优化重大项目的组织实施机制。

　　科技创新中心城市的主要特征之一就是拥有众多科研实力雄厚的研究型大学和学科平台，且其科技创新活动与产业发展密切联系。目前上海市已经拥有比较发达的高等教育体系：包括39所本科院校，其中有复旦、同济、上海交大和华东师大等8所知名的教育部直属高校；截至目前，共有14所高校、57个学科进入国家"双一流"建设行列；对照世界通行的论文评价指标工具，目前上海高校学科领域进入ESI（基本科学指标数据库）前百分之一行列的有108个、前千分之一的有14个。

　　那么，当前上海高校及其学科体系应该如何进一步优化发展，以成为上海建设科技创新中心的重要引擎？根据《上海市推进科技创新中心建设条例》中提出的基础研究、战略性科技力量、重大项目等政策重点，上海市高校需要在以下方面继续着力推进：加强前沿科学研究和优势学科建设，通过汇聚学科优势，优化调整学科布局，推动以学科交叉与协同为主的科技创新，形成高质量高效率的产

　　作者蔡三发系上海产业创新生态系统研究中心副主任、同济大学发展规划部部长、联合国环境署—同济大学环境与可持续发展学院跨学科双聘责任教授；沈其娟系同济大学高等教育研究所博士后。

学研协同机制和互动新模式,促进先进制造业和高新技术产业的发展。

面向未来,上海高校学科建设可以在以下三个方面进一步着力推进:

一是进一步优化学科布局。上海高校要面向科技创新中心建设需求与高层次人才培养需求,进一步优化学科布局。要加强基础学科的建设布局,形成厚重理科的强大基础,在数学、物理、化学、海洋、生命、材料等学科领域形成前沿与领先优势,争取实现基础研究"从 0 到 1"的不断突破。要优化工程技术学科的建设布局,发展支持国家战略和满足区域经济社会发展需要的核心学科,尤其需要抓住当前新一轮科技革命和全球产业分工重塑的历史机遇,及时布局突破关键产业和技术的学科,如新一代信息技术、数字经济、新材料、新能源等,引领产业升级,服务国家与区域的创新创业新格局。此外,上海市建设具有全球影响力的科技创新中心离不开金融、航运、贸易等行业的持续发展,因此高校学科建设和高端人才培养应密切对标上述需求。

二是进一步汇聚学科优势。上海高校数量众多,学科建设各具特色。上海高校要结合自身发展优势与上海市科创中心建设的需求,整合资源,重点规划,以点带面,建构优势特色学科群。要创新机制,加强学科汇聚,通过群体学科间的相互渗透、联合和交叉,发挥其优势、特色和效能,达到一加一大于二的效果,整体提升学科建设水平。依托上海市"高峰高原"学科建设计划,充分整合政府和高校内部资源,精准投入,重点建设一批有基础、有实力、有特色、有影响力的学科,开拓科技研究前沿、支撑重要研发基础、引领区域经济社会发展创新,为上海建设科创中心提供学术与研发的高质量特色平台。优势学科汇聚是一个长期建设过程,需要政府高校搭建支撑平台、创新机制体制、汇集一流人才、优化管理与提高投入。

三是进一步促进学科交叉与协同。当前全球新一轮科技革命是群体技术创新的产物,学科交叉协同已经成为科学发展、核心技术突破的必然趋势。创建具有全球影响力的科技创新中心,当前上海市有三大重点攻坚领域:人工智能、集成电路和生物医药。这三大领域都需要具备多学科背景以及来自不同学科的科学研究者相互协作、群策群力。因此上海高校除优化自身学科布局、汇聚优势学科外,更要加强高校之间的学科共建与合作,强强联手,相互增益。同时,高校也需强化与企业、政府的联系,整合优势资源,形成合力。交叉学科平台的建设与运作需要深度参与以企业为主体、市场为导向的技术创新体系,切实提高学科创新能力和成果转化能力。

完善科创板生态：该中断知识产权诉讼被告的上市审核进程吗？

任声策　蔡静远

　　科创板已运行一年，成效显著。科创板企业的知识产权一直广受关注。例如，安翰科技是 2019 年 3 月 22 日公布的申请科创板上市首批获受理的 9 家公司之一，2019 年 5 月 9 日，重庆金山科技有限公司和重庆金山医疗器械有限公司向重庆市第一中级人民法院起诉安翰科技侵犯了其 8 件专利权。安翰科技于 5 月 28 日向重庆市第一中级人民法院分别提起了 8 件案由为"因恶意提起知识产权诉讼损害责任纠纷"的诉讼。2020 年 8 月，安翰科技通过公众号发布胜诉公告，但其早已因不得已而撤回上市申请。这种可能的非正常诉讼现象很有可能影响科创板生态的良性发展。

　　2019 年 6 月 13 日，中国证监会和上海市人民政府联合举办了上海证券交易所科创板开板仪式。科创板是国家科技创新生态中的重要支柱，而科创板也要建设好自身的子生态。为贯彻落实中央关于在上海证券交易所设立科创板并试点注册制的重大战略部署，2019 年 6 月 17 日，上海市高级人民法院发布了《关于服务保障设立科创板并试点注册制的若干意见》，共 29 条，内容涵盖司法服务保障设立科创板并试点注册制的重大意义、总体目标、工作原则及具体措施等，具体措施共 21 条。其中第 12 条措施提出"强化涉科创板公司知识产权保护"：加强科技创新类知识产权保护力度，依法审理涉科创板上市公司专利权、技术合同等知识产权案件，准确认定知识产权合同效力和责任承担，加大惩处侵犯技术类知识产权行为的力度，有效维护科创企业知识产权合法权益和公平竞争秩序。审慎处理涉发行上市审核阶段的科创企业的知识产权纠纷，加强与上海证券交易所的沟通协调，有效防范恶意知识产权诉讼干扰科创板顺利运行。可

作者任声策系上海市产业创新生态系统研究中心研究员、同济大学上海国际知识产权学院教授、博士生导师；蔡静远系同济大学上海国际知识产权学院博士生。

见,科创板的知识产权问题已引起高度重视,恶意诉讼问题尤其值得注意。

一、辩证看待创新型公司在上市审核过程中的知识产权诉讼

恶意知识产权诉讼现象的存在,提醒我们在科创板企业上市审核中需要辩证看待被审核企业涉知识产权诉讼、成为知识产权被告。科创板上市审核企业容易成为知识产权恶意诉讼的对象。对上市审核阶段的公司提起知识产权诉讼案例近年常常出现。例如,2017 年 3 月 23 日,"共享单车第一股"永安行向证监会报送首次公开发行股票招股说明书,拟发行总量不超过 2 400 万股,计划融资 5.98 亿元。2017 年 4 月 18 日,"无固定取还点的自行车租赁运营系统及其方法"专利持有人顾泰来以侵害其发明专利权为由将永安行相继诉至苏州、南京等法院,导致永安行的上市审核中断,直到 3 个月之后才重新启动 IPO 并顺利上市。

更有甚者,存在针对拟上市企业的恶意诉讼。2018 年,上海破获了首起以侵犯知识产权为由恶意敲诈 IPO 公司的案件。夫妻档买下数百专利四处"碰瓷",利用发审规则向企业非法索取钱财,实施敲诈勒索。在 2015—2017 年间,嫌疑人曾多次以专利侵权名义对多家公司发起多项诉讼,且所选时间多为企业拟融资或拟上市期间,且索要金额越来越多。

根据我们对过去一年科创板上市公司发生的知识产权案件的观察,2020 年 6 月前通过 IPO 审核上市的 109 家企业中,有 21 家在 IPO 审核前、中或后涉知识产权诉讼,有三家在 IPO 审核过程中涉知识产权诉讼而未能上市。初步分析发现知识产权诉讼的有无及诉讼时机对科创板企业股价增幅、公司业绩均无显著影响。

可见,拟上市企业在上市审核过程中被发起知识产权诉讼,存在不同的可能,即有针对核心知识产权问题的诉讼可能,也有针对边缘知识产权问题的诉讼可能,还有恶意诉讼的可能。因此在科创板企业上市审核中,应该辩证对待拟上市企业被发起知识产权诉讼的现象,而非一刀切地中断审核,毕竟科创板企业存在大量企业对资金的需求非常迫切,中断审核意味着很多,影响深远。

二、知识产权诉讼的原告往往注重时机选择,在科创板企业上市融资过程中发起诉讼常常成为最佳时机

对上市审核阶段企业发起知识产权诉讼的原因是更容易达成目的。因为上

市审核中,对于涉入知识产权诉讼的企业,通常会突然使得上市审核进程中断,影响公司上市目标的如期实现。(证监会《首次公开发行股票并上市管理办法》出于保护投资人目的,规定发行人不得有下列影响持续盈利能力的情形:发行人在用的商标、专利、专有技术以及特许经营权等重要资产或技术的取得或者使用存在重大不利变化的风险)所以,此时发起知识产权诉讼,会引起拟上市企业的高度重视。为了尽快恢复上市进程,拟上市企业会尽快推进诉讼的解决,会更积极寻求和解,也更可能会在和解中妥协,花钱消灾。

研究表明,知识产权诉讼的多数结果是以和解结束,并且知识产权诉讼通常持续时间较长,诉讼结果的财产利益通常也并不大,涉案方投入的努力程度也千差万别。因此,知识产权诉讼时机选择非常重要,如果原告在被告关键行动之时发起知识产权诉讼,特别是在知识产权诉讼的影响极其关键的事件中,这时的知识产权诉讼通常可引起被告更高的重视、更强的解决意愿、更高代价的付出意愿等。类似科创板企业上市融资这种事件,便是知识产权诉讼的最佳时机,对于恶意诉讼而言,更是如此。

三、完善科创板生态,上市审核中需要关于知识产权诉讼的更科学处理方法

鉴于上述原因,科创板企业上市审核中,应该妥善处理知识产权诉讼问题,特别是拟上市企业在上市审核过程中成为被告的知识产权诉讼。

首先,科创板应该避免一刀切地因知识产权诉讼而中断上市审核。无论在主板或中小板、创业板的发展过程中,根据《首次公开发行股票并上市管理办法》规定,在上市审核过程中如发生知识产权诉讼,通常需要中断审核,直到问题解决才可以创新申请恢复上市审核。鉴于上市审核中知识产权诉讼的辩证情形,科创板在制度创新中应避免一刀切地中断审核方式。

其次,科创板可以尝试建立一种围绕知识产权诉讼的问询评估机制。运用知识产权专业服务机构的知识,对拟上市企业在上市审核中发生知识产权诉讼的实际情形进行快速而专业的判断,以决定上市审核进程的后续安排方法,从而解决上市审核过程中的知识产权诉讼问题。例如,如果专业判断认为知识产权诉讼属于边缘或恶意诉讼,则可安排对应的保持上市审核进程制度。

鉴于科创板定位为关键核心技术,拟上市企业必然涉及大量知识产权,因而上市审核中的知识产权诉讼发生可能性更大。为了保持科创板的初衷,助力硬

核技术创新企业发展,科创板可在进一步完善上市审核相关规则中,更加科学处理拟上市公司在上市审核过程中的知识产权诉讼问题,形成上市审核中合理处置知识产权诉讼的办法。

全球人才合作竞争格局重构

——关于上海行动的设想

| 何万篷

最近一直在研究"抢人"。上海之前"抢"的主要是海外华人,现在增加了"非华"但是"友华"的全球科研英才。

一、中国:流量经济/经济流量无可争辩之中心

以海外视角看,中国是通过至少三根管道(对北美、对日本、对欧盟),多源、多维、多层次地将外部循环发挥到极致,从而实现系统性崛起。无可争辩的是,中国已成为全球的流量经济中心和经济流量中心。2019 年,仅上海一个城市就占到全球进出口总量 3.5%(2017 年是 3.4%)。这个事情的必然结果,就是全球研发重心向中国转移,而且是一头一尾。一头,指的是科研需要大量经费支撑,特朗普政府没有钱、不给钱,谁愿意给钱? 中国。一尾,指的是科学发现、技术发明都需要应用场景,最大的场景在哪里? 在中国。中国市场具有超大规模(全球最大单一消费市场),还超稳定地以快速成长。

说说我们面临的新形势。从简单角度来说,我们走在正确方向上,所以西方有人不高兴,骂骂咧咧。那为什么国内仍有不少的批评声音? 因为我们有些做法不够坚定、坚决,甚至有的时候进二退三,做得还不够好。从复杂角度来说,必须看到"双循环","双加速"(全球化在逻辑重构当中重新加速、区域一体化空前加速),"双温和"(人民币温和升值、温和通胀是未来五年的趋势,财政捉襟见肘,政府平台的钱越来越难用,但市场上钱多,越来越便宜),"双软"(软环境,即营商环境;软要素,和人、服务强相关),"双自联动"(自主创新、自由贸易),"两山"(绿水青山就是金山银山),"双城"(人民城市人民建、人民城市为人民)等。

具体的人才培养、教育和使用领域,我们存在不少问题。譬如,大部分的顶

作者系上海前滩新兴产业研究院院长、首席研究员。

级 AI 人才来自中国,尤其本科阶段培养是在中国完成的,但是他们到美国读研究生,适应美国生活,留在了美国。这是我们很大的问题。

二、纵观世界:各国"人潮"迅速退去

人才的总量,短时间内不会大起大落。但是人才活跃度空前下降了。英国酝酿脱欧,巴黎方面预判伦敦金融城的人才可能会流出来,他们因此做了一个海报:"Tired of the fog? Try the frogs!"意思是:当你厌倦雾都时,不妨到我们法国来,到巴黎来,到拉德芳斯来。但是效果不理想,一方面是疫情的因素,另一方面在于人才集聚的关键要素是社交,即线下社交驱动型,人们喜欢驻留在自己熟悉的环境。这对上海的招才引智提出重要命题,如何营造人才喜闻乐见的、熟悉且享受生活的"离岸"氛围。

人才布局有四个维度:尖峰(譬如高校)、高原(譬如高校云集的五角场地区)、廊道(有形和无形)、网络(全国和全球);有三个逻辑:市场逻辑(金字塔塔基)、政治逻辑(塔尖部分),中间层是对接市场逻辑、对照政治逻辑的动态适配的政策逻辑。

当前,中国的科研经费支出增长最快,最可持续。在其他的主要经济体,有专家悲观地说"全球学术就业或将走向更黑暗的时期"。过去几年,美国联邦预算中,涉及公卫、气候变化、环保等方面的经费被明显压缩。据报道,近半数领取联邦科研基金的科学家称,他们已失业或即将被裁员。截至 2020 年 6 月,硅谷有 100 多家公司采取了裁员措施,涉及 1.7 万人以上。很多华人工程师不得不选择回国创业。美国劳工统计局(BLS)数据显示,2020 年 9 月,州政府教育部门的岗位减少了 4.9 万个,而私立教育岗位减少了 6.9 万个。2020 年 10 月,美国 H-1B 工作签证审批实行新政策,大幅缩小了申请者的学历专业范围。

英国财政研究所预警,2020、2021 两年,至少 13 所大学有破产风险。英国大学与学院工会的调查显示,英国大学存在巨大的基金缺口,除非得到财政救助,否则约 10%的大学可能破产。《泰晤士高等教育》忧心忡忡,有些高校将被迫裁员教职员工。

澳大利亚八校联盟通过模型预测,由于缺少像以往一样充沛的外国生源,其成员大学将失去 6 700 个工作岗位,包括短期和非常任职位(4 400 名)以及常任学者和专业人员(2 300 名)。

2004 年后,日本文部科学省每年减少 1%的教育预算。2016 年,日本大学

教员中 40 岁以下的仅占 23.4％,是历史最低水平。2018 年,日本的科学技术预算大抵是中国的 1/7。最近有篇很热的文章,说日本研究人员正在流向中国,因为有用武之地,中国有先进的设施设备。

三、以史为鉴:得人才者得天下

其他经济体在"育人""留人""抢人"上,好像处于窘境,但是历史上他们可不是这样的。

"二战"刚结束时,苏联在德国"抢设备"。而美国则在"二战"还在进行时,就有战略、有战术地"抢人才",制定"回形针"计划,强化部门协同。美国最后成功抢到了 700 多名德国科学家(目标 1 500 名),为战后全面称霸打下了雄厚的人才基础。

苏联解体之际,以色列紧急开展"以色列的'俄国革命'"运动,设置专门机构,设立专项基金,建立高技术移民资料数据库,制定吸引海外人才的优惠政策包。有报道说,最后引进了 300 万犹太人才,并开启了以"移民吸收＋技术研发"为核心的人才强国之路。

今天的他山之石:学习发达经济体的先进做法。

"抢人"是一个共识。背后是积极人才政策——前瞻性、综合性,精准化、常效化,聚焦高科技、面向新经济。

譬如美国"聪明人豁免条款",英国"全球精英签证"和"全球人才引进路线图",加拿大"全球人才流"计划,新加坡"八个步骤进入新加坡"等,都值得上海参考。

我们注意到,日本政府预计,中国香港的金融专业人才可能会有"异动",东京的机会来了。在 2020 年的基本方针中,提出"以确立国际金融都市为目标"。日本金融厅决定,最快在 2021 年 1 月成立英语专案小组,为有意(主要针对中国香港)赴日设点的外国基金,提供单一服务窗口。

我们更注意到,2019 年,东京新增人口的 50％以上,是老外,不是日本人。日本研究机构早在 2011 年,就开始规划"东京 2035"。他们提取出来三个关键驱动要素(Key Driving Factor, KDF):第一,够不够开放;第二,是不是促进竞争;第三,社会结构改革是否跟得上。日本政府为打造媲美全球先进都市的营商环境,在为外籍科研人才出入境和居留创造最便利条件方面,做了大量工作。

四、面向全球、面向未来：牢牢扣住人才这个"软要素"

新加坡社会科学院院长曾经到我院讲学。他提到，上海充其量在 13 亿人当中找人才，新加坡在 30 亿人中找人才，美国在 70 亿人中找人才。他建议，上海的视野还可以再开阔一点。

2014 年，我们觉得自己没有能力研究具有全球影响力的科技创新中心，于是向海外同行广发"英雄帖"。国际联合研究发现，所谓创新是以人为本的三个创新的叠合，分别是：科技创新、文化创新和金融创新。还发现上海这个建设中的"全球科创中心"，需要在三个层次上挺进一步，分别是：科技成果的研发、转化和应用（底层）；国际科技创新资源的市场化集散（中间层）；源于科技创新，又超越科技创新，开放自由的思想市场。五角场、淮海中路以及张江科学城都有条件成为上海科技创新的思想市场。

五、我们能做的事情很多

成立高级别、专门化领导小组，统筹全球引智工作；建立"引智"基金，设立"上海奖"；率先响应 CPTPP 和 RCEP 要求，提高科研人才出入境和居留的便利化程度；聚焦重点领域，建立数据库，动态跟踪；产业接力、空间接续、政策接应；开创"欧洲创新—中国转化"模式（英国皇家学会会长、2009 年诺贝尔化学奖获得者 Venkatraman Ramakrishnan 认为，就其科学研究的策源和原创性而言，很多生物学、化学和物理学的原创突破，其实发源于欧洲，美国只不过是在购进欧洲原始版权后，进行了产业转化）；做强国家实验室，探索 GOGO、GOCO 等各种模式；丰富市场化应用的产业场景（中国几乎是全场景的）；做实"一带一路"桥头堡行动计划的青年科学家项目；招揽国际科技组织，吸引全球科技活动；提高全球叙事能力，以国际受众喜闻乐见的形式开展公共传播；改变高净值人士外流局面，等等。

最后，一起来学习临港新片区的"五个重要"之首——集聚海内外人才开展国际创新协同的重要基地。在战略机会面前，我们要果敢出手、协同行动、精准操作。

（根据发言录音整理，略有改动）

科技创新支撑引领新发展格局的机遇与挑战思考

| 任声策

新发展格局是我国根据国内外最新发展形势对未来发展所作的总体部署。随着我国经济进入高质量发展新阶段，在朝着基本实现社会主义现代化的目标奋进过程中，发展机遇和挑战都发生了新的变化。科技创新是支持引领新发展格局的核心，需要准确把握高度不稳定不确定性环境中的机遇和挑战，积极应对。

一、新发展格局中科技创新面临的环境更具挑战性

我国目前处在"十四五"规划正在制定中间，当前总体形势和技术趋势相比以往不确定性更高。当前，无论是全球化，还是大国关系，或者区域化的形势，而且国内也处于新的发展阶段面临新的形势，整体发展形势非常不确定。科学技术方面临新的发展趋势，科技革命或有突破性发展。这些不确定性给科技创新发展治理提出了一系列挑战。

而且，可以注意到美国更加重视科技领先问题。2020 年 10 月份，美国最新的国家关键和新兴技术战略报告提出从两个方面保持美国科技领先，即提升国家安全创新基础、保护技术优势两大支柱。报告指出未来国际科技领域竞争挑战大，除了对人才、技术方面的强调之外，希望通过价值观、思想相似性来吸引更多盟友，加强自己与伙伴的关系，保持协同性，从而加强对于科技的控制，共同塑造自己科技方面竞争力。

另外，美国对科技领先的警惕程度进一步加强。2020 年 9 月份，一份美国研究报告分析了美国怎么在全球失去竞争力，总结十个简单步骤会让美国失去

作者任声策系上海市产业创新生态系统研究中心研究员、同济大学上海国际知识产权学院教授、博士生导师。

全球竞争力。重点强调关于人才问题,从中小学生到大学生,再到全球技术移民问题,扮演重要角色。

在这样的形势下,我国科技创新体系面临许多新的重要问题,需要进行非常充分的思考。

二、新发展格局中我国科技创新的机遇与挑战

在新发展格局中,科技创新不仅要发挥支撑作用,更要发挥引领作用。关于新发展格局中科技创新问题的思考,要从理论上、本质上认识新发展格局到底是什么,它对于科技创新会产生什么样影响。

新发展格局主要是指经济双循环,如果将经济简化为供给和需求来看,过去是经济全球化构成一个完整循环,而双循环则是国内大循环为主、国内国际双循环相互促进的格局,国际、国内供给和需求在循环轮廓上呈现可分离的态势。这种态势会快速传导到科技创新体系,而科技创新体系本身也会在发生撕裂,新发展格局下科技创新模式面临调整。

另一方面,全球化状态下科技创新格局是逐渐紧密的一体化趋势。但是,新的形势下,科技创新领域如果概括成两个非常核心问题:提出问题和解决问题,则之前提出问题和解决问题循环是走向全球一体化过程,是逐渐趋向融合的,但未来有趋向分离的倾向,但是科技领域这种撕裂不会像经济领域撕裂那么明显。因为全球基础研究难以撕裂开,主要在应用研究或应用基础研究方面存在较高脱钩可能。这种情况下,国内科技创新面临新的问题:更多需要国内产业界、科技界自己提出问题、解决问题,来自国际的提出问题和解决问题的资源能力会显著降低。

将上述经济双循环和科技创新的趋势融合在一起,从经济到科技有一个传导机制,即经济领域的供给和需求不断地提出科技创新问题,也解决科技创新问题,国内供给侧优化和需求侧升级会会提出大量科技创新问题,例如补短板中的关键技术问题,这些问题已经从产业层面传导给科技领域,给科技领域带来新的挑战、新的机遇、新的风险。如果从经济领域供给端和需求端对我国科技创新领域提出问题和解决问题机遇和挑战进行具体分析,可以发现其中的机遇与挑战。主要机遇是有大量关键问题提出来需要解决,目标更加明确。挑战是国际上供求关系的改变导致有些关键生产要素在我国的需求降低,这一管道的问题提出会减少,国际科技能力的支持可能会降低。另外国际经济受疫情冲击较大,恢复

较慢,我国相对更好的发展形势也会带来较好的科技创新发展机遇。我国应该围绕新发展格局下科技创新中提出问题的环节,尽可能来拓宽获取各种各样新的创新问题渠道。围绕科技创新中间解决问题的环节,需要能够凝聚更多解决关键技术问题和提升前沿科学问题解决能力的要素资源,形成新发展格局下关于科技创新体系整个结构性的调整,治理体系完善方面需要一些新的调整。

同时,新发展格局中科技创新存在新的风险,包括:补短板缺乏协调会有大量重复投入问题;补短板与锻长板可能面临结构性失调,导致过高比例科技资源投入补短板,影响前沿科技创新问题;内循环可能引起市场竞争有余创新不足;参与国际循环高端化转型受阻碍以及围绕新发展格局中的科技创新问题,由于认识不一造成决策迟缓的风险等。

三、新发展格局中上海科技创新中心建设的机遇与挑战

全球科创中心是科技创新的重要载体和资源要素集聚地。在新发展格局中,上海科创中心建设处在风口浪尖,所受综合影响波动大,相较其他区域,科创中心所受到正面影响会更大,所受负面影响也会更大,目前需要对综合影响进一步判断。

新发展格局中的双循环均给科创中心建设带来了机遇。第一是国内大循环给国内创新带来的机遇。一方面是"国内大循环"之"循环"带来的机遇,在于解决"断点"和"堵点"的机遇,包括直接解决"断点"和"堵点",即科创中心关键技术突破机遇,也包括间接解决"断点"和"堵点",即科创中心科技资源充分利用机遇。另一方面是新兴科技产业循环中科创中心在扮演"起点"和"终点"带来的机遇,"起点"是指科创中心有更大新技术商业化、新商业模式机遇,"终点"是指科创中心有更大市场机会。科创中心通常拥有更多的"起点"和"终点"。其次是"国内大循环"之"大"给科创中心带来的机遇,一是高质量需求之"大"带来的机遇,包括"激发"和"转化"机遇,即激发科创中心满足高质量需求的科技创新机遇,促进科创中心转化科技成果满足高质量需求的机遇。二是高质量供给之"大"带来的机遇,包括技术供给与产品(服务)高质量供给,技术的更"大"高质量供给机遇会直接催生更多科技创新;产品/服务的更"大"高质量供给会产生更高收益,从而催生更多科技创新投入。

第二是国内国际循环相互促进给科创中心带来机遇。首先,国际循环的调整可以给科创中心带来"直接"和"间接"的影响。直接影响是指科技创新人才和

资源流入科技创新中心的机遇,间接影响是指科创中心正向声誉逐渐提升的机遇,从而更加有利于吸引人才资源和集聚各种要素。其次,国内国际循环相互促进带来"形"和"实"的机遇。"形"是指形式上的作用产生的机遇,"实"是指实际上的责任产生的机遇,包括国际科技合作网络拓展:科创中心作为拓展节点带来的机遇;国际科技合作强化:科创中心承担更重要枢纽角色带来的机遇;国际影响力提升:科创中心承担主要责任带来的机遇。

总之,新发展格局给上海科创中心发展带来的既有机遇,也有风险。风险主要体现在内循环中的内卷风险以及外循环带来外卷风险,即有可能产生脱钩的风险,这需要未来科创中心建设更加重视国际合作,以便充分抓住机遇,化解风险。

上海市人工智能技术专利分析

| 吕　娜　刘宇馨

　　上海市人工智能的发展有着强有力的人才支撑与丰富的创新资源,主要企业分布集中于上海市中部,呈现良好的聚集态势。在上海市政策的大力扶持下,再加上各方面的资源配套,上海市人工智能技术创新成果的产出呈现逐年上升的趋势。我们将人工智能产业技术划分为深度学习技术、语音识别、计算机视觉、云计算、自然语言处理、智能驾驶、智能机器人七个一级的技术分支,以此了解上海地区人工智能技术专利的整体情况以及各分支领域的技术专利态势。

一、上海市人工智能技术专利总体情况

(一) 总体申请量

　　对上海市人工智能技术专利申请按照申请年份进行统计,可以发现截至 2020 年 9 月,其人工智能技术专利数量共计 23 014 件。图 1 显示了上海从 2001 年至

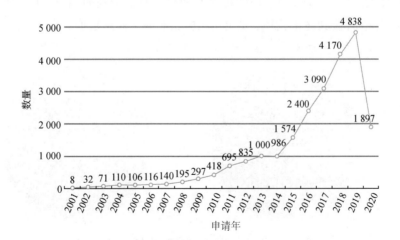

图 1　2001—2020 年各年度上海市人工智能专利申请量变化情况

(注:2020 年数据统计不完整)

作者系同济大学高等教育研究所硕士研究生。

2020 年 9 月在人工智能领域的专利申请量总体上呈逐年上升趋势,且增长率不断提高,在 2014 年后增长速度明显加快,近三年的增长率更是令人瞩目,2019 年达到 4 838 件。人工智能技术已成为上海地区明确的研发热点,专利数量上迎来井喷。

从专利类型上来说,上海市人工智能技术的发明专利、实用新型专利以及外观设计专利分别有 20 605 件、2 301 件与 108 件,分别占比 89.53%、10% 与 0.47%。如图 2 所示。

图 2 2001—2020 年上海市人工智能技术三种专利数量情况

(二) 专利有效性

在总体专利当中,50% 的上海市人工智能技术专利处于实质审查或公开阶段,占有较大比例,处于授权阶段的有效专利只占全部专利的 30%,失效状态的专利(包括撤回、权利终止、驳回、放弃等)占比 20%。详细数据见图 3。

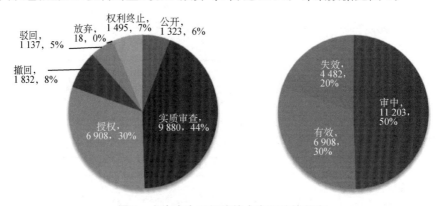

图 3 上海市人工智能技术专利法律状态

(三) 主要申请人

从专利申请主体来看,上海市高校/科研院所、企业及其他(如个人、医院等)

在 2001 年至 2020 年 9 月之间申请的人工智能专利数量分别为 5 745 件、16 036 件与 1 827 件,如图 4 所示。

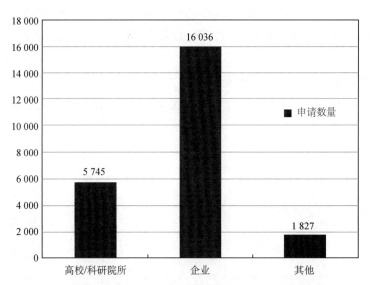

图 4　2001—2020 年上海市人工智能专利不同主体申请情况

其中,申请前十位的申请人共拥有 4 902 件专利,约占总数的 21%。具体名单见图 5。

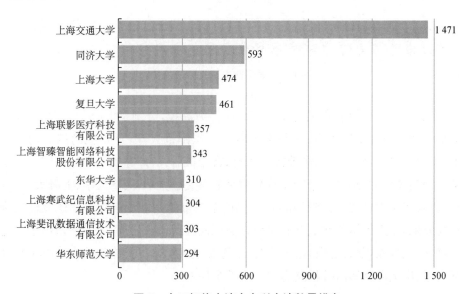

图 5　人工智能申请人专利申请数量排名

　　从人工智能主要申请人的申请量年度变化趋势图来看(图 6),上海交通大学的申请量除了 2016 年,在其他年份均处于遥遥领先的地位,总体增幅较大。同济大学的申请总量位于第二,其专利申请数处于波动上升的态势。其余高校或企业申请数量均呈上升的态势,且整体来看,从 2015 年开始,大部分申请人的申请数量均有较大幅度的上升。从 2015 年起上海市陆续出台政策鼓励人工智能的发展,《关于加快建设具有全球影响力的科技创新中心的意见》《关于上海市推动新一代人工智能发展的实施意见》等,有力地促进了人工智能产业的发展。

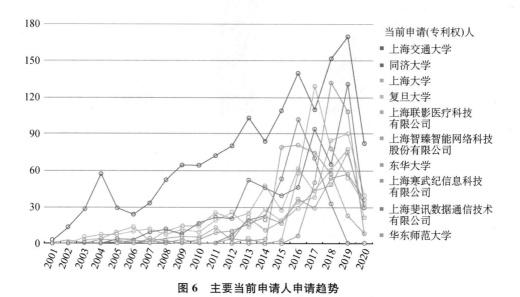

图 6　主要当前申请人申请趋势

　　从图 5 可以看到,排名前十中有 6 所上海高校,分别是上海交通大学、同济大学、上海大学、复旦大学、东华大学以及华东师范大学,且排在前四的均为高校;其余 4 家是企业,几家企业涉及医药、智能机器人、计算机等细分领域。在申请专利的高校中,排名前十的高校分别是上海交通大学、同济大学、上海大学、复旦大学、东华大学等,如图 7 所示。可见,上海市的高校积极将科学研究转化为科技成果,在人工智能领域专利申请方面积极踊跃,为这方面的发展做出了一定贡献,企业也在积极发挥自己的优势;上海交通大学人工智能领域专利申请数量突出,超出上海联影医疗科技有限公司千余件专利。

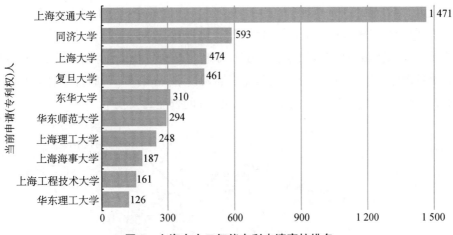

图7 上海市人工智能专利申请高校排名

（四）主要技术领域

从 IPC 分类情况来看，人工智能技术中 G6K9/00（用于阅读或识别印刷、书写字符或用于识别图形）的专利申请量最多，接着是 H04L29/08（传输控制规程）和 G06K9/62（应用电子设备进行识别的方法或装置）。图 8 展示了 2001—2020 年上海市人工智能技术专利 IPC 分类排名前十的领域，可以发现上海市现有人工智能专利大部分集中于 G06，即计算、推算等。

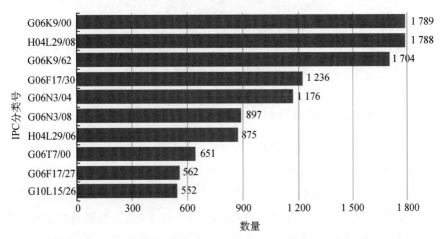

图8 上海市人工智能技术专利 IPC 分类排名前十情况

按照前文提到的七个一级技术分支对人工智能总体申请量进行标引后，对申请量所占比例进行统计，得到如图 9 所示的一级技术分支申请量占比。其中，上海市人工智能专利一级技术中,云计算技术占比最多,达到 33.6%,其次是语音识别技术,占整体的 25.5%,另外,计算机视觉技术占整体的 19.3%,云计算技术是人工智能领域新兴的热点,在上海地区得到科技工作者的重视。其后按照数量排序分别是占比 7.8% 的智能机器人技术、占比 7.5% 的自然语言处理技术、占比 3.3% 的深度学习技术以及占比 3% 的智能驾驶技术。

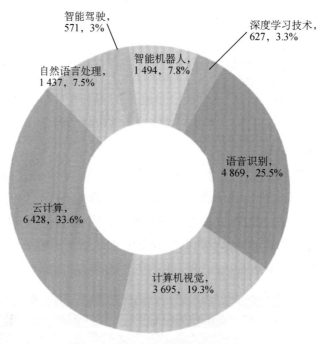

图 9 一级技术分支申请数及其占比

二、上海市人工智能各分支技术专利态势分析

(一) 各分支技术专利申请量

图 10 显示了 2001 年至 2020 年 9 月近 20 年来上海市历年人工智能各分支技术专利申请量变化趋势。可以发现,在人工智能技术受到密切关注以及人工智能产业强烈发展需求的大背景下,自 2014 年以来,人工智能各分支技术的专利申请数量增长速度整体加快。其中,云计算技术发展势头十分迅猛,自 2008 年的 1 件,到 2019 年拥有 1 008 件专利申请;语音识别与计算机视觉技术专利申请同样呈现快速增长趋势。

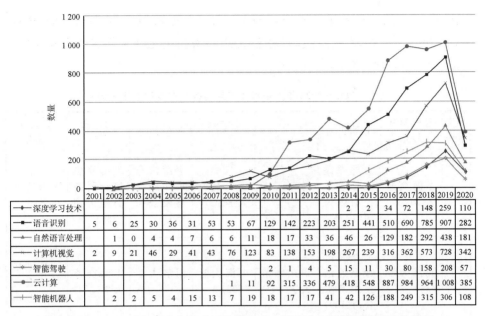

	2001	2002	2003	2004	2005	2006	2007	2008	2009	2010	2011	2012	2013	2014	2015	2016	2017	2018	2019	2020
深度学习技术														2	2	34	72	148	259	110
语音识别	5	6	25	30	36	31	53	53	67	129	142	223	203	251	441	510	690	785	907	282
自然语言处理		1	0	4	4	7	6	6	11	18	17	33	36	46	26	129	182	292	438	181
计算机视觉	2	9	21	46	29	41	43	76	123	83	138	153	198	267	239	316	362	573	728	342
智能驾驶										2	1	4	5	15	11	30	80	158	208	57
云计算								1	11	92	315	336	479	418	548	887	984	964	1 008	385
智能机器人		2	2	5	4	15	13	7	19	18	17	17	41	42	126	188	249	315	306	108

图 10　2001—2020 年上海市人工智能各分支技术专利申请量及其变化情况

（二）各分支主要申请人、重点技术趋势和布局

表 1 展现了 2001—2020 年上海市人工智能各分支专利排名前十的主要申请人。可以看到,深度学习技术与自然语言处理技术领域专利的申请人前十名中有 6 家都是高等院校,计算机视觉技术专利申请人前十名中有 9 家都是高等院校,且上海交通大学申请数量表现优越,以 697 件排名第一,体现出高校院所在这些领域的整体优势,也体现了我国在这些技术领域较强的发展意识与较大的科研投入;语音识别技术的主要申请人为企业,便于直接用于产品的生产创新中;智能驾驶技术专利申请人以汽车行业企业为主,表现出智能驾驶技术的市场竞争十分激烈,各大车企纷纷加入研究和专利布局,期望将传统汽车向智能驾驶转型;企业是在云计算技术领域专利布局的主力军,这与云计算技术更新迭代较快、与市场联系更为密切有关;智能机器人技术专利申请人以机器人企业为主,体现出各大企业科技竞争水准。

（三）各分支专利有效性情况

从表 2 可以看出,各分支的专利约超过一半处于审查阶段;剩下各分支占比最多的即为有效专利。其中,智能机器人领域的有效专利占该领域全部专利的 39%,占比最高,而深度学习技术领域的有效专利占该领域全部专利的 12%,占比最低;就失效专利来看,深度学习技术与智能驾驶领域的失效专利占该领域全部专利的 3%左右,占比最低,而语音识别、计算机视觉两个领域的失效专利则约占 24%,占比最高。

表 1 2001—2020 年上海市人工智能各分支专利主要申请人

技术领域	深度学习技术	语音识别	自然语言处理	计算机视觉	智能驾驶	云计算	智能机器人
1	上海交通大学(81)	上海寒武纪信息科技有限公司(125)	上海智臻智能网络科技股份有限公司(87)	上海交通大学(697)	上海汽车集团股份有限公司(59)	上海联影医疗科技有限公司(289)	上海交通大学(68)
2	同济大学(36)	上海斐讯数据通信技术有限公司(109)	华东师范大学(86)	上海大学(202)	同济大学(54)	上海交通大学(273)	上海智臻智能网络科技股份有限公司(66)
3	复旦大学(30)	展讯通信(上海)有限公司(105)	上海寒武纪信息科技有限公司(84)	复旦大学(185)	驭势(上海)汽车科技有限公司(32)	上海掌门科技有限公司(238)	上海大学(57)
4	上海联影智能医疗科技有限公司(21)	上海交通大学(103)	复旦大学(73)	同济大学(172)	上海汽车工业(集团)总公司(28)	上海连尚网络科技有限公司(158)	上海高仙动化科技发展有限公司(45)
5	上海鹰瞳医疗科技有限公司(18)	上海智臻智能网络科技股份有限公司(99)	上海交通大学(67)	上海理工大学(94)	华域视觉科技(上海)有限公司(26)	中国银联股份有限公司(141)	上海有个机器人有限公司(38)
6	上海商汤智能科技有限公司(17)	上海量明科技发展有限公司(98)	同济大学(64)	东华大学(94)	联创汽车电子有限公司(19)	上海斐讯数据通信技术有限公司(139)	上海未来伙伴机器人有限公司(36)
7	上海眼控科技股份有限公司(16)	上海博泰悦臻电子设备制造有限公司(94)	东华大学(39)	上海工程技术大学(65)	上海交通大学(14)	上海聚力传媒技术有限公司(133)	上海禾赛光电科技有限公司(34)

（续表）

技术领域	深度学习技术	语音识别	自然语言处理	计算机视觉	智能驾驶	云计算	智能机器人
8	东华大学(15)	上海能感物联网有限公司(85)	上海大学(33)	华东师范大学(61)	上海商汤智能科技有限公司(14)	同济大学(127)	上海木木机器人技术有限公司(27)
9	华东师范大学(15)	上海商汤智能科技有限公司(75)	平安医疗健康管理股份有限公司(27)	上海海事大学(60)	上海博泰悦臻网络技术服务有限公司(13)	上海能感物联网有限公司(106)	上海理工大学(21)
10	上海大学(13)	斑马网络技术有限公司(62)	竹间智能科技（上海）有限公司(19)	上海商汤智能科技有限公司(57)	纵目科技（上海）股份有限公司(13)	上海爱优威软件开发有限公司(96)	复旦大学(21)

表2　2001—2020年上海市人工智能各分支专利有效性情况

法律状态	深度学习技术	语音识别	计算机视觉	云计算	自然语言处理	智能驾驶	智能机器人
审中	523	2 217	1 694	2 872	986	367	612
有效	82	1 398	1 084	2 006	278	182	585
失效	19	1 179	890	1 312	152	19	278
PCT 指定期满	2	73	20	201	11	3	18
PCT 指定期内	2	13	7	37	10	—	5
未确认	—	1					

三、上海市人工智能技术专利发展特征

（一）上海市人工智能技术发展迅速，发展前景广

上海市人工智能技术拥有良好的环境支持与强有力的资源支撑，在近些年来呈现出发展迅速、前景广阔的特点。从近二十年的专利申请量来看，人工智能领域、各分支技术领域专利申请量逐年上升，从2014年开始上升尤其迅速。一方面，中央与上海地方政府加大人工智能领域顶层设计，在战略层面稳步推进人

工智能发展,将人工智能作为助力传统行业跨越式升级、提升行业效率的重要举措;另一方面,人工智能本身应用前景广泛,拥有广阔发展空间,成为企业市场竞争的抢占高地。

(二) 企业、高等院校成为人工智能发展主力军

从专利申请人分布看,互联网企业和高等院校是人工智能技术发展的主力军。高校中,上海交通大学、同济大学、上海大学、复旦大学、东华大学专利申请量排名靠前,表现突出的是上海交通大学,在不同人工智能技术领域拥有较多专利申请量。在各分支技术专利表现中,互联网企业在语音识别、云计算、智能驾驶和智能机器人技术占据绝对优势;在深度学习技术、自然语言处理及计算机视觉技术领域,则由高等院校成为研发主力军。充分发挥企业与高校的领军作用,将会带动上海地区人工智能领域实现高速发展。

(三) 人工智能专利申请有效性不高,科技成果转化力有待提高

总的来看,上海市人工智能技术专利处于授权阶段的有效专利只占全部专利的 30%,各个分支的有效专利比从 12% 到 39% 不等。专利申请的有效性不高,科技服务社会的能力有限。虽然总的来看上海市人工智能专利申请数呈快速发展态势,但光从数量方面来判断专利及科研的发展、科研成果转化力是不够的,应注重专利的有效性及价值。因此应重视科技创新的有效供给,加强基础研究和核心技术攻关;同时出台配套政策,调动科研人员工作的积极性,鼓励科技成果的转化。

(四) 人工智能各分支技术发展不平衡,即基础技术发展相对薄弱,应用型技术发展迅速

对比上海市人工智能各分支技术的专利情况,可以看出,作为人工智能重要基础的深度学习技术一直处于缓慢发展的态势;而相比之下,语音识别、云计算、计算机视觉等应用型技术则得到了快速发展,成长为了产业发展引擎。基础技术短期回报率不如应用型技术,这导致了各行各业研究积极性不高。但从长远看,人工智能的水平建立在机器学习的基础上,通过深度学习,机器判断处理能力才能不断上升,智能水平才会得到提高,因此应重视基础技术的发展。

上海人工智能创新链与产业链的耦合分析

方海波　蔡三发

技术创新能推动产业发展,而产业发展也能拉动技术创新,因此创新链可推动产业链,产业链也可拉动创新链。技术创新与产业发展的互促作用正是依靠创新链与产业链的互促功能而实现。上海人工智能创新链与产业链的耦合作为人工智能产业创新生态系统构建的关键问题,对其进行具体的调研分析,是十分必要的。同时,对上海市人工智能产业创新生态系统各要素分布现状的调研分析,是进行创新链与生态链耦合分析必不可少的一步。

从自然界生态系统的角度出发,将生态系统的构成要素分为生产者、消费者、分解者以及环境。我们认为人工智能产业生态系统中的"生产者"从事人工智能理论方法的研发活动,包括从事基础层和技术层的企业、高校、科研机构等组织;"消费者"将人工智能技术应用于各产业,形成"人工智能＋"产业;"分解者"即用户层使用、购买相关产品,并将信息反馈给生产者,同时资金回流,使整个创新生态系统得以持续发展。结合前人研究的基础,本文认为人工智能产业创新生态系统的构成要素有人工智能企业、辅助支撑单位、硬件设施、公共平台、人才、政府、客户以及整体创新环境,人工智能产业创新生态系统框架结构如图1所示。

为进一步了解上海人工智能产业的发展情况,理清上海市人工智能产业创新生态系统构成要素的分布现状,我们对目前上海市人工智能产业分布的区域进行了调研,主要包括宝山区、杨浦区、普陀区、徐汇区等11个人工智能企业聚集的区域。调研对象为人工智能产业创新生态系统构成要素,包括人工智能企业、辅助支撑单位、硬件设施、公共平台、人才、政府、客户以及整体创新环境。通过调研,我们可以得到以下结论:(1)上海市人工智能企业相对于国内其他城市

作者方海波系同济大学经济与管理学院硕士研究生;蔡三发系上海产业创新生态系统研究中心副主任、同济大学发展规划部部长、联合国环境署—同济大学环境与可持续发展学院跨学科双聘责任教授。

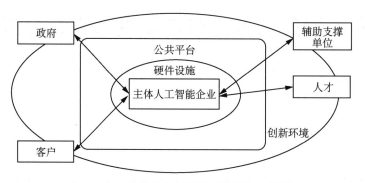

图 1 人工智能产业创新生态系统框架结构

来说较为密集,并且已经形成了较为成熟的产业群和商业模式,上海市人工智能产业规划在空间布局上以"人型"为主,主要分布在 8 个区域、11 个行业。(2)上海市吸引了大量的人工智能人才,数据显示,目前全国已有 1/3 人工智能人才集聚上海,主要聚集在在计算机视觉、语音语义识别、脑智工程等领域。(3)上海市政府大力支持人工智能产业的发展,出台了多项激励措施,聚焦人工智能赋能新时代,以市场需求引领技术创新、产业集聚、应用落地,全力建设国家人工智能发展高地,重点布局四方面的任务:一是提升人工智能原始创新策源能力;二是开展人工智能创新应用和产业赋能试验;三是建设开放联动的良好创新生态圈;四是建立健全政策法规、伦理规范和治理体系。(4)上海市人工智能产业创新生态系统的辅助支撑单位主要由以同济大学、上海交通大学为代表的一批高校及其附属机构构成。(5)上海市人工智能产业硬件设施主要集中于上海中部。

技术创新能推动产业发展,而产业发展也能拉动技术创新,因此创新链可推动产业链,产业链也可拉动创新链。技术创新与产业发展的互促作用正是依靠创新链与产业链的互促功能而实现。在物理学中,"耦合"是指不同系统之间借由各种途径相互影响与联合的现象和状态。这类似于生物学中的"共生",即共生单元之间在一定的共生环境中按某种共生模式形成的关系。创新链与产业价值链是该共生系统内的共生单元,两者相互影响,相互关联,共同推动产业发展,可见双链之间存在耦合关系,两者有效组合形成产业创新链(见图 2),能够发挥出较强的社会系统共生效应。产业创新链是以提升产业创新能力与优化创新系统为目标,围绕产业重大应用和关键技术突破,促进产业链和创新链相互耦合,推动以企业为主、科研机构和院校等共同参与,政产学研用紧密结合的产业技术创新体系建设的功能链节结构模式。

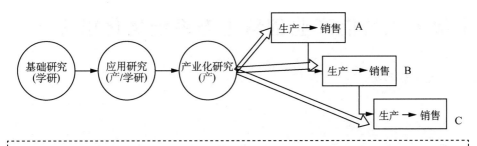

图 2　创新链与产业链的耦合

　　上海市人工智能产业总体起步较晚,目前人工智能产业链与创新链基本在走独立发展的道路,彼此之间的联系与互动较少。高校、科研机构等的研究作为创新链的起点,其成果能通过创新链传递下去的数量已不多,因此创新链与产业链的耦合更加困难。造成这一现象的原因如下:首先,"政产学研企资"各方对知识产权界定方面、利益分配机制方面和合作机制方面,尚存在较大的分歧,主要还是因为目前相关机制不够完善、健全,主体之间缺乏长效深入合作机制,合作的积极性、持续性不高,合作的层次低、规模小、效果不佳,制约了产业链与创新链的融合。其次,产业链、创新链本身的侧重点不同,加剧了二者之间的彼此割裂。创新链更加注重"学""研",更加关注学术成果,而企业是技术成果转化应用的主体,受制于技术不成熟、市场需求不确定以及科研机构合作不顺畅等,一般不愿承担运用新技术开发新产品所需的高额资金与风险,一般追求快速反应、低成本及高利润的技术成果,进而确保眼下企业效益的产品。

上海人工智能产业创新生态系统优化思考

| 钱　宽　蔡三发

日前,上海市委书记李强会见上海自主智能无人系统科学中心学术委员会委员时强调:人工智能是事关未来竞争力的"硬科技",也是上海产业发展的主攻方向之一。希望上海自主智能无人系统科学中心更好发挥自身优势,汇聚顶尖人才,强化协同攻关,开拓前沿领域,注重应用驱动,充分激活源头活水,突破关键核心技术,提供高水平科技供给,更好助力上海打造人工智能高地。上海将全力营造良好创新生态,持续提供丰富应用场景,强化政策举措精准对接,加快推动人工智能创新策源和产业发展,更好服务国家战略任务。

自 2016 年起,上海人工智能产业就呈现快速发展趋势,出现了一批新的各类人工智能企业和新平台,在不同领域都形成了一定规模。从上海市版图来看,人工智能产业的空间分布已经从稀疏的"人形分布"转变成了更合理的"东西集聚"。

为了更加完善上海人工智能产业创新生态系统,保持系统的完整性,形成产业竞争新优势,推动产业转型升级,抢占新一轮科技和产业竞争的制高点,从人工智能产业创新生态系统优化与未来发展的角度出发,提出以下六点建议。

一、完善政策,加强引导

充分发挥政府管理职能,加强统筹管理,制定完善的人工智能产业发展战略和产业政策,组织力量开展人工智能产业研究,从政策、技术、产品、应用、载体、人才、企业培育和发展环境等多个方面对上海市及全国发展现状进行全面梳理。结合上海市自身的特点和优势,在客观分析后找到未来人工智能发展的关键点,为上海市人工智能产业实现更大的发展做好政策引导,充分发挥政府的作用,让各项政策得到落实,发挥专项资金引导作用,扶持一批上海本土人工智能企业,

---

作者钱宽系同济大学经济与管理学院硕士研究生;蔡三发系上海产业创新生态系统研究中心副主任、同济大学发展规划部部长、联合国环境署—同济大学环境与可持续发展学院跨学科双聘责任教授。

起到龙头作用,带动整个产业的发展,推动上海市人工智能产业核心竞争力整体提升。

二、加快技术创新,完善相关机制

发挥上海市各高校和人工智能产业企业作用,加强产学研用合作。在实验室和研究中心等创新平台的建设上加大力度,推动人工智能理论和应用的共同发展。通过市内高校、企业和研究院所等机构加快产学研用联合创新,推动人工智能产业技术进步与创新,构建上海人工智能产业技术创新体系,加强基础建设和科研投入,提高创新能力。建设数据中心、服务中心、信息中心等,着重发展智能汽车、智能医疗、航天航空、智能教育等热门领域,全面提升全市智能制造水平,形成新老产业相互促进和融合发展的良性发展格局。

三、加快人才队伍建设,发挥高端人才作用

人才是人工智能产业发展的关键要素。当前,对该领域的人才争夺也进入"白热化"阶段。一是要注重人才的引进,通过政策和环境等吸引人才,同时还要注重人才的培养,建立并完善人才创新制度,鼓励支持上海市高校开展人工智能相关学科和专业建设,注重高校人工智能与其他学科专业的交叉融合,建设人工智能实训基地,充分利用上海市高校的优势。二是支持人工智能领域高端人才对外交流与学习,通过技术交流,掌握前沿信息。三是政府应该专项安排若干资金,实施人工智能产业人才培训计划,对实施突出人工智能、工业互联网和云计算大数据等重点领域人才培训的机构,制定标准予以资金支持。

四、加快平台建设,促进作用发挥

推动构建大数据产业发展平台,推动合作建设大数据产业平台,整合各类数据,吸引和培育数据清洗、加工处理、分析挖掘和应用开发企业,提供数据交易服务。加快建设满足深度学习等智能计算需求的超级计算中心、数据开放平台、知识产权平台、软硬件开源平台和测试验证平台等人工智能公共服务平台和人才服务体系,不断降低人工智能创新创业成本,推进数据共享交换平台建设。

五、加强区域合作,提供应用场景,建设特色产业集群

聚集上海市内外具有优势的人工智能研究、开发和应用企业,建立互利互通

机制,提升人工智能产业创新能力。引进人工智能方面的投资者和相关企业进行合作发展,推动人工智能技术在不同细分领域的应用。推动大数据产业集群发展,重点推进长阳创谷、浦东张江、金桥园区,WE 硅谷人工智能(上海)中心等园区建设,鼓励发展较好的大企业带动产业生态合作伙伴落地上海,并与本地企业合作,加强数据采集、存储、分析、挖掘和应用开发能力。结合上海特色产业发展现状,建立"互联网+人工智能"众创空间、孵化器等,打造一批具备市场竞争力的骨干企业,形成具有地方特色的产业集群,产生更高的创新效益,呈现百花齐放的态势。

六、加强国际交流,搭建国际化平台

加强国际交流与合作,发挥全球人工智能大会作用,搭建国际交流合作平台,拓宽国际科技合作渠道,吸引国际科技创新资源落户上海,为推动上海人工智能产业创新创业增加动力和提供支撑。鼓励具有竞争优势的企业开拓国际市场,在竞争中提升上海市人工智能产业的创新能力和国际竞争力。

三十周年之际看浦东新区科技创新趋势

刘碧莹　任声策

2020 年 4 月 18 日是浦东新区开发开放 30 周年,30 年来浦东新区取得了举世瞩目的成就。浦东新区 GDP 从 1990 年的 60.24 亿元增长至 2019 年的 1.27 万亿元,增长 200 余倍。浦东新区从过去"以农业为主的发展相对滞后的区域"发展为上海"五个中心"建设的核心承载区,上海科创中心建设的主战场、主阵地。

回首波澜壮阔的三十年,正如上海市委书记李强在《高举浦东开发开放旗帜,奋力创造新时代改革开放新奇迹》一文中所强调:浦东今日之蜕变"靠的就是吃改革饭、走开放路、打创新牌"。2019 年上海发布《关于支持浦东新区改革开放再出发实现新时代高质量发展的若干意见》,要"推动浦东新区更好发挥排头兵和试验田的作用,为全市高质量发展作出更大贡献,勇当新时代全国改革开放和创新发展的标杆"。浦东新区要在未来加快建设成为有全球影响力的科技创新中心核心功能区,需要把握浦东科技创新的现状和趋势,找准着力点。本文根据对浦东新区科技创新投入和产出的初步分析,发现当前存在的几个主要特征,为进一步研究提供参考。

第一,从研发投入规模看,浦东新区研发投入规模对全市贡献逐年增加,与浦东新区对上海 GDP 的贡献同步增加。如表 1 所示,首先,浦东新区全社会 R&D 经费支出占上海市比重已由 2006 年的 25.50% 上升到 2018 年的 32.55%,可见在研发投入上对全市的贡献增加显著。其次,浦东新区研发投入对全市贡献增加趋势与其 GDP 对全市贡献增加趋势一致,浦东 GDP 占全市比重由 2006 年的 22.37% 上升到 2018 年的 32.01%。再次,从发展趋势看,自 2013 年起浦东新区全社会 R&D 经费支出占上海市比重始终保持在 30% 以上,基本上和新区 GDP 占全市比重保持一致。而 2013 年之前,浦东新区全社会

作者刘碧莹系上海海事大学经济管理学院博士研究生;任声策系上海市产业创新生态系统研究中心研究员,同济大学上海国际知识产权学院教授、博士生导师。

R&D 经费支出占全市比重始终略高于新区 GDP 占全市比重。数据也显示浦东新区研发投入对 GDP 提升具有先导作用。

第二，从研发投入强度看，浦东新区研发投入强度在近几年不再领先全市总体水平。如表 1 所示，从研发强度看，全社会 R&D 经费支出占 GDP 比例，2006—2013 年期间，浦东新区研发强度要略高于上海市研发强度，2015 年之后浦东新区研发强度基本上与全市研发强度保持一致，并在 2015、2016、2018 年低于全市水平。

表 1　浦东新区与上海市主要经济年份研发投入及研发强度对比

指标年份（年）	2006	2010	2013	2015	2016	2017	2018
浦东全社会 R&D 经费支出（亿元）	66.00	139.00	240.54	283.84	320.95	390.81	428.38
上海全社会 R&D 经费支出（亿元）	258.84	481.70	776.78	936.14	1 049.32	1 205.21	1 316
浦东 R&D 经费支出占全市比重	25.50%	28.86%	30.97%	30.32%	30.59%	32.43%	32.55%
浦东 GDP 占全市比重	22.37%	27.00%	29.85%	31.44%	30.98%	31.51%	32.01%
浦东 R&D 经费支出相当 GDP 比例	2.45%	2.96%	3.73%	3.59%	3.68%	4.05%	4.09%
上海 R&D 经费支出相当 GDP 比例	2.41%	2.76%	3.49%	3.65%	3.72%	3.93%	4.16%

数据来源：历年《上海统计年鉴》《上海浦东新区统计年鉴》。

第三，从研发产出看，浦东新区对全市的贡献逐年增加，但是浦东研发产出贡献却低于其对全市的研发投入贡献和 GDP 贡献。首先，这在专利申请总量上如此，与其对全市 GDP 贡献率差距明显。如图 1 所示，基于专利申请总量，浦东新区历年专利申请量占全市比重、专利授权量占全市比重均不及 GDP 占比。其次，在发明专利申请和授权量上情形类似，只是与其对全市 GDP 贡献率差距较小。如图 2 所示，基于发明专利，除 2004 年和 2012 年新区发明专利申请量占全市比重高于 GDP 占比外，其余年份全区发明专利申请量占全市比重、发明专利授权量占全市比重均低于 GDP 占比。一定程度上反映出浦东新区对全市经济产出的贡献高于其对全市创新产出的贡献。

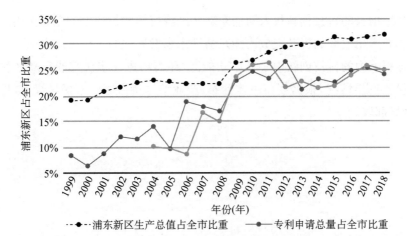

图 1　浦东新区历年生产总值、专利申请量、专利授权量占全市比重（1999—2018 年）

数据来源：历年《上海统计年鉴》《上海浦东新区统计年鉴》。

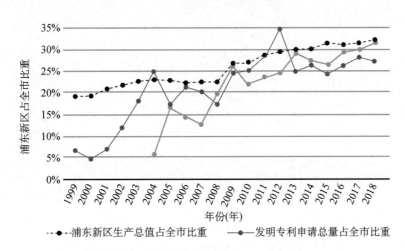

图 2　浦东新区历年生产总值、发明专利申请量、发明专利
授权量占全市比重（1999—2018 年）

数据来源：同上。

　　第四，从研发效率看，对比浦东新区对全市研发投入贡献与专利产出贡献，可见其对全市的研发产出贡献低于研发投入贡献。在不考虑专利质量差异以及其他可能的创新产出情况下，这意味着浦东新区单位研发投入的专利产出绩效低于全市总体水平。其中原因有待进一步探究。

　　浦东新区三十年来在科技创新中表现出的上述特征给我们两个初步启示：

一是持续增长的科技创新投入对浦东新区经济持续增长产生了先导作用。二是科技创新产出效率的提升应成为浦东新区未来发展中的工作重点之一。为建成有全球影响力的科技创新中心核心功能区,还需要进一步研究浦东新区科技创新的投入产出情况,根据创新主体分布、产业结构特征等因素探寻缘由,提出对策,做好部署。

大力发展电动汽车产业，引领上海经济社会发展

卢 超

近年来，随着电动汽车技术不断突破、产业集群趋势日渐显现、人才集聚效应日益强化、市场表现持续领跑全球，电动汽车产业在上海建设具有全球影响力的科技创新中心以及带动地方经济社会发展方面，发挥着越来越重要的引领作用。

一是引领能源结构调整，夯实自主创新根基。上海结合自身工业基础，大力发展电动汽车产业，有助于减少交通工具对燃油的依赖性，有助于实现车用动力来源的多样化，从而减少对外依赖和单一能源结构，据此保障自主创新的"自主性"和持续性。(1)引领二次能源结构调整。电动汽车在减少能源消耗、降低车辆使用成本方面具有巨大的优越性，电动汽车的推广与普及完全可以引领二次能源结构由燃油(汽油、柴油)向耗电转变。(2)电动汽车引领一次能源结构调整。电动汽车以电能作为动力来源，一方面有助于减少对石油等化石燃料的依赖，另一方面有助于消纳太阳能、风能等可再生资源，从而调整、优化一次能源结构。

二是引领汽车工业升级，优化经济产业结构。依靠创新驱动发展，依靠创新要素对传统汽车工业提档升级，是上海对该支柱产业进行升级改造的关键思路。(1)电动汽车引领汽车产业组织结构升级。在电动汽车升级改造的过程中，上海新集聚了蔚来汽车、欧菲智能车联、保时捷工程、宾尼法利纳、Auto Space 等新兴汽车企业、资讯机构，显著提升了产业组织结构的能级。(2)电动汽车引领汽车产业产品结构升级。目前，上海吸引了众多电动汽车车型在沪热销，包括上汽、比亚迪、北汽等国产品牌以及宝马、凯迪拉克等合资品牌。(3)电动汽车引领汽车产业技术结构升级。上汽集团旗下的技术部门，泛亚汽车技术中心有限公

作者系上海市产业创新生态系统研究中心研究员、上海大学管理学院副教授、上海高水平地方高校重点创新团队"创新创业与战略管理"骨干成员。

司和上汽乘用车/技术中心分别针对合资品牌汽车技术的研发和转移、自主品牌和新能源汽车技术的研发进行了大量的技术人才结构优化和技术投入。(4)电动汽车引领汽车产业市场结构升级。截至 2018 年底,上海新能源汽车保有量达到 239 784 辆,推广总量继续保持国内乃至全球领先,在传统汽车市场拥有国内绝对优势的同时又占领了一块新高地。

三是引领低碳智能交通,创设良好城市环境。电动汽车的推广和普及,首先从大型公共交通、市政、物流等领域铺开,进而开拓私人交通领域,与互联网的结合能够优化出行方案,可以有效减少交通碳排放,提高出行效率和舒适度;同时,交通工具的电动化、智能化对于基础设施的建设水平也提出了更高的要求,有助于创设良好的城市环境,提高城市魅力和吸引力。(1)电动汽车引领低碳交通发展。随着充/放电效率更高的锂电池或更先进的电池技术进入产业化以及材料进步带来的车身轻量化,电动汽车单位路程所消耗的电能将会减少,对应的火电厂废气排放也随之减少,且目前一些碳排放末端治理技术(如碳捕捉与封存)可以有效地缓解和减少火电厂的碳排放。同时,可再生能源(风力、水力、潮汐能、太阳能等)发电和核能发电比重的增大,电力产能的大气污染物排放将逐渐减少,进而使电动汽车对环境的间接排放进一步减少。(2)电动汽车引领智能交通发展。电动汽车是实现汽车智能化、网联化的最佳载体,信息化、智能化、网联化最容易实施的就是电动汽车。以电动汽车为平台可以更加容易实现智能化、网联化技术的突破;智能网联技术也能解决电动汽车的充电、节能、智能安全驾驶等诸多问题。目前,电动汽车分时租赁已经走入广大市民的日常生活,电动汽车智慧应用已经成为经济转型、产业升级、城市提升的新引擎,旨在提高民众生活幸福感、增强企业经济竞争力、促进城市的可持续发展。

四是引领创新要素集聚,加快全球城市建设。电动汽车产业的发展有助于创新主体、创新人才、创新网络等产业创新要素的集聚,争取国家和地方政府配套相关的政策体系,并逐渐使接受新事物、使用新事物的创新探索观念深入人心,有助于提升城市影响力和综合治理水平,有助于营造大众创业万众创新的良好氛围,从而加快全球城市的建设。(1)电动汽车引领创新型企业集聚。最贴近真实需求的市场、鼓励自由竞争的开放氛围,既是上海在电动汽车推广方面领跑全国的经验,也是上海汇聚更多新能源汽车企业的优势。(2)电动汽车吸引创新创业人才。蔚来汽车、上汽阿里、特斯拉中国工厂等企业集聚在上海,很好地强化了人才磁场效应。(3)电动汽车引领创新生态网络。以特斯拉为代表的美式生态系统强调强大的互联网整合力及优秀的产业合作伙伴，以街头滑板为代表的德式生态系统走出了以供应商为主体建立"众筹"式网状联盟的路子，上汽和阿里的强强联手则是传统车企与互联网企业充分合作、优势互补的典型，三者之间虽然区别明显，但以电动汽车为首选突破口和平台，依靠大数据、互联网打造创新生态网络则是共识。

从三十年发明专利看上海技术创新相对趋势

| 任声策

增强创新策源能力、建设全球有影响力科技创新中心是当下上海的重要战略任务之一。在过去三十年里,上海在国家创新版图中的影响力有何变化? 这是政府部门需要把握的内容。本文以发明专利申请量作为技术创新(不包含基础研究)的一种度量指标,分析过去三十年我国发明专利申请中上海市地位的变化。不难发现,上海市发明专利总量和人均拥有量均有较大提升,但是对全国的贡献存在明显的变化趋势,从一个侧面反映出最近一个十年上海技术创新的全国相对优势有所减弱。

一、上海市三十年技术发明创新演化

第一,上海历年发明专利申请量保持增长。由上海历年发明专利申请量趋势(图 1)可见,2018 年,上海发明专利申请量已达 6.28 万件,2000 年时这个数据只有 4 713。上海历年发明专利申请量保持了较快的增速,但是增速产生了明显变化,自 2010 年以来,上海市增速低于全国平均增速。这表明上海在全国技术发明创新中的相对优势降低。

第二,上海历年发明专利申请量在全国排名经历了明显的阶段变化。如表 1 所示,主要可以分为三个阶段,2000—2009 年在全国平均排名最高达 2.9,2010—2018 年排名逐渐回落到 6.1,1990—1999 年平均排名最低,只有 10.2。这也表明最近一个十年上海在全国技术发明创新中的相对优势降低。

第三,类似第二点,上海发明专利申请量占全国发明专利申请量的比例产生了明显演化。如图 1 所示,主要可以分为三个阶段,2000—2009 年占全国比例相对较高(平均高于 10%,2000 年最高占全国 20%),2010—2018 年占比逐渐回落(平均 6%,2018 年为 5%),甚至逐渐低于 1990—1999 年。这表明,上海最近

作者系上海市产业创新生态系统研究中心研究员、同济大学上海国际知识产权学院教授、博士生导师。

一个十年在全国技术发明创新中的相对优势降低。

第四,从规模以上工业企业历年发明专利申请量来看,如表 3 所示,上海市规模以上工业企业发明专利申请量在全国排名呈现逐年下降趋势,2018 年申请 12 541 件,排名全国第 7。最近十年低于上一个十年,且排名低于上海市发明专利总申请量在全国的排名。这是上海发明专利申请量增长趋势下降、全国排名降低的原因之一。

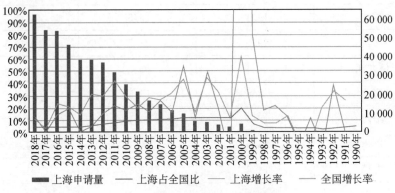

图 1　上海历年发明专利申请趋势

表 1　发明专利申请量全国排名平均

地区	1990—1999 年	2000—2009 年	2010—2018 年
江苏	4.8	4.2	1.1
广东	6.0	1.9	2.1
北京	1.0	1.6	3.2
山东	3.3	6.1	4.7
浙江	10.9	5.7	5.0
上海	10.2	2.9	6.1
安徽	19.6	18.6	7.1
四川	5.3	10.2	8.4
湖北	11.7	9.8	10.4
陕西	13.6	13.8	11.0
辽宁	2.3	6.9	11.7

地区	1990—1999 年	2000—2009 年	2010—2018 年
天津	16.1	7.7	11.9
河南	9.4	12.5	12.7
湖南	7.1	9.9	14.2
重庆	24.7	20.1	14.3
福建	19.4	16.6	15.3
广西	19.0	22.7	15.3
黑龙江	11.4	13.5	18.2
河北	8.6	15.5	18.4
山西	18.6	20.1	21.3
贵州	23.8	24	21.4
吉林	14.8	15.8	21.7
云南	21.5	19.7	22.2
江西	19.4	21.1	22.4
甘肃	24.7	24.7	24.4
新疆	25.7	26.5	26.2
内蒙古	23.2	25.8	27.0
宁夏	28.4	28.8	28.1
海南	27.5	28.2	28.8
青海	29.0	30	29.9
西藏	30.4	31	31.0

从发明专利授权数量看,如表 2 所示,上海发明专利授权量全国排名平均值表明,最近十年低于上一个十年。2000—2009 年在全国平均排名相对最高,为 3.5;1990—1999 年平均排名为 4;2010—2018 年排名逐渐下落到 4.8。这也表明,上海在全国技术发明创新中的相对优势减弱。好消息是,授权量平均排名高于同期申请量平均排名,除了授权滞后因素之外,说明上海市申请的专利授权率总体较好。

表 2 发明专利授权量全国排名平均

地区	1990—1999 年	2000—2009 年	2010—2018 年
北京	1.0	1.2	1.7
广东	10.3	2.7	1.8
江苏	4.9	4.4	2.6
浙江	9.3	7.2	4.2
上海	4.0	3.5	4.8
山东	4.4	5.5	6.0
四川	5.4	8.9	7.6
湖北	8.4	9.7	9.1
安徽	20.7	19.6	9.9
陕西	11.5	12.8	10.0
辽宁	2.1	5	11.3
湖南	10.8	10.9	11.7
河南	15.3	13.5	13.0
福建	20.1	19.3	13.3
天津	8.8	11.6	13.9
重庆	24.3	21.4	16.3
黑龙江	14.2	13.5	16.4
河北	11.0	13.2	18.1
吉林	15.4	14.8	19.8
广西	21.4	23.6	19.9
山西	15.5	16.5	20.7
云南	17.9	18.2	21.4
江西	20.4	23	23.0
贵州	24.1	23.4	23.8
甘肃	20.8	23.5	24.8
新疆	25.1	25.5	26.6

（续表）

地区	1990—1999 年	2000—2009 年	2010—2018 年
内蒙古	25.6	25.2	26.6
海南	28.1	28.9	28.3
宁夏	27.8	28.3	28.6
青海	28.2	29.7	30.0
西藏	29.9	31	31.0

二、上海与长三角及北京、广东的比较

从长三角三省一市来看，在过去 30 年中，发明专利申请和授权数量等均表现了不同的趋势。2018 年，三省一市发明专利申请量占全国 37%，授权量占全国 33%，在过去 30 年保持提升趋势。

第一，发明专利申请数量表明，江苏、浙江、安徽在过去三十年中，在全国各省的排名持续上升（如表 1，江苏由 1990—1999 年的平均排名 4.8 增长到 2010—2018 年的平均排名 1.2；浙江由 1990—1999 年的平均排名 10.9 增长到 2010—2018 年的平均排名 5；安徽由 1990—1999 年的平均排名 19.6 增长到 2010—2018 年的平均排名 7.1），而上海在最近十年的平均排名相对上一个十年明显回落。

第二，发明专利授权数量表明，江苏、浙江、安徽在过去三十年中，在全国各省的排名也保持持续上升（如表 2，江苏由 1990—1999 年的平均排名 4.8 增长到 2010—2018 年的平均排名 2.6；浙江由 1990—1999 年的平均排名 9.3 增长到 2010—2018 年的平均排名 4.2；安徽由 1990—1999 年的平均排名 20.7 增长到 2010—2018 年的平均排名 9.9），而上海在最近十年的平均排名相对上一个十年也有所回落。

第三，比较而言，如图 2 所示，北京市在全国的比例也在下降，广东省在全国排名持续提升。

第四，从每万人发明专利申请数看（图 3），上海在逐渐提升，但低于北京，且与北京差距逐渐拉大。长三角江苏、浙江和上海每万人发明专利申请数量在 2018 年已非常接近。而安徽省在 2010 年之后增速较快，差距缩小。

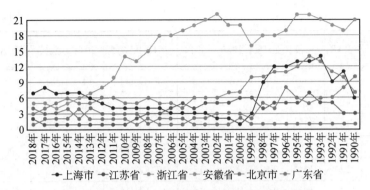

图2 主要地区历年发明专利申请量全国排名趋势

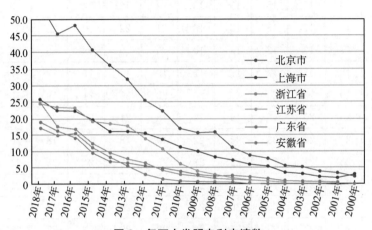

图3 每万人发明专利申请数

表3 规模以上工业企业发明专利申请量排名

年份 地区	2018	2017	2016	2015	2014	2013	2012	2011	2009	2008	2004
广东	1	1	1	1	1	1	1	1	1	1	1
江苏	2	2	2	2	2	2	2	2	2	2	5
山东	3	3	4	4	3	3	4	3	5	5	6
浙江	4	5	5	5	4	4	3	4	3	3	2
安徽	5	4	3	3	5	6	7	7	11	10	15
湖北	6	9	8	10	11	10	10	10	8	12	10
上海	7	6	6	6	6	5	6	5	4	7	4
湖南	8	10	11	9	9	8	8	8	6	11	8

(续表)

年份\地区	2018	2017	2016	2015	2014	2013	2012	2011	2009	2008	2004
四川	9	7	9	8	8	11	11	14	14	13	9
北京	10	8	7	7	7	7	5	6	7	4	7
福建	11	11	10	11	12	12	12	11	12	14	14
河南	12	12	13	14	14	14	14	13	13	8	10
重庆	13	14	14	12	15	17	16	15	15	15	17
河北	14	16	16	16	16	16	15	16	16	16	12
辽宁	15	15	15	15	13	13	12	10	10	9	12
江西	16	17	18	18	18	21	22	20	23	25	22
天津	17	13	12	13	10	9	9	9	9	6	3
陕西	18	18	17	17	17	15	17	17	17	17	18
贵州	19	19	20	20	20	22	20	21	19	18	21
广西	20	20	19	19	19	18	21	23	22	22	20
山西	21	24	23	23	22	19	18	18	18	20	23
云南	22	21	22	22	23	23	23	24	25	24	19
内蒙古	23	22	24	24	25	24	25	25	24	21	27
吉林	24	25	25	26	24	25	24	22	21	23	24
新疆	25	27	28	25	26	28	28	26	27	27	26
黑龙江	26	23	21	21	21	20	19	19	20	19	16

本文对三十年来上海市发明专利申请数据进行了初步分析,在不考虑各地专利质量、专利政策等异质性因素情况下,发现上海市发明专利申请的演化趋势:虽然在数量上逐年增长,人均拥有量也处于较高水平,但近十年来上海市发明专利申请数量、授权数量在全国的排名较上一个十年有所降低,上海技术发明创新在全国的相对领先优势有所减弱,这可能与上海规模以上工业企业发明专利的申请量贡献降低有关,也与其他地区的技术创新能力提升有关。其原因也可能是产业结构调整及产业升级过程所致。这对全国而言不算是坏消息,但对上海而言却需要警惕这种大趋势,值得上海市关注。

(文中数据来源:根据国家统计局年度数据计算整理)

上海高研发投入企业:数量、质量与结构的三大问题

卢　超　李海艳

　　美国著名经济学家钱德勒指出:"大企业是现代经济增长动力的核心机构。"大企业象征着一个国家和地区的综合经济实力,而高研发投入的旗舰型企业往往代表着一个国家和地区的综合竞争优势。上海建设具有全球影响力的科技创新中心,既要有"铺天盖地"、展现创新活力的科技型中小企业,又要有"顶天立地"、凸显创新影响力的标杆性大型企业。借助欧盟委员会发布的年度产业研发投入记分牌数据,我们对 2015—2019 年入选全球产业研发投入 2 500 强的上海企业进行分析,发现上海高研发投入企业存在以下三方面的问题。

　　一是从企业数量分布来看,上海入选企业呈现出明显的"金字塔"特征,头部企业比例偏低。2015—2019 年,上海入选全球产业研发投入前 2 500 强的企业由 25 家增加为 41 家,总量增幅明显,但总体增速放缓,年平均年增长 13.2%。表 1 显示,全球前 500 强入选企业增速明显放缓,2016—2018 年占上海全部入选企业的比重持续降低,但在 2019 年出现较大幅度的增长;501—1 000 强入选企业总体上呈下降态势,2019 年占上海全部入选企业的比重大幅低于 2015 年;1 001—1 500 强、1 501—2 000 强入选企业尽管年度所占比重波动较大,但 2019 年相比 2015 年明显增加;2 001—2 500 强入选企业总体上呈波动上升趋势,2016—2018 年占上海全部入选企业的比重持续走高,2019 年稍有变化。可见,近五年上海入选企业的增量部分主要来自尾部企业的贡献,全球前 1 000 强头部企业的比重较小,且增速缓慢。

作者卢超系上海市产业创新生态系统研究中心研究员,上海大学管理学院副教授、上海高水平地方高校重点创新团队"创新创业与战略管理"骨干成员;李海艳系上海大学管理学院硕士研究生。

表 1 2015—2019 年上海入选企业分布及数量变化情况

	2015 年		2016 年		2017 年		2018 年		2019 年	
	数量	比重	数量	比重	数量	比重	数量	比重	数量	比重
入选总量及年度增速	25	47.06%	27	8.00%	34	25.93%	38	11.76%	41	7.89%
前 500 强	3	12.00%	5	18.52%	6	17.65%	6	15.79%	8	19.51%
501—1 000 强	7	28.00%	7	25.93%	4	11.76%	6	15.79%	5	12.20%
1 001—1 500 强	4	16.00%	2	7.41%	7	20.59%	6	15.79%	9	21.95%
1 501—200 0 强	4	16.00%	7	25.93%	9	26.47%	8	21.05%	7	17.07%
200 1—2 500 强	7	28.00%	6	22.22%	8	23.53%	12	31.58%	12	29.27%

二是从企业投入比较来看,上海入选企业的平均研发投入强度在国内不具优势,更远低于全球平均水平。2015—2019 年,上海入选全球产业研发投入前 2 500 强的企业总投入额由 25.78 亿欧元增加到 87.70 亿欧元,年平均年增长 35.8%;入选企业的平均研发投入强度由 1.11 亿欧元增加到 2.14 亿欧元,年平均年增长 17.8%。表 2 显示,与全国总体水平相比,上海入选企业占全国入选企业的数量总体呈波动下降趋势,研发投入额比重总体呈波动上升趋势,但多数年份的平均研发投入强度依然低于全国平均水平。与全球总体水平相比,近五年上海入选企业占全球入选企业的数量、研发投入额比重均稳步增加,变化态势一致;但上海入选企业的平均研发投入强度远远低于全球平均水平,未来仍有大幅提高空间。

表 2 2015—2019 年上海入选企业研发投入变化情况

	2015 年	2016 年	2017 年	2018 年	2019 年
上海入选企业数量(家)	25	27	34	38	41
上海入选企业总研发投入额(亿欧元)	25.78	37.30	55.91	61.50	87.70
上海入选企业平均研发投入强度(亿欧元)	1.11	1.38	1.65	1.62	2.14
全国入选企业数量(家)	295	327	376	438	506
全国入选企业总研发投入额(亿欧元)	349.80	498.32	618.03	712.18	962.33
全国入选企业平均研发投入强度(亿欧元)	1.19	1.52	1.64	1.63	1.90
上海占全国入选企业的数量比重	8.48%	8.26%	9.04%	8.68%	8.10%

(续表)

	2015 年	2016 年	2017 年	2018 年	2019 年
上海占全国入选企业的投入比重	7.37%	7.49%	9.05%	8.64%	9.11%
全球入选企业数量(家)	2 500	2 500	2 500	2 500	2 500
全球入选企业总研发投入额(亿欧元)	6 073.85	6 959.63	7 416.24	7 364.16	8 234.24
全球入选企业平均研发投入强度(亿欧元)	2.43	2.78	2.97	2.95	3.29
上海占全球入选企业的数量比重	1.00%	1.08%	1.36%	1.52%	1.64%
上海占全球入选企业的投入比重	0.42%	0.54%	0.75%	0.84%	1.07%

三是从所属产业领域来看,上海入选企业的数量分布与研发投入分布并不一致。2015—2019 年,上海入选全球产业研发投入前 2 500 强的企业中,绝大多数来自于 ICT、健康、一般工业、汽车与零部件四大产业领域。表 3 显示,ICT 领域的入选企业在四大产业领域中数量最多,但企业平均研发投入强度居于末位,且远远低于上海入选企业的平均研发投入强度;健康领域的入选企业数量前几年稳步增加,增速缓慢,但在 2019 年出现较大幅度的增长,企业平均研发投入强度勉强高于 ICT 产业,亦大幅低于上海入选企业的平均水平;一般工业领域的入选企业数量基本维持不变,研发投入额小幅增加,近三年企业平均研发投入强度基本保持稳定;汽车与零部件领域的入选企业数量近三年保持不变,企业平均研发投入强度位列四大产业领域之首,尽管前几年总体呈下降态势,但 2019 年出现大幅度增长,远高于上海入选企业的平均水平。

表 3　2015—2019 年重点产业领域上海入选企业的变化情况

		2015 年	2016 年	2017 年	2018 年	2019 年
上海入选企业数量(家)		25	27	34	38	41
上海入选企业总研发投入额(亿欧元)		25.78	37.30	55.91	61.50	87.70
上海入选企业平均研发投入强度(亿欧元)		1.11	1.38	1.65	1.62	2.14
ICT	企业数量(家)	10	9	16	17	14
	研发投入额(亿欧元)	3.311	5.178	9.634	11.701	12.548
	企业平均研发投入强度(亿欧元)	0.331	0.575	0.602	0.688	0.896

（续表）

		2015 年	2016 年	2017 年	2018 年	2019 年
健康产业	企业数量（家）	3	4	5	6	9
	研发投入额（亿欧元）	2.169	3.681	3.684	4.563	10.516
	企业平均研发投入强度（亿欧元）	0.723	0.92	0.737	0.761	1.168
一般工业	企业数量（家）	5	6	6	6	6
	研发投入额（亿欧元）	6.349	6.596	6.979	6.969	7.641
	企业平均研发投入强度（亿欧元）	1.27	1.099	1.163	1.162	1.274
汽车与零部件	企业数量（家）	1	2	3	3	3
	研发投入额（亿欧元）	9.196	12.069	13.366	13.939	25.650
	企业平均研发投入强度（亿欧元）	9.196	6.035	4.455	4.646	8.550

后疫情时代优化上海应急响应决策体系的几点建议

| 王岩红　刘　笑　宋燕飞

突发公共卫生事件新冠疫情的来袭,对城市应急治理体系和治理能力现代化提出了新挑战,政府决策执行机制设计作为智慧城市建设的关键支柱,成为检验应急治理效能的试金石,为此,我们需要全面审视当前上海应急管理体系,找准短板,洞悉"危中之机",积极推进上海应急响应决策体系的现代化建设。然而,当前上海应急管理体系在面对特定情景的应急事件时,决策机制仍存在薄弱环节:

一是从战略层面来看,应急响应决策层级设计存在缺口。

据调研与访谈,上海市应急响应的决策层级大体上分为2级:决策指挥层级与决策行动操作层级。具体而言,决策指挥层级的决策主体是上海市应急管理局,负责应急预案体系建设、牵头建立应急管理信息系统、披露灾情信息、启动响应预案、指挥与协调救援、事故处理与追责、安全培训等工作;决策行动层级的主体一般为消防、执法、医疗救援等单位或专业团队,执行各应急预案,实施具体的应急事件处置。然而,现行的两级决策机制有其弊端,顶层制度建立与管理和基层操作与执行之间缺乏一个科学、快速、可视化、可交互的决策支持机制。

二是从管理层面来看,各部门联动存在壁垒,制约响应效率。

影响突发事件响应时效率的最显著因素就是跨部门的联动和协同程度,制约因素主要包括技术和制度两个面向:(1)各行业独立的政务网络系统存在物理壁垒,缺乏大数据技术储备和处理分析工具;(2)数据管理制度不健全,大量有价值的信息资源有待整理,信息共享意识淡薄,未能发挥数据资源应有的价值;(3)政府部门间条块分割严重,信息在各条中纵向地内部交换,缺乏横向信息资

作者均系上海工程技术大学管理学院讲师。

源共享的内在动力,尚未形成部门行政协调模式、部门内部信任机制和部门间信任机制以及信息共享奖励补偿机制;(4)跨部门的信息共享法律支撑不足,导致数据标准和精细度存在差异,在数据加工处理时消耗大量的不必要成本。

三是从操作层面来看,数据共享与仿真双平台建设不完善。

一方面,城市大数据共享平台存在"信息孤岛"与"数据烟囱"。自 2018 年立法发布《上海市公共数据和一网通办管理办法》和 2019 年《上海市加快推进数据治理促进公共数据应用实施方案》的出台,上海明确了公共数据完整归集、公共数据按需共享、数据全生命周期管理的大数据资源平台建设目标。当前,上海市应急管理局在牵头建设应急管理信息系统。在"11·15"特大火灾事故后,静安区消防支队开展源头普查,从区网格化综管中心、人口办、房产局、统计局、规划土地管理局等部门梳理搜集数据信息,并调用经济普查等数据信息,探索建立"门牌—单位—建筑—楼层—单位性质—人员"为主线的信息查询模式。然而,重复投资、信息孤岛、数据烟囱、运行费用高、共享不全面不充分等问题一直困扰着防灾救灾、应急救援信息化的建设。

另一方面,侧重事后救援,缺乏情景应对与预判。传统城市公共安全风险治理具有"侧重事后"的局限性,预案与治理的力量集中在常规的应急管理专项,如危险品管理、生产安全等。但是城市动态治理具有多变性和不确定性等特点,"情景—应对"的模式还没有深入到管理者的思想中,应急情景亟待丰富,尚未建立与数据共享平台相适应的系统计算、特定情景建模与仿真的平台或已有仿真平台无法接入有效的城市安全大数据,使得海量数据无用武之地。

基于上述问题,提出优化完善建议。

一、科学支撑,补充城市应急响应决策辅助层级

重构现有双层城市应急响应决策层级,设立辅助决策层级作为中间层,该层级以领域专家团队为决策主体,以计算机建模与仿真平台为技术支撑,以城市大数据共享平台为决策数据输入源,提高决策制定的科学化和决策操作执行的合理化程度(见下页图)。

二、合作升级,助力跨部门协同与多主体联动

分别从技术和制度角度来促进各部门的合作,实现更广泛和深入的跨部门

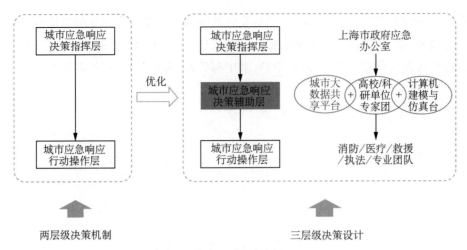

城市应急响应决策层级框架设计

协同和联动：(1)打破多部门政务网络系统物理壁垒的基础是多部门的数据共享平台共建和统一管理；(2)对数据进行权限分级管理，如数据描述级、数据记录级、数据字段级、服务描述级、服务内容级等划分，以确保城市数据在各部门、各行业共享时的职责与权力得以自主、安全、可控的共享；(3)制度上强化跨部门资源共享的内在动力；(4)法律上保障信息协作的开展。

三、标准先行，提升数据赋能与融合应用

大数据与互联网平台的技术发展，给决策的科学化制定创造了条件，但首先要克服标准化的问题。一方面是"标准运行"，即从应急准备到应急恢复的全过程，要遵循标准化的运行程序，包括物资、调度、信息共享、通讯联络、术语代码、文件格式乃至救援人员服装标志等，采用可识别和接受的标准，以减少失误，提高效率；另一方面是"数据标准"，包括数据的分类、采集、维护以及共享权限层级、安全保障与应用等形成一套标准规范，标准化、可读取的数据是实现计算平台的输入输出以及跨平台数据交换与跨部门协同应用的基础。

四、情景构建，优化全过程控制的动态治理

在以往基于大数据的事后规律、城市安全治理模式等基础上，将"情景—应对"的思想与城市大数据融合，落实到数据获取与输入、建模仿真等技术层面以及包涵社会化互动的动态治理机制层面，构建起"数据融合—模型推演—案例推

理—心理行为规律"的安全事件情景,充分利用基于模拟仿真和复杂系统理论的应急决策、基于"应急平台基础数据—空间数据"综合研判等一系列方法,满足城市危机处置与风险管理"事前科学防、事中有效控、事后及时救"的需求。

高校发展与科技成果转化

"放管服"下高校科研管理的若干思考

徐鑫悦

科技与创新一直以来就是国家为求综合发展而倍加关注的领域。高等教育在建设创新型国家、培育科技人才这一战略目标实施过程中发挥着十分重要的作用。2017年4月,教育部联合中央编办、发展改革委、财政部和人力资源社会保障部共同印发了《关于深化高等教育领域简政放权放管结合优化服务改革的若干意见》,标志着高等教育领域的"放管服"政策正式出台。该政策旨在给高校减除负荷,让其拥有更大的办学自主权,激发广大教学科研人员教书育人、干事创业的积极性和主动性。"放管服"政策的出台无疑为高校提供了良好的政策环境,并对高校的自主办学、依法治校有着积极的推动作用。科学研究是高等学校的五大职能之一,高校科学研究活动的创新离不开科研管理的创新,科研管理创新是高校管理活动创新的重要组成部分(李新荣,2008),它放眼于全校科研发展规划和科技管理政策的制定与实施,肩负着全校科研项目、科研效应、科研组织的管理与运作,科研管理工作的科学与否,直接影响着学校的科研水平乃至整所学校的层次与水准(方利平,2005)。"放管服"一定程度上给予了高校科研管理的自主权,进一步减少限制与干预,为科技领军人才提供更大的科研自主空间和便利条件,充分调动科研管理人员和研发人员的积极性。不过,任何的改革都不是一蹴而就的,高校科研管理在积极响应号召"优化管理、改进服务"的同时,也需要解决在科研管理方面存在的问题。本文尝试对目前高校在科研管理方面面临的主要问题提出一些见解,并进一步提出在"放管服"政策下的改革建议,希望能对高校科研管理改革创新有些许借鉴意义。

一、科研人员管理方面

问题:实际工作较多,教育培训较少;科研人员流动性较大。

作者系同济大学高等教育研究所硕士研究生。

高校科研管理的对象是代表先进生产力的思想活跃的研究人员,随着现代科技事业的突飞猛进,高校科研任务日趋繁重,难度也越来越大,因而对科研管理人员的要求也越来越高,科研管理工作也更为重要(李新荣,2008)。目前我国部分高校对科研人员提出的科研工作要求越来越多,然而在要求科研人员做出实际工作成绩的同时,却没有给予其相应的教育与培训,影响了科研人员自身素质的提升与个人发展。随着当今世界与中国高等教育的发展,科研人员的流动性这一特点也日渐突出,不仅表现在国内高校间人员流动,科研人员在国际间的流动也屡见不鲜。科研人员、科技人才在院校间进行学术沟通交流本身是件好事,但如果高校没有充分调动起科研人员的积极性,让其缺乏一种归属感,科研人员流动性就有可能增大,这不利于高校学科发展和师资队伍建设,更会有碍科研工作的进展和高校的全面建设。

建议:以人为本,制度建立与优化服务结合。

高校要坚持以人为本,在营造良好科研环境的同时,加强对科研人员和科研管理人员的教育培训,减少"硬支出",进一步落实"放",合理增加科研相关人员费用的支出。一方面为教学科研人员提供增长知识的机会,一方面增强科研管理人员的管理专业程度。要健全人才培养机制,鼓励科研人员同样参与到科研管理工作中,充分调动其积极性,帮助其建立起归属感,完善科研团队建设,以更好地留住科研人员;同时加强对科研管理人员的管理知识培训和技能培训,优化服务质量。

二、科研项目管理方面

问题:重视项目申报,忽视中期实施;项目管理制度不健全,管理不到位。

一些高校普遍重视科研项目的前期和后期管理工作,即积极寻找申报途径、预测研究成果以及研究后期发表论文、申请专利等,某种程度上忽视了项目实施中期的管理。

高校每年每阶段承接的国家、省部、厅市的科研项目众多,所要准备、申报、撰写的书面材料等任务繁多,由于科研管理人员数量有限,因而无法对大量的工作进行完全细致的管理,所以一些高校或多或少存在着管理不到位的问题。在改进过程中高校又自行设定"条例"和"暂行办法"等,意在建立起制度来保障科研管理质量,然而实际上又会面临着落实不到位、监管制度不健全等问题,不利于科研管理效率的提高。

建议:建立健全项目管理制度,放管结合,完善前中后期项目监管。

建立健全项目管理制度,放权于科研人员以研发自主权的同时,做好前中后三期的监管工作,做到放权与监管结合。摆正科研思想观念,不能重申报、轻执行。要将项目执行情况同样纳入绩效考核范畴之中。要使科研人员充分认识到申报项目与执行项目同等重要,并且从人事制度上保证教师按任务书要求认真实施科研项目,按时、高质完成项目(李丽,2002)。科研人员和管理人员要有一定的"合同意识",一方做好承担项目后的执行,另一方要加强规范与管理,不能让制度成为"一纸空文"。双方要加强沟通交流,明确权责。

三、科研评价管理方面

问题:项目绩效评价机制不健全;跨学科评价标准难以统一。

科研评价对高校科研工作的推进与改进、院系之间的竞争与合作发挥着重要的作用,同时也为科研管理部门的决策提供了重要依据。国家和高校为提高科研水平,出台了一系列可参考的评价方法,有些直接与教师职称评审挂钩。在众多评价方法中,高校大多采用定量的方法,然而数量多并不等同于质量高。同时,目前高校大多用论文所发表的期刊等级去衡量论文的质量,以文章是否在"核心期刊"、SCI 等收录作为一大评判依据,这一依据有其合理且权威之处,不过也不能以偏概全,学术论文的质量与期刊等级或许并不完全一一对应。

高校在进行科研评价管理时会遇到的一大问题就是跨学科科研质量的评价标准难以统一。据新加坡《海峡时报》2015 年数据统计,"每年有高达 150 万份经过同行评审的论文发表。然而其中许多在学术圈中很快被人遗忘,高达 82% 的人文学科、32% 的社会科学和 27% 的自然科学论文从未被引用过一次"。按照学术论文引文法的评判标准来看,自然科学类文章被引率是大于人文社科类文章的,其中理论性期刊的被引率大于应用性学术期刊(李新荣,2008)。因而,在跨学科的评价中,很难用一个统一标准来进行评价与衡量。

建议:完善绩效评价机制,规范科研评价流程。

美国著名的教育评估专家斯塔菲尔比姆曾说过,"评价最重要的意图不是为了证明(prove)而是为了改进(improve)"。因而高校的科研管理绩效评价机制也是为了改进高校科研管理模式,更好地提高科研效益的方法与手段。在"放管服"的政策背景下,高校应该完善绩效评价机制。要逐步完善科研管理效能绩效评价、项目执行绩效评价、科研人员工作量绩效评价等评价体系,并按科研项目性质实施分类评价、外部评价(刘静,2017)。同时完善多元评价方法,综合运用多种科研计量方法,并规范科研评价的流程,自评与上级评价相结合,反馈与奖惩相结合。

高等教育领域的"放管服"政策为高校自主办学提供更大空间的同时,也为高校自主管理带来了一定的考验。特别是在科研管理领域,要做到以人为本、简政放权、放管结合、优化服务更需要对科研管理的各个方面进行优化改进及改革创新。在这一过程中,要做到科学的"管",才有利于更好的"放","服"又为"放"与"管"提供了支持。高校在"放管服"政策下要进行科学的科研管理改革创新任重而道远。

科研管理各方面的问题都值得进行深入探究,找寻解决办法。本文所列举的目前科研管理中存在的问题虽具有一定的普遍性,但是并不是每一个高校都存在这些问题,因而在解决实际问题时各个高校还应具体问题具体分析,做到"对症下药"。

优化人才培养评价体系，提升大学生科创实践育人成效

| 王娇楠　邵鲁宁

创新创业教育是以培育大学生创新精神、创业意识和创新创业能力为核心目标的教育，需要深度融合国家战略、人才培养、学生个性化发展等多方面内容，引导学生把个人理想与国家社会发展需要紧密结合起来，在努力实现"中国梦"的伟大实践中创造自己的精彩人生。随着创新创业教育不断深化，更多的大学生科创活动正从第二课堂实践向第一课堂专业教育转化，应将自主创新能力评价引入人才培养评价体系，通过鼓励科创型大学生社团实践活动、延伸"校企合作"进入大学生培养计划、建立健全学生知识产权保护和支持体系等等，着力促进大学生自主创新能力的培养，有效提升大学生参与科创活动的积极性，从而切实提高实践育人效率。

一、大学生科技创新活动现状

受我国传统教育方式影响，高校学生专业理论知识相对扎实，实践创新能力相对不足，导致目前大学生参与科创活动过程中的有效成果转化比例较低。主要原因如下：

（1）创新能力培养评价指标不健全。大学生参与科创实践有多种形式，但是往往以创新项目或者课题为导向，突出表现为重项目申请、轻项目结题，重经费管理、轻过程控制，缺乏针对创新能力培育成效进行针对性评价的有效模式。

（2）实践育人缺乏应用型培养体系的有效支撑。高校育人工作成效往往以发表的论文、申请的专利、比赛的获奖等为考量，在育人过程中重指标、轻应用，大学生参与科创活动的成果转化缺乏一整套相关知识、技巧和保障体系的有效

作者王娇楠系同济大学校团委老师；邵鲁宁系上海市产业创新生态系统研究中心副主任，同济大学经济与管理学院创新与战略系教师。

支持。

（3）成果认定和知识保护支持体系不健全。目前针对大学生自主专利申请的支持途径主要为申请科技创新券，抵免部分申请费用。在读学生专利申请仍依托校内实验室申请，指导教师往往为专利第一申请人。

二、亟需健全大学生自主创新能力评价

新时期高校特别重视培养学生的自主创新能力，这是未来科技成果有效转化、服务国家社会的重要保证。培养大学生自主创新能力，不仅要重视具备较强的学习能力和扎实的学习基础、拥有较强的团队合作意识，还需要激发较强的创新意识和更高层次的愿景驱动。从创新来源的角度，鼓励原始创新，也要包容集成创新和引进消化吸收再创新。需要从知识结构、学习能力、团队意识、创新意识和共同愿景等多维度综合考量，考虑新的评价机制引入，促进现有科技成果转化和高校教育发展：

（1）打破单一的以竞赛成绩、学分认定为导向的评价指标和实施办法，以德育人，进一步增强学生的创新热情，以激励机制为引导，将定量化的评价体系与定性相结合。

（2）除了示范榜样教育和拔尖人才培养外，进一步推动双创活动的广泛性，从指标导向向能力导向转移。

（3）高校成果转化是直接的、指标的、显性的评价体系，而自主创新能力是一项长期的工作，是科技创新与文化创新共同促进发展的互动结果，不同性质的科创活动、创新能力，也需要有间接、长远和隐性的评价指标。

三、大学生科创促进高校科技成果转化的对策

1. 鼓励科创型社团、创新型课堂

高校应营造一个良好的科创竞赛活动的氛围，现行高校社团以校园文化活动社团为主，以学生兴趣为主，应该重视和培养学生科创社团，增加社团对学生的凝聚作用。同时重视发挥在科创方面有兴趣、有成绩、有感悟的朋辈教育。

在培养方案、教学计划中突出创新创业项目的内容，建设创新型课堂，如增设自主设计实验。目前大多数实验课均为验证型，开设自主设计类的实验可以培养学生创新能力，即让学生自己发现、提出并解决问题。考虑到实际操作的可行性，建议将自主设计类实验与传统类实验结合，即布置作业时让学生可自主选

择传统实验或是自主设计实验。

对本科生引入"导师制"课题,使本科生提前感受科研生涯。以同济大学土木工程学院为例,大三的每一名本科生都要求在网上选择一名导师及其课题,并在毕业之前按照课题的要求、目的去思考、实验,并要有一定的成果方能结题。且该"导师制"课题为毕业之前必须通过的内容。"导师制"课题给所有的学生提供了接触一线科研的机会,让学生能够更早地得到锻炼,发掘潜力。

2.延伸"校企合作"项目/课题至本科生培育阶段

"校企合作"项目、课题一直是高校贡献知识效益溢出的重要途径,但往往集中于课题组、实验室和某个特定学院,资源导向于较小优势学科。延伸"校企合作"至本科生阶段,一方面让学生尽早了解所学专业的实际市场情况,打破象牙塔局限,同时也利于企业未来的人才资源聚集;另一方面,企业的前瞻性、调研型课题可以向下沉淀,延伸至本科生阶段,进一步促进校企合作的深度和广度,为更多学生的科创活动提供市场导向,从而促进未来科技成果的市场转化更加可行。

3.专利知识融入创新教育、专利服务纳入高校学生群体

积极开展科创类的讲座,向学生讲解专利对于知识产权的保护作用,培养学生对自己知识资产的保护意识。随着创新创业在大学的深入展开,大学生的科创成果也不断地涌现。创新的成果是劳动成果,必须得到尊重和保护。应建立健全官方的大学生科技成果转化机构,完善制度机制,提升其大学生科创成果转化能力。目前在高校中,以学生为第一作者申请专利没有相应的支持体系,学生往往要以个体的形式直接申请,费用昂贵、流程复杂,也没有老师指导如何进行申请书的撰写等工作。现阶段,不少学生依托导师和实验室进行专利申请。尽快建立服务学生的专利体系,可以进一步盘活用好学生科创成果,形成全面的专利布局,加速知识产权价值实现,以此为牵引,助推高校科技成果转化。

破除"SCI 论文至上"需要"加减乘除"

| 陈　强

近日，科技部、教育部印发《关于规范高等院校 SCI 论文相关指标使用，树立正确评价导向的若干意见》，剑指"唯论文"和"SCI 论文至上"等问题，旨在推动高校科研转向高质量发展。

其实，SCI 不过是文献检索的一种工具，有其特定的筛选角度、逻辑和标准。只是被过度和扭曲使用了。问题出在哪里？首先，科技财政投入有绩效审计的要求，需要绩效指标支撑。高校科研组织的"行政化"色彩较浓，推动相关工作也需要"抓手"。于是，在一部分高校，SCI 论文成为科研水平和学科建设绩效的显示性指标，甚至变身为科研活动的"指挥棒"。其次，改革开放后，在大多数领域的国际学术竞争中，我国高校主要处于"跟跑"状态。在学术水平和治理成熟度还不太高的时候，选择 SCI 论文之类的指标，既是"偷懒"的结果，也有成本控制和效率提升方面的现实考虑。毕竟，在特定发展阶段，将 SCI 论文作为学术评价指标，简单直观，便于理解和执行。

相对而言，"破"易"立"难。在评价体系已"破"未"立"之际，高校科研能否实现高质量发展，关键在于做好"加减乘除"。"加"："因类制宜"，建立健全分类评价体系；"减"：大力减少项目评审、人才评价、机构评估事项；"乘"：激发专项治理的"乘数效应"；"除"：强调投入产出效率，提升治理效能。

"加"的关键在于"因类制宜"，建立健全分类评价体系。基础研究、应用研究、技术创新的规律不同，研究方式和成果形式各异。一般情况下，基础研究周期较长，以"慢研究""深研究"和"冷研究"为主，产出相对不确定。应用研究旨在实现某一特定领域的技术突破或解决生产和管理实践中的实际问题，有明确的结果导向，需要与时间赛跑。技术创新则更不一样，需要一只眼睛看供给侧，一

作者系上海市产业创新生态系统研究中心执行主任、同济大学经济与管理学院教授、上海市习近平新时代中国特色社会主义思想研究中心特聘研究员。

只眼睛看需求侧,其绩效与市场的相关度更高。评价工作必须尊重不同科研领域的规律和特点,拓宽观察维度,除了高水平论文外,还要关注发明专利、工程方案、行业标准、规范、专著、教材、工具书、提案、专报、政策文本、媒体文章、创意设计等成果形式。

"减"指的是"减量"。代表作同行评议是西方国家普遍使用的学术评价方式之一,事实证明公正有效。这次治理也要求"完善学术同行评价"。但是,问题在于各种评价名目实在太多,评审需求太过旺盛,真正能够入评审组织方"法眼"的专家却不多,要让评审专家在繁忙的教学、研究、行政、社会事务之余,耐心审读大量送审材料,并给予细致且公允的评审意见,难度可想而知。另外,海量的代表作同行评审所耗费的成本和时间惊人。因此,文件明确提出"规范各类评价活动,大力减少项目评审、人才评价、机构评估事项"的减量要求,接下来应抓紧进行专项摸底和梳理,大幅度删减各种劳民伤财,用处不大的"三评"项目。

"乘"指的是激发专项治理的"乘数效应",从点到线,由线及面,系统提升。破除论文"SCI 至上"只是一个"小切口",借此可以揭开高校学术评价改革的序幕,从职称评定、绩效考核、科研奖励、人才评价、学科评估、资源配置、机构排名等方面入手,推动全方位、深层次的科研体制机制改革,优化科技创新模式和科研组织方式,释放基层学术组织和科研人员的创新潜力,实现高校科研高质量发展的"大转向",为经济社会发展提供切实的保障。

"除"更多强调投入产出效率。从管理学角度看,分子关乎有效性,可以理解为目标实现。分母则指向为了实现目标,耗费的人、财、物、信息、政策等各类资源以及时间成本。推动高校科研高质量发展,既要关注目标实现,也要关注目标实现的质量及为之付出的代价。必须认识到,对于高校而言,支撑科研活动的资源是有限的,提升高质量科技供给的任务却是紧迫的,必须着力提升整个体系的治理效能。

近年来,高校科学研究蓬勃发展,"轻舟已过万重山"之后,"船到中流浪更急"。只要我们以破除"SCI 论文至上"为突破口,拿出更具针对性和操作性的"硬核"措施,推动体制机制改革,一定能够实现高校科研高质量发展,"直挂云帆济沧海"。

(转载自文汇报 2020-03-03)

破除"SCI 至上",关键要以"机制强度"破解"指标刚性"

陈 强

近日,科技部、教育部陆续颁布关于破除"SCI 论文至上"和"唯论文"导向的文件,旨在推动科学研究的高质量发展。其实,SCI 不过是科学引文索引,是开展科学研究的辅助工具,其初衷并非是用于评价。然而,在我国科学研究快速发展的过程中,SCI 论文等相关指标由于兼具效率和成本优势,在学术评价中备受青睐,一时间成为学术圈的"硬通货",逐渐被异化为科学研究的"指挥棒"。

其实,无论是"四唯"还是"五唯",都是特定发展阶段自然出现的现象,其出现的主要原因在于"机制不够指标补"。一旦学术评价的相关机制疲弱,指标就一定"逞强"。当前,论文、帽子、职称、学历、奖项等指标已经进入待"破"序列。但如果没有解决好学术评价的社会基础和机制建设问题,各种新"唯"依旧会"野火烧不尽,春风吹又生",并再次呈现出不折不挠的"刚性"。"指标刚性"是我国科学研究转向高质量发展的重要制约因素,文化氛围、人情观念、诚信体系等社会基础固然需要长期涵养和培育,但机制建设已势在必行。当前,必须主动作为,尽快形成"机制强度",破解"指标刚性"。

学术评价是一项综合性工作,关乎"谁来评""怎么评""评什么"等核心问题,应着重推动以下几方面的机制建设。

一是导向机制。学术评价在实践中,常常会陷入目标迷失、"初心"忘却的困境。近年来,推动学术评价改革的要求愈加明确,呼声日益高涨,目的就是要进一步引导和归化科学研究行为,使其更加符合国家战略意图。不同领域、不同类型、不同背景的项目评审、人才评价、机构评估的"初心"一致,都强调科学价值、创新质量和社会贡献,但贯彻和落实的方式可以有差异。以基础研究领域为例,

作者系上海市产业创新生态系统研究中心执行主任、同济大学经济与管理学院教授、上海市习近平新时代中国特色社会主义思想研究中心研究员。

推动更多"从 0 到 1"的重大原创成果产出,就是应该坚持的最大导向。在学术评价的维度选择和制度安排中,必须坚持和强化目标导向,不能让"初心"淹没在烦琐的指标和复杂的程序之中。

二是专家遴选机制。学术评价具有很强的主观性,需要一大批责任心强的高水平评审专家全身心投入。因此,必须采取各种方式,夯实专家的"战略储备"。一方面,可以通过大数据、人工智能、社会网络分析等手段,广泛收集各专业领域的专家信息,筛选入库;另一方面,在长期的项目评审、人才评价、机构评估实践中,各部门、各系统、各单位沉淀了海量的专家资源和评估记录信息,可以将这些数据的潜在价值充分挖掘出来,通过共享设计,整合跨部门、跨系统的评审专家数据库,构建基于网络的国家学术评价开放式管理平台。同时,可以通过大数据和统计分析技术,对专家的历史评价信息进行综合分析和评估,形成对专家职业素养的基本判断,建立专家信誉的"白名单"和"黑名单",并以各种方式对信誉优良的专家进行奖励或表彰。例如,全国哲学社会科学工作办公室采取定期公告的方式,对认真负责的鉴定专家进行公开表扬,起到了不错的激励作用。

三是信息公开机制。在学术评价过程中,既要严格按照保密规定,做好相关信息的保密工作,也要进一步完善信息公开机制,借助社会力量对评价过程实施监督。譬如,近年来推行的开放同行评议,通过公开专家身份信息、公开评审意见、开放参与评审等方式,在一定程度上改善了学术评价中的"信息不对称"状况,解决了传统同行评议中不够透明、缺乏激励等问题。例如,德国科技计划项目评审的第一条原则也是"公开透明",评估委员会成员必须知道评估的标准、程序、方法,被评估的科研机构事先有权了解所有的评估程序和方法,目的就是通过公开,解决学术评价中的公平公正问题。

四是责任追溯机制。学术评价涉及组织方、专家及评价对象三类主体,分别担负不同的评价责任。组织方主要负责信息和程序问题,既要负责与评审过程和结果相关信息的管理工作,也要保证学术评价按照规定程序进行,受理异议并及时纠偏,确保评价结果得到正确合理的利用。在同行评议中,评审专家往往具有"生杀予夺"的绝对权力。因此,专家的科学精神、职业操守、专业能力、投入程度缺一不可,是评价成败的决定性因素。除了依靠专家自律和采取激励措施外,还要建立健全相应的责任追溯机制。《礼记》中有"物勒工名,以考其诚,工有不当,必行其罪,以究其情"的记载,意思是说产品一旦出了质量问题,可以通过"所勒工名"追溯工匠的产品责任。学术评价具有导向作用,如果发生偏差,为害不浅。因此，应加强学术评价的责任意识教育和责任追溯机制构建，强化专家对于评审责任的认识，一旦发生"失职""渎职"情况，应严肃处理，调整出专家库并追责。对于评价对象而言，应保证提供材料的真实性和完整性，并承诺不对评价过程进行任何形式的干扰。

五是匹配机制。从基础研究、应用研究到技术创新，从自然科学、社会科学到工程技术，从"显学"到"非共识项目"和"冷门绝学"，研究规律和成果形式都不一样，学术评价必须因领域不同、视阶段而异、随对象调整，运用不同的理念、方法和工具进行分类评价。要努力实现三个层面的匹配。首先是人员匹配，专家不能是"包治百病"，对评价领域的基本情况及发展趋势要有足够的熟悉程度和理解深度。其次是评价的观察重点匹配，对此科技部发文中已有明确诠释。譬如，对国家科技计划项目（课题）评审突出创新质量和综合绩效，对国家科技创新基地评估突出支撑服务能力，对中央级科研事业单位绩效评价突出使命完成情况等。再次是评价方法和工具的匹配，不同的方法和工具都有特定的应用领域和用途指向。譬如，对于"非共识"项目，如果简单套用"小同行"评议的方法，很容易出现"同行封杀"的结果。对于此类项目可以拓展专家遴选的视野，引入战略科学家，由此形成的判断可能更准确。"工欲善其事，必先利其器"，不断丰富学术评价的方法论和工具箱，是提升学术评价有效性和效率的必要条件。另外，当评价对象复杂性程度较高时，仅仅采用单一工具，存在很大的局限性，需要进行"组合评价"，从更多维度去考量。譬如，在进行哲学社会科学发展水平评价时，既可以考虑成果的学术影响力，也可以审视成果的决策影响力，还可以观察成果的社会影响力。

学术评价要破立并举，破指标之"唯"，立机制之"全"，实现科研高质量发展的"大转向"。学术评价改革不是简单地拗断旧的"指挥棒"，换上新的"指挥棒"，而是真正从机制着手，切实提升"乐团指挥"及每一位成员的综合素质、业务能力及协同意识，并着力改善"乐团"的工作条件，培育和优化"演奏环境"，这样才能弹好科学研究高质量发展的"协奏曲"。

（转载自上观新闻 2020-03-23）

高校科研评价的复杂性及其导向思考

| 蔡三发　徐梦婷

自从科研工作变成一项职业性工作以后,科研评价就逐步变成一个问题,同时也变得越来越复杂了。在高校中,尤其是研究型高校中科研评价也是一直充满争议的问题。近年来,我国政府有关部门陆续出台了系列科技管理体制与科技评价相关的文件,例如《关于深化项目评审、人才评价、机构评估改革的意见》《关于开展清理"唯论文、唯帽子、唯职称、唯学历、唯奖项"专项行动的通知》《关于破除科技评价中"唯论文"不良导向的若干措施(试行)》《关于规范高等学校SCI论文相关指标使用 树立正确评价导向的若干意见》《加强"从 0 到 1"基础研究工作方案》等,无一不引起社会各界尤其是高校的广泛关注和热烈讨论。

各种科研评价问题的讨论以及各项政策的不断出台与纠偏,充分说明了高校科研评价的复杂性。此外,可以从高校科研工作的几个方面也可分析科研评价的复杂性问题。一是高校科研群体的复杂性,科研人员类别多样,有专门从事基础研究的,有专门从事应用研究的,还有科研辅助人员、学生等等,对其评价不能"一刀切";二是高校科研领域的复杂性,物理科学、生命科学、工程科学、社会科学等又有许多细分的学科和领域,相互交叉又不断创造新的学科和领域;三是高校科研过程的复杂性,不同科研项目的过程各不相同,实验方法、调查方法、推理方法等多种多样;四是高校科研成果的复杂性,著作、论文、专利、咨询报告、产品开发、技术应用等等不同形式。因此,由于高校科研工作本身的复杂性,实际上也就注定了高校科研评价问题的复杂性。

相当一段时期以来,通过对标发达国家一流高校的科技发展指标,发现了我国高校一些指标方面的差距,一些主管部门、高等学校和科研人员便将一些指标(例如 SCI 论文数量、专利数量等)作为规划、发展与评价的依据,部分异化了科

作者蔡三发系上海产业创新生态系统研究中心副主任、同济大学发展规划部部长、联合国环境署—同济大学环境与可持续发展学院跨学科双聘责任教授;徐梦婷系同济大学高等教育研究所硕士研究生。

研评价的价值导向,引发了社会及高校的不少诟病。进入新时代,在迈向"两个一百年"目标的征程中,高校应该充分认识科研工作及科研评价的复杂性,遵循科技创新规律,营造良好科研环境,树立正确科研评价导向。

一是要重创新。以创新为导向,聚焦前沿领域,努力实现重大成果创新和科技突破。为了能在国际刊物上发论文,一些科研工作者"为论文而论文",做的是追随性研究,跟踪别人的热点,不能很好体现引领与创新。科研评价应讨论这个研究是否产生了新思想和新理论,是否开拓了新的研究领域和研究方向,是否在理论或应用上有创新。

二是要重内涵。科研评价要重内涵,不能停留在形式科研上,要关注科研的实际水平和本质内容。要营造严谨踏实、求是创新的学风、教风以及科研风气,改变"唯论文"的倾向。科研成果不仅是论文,也可以是专利专著、学术报告、咨询报告、科技装置等。科研评价不能只注重形式而忽视内涵,也不能只注重短期利益而忽视长远效益。

三是要重贡献。科研的最终目的要贡献世界或者贡献国家,贡献一个是重要的导向,因此现在也特别强调"把论文写在祖国的大地上"。当前,对高校及高校科研工作者来说,要加强基础研究与应用基础研究,争取"从 0 到 1"的原始创新、"卡脖子"技术研发、重大科技成果转化等方面取得突破,作出更多更大的贡献。

四是要重绩效。科研经费不管是来自财政资金还是来自企业资金,总是希望经费投入能够产生好的效果,形成较好的投入与产出绩效。当然要适当考虑科研的不确定性与包容失败,但是加强科研的绩效评价与管理,对于科研经费有效使用与促进科研工作还是很有必要的。要构建合理的绩效评价办法,更多从内涵与贡献去评价科研绩效。

五是要重分类。分类评价要科学合理,注重绩效,对不同类型的学科以及不同水平的高校科研做出合理性评价,不能"一刀切"。要结合高校学科特点和发展定位,对不同类型大学和学科科研提出相应的评价机制和标准。研究型大学科研要多为国家重大战略服务,而应用型大学科研则更多为地方经济社会服务。分类评价既要让层次不一的高校找准定位点,也要让不同学科之间建立自己的科研评价体系。

疫情下高校在线教学短板因素分析

宫华萍

疫情爆发将在线教学推到了教育抗"疫"的前线,各高校紧急启动在线教学方案,将课堂教学搬到线上,开在云端。此次在线教学执行速度快、覆盖范围广、参与规模大,对于擅长线下课的普通高校来说,不论是老师还是学生,都是一次大考验和强练兵。疫情之下仓促迎战也必然暴露高校在线上教学的各种不足,当务之急是尽快找到短板,提出改进措施以补齐短板,让线上线下课程能顺利过渡和转接。

在网络调查、专家访谈和头脑风暴的基础上,从"人机料法环"五个因素方面对在线教学进行全面质量管理因素分析,构建教学质量保证因素鱼骨图(见图1)。"人"的因素主要是教师、学生和服务支持者,包括技术支持和教学管理人员等;"机"的因素是指线上教学所使用的软硬件设备,这里以软件设备为主,主要

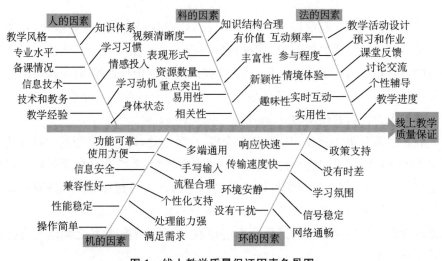

图1 线上教学质量保证因素鱼骨图

作者系上海市产业创新生态系统研究中心研究员,同济大学外国语学院高级工程师。

是各类在线直播教学平台、学习管理和资源管理系统等；"料"的因素主要是教学资料和教学内容，包括教学讲稿、参考资料、录像、作业及教师与学生交流、共享和共创的各种信息；"法"的因素主要是教学方法和手段，包括教学活动设计、教学互动形式、讨论交流和演示等方法的运用。"环"的因素主要是指线上教学开展的各种环境，包括网络环境、实体空间环境、操作环境和时间环境等。

基于对在线教学质量影响因素的分析，为进一步确定影响教学质量的关键短板，运用质量失效与影响效应分析（failure mode and effect analysis，FMEA）方法对表现出来的质量问题进行分析，并根据影响效应的大小和改进成本，聚焦两类关键短板问题（见表1）：一类是影响效应比较大的"长、难、慢"问题；另一类是虽然影响效应不大，但比较容易解决的"短、平、快"问题。这两类关键短板问题是在线教学质量微笑曲线的两端，亟需尽快提出解决方案，以保证线上教学能够快速平稳地接过线下教学的"接力棒"。

表 1　线上教学关键短板问题

关键短板	典型表现	因素归类
"长、难、慢"问题	1. 与老师沟通交流的频率低，缺少参与感 2. 无法了解不参与互动的同学的行踪或参与度 3. 基本为教师单向传播，学生反馈比较被动 4. 缺乏实时互动，缺乏当面讨论的氛围，不如在教室上课 5. 检查作业不方便，演示数最有限，无法全面了解学习效果 6. 课程进度较慢，过于注重互动而忽略书本知识传授，拖沓 7. 有效学习时长较短，课下作业很多 8. 上课容易走神，感觉没学到什么，效率很低 9. 对于实验类教学形同需求，很难理解实验原理 10. 听力等英语方面的不太好锻炼，不能边听边看多媒体课本，听到的声音也不太真实	互动频率 互动形式 学生参与 情境体验 教学方法 教学安排 知识结构 内容质量 结果反馈 课程适用 功能开发
"短、平、快"问题	1. 网络卡顿、高峰时容易掉线，影响签到 2. 语音和视频传输不流畅，经常卡顿 3. 板书不方便、公式演示和推导效果不好 4. 屏幕上要显示的内容太多，一个屏幕不够，操作不方便 5. 多人语音交流时，有回声、噪音或者串音现象 6. 课程录像最好能快进播放 7. 切换PPT或视频时有延迟 8. 技术还不熟悉，上课因为操作要耗费些时间 9. 课程排得太满，有时来不及吃饭，时间长了注意力下降，视力下降 10. 在国外或新疆地区上课，有时差，不方便	网络带宽 软件性能 设备兼容 声音处理 录像操控 课程安排 教学管理 技术熟练 生活节奏 时差调整 身体健康

通过对短板问题的梳理和归类可以发现,"长、难、慢"问题主要分布在教学内容和教学互动方式这两个方面,问题解决的关键在于教学内容的质量保证和教学方法的灵活运用;"短、平、快"问题主分布在环境、设备和教学安排等外围方面,问题解决的关键在于对软硬件设备质量、网络服务质量和教学管理方面的改进和优化。针对线上教学质量存在的关键短板问题,提出"扬'长'、避'短'、做加法、做减法、保稳定、促灵活"的改进措施(见图 2)。

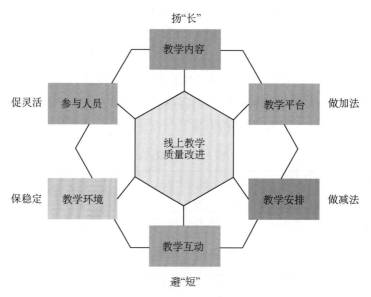

图 2   在线教学质量短板改进措施

(1) 教学内容方面——扬"长":继续保持高校线下教学的优势,发挥教师参与线上课程教学内容传递和创造的独特价值。在保证内容标准化质量的基础上,重点提高内容的适用性质量,包括内容的专业性(关联性、适用性、一致性、适用性、系统性、多样性等)、稀缺度(定制性、前沿性、特异性、生趣性、创新性、权威性等)和规范性(准确性、真实性、安全性、合法性、有效性等),使得内容有用、实用、生动有趣,容易理解,满足学生感官层、功能层和精神层的多层需求,从而吸引学生、留住学生、提高学习的主动性和自觉性。

(2) 教学互动方面——避"短":要通过各种方法和手段补充或规避互动方面的不足。可通对教学方法的灵活组合、教学内容的多维分享、教学过程的多样化划分、课前课后和课堂上的任务关联、微信/邮箱或 QQ 等其他沟通手段的补充等,形成"问题方便提、结果快反馈、参与全方位"的互动氛围和参与体系。在教学方法上,除了常规以教师为中心的讲授法、讨论法外,还有很多其他方法,如以相互作用为特色的小组讨论、同伴教学、小组设计,以个性化教学为特色的程序教学、独立设计教学和以实践实验为主的角色扮演、模拟场景,可以通过教学背景、知识点的串并联实现教学环境的多样化。

(3)教学安排方面——做减法:应充分考虑学习者精力和体力,做到两个"减"。一是减少较长时间的单一教学形式,比如长时间老师讲或放录像等,尽量采用多种教学形式以吸引学生注意力;二是尽量减少长时间在线上课,排课太满的学生可以申请调课,教学管理和服务部门应出台临时课程调整方案协助解决。

(4)教学平台方面——做加法:所用产品应在满足在线直播和资源共享基本需求的基础上,具备较好个性化设置和附加技术服务能力,以便于能在出现问题和需求时快速响应。对于有特殊需求的课程,如实验类或语言听力类课程等,建议在直播教学基础上能够兼容虚拟实验系统或听力训练测评系统等,预留接口以便于教师在课堂中方便切换。

(5)教学环境方面——保稳定:在网络服务方面,应尽快提高带宽传输速率,以购买带宽服务或软件的并发点数,解决资源传输中出现的卡顿、断网、掉线等问题。在操作环境方面,教学软件应继续保持目前已有的简洁明了风格,提高界面切换时出现的使用不变和延迟问题。在硬件方面,建议能够兼容多种品牌和类型的输入输出小型设备,提高操作的便利程度。

(6)参与人员方面——促灵活:在教师方面,应尽快对教学情况进行总结和反馈,通过课题组交流、学科交流等形式开展经验交流会,探讨教学内容、教学设计、教学方法、教学互动等方面的经验和交流,提高对线上教学的整体把控能力,扬长补短,保障教学效果。学生方面,应积极响应在线教学,端正学习态度,调整作息习惯,做好课前预习和课后作业,积极参与课堂教学互动,提高学习的有效性。

特殊时期,特殊课堂。找到短板,尽快改进,力争疫情结束时,在线教学能交出一份满意答卷。

高校良好创新生态构建路径思考

蔡三发

　　创新驱动发展,创新引领未来。习近平总书记强调,必须坚持走中国特色自主创新道路,面向世界科技前沿、面向经济主战场、面向国家重大需求,加快各领域科技创新,掌握全球科技竞争先机。而要实现创新驱动发展战略,激发创新,关键在于构建和营造良好的创新生态。区域、产业、科研院所和高等学校等方面都应该思考如何构建良好的创新生态,以更好地激发创新的活力和潜能。

　　许多高校已经在构建良好创新生态方面进行了探索。例如,浙江大学完善学科布局、推进交叉融合、培育重大成果,着力构建"综合交叉的创新生态系统"。再如,同济大学以年产值超 460 亿元的环同济知识经济圈为基础,全校参与并引入政府、产业、国际等资源,建设以培养拔尖创新人才为目标的"共生型创新创业教育生态系统"。

　　从系统的角度来说,高校应该融入全球科技创新的网络体系,融入国家与区域的创新生态系统,但是就高校本身也应该构建自身良好的创新生态,形成更好的创新环境,以更好地激发与促进科技创新。具体而言,高校良好创新生态构建可以通过以下几个路径来逐步推进与实现。

　　一是构建追求卓越的学术共同体,形成良好的创新氛围与创新文化。一所高校是否一流,关键在于学术一流。追求一流的学术是高校全体师生员工的共同任务,因此,高校应该积极构建追求卓越的师生学术共同体,形成全体师生共同责任与担当意识,形成全体师生追求卓越的意识,回归到科技创新的本真,在高校内部形成良好的创新氛围和创新文化,这是高校良好创新生态构建的首要工作和基础工作。

　　二是完善学科生态体系,促进多学科交叉融合。良好的学科生态有利于形

作者系上海产业创新生态系统研究中心副主任、同济大学发展规划部部长、联合国环境署—同济大学环境与可持续发展学院跨学科双聘责任教授。

成学科之间互相支撑态势,形成高校学科综合优势,协同多学科攻关重大科学问题。因此,高校要着力完善学科生态,促进内部各个学科之间的交叉与协同。多学科交叉将更好促进高校内部各个学科打破学科边界,以创新为导向,以重大科技问题研究为着力点,形成创新的合力。

三是推进科教融合,深化师生互动机制建设。高校相比科研院所最大的特色就是人才的培养,一批又一批的学生给高校不断带来新的创新力量,带来更多创新思想和创新意识。因此,高校应该结合自身特色与优势,扎实推进科教融合,将科技创新与人才培养紧密融合在一起,教与学相长、科与教相长,增强师生之间的互动与协作,促进科技创新与人才培养互相促进,既提高高校的科技创新水平,又更好地促进人才培养质量提升。

四是加强产学研合作,提高科技成果转化水平。国务院《统筹推进世界一流大学和一流学科建设总体方案》提出:深化产教融合,促进高校学科、人才、科研与产业互动,增强高校创新资源对经济社会发展的驱动力。高校要积极参与打通基础研究、应用开发、成果转移与产业化链条,推动健全市场导向、社会资本参与、多要素深度融合的成果应用转化机制,不断提高科技成果转化水平,更好地融入国家与区域的创新生态系统之中。

身临其境的在线教育，会重置大学教与学的逻辑吗

| 陈 强 杨 洋

突如其来的疫情，正在默默地改变我们熟悉的许多事物。原本缓慢前行的在线教学也因此不由自主地加快脚步，虽然步伐难免踉跄，但转眼就为我们揭开了未来教育的面纱。

在线教学对于不少老师和同学而言，还有许多不习惯之处。首先是路径依赖。毕竟大家都已经习惯于课堂教学，场景和模式已然固化。其次是在线教学所依托的基础设施还存在诸多缺陷。目前，在线教学装备主要是"电脑＋网络＋摄像头＋麦克风"，在某种意义上，装备会限制我们对在线教学未来发展的想象力。

网络是在线教学最重要的基础设施，尽管近年来我国网络基础设施发展迅速，但面对大规模高质量在线教学的实际需求，仍有巨大提升空间。另一个比较突出的问题是"现场感"欠缺，与课堂教学相比，师生普遍反映在线教学缺乏"现场感"，仅仅从电脑或手机屏幕的"小窗"中，老师比较难识别和判断学生的听课状态，从而对教学内容和方式及时进行适应性调整。加之缺乏表情、眼神及肢体语言的交流，在线教学很难激发老师的授课热情，并调动学生参与互动的积极性。

但是，随着5G、云计算、人工智能、大数据等技术发展以及新型基础设施逐步成熟，我们很快就会发现，当前在线教学所遭遇的瓶颈问题都将迎刃而解。

5G网络覆盖将使得声音、图像以及教学素材的传输更加流畅、稳定。大尺度全高清投影、虚拟现实等技术的广泛应用，将使得在线教学场景更生动、更富有层次、更容易产生"身临其境"的感觉。大数据分析技术的日臻成熟，将推动教

作者陈强系上海市产业创新生态系统研究中心执行主任、同济大学经济与管理学院教授；杨洋系深圳一得教育科技有限公司创始人。

学资源多维度和深度的开发利用，用于辅助教学的数据资源将更加丰富，各种数据库、案例集、工具箱将层出不穷，助推教学效率迅速提升。

当这一切成为现实时，未来大学教育的基本形态将发生哪些变化呢？

一、当装备能够时刻监督学习时，学生的学习自主性会极大提升吗

原因很简单，与教学相关的技术快速发展和深度应用，将重塑知识学习和能力习得的供给侧结构，以教师为核心，以教室为场景，以教材为媒介的既定模式将被打破，获取知识和技能的渠道、场景、方式将变得更加多元高效。

当大量优质在线课程可以轻易地低价甚至免费获取后，学生将有更多选择。更多的教学资源以更加快捷的方式提供，以更加友好的界面呈现，将为学生自主学习创造更多可能。基于大数据和人工智能的"智能督学"与"智能导学"系统的深入应用，也将进一步提升各类学生的学习自主性。

尽管自孔子而降两千年来，教育家一直强调"因材施教"，但在传统课堂教学模式中，仅靠教师以及助教的力量，仍然不可能完美跟进每一个学生的学习感受和学习进度。

然而，在"5G＋大数据＋人工智能"的技术支撑下，督学系统可以实时观察分析学生在客户端的行为模式，捕捉课程和作业的互动时间、键盘鼠标等输入操作频率、摄像头观测到的面部表情与眼球焦点等信息，从而判断其学习状态并给予协助。

导学系统则可以根据学生在课堂练习和课后作业中的细节表现，与已有大数据进行匹配归类，从而判断其理解难点并提供针对性的解惑资料。这种细粒度、客户化的学习体验，可以最大程度兼顾不同学生的知识基础和学习习惯，真正实现"差异化教学"，提升学生自主学习的能力和信心。

二、当学生和老师之间不存在信息不对称时，老师还是老师吗

当学生能够以更有效率的方式获取各种显性知识时，教师"传道、授业、解惑"的角色必须作适应性调整。

长时间以来，教师作为一种职业类型，也是基于各种"信息"的各种"不对称"而存在，这里所指的"信息"具有多元和多层次特征，包括知识、技能、阅历、经验、思想等方面，"不对称"则包括教师对教学过程的单向主导和全面操控、学生对于课程内容、授课教师及教学方式的有限选择权等。

在过去 20 年的发展中,一般性的知识和技能已经可以通过普通的搜索引擎和门户网站免费获取。较高层次的知识学习和较为复杂的技能传授,也已形成较为成熟的商业化供给模式。

从这个角度理解,教师要立足于社会,必须加快提升自我,致力于宽视野、深层次、体系化的知识和技能供给,引导学生改善逻辑思维,自主独立思考,快速构建分析框架,不断形成规律性认知。

在传统课堂中,教师是知识体系的提供者。而在不远的未来,由于各种知识信息都可以在网络中得到,所以教师的角色将会迁移为"知识体系的引导者"。一方面,教师基于自身对课程和学生的理解,筛选网络上适合的知识资源并推送给学生。另一方面,重点培养学生检索知识、分析问题的能力,使学生能够针对不同学习目标,自主思考和构建分析框架,并自主搜索适合的知识资源。另外,教师还可以从自己的修养、体验、感悟出发,在学生心智成长方面,发挥建议、启迪和滋养心灵的独特作用。

三、当教与学的逻辑被重置,大学还是我们熟悉的大学吗

大学的功能和布局将被重新定义。我们所熟悉的大学组织结构及功能设计,主要基于传统的"教"与"学"逻辑展开,当知识的供给侧和需求侧均发生深刻变化后,教师、教室、教材等可能不再是学生获取知识和技能的主要渠道,既有的"生产关系"就必须进行调整。

这里的"生产关系"包括大学的办学理念、组织架构、运行机制及保障体系。直至今日,大学通过教学组织系统和教学质量保障体系的运行,以颁发学历证书和授予学位的方式,给"产品"贴上各种"标签",这些"标签"顺理成章地成为用人单位招聘人才时的重要参考依据。

但是,我们无法排除未来出现这种情境的可能。如果社会上出现更有吸引力、更具效率、更加灵活的知识传授机构或方式,学生可在更短时间内获取某一特定领域工作所需的专门知识、技能乃至经验,甚至出现更公正、更具效率、更有灵活性的知识和技能认证机构或方式,其认证结果更为用人单位所接受,并得到广泛社会认可,那么,大学怎么办?

在科技创新理论中,大学一个重要的社会定位就是"公共的知识池塘",也就是生产知识并供给全社会,以作为企业机构创新发展的支撑。而在这种新的生产关系下,随着学生"生产"的社会化,大学"公共知识生产者"的地位可能得以进

一步加强，大学生产知识供给社会，社会教育机构运用这些知识培养学生。当然，大学本身也会直接培养学生，但是培养导向可能会逐步调整为"知识创造"，"技能就业"型的学生比例则会逐渐降低，转由更具效率优势的社会教育机构培养。

另外，在线教学的广泛应用，会推动在线科研的发展，从而导致变更知识生产方式。学科的边界将日趋模糊，交叉融合的特征更加明显，跨学科、跨领域、跨区域、跨组织的科研合作进一步深化。在这个过程中，教师和学生的知识和技能将在更大范围、更高层面、更综合的格局中快速提升。

在大学的空间布局和建筑形态方面，变化可能更大。大规模集中式的学生宿舍及配套设施将快速减少。教室和实验室的尺度和布局将被重新定义，大量智能教学设备及手段将被广泛应用，各种远程遥控机器人装置将会普遍应用到各种专业的实验室中，让身处不同地域、不同专业的师生共同协作，通过远程操作在同一建筑中完成试验。线上和线下融合将成为课堂教学的常态。

或许，这就是大学教育的未来。或许，未来已来。

（转载自文汇报 2020-04-24）

"转理念、加投入、立标准"

——提升在线教育质量

| 徐　涛　尤建新

受新型冠状病毒肺炎疫情影响,在教育部门统筹安排下,各级、各类学校均启动在线教学。根据教育部公布数据,截至 2020 年 5 月 8 日,全国有 1 454 所高校开展在线教学工作,103 万教师在线开出 107 万门课程,参加在线学习的大学生共计 1 775 万人。大规模的在线教学有效化解了学生居家学习的难题,但线下到线上的教学生态改变也给教育质量带来巨大挑战。

当前,国内疫情逐渐趋于稳定,不少地区已开始组织学生返校复课,但由于高校学生来源分布广、密切接触程度高,在疫情防控常态化下,在线教学将仍是开展教学工作的主要形式之一。着眼未来,5G 技术将使信息和数据迅速流通,大数据、虚拟现实和人工智能将使在线教育更智能、更精准、更有效,线上与线下教育将深度融合。针对当前在线教育暴露出的问题和挑战,笔者认为教育部门、高校和相关企业应当立足现在、着眼未来,"转理念、加投入、立标准",化挑战为机遇,推进在线教育创新、优化在线教育生态、提升在线教育质量。

一、转变理念,推进在线教育创新

在线教育初期,不少高校师生将在线教学作为一种短期"应急举措"。在线教学过程中,简单将线下课堂搬到线上,由于在线教育授课场景、模式的变化和现场感的缺失,教师和学生之间缺少互动交流和探究性讨论,教师难以实时获得教学反馈。部分教师照搬、套用线下课堂教学方式,没有针对在线教学的特点,对教学内容和方法做出调整,影响教学质量水平。

当前,随着疫情防控进入常态化,在线教育仍是高校开展教学工作的主要形

作者徐涛系同济大学经济与管理学院博士生;尤建新系上海市产业创新生态系统研究中心总顾问、同济大学经济与管理学院教授。

式之一。着眼未来,随着 5G、虚拟现实、人工智能等技术发展,未来教育的发展将是线上与线下深度融合,在线教育的重要性不断凸显。高校和教师需要立足未来,接受、适应传统课堂转为线上的教学生态变化,转变在线教育仅是"应急"的理念,持续提升在线教学能力。教学生态的变化对课程的环境、内容、方法、教师、学生等教学要素都提出新的要求,驱使高校和教师探索新技术与教学的深度融合,及时调整教学策略、改进教学方法、优化教学设计,在教学过程中推进教学内容创新、教学方式创新和师生协同模式创新。在线教育不仅对教师的教学能力素质提出了新要求,也需要高校创新管理模式,利用高校数字化信息平台,全方位、多维度了解在线教育过程中的教师、学生教学反馈,提高在线教育质量。

二、加大投入,优化在线教育生态

在线授课推动了高校在线教育生态的形成,但受制于网络、技术平台等基础设施短板,大量师生同时上课时,往往出现"教室"资源不足、网络拥堵等状况。此外,现有在线教育缺少"实践教学"技术和资源保障,尤其是针对部分理、工、医学类学生,作为专业学习的重要环节,实验环节的缺失将影响在线教育高质量发展。

针对当前在线教育基础设施短板,加大投入,优化在线教育生态是推动在线教育迈向高质量发展的关键举措。完善的在线教育生态可以看作是一个具备完善合作创新支持体系的群落,立足师生需求,教育部门、高校、企业等参与主体协同创新,发挥各自异质性,形成互相依赖和共生演进的网络关系。在线教育生态的优化,首先政府和教育部门需要做好在线教育顶层设计,建立引导在线教育发展的激励机制,保障在线教育资源合理配置,给予政策、资金支持,鼓励以高校为主体、其他教育机构参与的多元化在线课程开发体系,提升课程建设的质量和规模;其次,高校与企业需要进一步加强沟通、合作,强化技术支撑,发挥资源优势,合力克服课程设计与资源类型的单一问题,比如技术平台要重点关注交互设计,针对实践教学环节加大"线上实验室"开发力度等;此外,人才作为创新生态中的关键要素,培养和储备专业化的在线教育人才体系,也是优化在线教育生态的关键。

三、建立标准,提升在线教育质量

当前,在线教育仍处于不断摸索阶段,各高校结合自身信息化程度,选择不同技术平台和模式开展在线教学工作。多样化的在线教学模式也产生诸多问题,比如在线教学保障体系、技术平台建设缺少统一的规范化要求,教学质量评价标准和方法体系缺失等,均对在线教育质量带来挑战。

　　建立和完善质量评价标准是提升在线教育质量的重要保障。质量评价标准能够及时诊断出在线课程建设问题,是推动大规模在线教育课程良性发展和促进在线教育质量提高的重要手段。当前,高校在线教学已开展一段时间,教育部门和高校应在前一阶段的基础上,针对存在问题,进行经验性的总结,探索构建一个全面、客观、有指导意义的在线课程质量评价体系,针对平台技术要求、课程内容展示、师生互动环节、教学主体和客体要求、突发情况应对以及持续改进措施等方面对高校在线教育开展相应的标准化研究,以标准为工具开展在线教育质量评价,在发现问题的基础上提供有针对性的反馈,实现对课程质量的持续改进,提升在线教育质量。

如何客观看待我国科技成果转化绩效指标之间的关系

常旭华

自 2015 修改《促进科技成果转化法》以来,科技成果转化议题得到了中央和地方政府的高度关注。其中,"关于我国科技成果转化绩效表现到底如何"的争论从未停止。学术研究者、智库、政府部门等援引不同来源的数据佐证自己的观点。最典型的如"中国高校院所科技成果转化率只有 5%""中国大学的专利许可率不到 2%""中国大学专利转让与 R&D 投入对比得出的回报率不足 3%""中国高校接近 30% 的横向课题经费收入也是科技成果转化"等。的确,这些基于客观统计数据得出的结论都是真实的。但科技成果转化外延和内涵均比较复杂,单一数据推导得出的结论犹如"盲人摸象",很难客观反映我国科技成果转化的真实表现。在此,本文也想尝试一次"盲人摸象"。

一、科技成果转化可量化度量的几组数据

《促进科技成果转化法》界定的科技成果转化是指"为提高生产力水平而对科技成果所进行的后续试验、开发、应用、推广直至形成新技术、新工艺、新材料、新产品,发展新产业等活动"。这一定义包括了研究开发的过程和结果。按照这一界定,技术转让(包括专利申请权转让、专利权转让、专有技术转让、专利许可)、技术开发、技术服务、技术咨询、创办衍生企业都应被视为科技成果转化绩效表现的衡量指标。

二、我国高校院所科技成果转化的真实表现到底如何

科技成果转化绩效波动幅度大,即使在全球范围内也很难找到一个具有稳定绩效表现的标杆高校。因此,国内外高校的横向绩效比较意义不大,而由于我

作者系上海市产业创新生态系统研究中心研究员,同济大学上海国际知识产权学院副教授。

国政策环境的不断改善,纵向比较与结构分析对当前的政策完善更具参考价值。基于此,本文搜集了 2016—2019 年上海地区高等院校、科研院所的四技服务情况,分析其科技成果转化的真实表现。

表 1 上海地区高校的科技成果转化情况

卖方	买方	金额(亿元)	合同数(项)	技术服务	技术开发	技术转让	技术咨询
高等院校	国有企业、集体企业、联营企业	5.07	753	358	312	14	69
	外资、港澳台企业	2.1	118	62	53	0	3
	股份有限/有限责任/私营企业等	8.12	1 780	664	867	121	128
	高校院所、研究院所	1.2	712	454	207	0	51
	国家机关	0.12	47	20	7	0	20
合计	合同数		3 410	1 558	1 446	135	271
	合同金额	16.61		4.45	10.68	1.02	0.46

表 2 上海地区科研院所的科技成果转化情况

卖方	买方	金额(亿元)	合同数(项)	技术服务	技术开发	技术转让	技术咨询
科研机构	国有企业、集体企业、联营企业	1.44	102	85	16	1	0
	外资、港澳台企业	1.49	56	17	38	1	0
	股份有限/有限责任/私营企业等	4.699	332	178	114	40	0
	高校院所、研究院所	1.18	348	309	39	0	0
	国家机关	0.002	3	3	0	0	0
合计	合同数		841	592	207	42	0
	合同金额	8.811		2.14	4.93	1.73	0

从表 1 和表 2 看,可以得出以下结论:(1)无论是高等院校还是科研院所,从合同数量看,技术服务最多,从合同金额看,技术开发金额最大,而广为关注的技术转让无论是在"合同数量"或"合同金额"上都不占据优势;(2)技术转让的平均

合同金额最高,其次是技术开发,最后是技术服务和技术咨询;(3)股份有限/有限责任/私营企业、国有/集体/联营企业是主要的技术需求方,外资/港澳台企业、国家机关、高校院所作为需求方的比例很小。

单纯通过技术转让、技术开发、技术服务、技术咨询衡量高校科技成果转化绩效是不完整的,还需要进一步考虑校办企业、衍生企业的发展情况。2016—2018年间,上海高校与科研院所的作价投资合同金额达到6.35亿元,直接带动投资应超过18.14亿元(按无形资产占股35%计算)。进一步而言,本文通过天眼查数据库,以上海四所高校为例,检索其直接投资或通过其关联企业投资的参股/控股企业情况,结果显示,上海交大投资了数量最多的企业,这些关联企业注册资本高达528.22亿元,其次是华东理工大学(266.28亿元)。最后,本文检索了1 766家高校关联企业与所在高校的合作情况,发现二者之间的确存在紧密的"四技合同"关系。

表3　上海高校或校关联企业对外参股/控股企业情况

	学校或校关联企业对外参股/控股企业数量	出资额度(单位:亿元)	企业注册资本(单位:亿元)
上海交通大学	551	178.92	528.22
复旦大学	458	33.75	114.82
同济大学	526	92.63	189.92
华东理工大学	231	39.94	266.28
合计	1 766	345.24	1 099.24

三、如何看到几类科技成果转化绩效之间的关系

近几年,科技成果转化政策集中在"大幅提高科研人员收益分配比例""扩大税收优惠力度和范围""赋予科研人员职务科技成果所有权或长期使用权"三方面,这些政策大都直接服务于"技术转让"和"作价投资"。对此,部分学者和政策制定者不断提出异议,即"我国科技成果转化政策导向存在偏差,没有提及,也没有惠及占据主导地位的技术开发、技术服务、技术咨询",对这三类技术合同的重视程度不足,可能影响未来的整体绩效提升。

对此,本文认为这一观点值得商榷。理由如下:(1)需要客观看待科技成果转化几类绩效的关系,技术开发、技术服务、技术咨询绩效占比高恰恰反映了高

校过多介入了本应由企业独立完成的技术研发活动,进而导致技术转让和作价入股的缺位,这并非合理的成果转化结构,理想的科技成果转化中高校只需要做好基础研发,其余转化活动完全交由市场;(2)三类技术合同与技术转让之间是相互促进,而非相互替代关系,促进技术转让必然会带动另外三类技术合同的增长,因此没有必要通过挤压技术转让优惠政策空间的方式提升另外三类技术合同的相对重视程度;(3)以技术转让和作价投资为核心的科技成果转化活动,其技术层面和商务层面的复杂程度远远超过另外三类技术合同,需要额外的政策支持。

正因为技术转让和作价投资是科技成果转化体系中的短板,用其作为衡量指标仍是监测科技成果转化进展顺利的科学做法。至于技术开发、技术服务、技术咨询,按部就班发展就可以了,自然没必要强调其在科技成果转化中重要地位。

盘点后疫情时期产学研合作举措

| 秦函宇

2020 年新冠肺炎疫情加速了"百年未有之大变局"的演进,"人类命运共同体"理念得到充分彰显。疫情给不仅给高等教育带来了巨大冲击,产学研合作关系也在发生着调整与变化。4 月 8 日,习近平总书记在中共中央政治局常委会会议上明确要求:"面对复杂严峻的全球疫情和世界经济形势,我们要坚持底线思维,做好较长时间应对外部环境变化的思想准备和工作准备。"随着疫情的逐渐消退,后疫情时期产学研开展的走向也需要随着高校与企业携手创新方式方法,加速加快产学研合作,在全面服务国家重大发展战略的同时,促进我国科技与经济的复苏。

一、政府开通绿色专项:加速学校研发与企业生产节奏

新型冠状病毒肺炎疫情发生后,医药学科首先加速了产学研合作步伐。面对不断严峻的疫情防控形势,研究人员需要在尽可能短的时间内快速拿出检测试剂的成品,才能解决临床的迫切需求。科技界依照中央应对疫情工作领导小组部署,团结协作紧紧围绕病毒溯源、药物研发、疫苗研发、检测试剂以及试验动物模型等重点开展攻关,取得了积极进展,为抗击疫情提供科技支撑。各地政府为产学研合作开辟了绿色通道,以助力各地推动抗疫科研早出成果多出成果。

一方面,为高校疫情科研项目项目开通加急批复通道,助力应急攻关项目的开展。福建省聚焦检测诊断、临床治疗等关键技术问题,每个项目资助经费为20 万～50 万元,优先支持针对疫情防控急需、短期内能及时完成的申报项目。黑龙江省突出防控急需,采取"先研究、后立项"的方式,紧急组织启动"重症新型冠状病毒肺炎临床优化治疗研究"等 6 个应急防治诊疗技术科研攻关项目。天津市政府采用"定向委托＋绿色通道"的支持方式,重点支持前期已有相关基础,

---

作者系同济大学高等教育研究所硕士研究生。

短期内可投入临床应用的技术和产品,首批支持"新型冠状病毒疫苗"研发等 5 个项目,后续批次项目采用"需求预征集"组织方式,已面向全市公开征集。厦门市则开通立项"直通车",超常规采用免评审、经费定额包干并一次性下达等方式,确定首批 11 个应急攻关项目。在政府支持之下,厦门大学国家传染病诊断试剂与疫苗工程技术研究中心在一月就已启动了检测试剂的科研攻关工作。依托 5 个技术平台同步开展检测试剂研制,一个月后便与合作企业万泰生物研制出 11 个新冠病毒系列检测试剂盒,适用于大型医疗机构、基层医疗机构、出入境口岸、流行病学研究等不同场景的检测需求。

另一方面,药监局为企业生产诊断与治疗产品开通应急审批通道。上海交通大学医学院附属仁济医院与兄弟院校联合研发"现场快速检测试剂盒",聚焦现场快速检测需求,已获科技部优先支持,被推荐纳入药监局应急审批通道,为企业复工、学校复课、公共活动等较大规模人群进行鉴别提供支持。校企联合产出的检测产品已在全国 31 个省、自治区、直辖市的医院、疾控中心和出入境检验检疫局使用,总量达 100 多万人份;研制的全自动核酸检测仪日增检测 5 000 人份,大力助力全球疫情防控。北京卓诚惠生生物科技股份有限公司是专注于为医疗卫生领域病原微生物检测提供解决方案的高新技术企业,在新冠肺炎病毒测试产学研合作中,该公司快速研发出了新型冠状病毒 2019-nCoV 核酸检测试剂盒(荧光 PCR 法)。2 月 27 日,卓诚惠生与中国医学科学院病原生物学研究所联合研发的新型冠状病毒 2019-nCoV 核酸检测试剂盒(荧光 PCR 法)便获得国家药监局颁布的医疗器械注册证,开始向国内外市场大批量供应。

二、省市开创线上线下双通道产学研合作新模式

随着疫情的扩散,线上教育与合作快速兴起,线上线下双通道产学研合作新模式被开发应用。典型案例如江苏省扬中市科技局开启"后疫情时期"产学研合作新模式,充分发挥高校在支撑科技强市中的作用,赋能地方经济发展。

首先,开辟产学研合作新思路,多元助力创新发展。扬中市科技局采用线下走访"不停歇"、云上服务"不打烊"相结合,以微信、视频、电话等各种方式,充分发挥华东理工大学、西安交通大学、江苏大学扬中技术转移中心以及扬中发展促进会教科文分会的桥梁与纽带作用,加大高校推介和对接力度。依托市生产力促进中心和中国技术交易所扬中技术,精准匹配创新需求,开展线上线下高效对接。

其次,精选项目集结,开启"屏对屏"线上交流。经前期多轮线上交流对接,在 5 月末开展东南大学—扬中市产学研合作线上对接交流会。通过腾讯视频会议系统,东南大学的专家教授在线发布成果,与扬中 7 家企业开展线上对接交流指导。中电电气、天津重工、大全集团等有合作意向的企业也分别就各自技术需求与专家教授们进行了线上对接。后期,基本成熟的项目将进行签约。

最后,聚力服务企业,以"点对点"征集需求。技术需求是做好校地科技合作的基础,是企业与专家实现精准对接的关键。疫情爆发以来,市科技局各科室共收集全市各个企业创新技术需求信息 122 条,并将企业创新需求按技术领域进行分类筛选、汇总,通过各种渠道推送到 10 多个高校,为疫情防控期间做好产学研对接打下基础。

三、校企双方加快产学研创新基地建设

在推动"线上+线下"相结合的产学研合作之外,开创创新基地建设助力学校与企业深度合作不仅是顺应当今世界科技创新发展趋势的有力举措,也是应对后疫情期间经济复苏与科技发展的重要举措,典型案例如北大方正科技园的建设与发展。北大方正科技园作为"国家级科技企业孵化器",致力于打造以北京大学为核心的世界一流产学研创新基地。园区多年来积极链接国内外大学、科研机构、孵化载体和创业群体,整合国内外创新资源,建设"深圳核心—湾区研发—全国交互—全球交互"的产业影响格局。在后疫情时期的举措也值得借鉴。

第一,加速推动高校科技成果转化落地。北大方正科技园依托北京大学教学科研力量,打造"基础研究+技术攻关+成果产业化+科技金融"的全过程科技创新生态链。园区成功引进 55 个来自清华、哈工大、深大、荷兰乌特勒支大学、丹麦奥胡斯大学、香港大学等国内外著名高校的高新技术孵化项目来园创业。

第二,协助企业科研技术更新迭代。北大方正科技园设立产业技术研究院、公共服务平台、三个工程中心等,促进企业与高校院所、专业协会之间的技术转移、产学研合作。园区协助驻园企业——安达生物药物开发(深圳)有限公司对接北大深圳研究生院、深圳湾实验室、华中科技大学协和深圳医院开展"2019 新型冠状病毒疾病的免疫治疗策略多维度研究"项目,并推进后续的政府项目申报和技术合作。

第三,助力国际科合作开展。作为"国际科技合作孵化基地试点单位"、

"中国科协海智计划工作站"的北大方正科技园与加拿大研发智库共建中加联合科创中心(深圳),与中加技术转移中心共建中加技术转移中心工作站,与德国不莱梅雅各布大学中国全球化中心共建中德联合科创中心,为国内产学研合作提供国际思路。

四、高校成立应对疫情防控专项

把论文写在抗击疫情的第一线,把研究成果应用到战胜疫情中。各高校面对突如其来的疫情不仅没有放松科学研究,而且根据校情成立疫情防控专项联合企业一起攻坚克难。汇集各方科技力量,增强校企双方的医学科研攻关能力,激发出科技战疫的蓬勃动力。典型案例如上海交通大学,依托重点学科优势和学科交叉优势,在疫情爆发后迅速启动"新型冠状病毒防治攻关专项";浙江大学开办"后疫情时代企业化危为机—转型升级"培训班,旨在深刻洞察和敏锐把握"后疫情时代"企业改革发展,助力产学研合作。

上海交通大学成立"医工交叉专项"聚焦新型冠状病毒的快速检测、疫苗及药物研发、疫情防控和应急科普等方面研究,成立"软课题专项"围绕疫情的发生与演变、防控与管理、社会影响、疫情后评估等方面的问题和难点开展研究。同时,迅速启动"新型冠状病毒防治知识产权保护",支持科研团队提升专利质量,加快授权、提供知识产权检索分析、支持专利转化和应用。一方面聚焦当下重点研发攻关,把科研论文写在战疫工作中,为疫情科研攻关贡献智慧和力量;另一方面着眼全局统筹优势力量,在产学研结合中进一步提升科技战疫战斗力,将科研人才优势迅速转化为疫情防控生力军,在交叉融合中不断加强科研攻关能力,促进学科发展。

浙江大学为提升后疫情时期企业数字化转型升级,与临矿集团合作采用OMO远程教育模式,以网络技术手段构建线下培训仿真场景,实现线上线下深度融合,形成了学科交叉、政校融合、产学研结合、课堂教学与案例教学相结合的教育培训新模式。此次培训以浙江大学专家师资力量为依托,致力于帮助临矿集团完成 2019 年确定的建成"云上临矿"的总目标,加快创建常态化防疫下临矿以智能智慧为核心的经营管理新模式。乘借全国两会和新一轮国企改革之东风,为后疫情时代煤炭企业加快数字化转型、实现高质量发展提供临矿方案、创建临矿样板。

五、社会第三方成立产学研智库平台

现代智库,作为重要的智慧生产机构,是一个国家思想创新的泉源,也是一个国家软实力和国际话语权的重要标志。发挥发挥智库资源价值,能够有效地化解疫后风险,助力于全国企业复工复产。典型案例如武汉市于 6 月中旬成立的公益性、开放性、权威性智库平台——武汉地产研究院,标志着武汉市首个产学研用一体化、市场与理论研究相结合的智库平台诞生。

在智库定位方面,武汉地产研究院以公益性、权威性、开放性作为风向标,担起城市观察者、行业瞭望者的角色。身为国内商品房成交量最大的城市之一,高度专业化的地产研究机构方能与武汉的城市价值相匹配。院长级智库团队的成立,能够更好地为行业发展保驾护航。

研究院将追踪市场运行最新动向,向主管部门呈送前瞻性、建设性咨政建议,发挥行业发展冷静思考者的作用,积极推进房地产行业平稳健康可持续发展。

在智库运行方面,武汉地产研究院将设立公众号,定期发布《武汉地产白皮书》《武汉地产研究院年鉴》等数据成果,定期举办东湖地产大讲堂、武汉地产研究沙龙、武汉楼市区域论坛等主题活动,借助多种宣传渠道,输出研究项目,传播市场信息,促进理论与市场互动。主题活动由来自于武汉各大高校、研究机构的院长级专家学者陆续登台开讲,为业内外奉献理论与实践相结合的思想盛宴,带来一系列贴近市场发展热点的研究成果分享。

本次疫情给中国高校科研团队敲响了"警钟",更是为产学研合作带来了新的机遇与发展机会。在全球疫情发展的情境之下,顺应科技创新发展趋势,持续深耕"产学研"产业定位,遵循市场规律,优化创新资源配置,推动创新要素集聚,才能够促进国内外高校团队和企业提升创新能力和市场竞争力,带来后疫情时期的快速发展。

健全符合科研高质量发展要求的科学建制

| 周文泳

高质量发展是党的十九大报告提出的新概念,是一种内涵式发展状态。科研高质量发展,是指能够促进科技进步、支撑社会经济高质量发展、增强基础组织和社会公众获得感的科研发展状态。良好的科学建制是科研高质量发展的重要条件保障之一。及时发现并完善科学建制的薄弱环节,有利于促进我国科研领域的高质量发展。

一、我国现行科学建制的薄弱环节

科学的社会建制(简称"科学建制"),是自然科学发展过程中为摆脱自发随意状态而成立的一系列专门的组织机构,由科学价值观念、行为规范、学术组织系统和物质支撑等要素组成。从宏观层面看,制约我国科研高质量发展的科学建制的薄弱环节如下所述。

(1)科研价值观念问题。由于自上而下科研评估导向问题和各类机构发布排名榜的误导,引发了基层科研单位的以"四唯/五唯"为代表的不良绩效观,形成了过度功利化的科研文化和扭曲的价值观,使得科研人员背离了科学研究的初心和使命,不利于科研人员树立家国情怀和崇尚科学的理想信念。

(2)科研行为规范问题。由于宏观层面的科研伦理和科研诚信等法律、法规和制度建设相对滞后,降低了违背伦理和失信等不端行为的风险和代价,不利于基层科研单位和一线科研人员养成良好的科研自律。

(3)财政科技投入问题。我国公共财政科技投入中,存在保障性科技投入占比偏少和竞争性科技投入占比过高问题,引发了基层科研单位和的科学共同体的无序竞争,形成了基层科研单位和科学共同体的"小群体利益至上"的割据

作者系上海市产业创新生态系统研究中心副主任、同济大学经济与管理学院教授、同济大学科研管理研究室副主任。

局面,直接影响财政科技投入的产出效果,不利于一线科研人员平心静气地做学问。

二、健全顺应科研高质量发展的科学建制

为了顺应我国科研高质量发展需求,迫切需要消除科学建制中的薄弱环节,在此提出如下三点建议。

(1)自上而下导正科学研究的价值观念。在宏观层面,国家政府部门需要消除在科研人才、科研机构和科研项目评估中存在的功利化的价值导向问题,在科技领域放管服改革中,健全国计民生至上的科研法律法规建设,规范各类功利化的机构排名行为,营造崇尚家国情怀、科学精神的科研文化氛围,引导基层单位树立良好的政绩观,引导科研人员树立家国情怀和科学理想。在微观层面,基层科研单位需要扭转"唯排名"等功利倾向的不良政绩观,树立国计民生至上的大局观,树立国家利益和人民利益至上的政绩观;科研人员需要自觉摆脱"四唯/五唯"的功利倾向,树立具有家国情怀和崇尚科学家精神的理想信念。

(2)加强制度建设守住科研行为规范底线。在行为规范方面,宏观层面需要明确科研行为规范的政策底线,健全科研伦理、科研诚信等方面法律、法规和制度建设,强化相关法律、法规和制度的执行力度;基层科研单位需要强化对科研人员在科研行为规范的负面清单管控力度,以利于增强基层科研人员遵守科研伦理和科研诚信的自觉意识。

(3)提升对科研人员保障性科技投入比重。在宏观层面,建议国家相关管理部门合理提升保障性投入比重,适度降低竞争性科技投入比重,消除因基层科研单位之间和科学共同体之间的无序竞争局面而引发的"小群体利益至上"的割据局面,以利于为基层科研单位开展面向国家需求的有组织科研活动提供必要的条件保障。基层科研单位要合理提升科研人员保障性经费比重,并为科研人员提供必要的科研条件保障,引导科研人员平心静气创造高质量的科研成果。

(本文节选自上海质量第三期[周文泳.疫情论文风波反思:论科学研究的高质量发展[J].上海质量,2020(3):58-62.],并对个别文字作一些修正。)

大学科技园不必"十项全能"，
但要学会"广结善缘"

| 陈　强　戴大勇

　　我国经济社会发展和民生改善比过去任何时候都更加需要科学技术解决方案，都更加需要增强创新这个第一动力。作为科学技术研究的重要基地，高校理应积极响应国家战略需求、潜心深耕。大学科技园是高校科学研究和技术发明成果"落地""入市"的中试平台，理应成为高成长性创新型企业的孵化基地。

　　高校作为知识的供给者，在科学研究方面着重解决的是从 0 到 1 的突破。大学科技园应扮演好"接力者"的角色，努力完成从 1 到 10 的跨越，并将"接力棒"传递下去，让更多企业将 10 的能量放大到 100 乃至更多。为了实现这一目标，大学科技园应着力强化三种能力。

　　首先是发现能力。大学科技园应练就一双"慧眼"，一方面要建立信息收集的机制和渠道，及时了解和把握高校相关学科的重要科研进展，及时了解知名学者和活跃团队的最新研究动态，并通过运用知识图谱、技术雷达等分析技术，从大量的科技成果"弱信号"中去伪存真，见微知著，发现具有开发价值和商业机会的线索。另一方面，要瞄准世界科技和产业发展前沿，深刻理解创新型企业潜在的技术需求。综合以上两方面的研判，在形成有价值的发现后，大学科技园应组织专业力量，着手进行"概念验证"，论证各种创新想法、论文及专利成果的商业化可行性，进而作出是否具有转化价值的判断。

　　其次是链接能力。囿于人力资源、专业深度等因素，大学科技园自身不太可能也不必"十项全能"，关键在于能"广结善缘"，要善于集聚和链接各种功能性资源，构建高校知识供给与企业技术需求的良性互动局面，将科学家的好奇心、企业家的进取心以及资本的趋利性有机地结合在一起。就科技创新来说，不少功

　　作者陈强系同济大学经济与管理学院教授、上海市产业创新生态系统研究中心执行主任；戴大勇系同济大学国家大学科技园总经理。

能性资源分布于高校内外，涉及概念论证、技术熟化、企业孵化、政策解读、应用场景构建、市场研究、知识产权服务等各个方面，贯穿于"创新想法—科学发现—技术发明—工程化—商品化—创办企业"的全过程。大学科技园要扮演好"催化剂"和"黏合剂"的角色。

第三是转化能力。大学科技园的发现能力意在"选种"，链接能力主要是为种子的萌发和成长创造必要的条件，营造良好生态。当这些条件初步具备后，"田间管理"就显得尤为重要了，其水平高低直接决定了最终的"收成"。"田间管理"所指向的转化能力，是一种因势而谋、应势而动、顺势而为的体系化能力，具有多主体、全周期、高协同等特征。既涉及技术交易、企业孵化等"显性转化"，也关乎思想交流、知识互动、创新创业教育、管理提升等潜移默化的"隐性转化"，需要校内外不同类型的主体协同行动，需要各种功能性平台的"起承转合"。

大学科技园的当务之急是强化以上三项能力，并推动相应的管理机制改革，争取在加强创新网络内部连接，提升产业链现代化水平，推动经济社会高质量发展方面发挥更大作用。

（本文转载自文汇报 2020-10-22）

新时代教育评价改革与高校创新生态重塑

蔡三发

日前,中共中央、国务院印发了《深化新时代教育评价改革总体方案》,这是新中国第一个关于教育评价系统性改革的文件,文件紧扣破除"唯分数、唯升学、唯文凭、唯论文、唯帽子"的顽瘴痼疾,立足基本国情,坚持积极、稳慎、务实,改进结果评价,强化过程评价,探索增值评价,健全综合评价,既大力破除不科学、不合理的教育评价做法和导向,又着力建立科学的、符合时代要求的教育评价制度和机制。

2020年10月23日,中央教育工作领导小组秘书组、教育部在京召开贯彻落实《深化新时代教育评价改革总体方案》电视电话会议,深入学习贯彻习近平总书记关于教育的重要论述和全国教育大会精神,对抓好《总体方案》落实落地进行安排部署,中组部、中宣部、科技部、人社部以及教育部等多部门都对落实新时代教育评价改革提出具体的举措和要求。

总体上,《总体方案》是指导当前和今后一个时期深化教育评价改革的纲领性文件,将对整个中国各个层次教育产生深远的影响,促进中国教育系统改革与发展。对于高等学校而言,深化新时代教育评价改革,对高校教育教学的改变将是巨大的,同时,也将有利于重塑高校的创新生态,促进高校的内涵式发展、高质量发展与可持续发展。具体来讲,随着新时代教育评价改革的深化,其对于高校创新生态的重塑将逐渐体现在以下四个方面:

一是对高校创新文化的重塑。长期以来,高校科技创新存在某种程度的功利主义,实用主义、短期主义、"重应用、轻基础"倾向突出,其结果往往容易忘记创新的初衷。新时代教育评价改革将扭转这一倾向,根据不同学科、不同岗位特点,坚持分类评价,推行代表性成果评价,探索长周期评价,完善同行专家评议机制,注重个人评价与团队评价相结合。相信相关改革将重塑高校创新价值追求、

作者系上海产业创新生态系统研究中心副主任、同济大学发展规划部部长、联合国环境署—同济大学环境与可持续发展学院跨学科双聘责任教授。

创新目标与创新文化,引导广大教师潜心教学与科研,注重原创,注重追求科技创新的"本真",更好地"坚持面向世界科技前沿、面向经济主战场、面向国家重大需求、面向人民生命健康",形成追求真理、追求卓越的创新文化。

二是对高校创新人才培养的重塑。高校的核心职能是人才培养,目标是培养创新型人才,以更好地服务经济社会发展的需求。新时代教育评价改革尤其注重创新人才培养的引导,"改进学科评估,强化人才培养中心地位,淡化论文收录数、引用率、奖项数等数量指标,突出学科特色、质量和贡献","制定双一流建设成效评价办法,突出培养一流人才、产出一流成果、主动服务国家需求,引导高校争创世界一流"。相关改革将进一步促进高校强化一流人才培养中心地位,整合各类资源聚焦人才培养,深化科教融合,促进学生德智体美劳全面发展,培养更多创新型人才。

三是对高校创新质量的重塑。一段时期以来,"唯论文""唯项目""唯专利""重数量、轻质量"等倾向在高校科研评价工作中还比较突出,不利于提高高校教师科研水平。为引导树立科研评价的质量和贡献导向,加快破除"唯论文"等突出问题,新时代教育评价改革突出质量导向,教师科研重点评价学术贡献、社会贡献以及支撑人才培养情况,不得将论文数、项目数、课题经费等科研量化指标与绩效工资分配、奖励挂钩。甚至进一步提出:"对取得重大理论创新成果、前沿技术突破、解决重大工程技术难题、在经济社会事业发展中作出重大贡献的,申报高级职称时论文可不作限制性要求。"相关改革将由重视"量"到重视"质",注重高校创新的内涵式发展和高质量发展,引导广大高校师生努力争取高水平、有价值的研究成果。

四是对高校产学研合作的重塑。高校要积极参与打通基础研究、应用开发、成果转移与产业化链条,推动健全市场导向、社会资本参与、多要素深度融合的成果应用转化机制,不断提高科技成果转化水平,更好地融入国家与区域的创新生态系统之中。目前,这方面的工作有待进一步推进,高校的知识溢出还有待进一步深化,高校与社会、产业融合程度有待进一步加强。新时代教育评价改革提出:健全"双师型"教师认定、聘用、考核等评价标准,突出实践技能水平和专业教学能力;完善实习(实训)考核办法,确保学生足额、真实参加实习(实训)。加上之前相关文件提出的"深化产教融合,促进高校学科、人才、科研与产业互动,增强高校创新资源对经济社会发展的驱动力"等要求,将进一步深化高校产学研合作,促进产教融合,更好服务经济社会发展。

我国职务科技成果的产权配置逻辑与路径

常旭华　霍　晨

近年来,围绕财政资助形成的高校院所职务科技成果所有权的改革,其核心思路是权利主体从抽象的"国家"下放到具体单位,再逐步扩散到科研人员。围绕此,我国一方面正在修订《专利法》关于"职务发明认定"和"发明人奖励"两项条款;一方面通过《赋予科研人员职务科技成果所有权或长期使用权试点实施方案》,加快试点,寻找最优方案。可以判断,针对财政资助形成的职务科技成果,如何在国家、单位、个人之间合法合理地配置科技成果所有权及相关权益,已成为新一轮科技体制改革的重点内容。

一、现有产权配置体系合理吗?

按照我国现行《专利法》《科技进步法》《促进科技成果转化法》的规定,我国基于财政资金形成的职务科技成果及其相关知识产权归项目承担单位(高校院所)所有,由单位自主对外许可、转让、作价投资,上级主管部门和财政部门负责监管,发明人享有获得报酬和奖励的权利。从制度设计看,这一产权配置体系顾及了国家、单位、个人的利益诉求,具有较高的制度合理性,与全球主流的"单位主义"相吻合。

然而,从转化实践看,这一产权配置体系未得到有效运转,具体表现为:"国家—单位"之间权责不清晰导致"权利和权力分离",高校享有科技成果带来的完整收益权,但其管理权限(权力)受到主管部门和财政部门的约束,导致高校院所行使权力过程受到非市场因素的干扰,产生"不能转、不愿转"现象;"单位—个人"之间利益分配滞后,尤其是"投资"和"奖励"行为不同步发生,实践中股权奖励因涉及备案审批、股东表决等程序,使得股权奖励滞后较为普遍,甚至直到股

作者常旭华系上海市产业创新生态系统研究中心研究员,同济大学上海国际知识产权学院副教授;霍晨系同济大学上海国际知识产权学院硕士研究生。

权变现时单位才兑现奖励。

因此,尽管制度看似合理,但实践中出现的"转化时间过长、奖励时间过长",大大降低了发明人从事科技成果转化的成功概率预期与经济收益预期。由于科研人员不配合,进而导致财政资助职务科技成果转移转化效率偏低。

二、权属配置的一般逻辑

财政资助职务科技成果的产权配置本质上是一项经济制度,解决市场规律下的核心效率问题,同时兼顾法律层面的公平正义。诺贝尔经济学奖获得者科斯教授指出:"只要交易成本为零,那么无论产权归谁,都可以通过市场自由交易达到资源的最佳配置。"实践中,交易成本不可能为零,只能通过优化产权配置的方式寻找交易成本最低的权利归属模式。附表列出了"国家主义""单位主义""个人主义"的交易成本概况。由于国家、单位、个人之间的关系结构具有多样性,所处的市场环境、行政管理结构也不尽相同,因此,权属配置必须与一国国情相结合,不存在一成不变的最优结构。这也是为什么部分欧洲国家实施"拜杜规则"后又再次放弃的根源。

三、启示

结合我国现阶段国情,针对我国财政资助职务科技成果产权配置,提出如下建议:

（1）主体积极性不足是当前科技成果转化成效偏差的主要矛盾

面对科技成果转化,由于"转化时间过长、奖励时间过长",高校院所负责人、发明人一方或双方普遍存在积极性不足的问题,这已成为主要矛盾。通过将发明人纳入财政资助职务科技成果的赋权范围,一方面可以充分调动发明人的积极性,缓解对单位负责人主观能动性的过度依赖;另一方面也会降低单位与发明人之间的信息不对称,矫正发明人的"体外循环"意愿,"以赋权换披露",促使其"创业阳光化"。

（2）产权配置应"非自动触发",约定为主,法定为辅

财政资助职务科技成果的产权配置需要充分考虑程序合理性。在明确"可以"向发明人赋权的讨论前提下,应当明确赋权程序不是"自动触发的",应当以"约定为主,法定为辅"。具体而言,所谓"约定为主"是指在职务科技成果形成时,发明人向所在单位清晰描述成果的潜在商业应用前景、自身直接参与转化的

优势,获得单位认可后,发明人与单位签订赋权协议,约定权属比例及未来可能受益的分配。所谓"法定为辅"是指有明确证据或足够长的时间证明,高校院所没有花费必要精力从事成果的转移转化,发明人可以向单位申请取得知识产权。除非满足上述两种情形,否则单位不得"自动地"向发明人赋权。

附表:"国家主义""单位主义""个人主义"的交易成本对比

	优点	缺点
国家拥有职务科技成果	• 最大限度维护财政资助职务科技成果的外部性	• 审批手续复杂,交易成本高 • 公地悲剧,激励机制缺失
高校拥有职务科技成果	• 市场机制作用发挥导致交易成本降低 • 提供更专业的技术服务	• 高校经济导向损害社会公共利益
教师拥有职务科技成果	• 信息不对称缓解导致交易成本降低 • 培养了教师的企业家精神	• 对基础研究和人才培养有负面影响 • 反公地悲剧,过度激励

高校职务科技成果产权配置的改革争议是什么

常旭华

近年来,为推动国家设立的高等院校、科研院所(以下简称高校)的科技成果快速转化为生产力,继收益分配、税收激励、国有资产监管放松之后,产权配置改革成为最新的热点。初步统计,目前中央层面的文件有 6 部,地方人大通过的有 3 部,涉及北京、上海、深圳、四川、西安、福建、浙江、湖北等高校密集的省市。其中,最新出台的《深圳经济特区科技创新条例》相比其他地方条例更为激进,明确规定"高等院校、科研机构应当赋予科研成果完成人或者团队科技成果所有权或者长期使用权"。从"可以"到"应当",反映出地方政府对产权改革制度破解科技成果转化所寄予的厚望。然而,现在的产权配置改革路线合理吗?真能一劳永逸地解决科技成果转化难题吗?答案恐怕不是。对此,政府层面、实务界、理论界(尤其是法学界)并未形成一致共识。

一、财政资助科技成果或发明是否具有法律上真正的产权属性

据多位法学界专家考证,我国关于职务科技成果的概念最早源于 20 世纪 80 年代,为了解决科研任务分配制下技术成果得不到充分利用带来的"公地悲剧",化工部、轻工部及部分地方政府提出"技术有偿转让"改革,本质上是在"科技成果全民所有"前提下通过赋予完成发明的单位所有权,作为其他单位与之结算报酬的依据。因此,早期关于科技成果所有权的提法,其所有权四项权能(占有、使用、收益、处分)并不完整,只拥有收益权。部分学者因此认为,我国财政资助科技成果/发明首先要明确的是"所有制"问题而非"所有权"问题。即便退一步讲,高校科研成果已产生但未形成知识产权的一段"空白期",目前法律上的确没有明确的产权界定。

作者系上海市产业创新生态系统研究中心研究员、同济大学上海国际知识产权学院副教授。

二、现有职务科技成果产权配置体系合理吗

按照《专利法》《科学技术进步法》《促进科技成果转化法》的规定,我国基于财政资金形成的科技成果及其知识产权归项目承担单位(高校院所)所有,可以自主对外许可、转让、作价投资,上级主管部门和财政部门负责监管,科技成果完成人(科研人员)享有获得报酬和奖励的权利。从制度设计看,其充分平衡了资助人、项目承担人、科研人员的利益诉求,具有较高的制度合理性,并且与全球主流的"单位主义"相吻合。

然而,从职务科技成果的转移转化实践看,这一产权配置并没有得到有效运转,具体表现为:"国家—单位"之间权责不清晰导致"权利和权力分离";"单位—个人"之间利益分配滞后,高校院所通常"先投后奖"实施成果转化,这使得"投资"和"奖励"行为不是同步发生,特别是股权奖励滞后非常严重;收益与风险严重不对等,高校在科技成果转化的定价、股权变动、破产清算环节均承受巨大的决策风险与审计风险。

三、职务科技成果产权配置体系改革方向正确吗

针对高校院所科技成果转化中的现实障碍,一方面财税部门出台文件取消科技成果转化过程中涉及的国有资产审批备案,解决"转化时间过长"的问题;另一方面正在修订《专利法》第 15 条,科技部等 9 部门印发了《赋予科研人员职务科技成果所有权或长期使用权试点实施方案》(国科发区〔2020〕128 号)。这些文件尝试确定全国统一化的产权配置改革方向。然而,从现实情况看,地方政府似乎并未完成照此安排。例如,四川省科技厅等 10 部门印发的《关于深化赋予科研人员职务科技成果所有权或长期使用权改革的实施意见》《深圳经济特区科技创新条例》既没有遵循国科发区〔2020〕128 号文的精神,也没有遵照现行《专利法》及《专利法》修正案的改革方向。回顾《拜杜法》,其最成功的一点是统一了各联邦部门对资助形成专利的不同管辖制度。我国的职务科技成果产权配置体系如果不能做到全国统一化、标准化,制度空隙造成的寻租行为将使其实际效果大打折扣。

四、按照现行职务科技成果产权配置改革方向,可能出现什么后果

当前,我国的职务科技成果产权配置改革做法,预判可分为四类情形:

（1）单位和个人均无动力参与科技成果转化,此种情况下双方实施效率均很低,加强对个人的产权激励可能会激发个人主动实施成果转化,同时,也不用担心对个人的产权激励会引发单位的权利损害和不满,即实施产权配置改革不会带来显著的坏处。

（2）单位有动力参与科技成果转化,个人无动力参与,此种情况下单位的实施效率显著高于个人,加强对个人的产权激励的影响是双向的。当单位和个人目标一致时,产权激励有利于激发教师更好地实施科技成果转化;但当单位和个人目标不一致时,产权激励提高了个人在成果转化中的谈判能力,变相损害了单位的实施效率。因此,此种情况下实施产权配置改革给成果转化带来的影响具有不确定性。

（3）单位无动力参与科技成果转化,个人有动力参与,此种情况下个人的实施效率高于单位,加强对个人的产权激励会进一步突出激励效果,同时产权激励也不会破坏单位对个人拥有产权可能的不满。即实施产权配置改革有利于成果转化。

（4）单位和个人均有动力参与科技成果转化,此种情况下单位和个人实施效率均较高,实施产权激励的影响是双向的。当单位和个人目标一致时,产权激励有利于进一步调动个人积极性,但激励效果相对小些;但是,当单位和个人目标不一致时,产权激励迅速提高了个人的谈判能力,使其阻碍单位实施成果转化的能力大大增强。因此,此种情况下实施产权激励带来负面影响的概率要高于可能带来的正面影响。

具体如下表:

单位 ＼ 个人	有动力参与成果转化	无动力参与成果转化
有动力参与成果转化	不确定,但负面影响的概率＞正面影响的概率	不确定,取决于单位和个人是否目标一致性
无动力参与成果转化	带来明显的正面影响	不会带来明显的负面影响

依据上表,可以归纳得出"科技成果产权配置改革是否成败不取决于个人,而取决于单位是否重视成果转化",具体如下:当单位没有动力参与成果转化时,实施科技成果混合所有制改革至少不会带来明显的负面影响,是一项"好"的改革举措;当单位有动力参与成果转化时,实施科技成果混合所有制改革的影响具

有不确定性,但带来负面影响的概率要大于带来正面影响的概率。

对于以上四个争议点的分析,目前依然难以判断高校职务科技成果产权配置改革的实际效果。笔者建议,在现有省市大展拳脚、大胆探索的同时,仍未开展产权配置改革的省份不如"让子弹再飞一会儿",看看效果再说,没有必要再加入这一次制度改革运动。

国际标杆

两份全球创业生态系统报告解读

| 刘宇馨　钟之阳

美国知名创新政策咨询公司 Startup Genome 和全球创业研究机构 Startup Blink 于 2020 年 6 月各自发布了其年度全球创业生态系统报告,分别为《全球创业生态系统报告 GSER 2020》和《创业生态系统排名 2020》。

Startup Genome 是全球知名的政策咨询和研究机构,旨在促进创业的发展以及提升创业生态系统在各地的表现。该机构自 2012 年起开始发布年度《全球创业生态系统报告》(GSER),在全球创业生态系统研究领域已经有了一定的影响。每年的 GSER 基于全球 1 万多名创始人的调查和来自 Crunchbase、CB Insights、Dealroom、Orb Intelligence、PitchBook、Forbes 2000、Github API、International IP Index、Meetup.com、Shanghai Rankings、Techboard 等多个数据库的数据分析得出。GSER 从创业生态系统的成功因素角度,选取了绩效(30%)、资金(25%)、市场规模(15%)、连结度(5%)、经验与人才(20%)、知识

作者刘宇馨系同济大学高等教育研究所硕士研究生;钟之阳系上海市产业创新生态系统研究中心研究员、同济大学高等教育研究所讲师。

(5%)六个一级指标对全球创业生态系统进行打分。

Startup Blink 是以色列知名的创业研究机构,其特色是有效地利用了地理信息数据绘制了包括创业企业、加速器和创业空间等信息的全球创业生态系统地图。该机构于 2017 年起发布全球创业生态系统排名。Startup Blink 通过数量、质量和环境三个维度对全球创业生态系统进行分析,考虑了创业公司及为其提供资源、网络和资本的机构的规模和质量以及该生态系统内的创业活跃度、创业者的全球影响力、研发投资等指标。

一、全球创业生态系统排名

从两个机构的排名看,城市排名的前三名一致,为旧金山湾(硅谷所在地)、纽约、伦敦。中国的北京、上海均位于两项排名的前 10 位。排名前 25 的城市及国家多来自欧洲、美洲及亚洲。排名如表 1 所示。

表 1　全球创业生态系统城市及国家排名

名次	Startup Genome (GSER)	Startup Blink	
	城市排名	城市排名	国家排名
1	硅谷	旧金山湾	美国
2	纽约	纽约	英国
3	伦敦	伦敦	以色列
4	北京	波士顿	加拿大
5	波士顿	洛杉矶	德国
6	特拉斯夫-耶路撒冷	北京	荷兰
7	洛杉矶	特拉斯夫	澳大利亚
8	上海	柏林	瑞士
9	西雅图	莫斯科	西班牙
10	斯德哥尔摩	上海	瑞典
11	华盛顿特区	西雅图	爱沙尼亚
12	阿姆斯特丹	巴黎	法国
13	巴黎	芝加哥	芬兰
14	芝加哥	班加罗尔	中国

（续表）

名次	Startup Genome（GSER）	Startup Blink	
	城市排名	城市排名	国家排名
15	东京	新德里	立陶宛
16	柏林	东京	新加坡
17	新加坡	奥斯汀	俄罗斯
18	多伦多-滑铁卢	圣保罗	爱尔兰
19	奥斯汀	亚特兰大	韩国
20	首尔	阿姆斯特丹	巴西
21	圣地亚哥	首尔	日本
22	深圳	孟买	丹麦
23	亚特兰大	达拉斯-奥斯堡	印度
24	丹佛-博尔德	多伦多	比利时
25	温哥华	迈阿密地区	意大利

目前全球创业生态系统在 AI 和大数据、先进制造和机器人及区块链等领域增长最快,不仅创业企业数量大幅增长,而且集中度也增加到原来的两倍。同时,越来越多的创业生态系统强有力地参与到全球的竞争中,如东京、首尔、深圳和杭州等,这些生态系统中有许多独角兽,在过去两年中出现了数十亿美元的出口。拥有两个或两个以上的顶级创业生态系统,如图 1 所示。

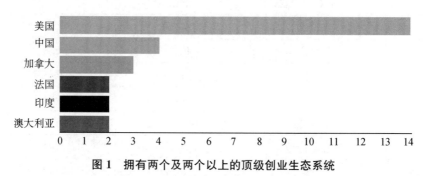

图 1　拥有两个及两个以上的顶级创业生态系统

亚洲在全球创业生态系统中的地位继续上升。该区域最初主要受中国生态系统的驱动,2020 年的报告则看到了来自日本(东京)、韩国(首尔)、印度(新德里)和澳大利亚(墨尔本)的全球顶级城市的新进入者。亚太城市在全球顶级生态系统中的份额从 2012 年的 20% 增加到 2020 年的 30%,如图 2 所示。

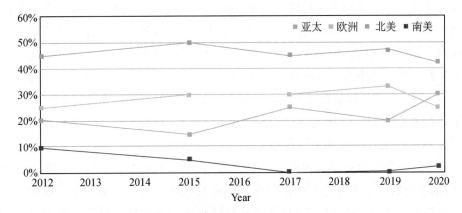

图 2　亚太城市创业生态系统的表现

二、我国创业生态系统的表现

在 Startup Blink 的排名中,中国的排名较上年上升了 13 位,位于全球第 14、亚洲第 1。在城市创业生态系统排名中,中国在全球前 200 名中共有 8 个城市入围,具体排名见表 2。这 8 个入围城市中,仅香港的排名较去年有所下降,下降的主要原因是地缘政治动荡。

表 2　中国创业生态系统排名

国内排名	城市	全球排名	排名相较 2019 年的变化
1	北京	6	+11
2	上海	10	+21
3	深圳	33	+7
4	香港	36	−8
5	杭州	45	+196
6	广州	100	+147
7	厦门	126	+385
8	成都	149	+378

两份报告均对北京和上海进行了较为详细的介绍,并给予了较高评价。GSER 把北京和上海均列为处于"吸引力和整合阶段(Attraction and Integration Phase)",这个阶段是该报告对创业生态系统四个发展阶段分类中的最后成熟阶段。北京的主要优势行业包括 AI 和大数据、金融科技等。北京目前拥有 1 070 家 AI 和大数据公司,占中国总数的 26%,其中总部在北京的字节跳动以 950 亿美元的估值成为目前全球最大的私营创业公司。上海的主要优势行业是教育科技和游戏。目前有超过 1 000 家教育科技公司的总部位于上海,在 2015 年至 2017 年间获得了约 13 亿美元的风险投资。此外,上海还拥有 130 多家游戏初创公司,同时也是美国艺电(EA)、法国育碧(Ubisoft)和维塔士(Virtuos)等游戏行业巨头的重要基地。

中国独角兽数量增长速度快,但独角兽并不是创业生态系统实力唯一的象征,真正的象征应是愿意选择在全球范围内使用这些解决方案的用户数量。创业生态系统还可以用社区参与、知识共享以及试图通过建立财务自由而改变世界的年轻人的愿景等因素来衡量。而与全球其他技术中心相比,中国在这些方面依然落后。考虑到国内市场的巨大规模,中国企业家倾向将重点放在本国。但从长远看,中国创业生态系统应该面向国际,且需进一步关注 AI 和大数据等领域,并将企业的发展与公共事业的愿景和目标相联系。

三、后疫情下的全球创业生态系统

席卷全球的 COVID-19 疫情是 2020 年无法回避的关键词。这两份创业生态系统报告都特别分析了此次疫情对全球创业生态系统的影响及应对措施。首先,初创企业受到资本和需求两方面冲击。在资本方面,世界各地的资本都面临着危机。每 10 家创业企业中就有 4 家处于红区:它们的资本跑道只有 3 个月或更短时间;筹资进程被严重打乱;风险投资资金总额在各个洲均大幅下降。在需求方面,自危机开始以来,约 72% 的创业公司的收入下降,创业公司的平均收入下降了 32%。近 40% 的公司的收入下降了 40% 或更多,只有约 12% 的公司的经济呈显著增长态势。其次,创业可以帮助经济复苏。多年来,全球的创业生态系统被证明是生产力的驱动力。创业既是一个很好的就业引擎,又能带动大公司和中小型企业的创新发展。创业公司同时在推动公共部门发展方面也发挥了作用,一方面为政府组织和公共服务提供巨大的效率收益,另一方面帮助其建立竞争性的监管环境。再次,绘制冠状病毒创新图,以帮助创新者更快地合作与寻求解决之道。如展示研发中的疫苗、创新性预防机制、诊断及治疗之法、捐赠详情等项目,这类的知识资源将帮助世界在未来更快、更有效地应对类似的挑战。同时应利用人类的创造力与创新力为未来的公共卫生事业建设更有弹性、更具公平性的系统。最后,政府和企业领导人应积极参与,利用政策等工具驱动疫情危机后的经济,以推动创业生态系统的发展。投入资金可以挽救至少 80% 在2020 年面临倒闭风险的创业公司,而利用现有的股权融资工具注入新的资本,则可以直接让现有风投基金受益。此外,在疫情危机背景下既要防止现有人才流失,也要继续吸引新的人才。留住有创业经验的人才并继续吸引非本地人很重要,如阿联酋自动更新于 2020 年 3 月 1 日到期的居留签证和身份证,无需额外收费,以确保外国人才能在危机期间留在该国。同时,政策制定者和创业生态系统领导者应该保护优势行业。决策者可以提供短期措施来"保持活力",并努力将现有创业生态系统受到的破坏降到最低。

日本海外青年科研人才资助体系探索

胡　雯

当前,世界正处于"百年未有之大变局",新一轮科技革命与产业变革对全球产业结构形成关键影响,使国际科技竞争格局发生重要变化,青年人才作为科技创新的核心资源,国际科技人才争夺势必愈加激烈。如何通过完善我国海外青年人才资助体系,规避引进海外青年人才和智力的合规性风险,并通过不断优化资助结构、提升资助效率,鼓励更多高层次海外青年人才通过国际认可的方式来华创新创业是亟待探讨的重点议题。日本学术振兴会(Japan Society for the Promotion of Science,以下简称 JSPS)是日本重要的学术研究资助机构,其海外青年人才资助体系结构完整,与市场化引才机制配合紧密,对我国海外青年人才资助体系具有较高的借鉴意义。

一、日本海外青年人才资助体系结构

(一) 管理体系统筹高效、管理机构自主灵活

日本针对海外青年人才的资助项目,主要由 JSPS 负责管理和实施,JSPS 是受文部科学省管辖的独立行政法人,在组织架构上采用法人首长负责制度和决策—执行分离(主管部门决策、法人执行)运作模式,并通过其目标管理、弹性运作的框架使组织在财务、人事、组织的管理上有了一定的自由。一方面,日本通过专门机构对各类海外人才资助项目进行系统化管理,有助于根据国内人才需求动态调整海外青年人才资助的投入结构;另一方面,在管理机构功能上的综合配置有助于更好地统筹分配财政科技经费,更大限度地避免创新资源的重复配置和碎片化使用。

(二) 项目体系类型多、侧重点明确

JSPS 海外青年人才资助体系针对差异化人才需求,形成了覆盖流动性质、

作者系上海市产业创新生态系统研究中心研究员,上海社科院信息研究所助理研究员。

来源国家和学科类型的普惠性政策体系,如表1所示。日本少子老龄化问题的日益严重促使政府加大引进海外青年人才的力度,由于日本高等教育中没有一般意义上的博士后(Post-doctor)学衔,为了促使获得博士学位的青年人才继续从事先进或尖端科学技术领域中的研究工作,设置了特别研究员(Post-doctoral Researcher)制度为青年研究人员提供更好的研究环境。整体来看,重视欧美发达国家青年人才的资助,资助期限最短为 7 天,最长为 2 年,满足了海外人才柔性流动和刚性流动的主要需求。

表 1　JSPS 海外人才资助体系的覆盖情况

资助对象	年龄阶段	资助期限	项目类型	面向国家
特别研究员	青年获得博士学位 6 年内	2 个月(暑期)	暑期项目	法国、德国、瑞典、英国、加拿大、美国
		2~12 个月	战略项目	美国、瑞士、印度
		1~2 个月	短期项目	美国、加拿大、欧盟国家、瑞士、挪威、俄罗斯
		12~24 个月	标准项目	不限
	中青年获得博士学位 10 年内	12~24 个月	职业储备	不限

(三) 资助内容结构合理、功能全面

海外人才资助项目一般包含个人津贴和研究经费两个部分,以满足海外人才在生活、学习和研究工作中的基本需求。以 JSPS 特别研究员系列的标准项目为例,获资助学者的个人津贴部分由 JSPS 直接发放到个人账户,资助额度为 36.2 万日元/月,如果是从海外移居日本的可获得一次性安置费 20 万日元,用于邮寄个人行李或短期安置;而科研补助金(Grant-in-Aid)和研究支持津贴 (Research Support Allowance)需由用人单位和合作导师提出申请,并由学者与合作导师共同参与、联合开展研究计划,经费下拨到单位,其中科研补助金最高为 150 万日元/年,研究支持津贴最高为 7 万日元/月。

二、日本 JSPS 海外青年人才资助模式

(一) 以国内机构为主体进行申请和拨款,提高用人主体自主权

在海外人才项目申请过程中,需由日本本地机构和邀请人为受邀学者提出

申请,通过 JSPS 内设的遴选委员会进行包括文件审查和同行评议在内的两轮审核后,方可获得资助。这种方式充分发挥了用人主体作用,一方面要求用人主体对海外人才进行初筛,结合自身发展战略主动寻求匹配的海外高层次人才加入;另一方面有利于提高用人单位在培养、引进、使用、激励人才中的自主权。

(二) 采取财政资助与市场化机制相结合吸引顶尖青年人才,降低流动风险

针对海外顶尖青年人才的资助项目中,由财政资金发放的个人津贴和研究经费一般具有透明、公开、固定的资助额度、使用规范、考核与验收形式,并通过签订合同固化和明确资助方、海外人才和用人单位的责任义务。而顶尖人才与用人单位间通常采用市场化机制协商确定额外的个人薪资和科研资助。JSPS 针对顶尖人才的资助项目以杰出学者短期项目为主,资助期限上限为 30 天,财政资金以日薪形式结算个人津贴(4.2 万日元/天),并提供来日期间所需的研究支持津贴(最高为 7 万日元/月),对资助额度均有明确和公开的规定。由此可见,财政资助边界和额度十分明确,并由市场化机制根据人才知识能力水平确定额外收入的模式,在很大程度上降低了因财政资助远高于人才市场定价所带来的顶尖人才流动风险,也有利于平衡本地人才与海外人才间的收入差距。

(三) 通过博士后资助项目吸引青年人才,注重生活保障

针对青年人才的项目以博士后资助项目为主,资助模式注重为初来乍到的海外青年学者提供周到的生活保障。日本特别研究员资助项目主要以博士毕业 6 年内的青年人才为资助对象,除个人津贴和国际往返机票费用外,还为新进来日定居的青年学者提供一次性安置费 20 万日元,用于邮寄个人行李或短期安置,以满足青年人才在工作初期的居住需求。

三、启示与借鉴

(一) 面向海外青年人才建立统一的资助服务平台

目前,我国面向海外科技人才的引进计划和资助项目管理分散,没有形成统一的申请和服务平台,客观上对海外青年人才寻求来华发展的资助信息造成了障碍,也不便于规避资源过度分散所导致的诸多问题。从 JSPS 的经验来看,建议从海外人才获取信息的便利性角度出发,建立统一的资助平台和申请入口,将目前碎片化管理的项目申请和资助信息整合起来,打破管理部门间的信息流动屏障、实现信息共享。面向海外人才资助服务平台的建立,一方面迫使各类海外人才引进计划的资助对象和范围进一步明确,从顶层设计层面做好差异化配置;

另一方面有利于根据本国人才需求动态调整资助体系结构,提高财政资金的使用效率。

(二) 扩大青年资助项目体系的覆盖面

从发展历程上来看,我国海外人才资助体系更侧重海外高层次人才,在政策主体、政策客体、政策工具等维度存在纵向和横向的政策同质化现象,对海外青年人才的重视程度尚显不足,同时在项目设置上缺乏针对短期流动和外籍博士后人才的资助形式。《关于深化人才发展体制机制改革的意见》中明确指出,要拓宽国际视野,吸引国外优秀青年人才来华从事博士后研究。因此,应借鉴国际经验,加强海外优秀青年人才引进力度,推广博士后资助项目模式,探索海外优秀青年短期交流项目,拓展青年人才的沟通交流渠道。

(三) 采取多元资助手段提升海外青年人才获得感

对于青年人才而言,来华发展的居住和生活问题具有紧迫性,个人津贴和安置补助的发放应更注重便捷、直接、有获得感。应考虑增加针对海外博士后人员的资助力度和资助规模,并对资助内容进行优化设置,生活性补贴应直接发放至个人,由青年人才自由支配,并着重满足青年人才在居住和生活方面的基本需求。通过吸引海外青年科技人才来华就业,激发创新创业活力,为建立国际科技合作网络奠定基础。

(摘选自:胡雯. 日德海外科技人才资助体系研究与启示——以 JSPS 和德国洪堡基金会为例[J]. 科技中国,2020(10):91-96.)

(本文得到 2018 年度上海市"科技创新行动计划"软科学项目(18692115700)《海外人工智能人才回流态势研究:现状与对策》资助)

中国 AI 与美国的差距到底在哪里

| 赵程程

2018 年牛津大学人类未来研究所发布 *Deciphering China's AI Dream*。该报告提出"国家 AI 潜力指数(AIPI)",包括硬件、数据、算法和商业,以此衡量一个国家在 AI 方面的综合实力,并实证分析出中国 AI 指数不及美国的 1/3。本文重新审读这份"报告",看看中国 AI 与美国的差距到底在哪里?

一、中国硬件水平远不及美国,芯片技术将成为中国 AI 梦实现的最大障碍

"报告"首先分析了硬件指数,这个指数又分为"半导体生产的国际市场份额(2015)"及"FPGA 芯片生产商的融资情况(2017)"。

在半导体方面,中国仅占据全世界 4％的份额,而美国占据了全球半导体50％的份额。在芯片生产方面,具体衡量 FPGA(现场可编程门阵列)芯片生产商的融资上,中国同行 2017 年获得的投资是 3 440 万美元,占全球 FPGA 厂商融资额的 7.6％,而美国这一数据是 1.925 亿美元,占据 42.4％的份额。

"报告"计算得出,中国硬件指数为(4+7.6)/2=5.8,美国硬件指数为(50+42.4)/2=46.2。报告据此得出结论,称中国硬件水平远不及美国,已经成为人工智能发展的瓶颈。

中国在半导体、芯片等 AI 硬件方面确实与美国差距比较大。纵观中国半导体制造业,具有较大规模且在国际上有影响力的国际整合元件制造商(IDM)没有一家。被寄予厚望的中芯国际、华虹也仅是晶圆代工厂,而非 IDM。在美国,英特尔、德州仪器(TI)和格芯这三家企业代表着其半导体制造的最高水平,其中,英特尔是标准的 IDM,在全球半导体市场长期排名第一,主要设计和制造以CPU 为代表的逻辑芯片,另外还有 NAND 闪存芯片;TI 也是 IDM,在全球模拟

作者系上海市产业创新生态系统研究中心研究员、上海工程技术大学管理学院讲师。

芯片厂商中同样排名第一,主要以高性能的模拟芯片设计和制造为主;格芯则是晶圆代工厂,全球排名第三,仅次于台积电和三星。同时,笔者对近 10 年全球人工智能发明专利进行统计分析得出 TOP30 的专利权人,如图 1 所示。可以发现,从发明专利授权数量上来看,专利权人排名首位是 IBM,拥有 1 744 件专利,

图 1 全球 AI 领域专利 TOP30 专利权人分布

遥居榜首,其次是谷歌(913 件)、微软技术授权有限公司(617 件)、英特尔(463件)。IBM、英特尔凭借其芯片技术遥居榜首。由此可见,手握芯片核心技术IDM 企业也掌控了 AI 创新发展的"命脉"。中国 AI 强国梦实现的最大障碍是芯片技术的原创突破。

二、中国在数据方面占据绝对优势,海量数据源和宽松数据环境是中国 AI 梦实现的沃土

在数据方面,"报告"称中国有绝对的优势。2016 年,中国拥有全世界 20%的数据,美国的数据量占全世界的 5.5%。在这一项指数上,中国遥遥领先。"报告"计算得出,中国数据指数为 20,美国数据指数为 5.5。

中国拥有全球第一的人口数、互联网用户数和移动互联网用户数,大数据应用前景广阔,成为全球最重要的大数据市场之一,已经成为名副其实的"世界数据中心",中国大数据"金矿"的价值和规模都是其他国家所不能比的。中国海量的数据源,除了得益于人口众多、移动互联网发展迅速外,宽松的隐私保护环境也是一大因素。

三、中国 AI 算法与研究不如美国,核心技术研发、高质量专利等方面上发展不均衡

在算法与研究这一指标上,"报告"也将这一指数分为两部分,一部分是 AI人才数量,另一部分是在 AAAI 上发表的论文数量。在 AI 人才数量上,2017 年中国的人才库中有 3.92 万人研究人工智能,占全世界 AI 人才的 13.1%,而美国有 7.87 万 AI 人才,占据全世界的 26.2%。在论文发表数量上,2015 年中国学者在 AAAI 上发表的论文为 138 项,占据全世界的 20.5%,而来自美国学者发表的成果数量为 326 项,占全世界的 48.4%。

剑桥 2019 发布《AI 全景报告》也应证,尽管中国 AI 崛起的速度相当惊人,在垂直企业发展、行业应用落地上都领先一筹,但在核心技术研发、高质量专利等方面上发展仍不均衡。导致中美 AI 研发强度差异的原因可能主要有:第一,阿里巴巴、腾讯等中国大企业更倾向于通过收购而非自主研发来实现创新;第二,企业研发预算的差异,中国企业在全球科技支出占比上仅为 17%,而美国企业为 61%,尤其是美国企业科技支出大多用于引进高端人才;第三,中国科技企业相对仍较年轻,业务在全球的覆盖和预算都相对较少。

四、中国 AI 商业化应用不敌美国,但部分企业发展潜力不容小觑

在商业化方面,"报告"将这一指标分为三个小项:第一是 2017 年拥有的人工智能公司数量;第二是 2012—2016 年对 AI 公司的总投资额;第三是 2017 年 AI 初创公司全球融资总额。

在 2017 年拥有的人工智能公司数量指标上,中国 2017 年拥有的 AI 公司数量占据全世界的 23%,而美国拥有的 AI 公司数量占据全球的 42%。

在 2012—2016 年对 AI 公司的总投资额上,中国产生的总投资额是 26 亿美元,占据全球的 6.6%,而美国产生的投资总额是 172 亿美元,占据全球的 43.4%。报告还指出,从 2012 年至 2017 年 7 月,在全部 79 件人工智能企业收购案中,有 66 家被美国公司收购,只有 3 家被中国公司收购。

在 AI 初创公司 2017 年全球融资总额上,中国公司的总融资额占据全球的 48%,美国公司总融资额占据全球的 38%。

尽管目前数据显示,中国 AI 企业数量、投资额、融资额都不敌美国,但笔者发现百度、努比亚、小米、广东工业大学、清华大学、西安电子科技大学是全球人工智能领域最有发展潜力的中国企业/高校。

表 1　全球人工智能领域最有发展潜力的企业/高校

专利权人(机构)		突现强度	开始年份	结束年份	2010—2019
MICROSOFT TECHNOLOGY LICENSING LLC (MICT-C)	微软技术授权有限责任公司	48.894 4	2015	2017	
FACEBOOK INC (FABK-C)	脸书	41.081 7	2016	2017	
INT BUSINESS MACHINES CORP (IBMC-C)	IBM	40.621 3	2015	2017	
BAIDU ON-LINE NETWORK TECHNOLOGY CO LTD (BIDU-C)	百度在线网络技术(北京)有限公司	27.778 8	2015	2017	
INTEL CORP (ITLC-C); INTEL CORP (ITLC-C)	英特尔	21.155 8	2015	2017	
BEIJING BAIDU NETCOM SCI & TECHNOLOGY CO (BIDU-C)	北京百度网通科技有限公司	18.525 2	2016	2017	

（续表）

专利权人（机构）		突现强度	开始年份	结束年份	2010—2019
CISCO TECHNOLOGY INC (C1SC-C)	思科	18.443 5	2016	2017	
GOOGLE LLC (GOOG-C)	谷歌	17.093 7	2017	2019	
SAP SE (SSAP-C)	思爱普公司（德国）	13.445	2016	2017	
NUBIA TECHNOLOGY CO LTD (ZTEC-C)	努比亚技术有限公司（深圳）	11.310 3	2016	2017	
SALESFORCECOM INC (SAFO-C)	SALESFORCE 公司	11.310 3	2016	2017	
UNIV GUANGDONG TECHNOLOGY (UGTE-C)	广东工业大学	10.921 2	2017	2019	
ACCENTURE GLOBAL SOLUTIONS LTD (ACCT-C)；ACCENTURE GLOBAL SOLUTIONS LTD (ACCT-C)	埃森哲咨询公司	10.194 1	2017	2019	
BEIJING XIAOMI MOBILE SOFTWARE CO LTD (XIAO-C)	小米（北京）	9.889 6	2016	2017	
TOYOTA JIDOSHA KK (TOYT-C)	丰田汽车	8.902 1	2016	2017	
FUJITSU LTD (FUIT-C)；FUJITSU LTD (FUIT-C)	富士通	6.679 9	2017	2019	
UNIV TSINGHUA(UYQI-C)	清华大学	6.367	2017	2019	
UNIV XIDIAN (UYXN-C)	西安电子科技大学	6.106 4	2017	2019	
APPLE INC（APPY-C）	苹果	4.474 2	2014	2015	
DENSO CORP（NPDE-C）	日本电装公司	4.448	2015	2017	
HYUNDAI MOTOR CO LTD (HYMR-C)	现代汽车	4.313 2	2014	2016	

百度深耕人工智能多年，涉及领域众多，从基础层的人脸检测深度学习算法 PyramidBox、技术层的百度云手势，到应用层的自动驾驶领域的 Apollo 平台、

小度人脸闸机、小度机器人。未来百度或将成为引领全球人工智能技术革新的重要力量。

小米在人工智能领域投入巨大,在声学、语音、自然语言理解、图像视觉、深度学习、智能设备接入等领域都获得巨大突破。2019 年推出的"手机＋AIoT"战略(包括小爱同学、小米智能家居等)就是让最新技术"落地"的产业布局。同样,德勤《全球人工智能发展白皮书 2019》筛选出了全球 50 家高增长企业,其中中国有 14 家,小米赫然在榜。

在智能手机领域,努比亚成为最具发展潜力的中国企业。努比亚搭载智能人脸识别、智能边缘处理、背景虚化、3D 智能美颜、像素级肤质增强、3D 智能瘦脸、智能面部补光、智能肤色提亮等技术提升手机拍照效果,打造手机接近单反的拍照表现。

广东工业大学、清华大学、西安电子科技大学与国内外企业和高校就云服务、云计算、人脸识别的算法技术层面展开了广泛的合作研究,成为全球最有发展潜力的人工智能研究机构。

金融与科技互补发展：伦敦的经验及启示

| 王浩 陈强

全球科技创新中心随技术进步、制度变革和经济波动等因素兴衰更替,进入21世纪以来,新一轮科技革命突飞猛进。从全球趋势看,推进科技创新中心建设可以把握新一轮科技革命和产业变革的历史机遇。从国家战略看,推进科技创新中心建设是创新型国家和世界科技强国建设的重要抓手。从地区发展看,推进科技创新中心建设是上海塑造发展新动能,实现高质量发展的必然选择。

第一次工业革命催动人类生产方式发生颠覆性变革,全球首个科技创新中心在伦敦地区初具雏形。在一百多年的发展历程中,伦敦形成了高度发达的科技产业和金融服务行业,并逐步成为世界科技、金融、文化和艺术的多元中心。德勤发布的《连接全球金融科技:2017年全球金融科技中心报告》显示,伦敦金融科技发展水平已超过硅谷排名世界第一。伦敦金融科技城的快速发展,一方面得益于其银行、证券、外汇、保险、风投等金融业务的完整体系;另一方面,多年发展使得伦敦拥有众多科研院所和跨国企业,为科技金融发展奠定了良好基础。

2010年,伦敦政府推出伦敦东区科技城(Tech City)建设计划,旨在通过发展一批初创科技公司打造科技聚集地,以金融和科技为驱动力形成更具竞争力的全球科技创新中心,从而实现创新资源的高效配置,将伦敦打造成为下一个硅谷奇迹。从能力背景看,上海和伦敦一样,都有良好的金融业发展基础,上海的科技创新策源能力近年来也不断提升,已具备金融科技互补发展的创新要素基础。对于上海而言,打造具有全球影响力的科技创新中心,一方面要尊重科技创新规律,明确战略定位,注重提升科技创新和金融创新的资源集聚能力、要素耦合能力及互补发展能力;另一方面要加强创新主体、要素和组织间的协同治理,明确当下上海科技创新发展环境的短板和瓶颈,借鉴其他城市的先进经验,探索

作者王浩系同济大学经济与管理学院硕士研究生;陈强系上海市产业创新生态系统研究中心执行主任,同济大学经济与管理学院教授。

全球科创中心建设的"上海模式"。

近年来,伦敦努力改善创新治理,为高新技术产业和金融科技产业的互补发展提供政策支持和制度保障,构建科技与金融双向促进的创新运作模式,如图 1 所示。

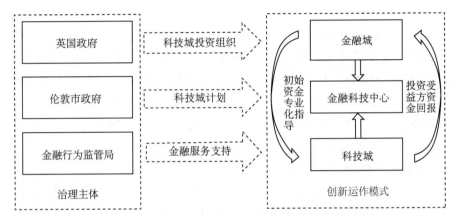

图1　伦敦科技与金融互补发展推动创新中心建设模式

伦敦在科技金融城建设中,形成一系列经验,对于上海全球科创中心建设具有潜在的启示价值。

一是争取国家层面的支持。2008 年金融危机席卷全球,英国经济遭受巨大的下行压力。2010 年,伦敦市政府试图通过科技城计划鼓励中小企业创新,并为其提供更加直接有效的政策保障,城市经济复苏初见成效。2012 年,英国政府认识到支持科技企业发展对经济复苏的重要促进作用,投入 5 000 万英镑支持伦敦科技城计划。此外,英国政府在伦敦科技城启动"Tech North"计划,旨在通过构建科技企业网络,增强伦敦企业间连通性和经济产出能力,并进一步强化伦敦科技产业对周边地区的辐射带动作用。在"Tech City"计划的基础上,英国政府于 2013 年推出"Tech Nation"计划,以伦敦科技城为中心,构建辐射全英的科技企业网络,为全国科技企业提供政策推广、技术交流、行业咨询及数据资源共享等服务。"Tech Nation"计划鼓励科技企业大胆创新,中小企业已经从计划中获得超过 80 亿美元的投融资支持。上海推进全球科技创新中心建设,既需要发扬自力更生,艰苦奋斗的精神,也需要积极与中央沟通,在"全创改"方案基础上,争取科技金融领域更多"先行先试"的机会。同时,进一步优化营商环境,吸引相关部委的项目、机构、平台落地上海。

二是构建适宜的产业生态系统。英国政府和伦敦市政府试图将东伦敦地区打造成世界一流的国际技术中心。在伦敦科技城计划中,正式将技术界定为一个具体行业,使之成为明确的职业选择方向,从而吸引创意人员、营销人才、开发人员以及程序员加入这个生态系统。伦敦科技城为营造良好的创新生态系统做出诸多努力,从政策、平台、资金等方面为科技企业提供全方位支持。同时,着力开展创新创业教育和培训,如"Digital Business Academy"项目,通过与大学联合推出创新创业培训课程,鼓励毕业生、在职人员和专业机构加入到创业队伍中。此外,伦敦科技城还给予中小企业具有吸引力的税收优惠,缓解初创企业的生存压力。在某种意义上,推动形成良好的产业创新生态系统,比单纯地引进几家大企业要重要得多。上海正在制订科技创新领域的"十四五"及中长期规划,可以借鉴伦敦等城市在此方面的经验,推动体制机制改革,优化创新生态,提升资源集聚、要素耦合和功能涌现的体系能力。

三是构建科技与金融双向促进的创新运作模式。伦敦金融体系完整、成熟且高效,可以及时为各类机构开展科技创新活动提供启动资金。据统计,伦敦金融城拥有超过 64 000 家金融服务机构,驻有 3 000 多家银行金融机构办事处;科技城入驻了英特尔、亚马逊、高通等公司在内的 2 000 多家大型科技型企业和数量庞大的中小企业。从地理关系角度看,伦敦金融城与科技城近在咫尺,金融街附近便是科技中心,这样的规划布局为协同发展带来了极大便利。从资源流动角度看,金融城可以为科技城提供充沛和高效的金融服务和资金支持,科技城通过科技创新,可以为金融城投资方产生潜力巨大的投资收益回报,形成相互促进、繁荣发展的局面。此外,金融行为监管局(Financial Conduct Authority)等部门号称是世界上最严格的金融监管体系,一方面可以为中小企业提供专业的金融科技行业咨询服务,另一方面以国际准则和国家法律为基础,对金融市场运行实施监管,为科技城中小企业健康稳定发展保驾护航。2010 年至 2015 年间,伦敦科技企业数量增长近 50%,创造了近 3 万个新工作岗位,吸引了 342 亿美元的创投资本,科技与金融形成了相互促进的创新运作模式。对上海而言,建立和健全面向中小微科技企业的金融服务体系,提升产业链、创新链、资金链、服务链"四链耦合"的效率,应该成为一项重点工作。

主要国家科技成果转化"快速转化机制"的推出及经验借鉴

常旭华

美国于 1980 年颁布了《拜杜法》,支持大学成为国家和区域经济增长的重要引擎之一,并借此彻底奠定了大学学术资本主义。然而,该法的实施效果自颁布之日起就一直争议不断,包括扭曲了大学传统的学术规范、诱发了不当专利申请倾向、对基础研究产生负面影响等。尤其在秉持理性大学主义的学者看来,《拜杜法》阻碍了知识的无限制快速传播。美国国家研究理事会也关注到这一点,发布了《大学知识产权管理:公共利益》咨询报告,对大学知识产权管理的公共影响做了全面分析。围绕此,近年来美国大学也在转变理念,从知识管理角度促进成果转化,不再过多强调科技成果转化的投入—产出回报率,并推出了"快速转化机制"的新举措,意在更加快速传播大学先进成果。

一、快速转化机制

2014 年以来,美国已有 20 多所著名高校先后建立了 Easy Access IP、格式化许可合同、一页纸许可协议、先试后买、标准化股权交易许可等快速转化机制。此外,"快速转化"理念也已在英国、以色列、爱尔兰、加拿大、澳大利亚等国家得到推广。概括这些做法,大体具备两方面特征。

(一) 提供预设明确条款的格式化协议

面对技术成熟度不高、商业化前景不明的科技成果,美国大学认为"快速转化"机制可以为各方提供相对公平合理的固定格式合同,减少谈判磋商时间。格式化协议的内容包括:被许可人无需支付许可费或版税费,只需支付后续的专利维持费;支持大学与工业界建立紧密的技术合作关系,确保技术得以进一步发展;要求为工业界提供以较低风险商业化大学技术的机会,加强了大学和工业界

作者系上海市产业创新生态系统研究中心研究员、同济大学上海国际知识产权学院副教授。

之间的知识交流。

华盛顿大学	提供独占许可并拥有分许可权；不包含任何前期费用、年费及里程金（milestone fees）；不需要支付过去的专利成本费；大学要求获取产品销售额 2%的专利使用费以及 0.95%的成功费；大学不持有公司股权
明尼苏达大学	许可服务标准化：A.允许公司预先支付部分研究协议中的费用，以换取创新技术的独占许可；B.没有先期费用，之后通过谈判形成专利权使用许可；C.允许技术公司预先支付资助研究协议的 10%或 1 万美元，换取创新研究的非排他性且免手续费的全球许可
堪萨斯大学	专利快速许可计划不包含任何预付费用，不用支付专利成本费，也没有最低年费和许可费限制，仅包含极低的许可费提成
格拉斯哥大学	一页纸的专有许可协议，被许可人只需提交意向声明阐明其利用知识产权的计划和预期带来的经济收益便可免费使用知识产权

快速转化机制的执行过程如下：被许可人主动联系高校，描述技术商业化计划，而非高校主动推介；被许可人必须保证，大学拥有技术原创的权利；被许可人签署一份一页纸许可协议；被许可必须支付专利维持费，确保专利有效。

（二）允许对待交易技术进行验证，提供临时许可

为降低教职工初创企业的资金压力，美国大学允许"先试后买"或提供临时许可的方式对技术进行验证。若教师或第三方企业有能力实现该项技术的产业化，可以再签订符合需求的许可协议。"快速转化机制"采用简单、透明的交易方式取代不可预期、耗时漫长的许可谈判过程，让科研人员或企业专注于技术开发而非许可谈判及许可交易费用。

二、我国值得借鉴之处

当前，"快速转化"机制已在全球主要发达国家得到推广，其核心理念：以"转化速度"为核心目标，强调高校技术的社会影响力，淡化交易金额等经济效应，例如 MIT 的技术转移理念是"Impact but not Benefit"；不做权属转让交易，取消或简化商务谈判，降低对职业技术转移人员的依赖，借助格式许可合同的多样性满足企业的不同技术需求。基于此，我国科技成果转化工作应秉持"转化速度"和"交易规模"兼顾的工作理念，对策如下：

针对技术熟化度高的科技成果，鼓励高校院所取消或简化商务谈判，"先技术转化、后收益分享"，允许企业先试后买或实施期权许可，制定满足不同技术需求的格式条款合同。针对重大技术突破但转化风险较大的科技成果，鼓励高校

院所发挥自身的"杠杆撬动效应",亲自创办衍生企业或鼓励科研人员在职创业，加快新技术的示范应用与市场突破。

快速转化实施体系必须坚持以组织为主、个人为辅的策略。科技成果转化中，组织的优势在信息发布与最佳转化对象获取，个人的优势体现在克服信息不对称方面。快速转化机制意在暂时搁置信息不对称问题，首先快速搜寻潜在转化对象，这需要更多发挥组织层面的信息优势。基于此，当前我国正如火如荼开展的产权制度改革，在不断加码科研人员谈判能力的同时，应注重组织与个人之间的权力平衡，恢复对大学承担科技成果转化的信任，不可过度削弱组织权威性，以免彻底破坏大学参与科技成果转化的积极性。

《美国国家人工智能研究机构计划》的主要做法和启示

刘 笑 胡 雯

2019 年美国在更新版本的《国家人工智能研究与发展战略计划》中提出,将长期投资潜力巨大的人工智能研究领域作为首要战略目标。为此,由美国国家科学基金(NSF)牵头,联合美国国家粮食与农业研究所(NIFA)、美国国土安全部部(DHS)、美国联邦公路管理局(FHWA)和美国退伍军人事务部(VA),于2019 年共同推出《美国国家人工智能研究机构计划》(National Artificial Intelligence Research Institutes),旨在通过对人工智能研究机构的长期投资,在更广领域专注于基础研究、应用基础研究等挑战性研究难题,并推动人工智能技术向更多经济领域延伸,加速培养新一代人工智能人才。该计划主要有以下几个值得关注的特点。

一、依托科研院所搭建跨界平台,加快人工智能知识转移

美国人工智能研究机构计划面向在美国设有校区的两年制和四年制高等教育机构以及与教育科研相关的非营利组织提供申请机会,资助由科学家、工程师和教育工作者共同组建的跨学科研究机构。该研究机构将以关键应用领域的研究为基础,加速转型技术的发展,进而为基础研究的发展提供动力,为人工智能技术的有效应用提供机会。人工智能研究机构是协同创新的关键联系点,促进了高校、企业、行业协会以及世界范围内组织机构间的协作和联系,将人员、想法、问题和技术方法等聚集在一个平台上,不仅充分发挥了创新资源的最大效力,而且通过合作伙伴和分支机构网络扩大了对外研究、教育和知识转移活动的参与度。与此同时,人工智能研究机构所拥有的包括数据和软件在内的基础设

作者刘笑系上海市产业创新生态系统研究中心研究员,上海工程技术大学管理学院讲师;胡雯系上海市产业创新生态系统研究中心研究员,上海社科院信息研究所助理研究员。

施资源为社区数据共享平台搭建创造了潜力。由此可见,研究平台的跨学科与跨组织性质超越了单个研究项目所能达到的效果,将激发组织的远见和适应能力,提升人工智能领域发展的引领力与驱动力。

二、战略引领与自由探索相结合,动态调整研究目标

《美国国家人工智能研究计划》优先面向六大资助主题领域(可信赖的人工智能技术、机器学习基础研究、人工智能驱动的农业和粮食系统创新、基于人工智能增强的学习、人工智能加速分子合成与制造、物理领域中的人工智能)资助1~6个跨学科研究所,拟以初步签订合作协议的方式支持为期4~5年的建设,预计投资1 600万~2 000万美元(每年最多支持400万美元)。该计划明确要求申请者提交的申请书研究内容必须覆盖六大优先资助主题领域中的一个或者多个,但在研究机构获批资助后,NSF等部门会在计划执行的第一年开始征求获批机构对主题研究领域的追踪建议,并以公开的途径邀请研究机构不受限制地提出未明确领域的相关提案,以动态调整资助的主题领域,及时追踪科技前沿。此类资助管理方式符合颠覆性技术发展规律,对存在高度不确定性的前沿交叉学科更为友好,具有借鉴意义。

表1　六大优先资助主题领域

序号	主题名称	主要研究内容
1	可信赖的人工智能技术(Trustworthy AI)	系统功能可靠性;能够以人类使用者可以理解的术语充分解释技术黑箱;机器学习系统在训练期间的个人隐私保护问题;确保 AI 决策系统不会表现出对社会有害的偏见
2	机器学习基础研究(Foundations of Machine Learning)	各类机器学方法的作用机制和分类方法;模型相关基础的因果关系研究;知识建模、向量和符号表示等
3	人工智能驱动的农业和粮食系统创新(AI-Driven Innovation in Agriculture and the Food System)	在粮食和农业领域,研究数据驱动方法和算法开发的应用
4	基于人工智能增强的学习(AI-Augmented Learning)	改善人类学习和教育过程,包括学前教育、本科生研究生教育、职业教育等正式场合,培训、在职等非正式场合,支持 STEM 教育等

（续表）

序号	主题名称	主要研究内容
5	人工智能加速分子合成与制造（AI for Accelerating Molecular Synthesis and Manufacturing）	重点开发人工智能先进技术和基于人工智能的工具，以推动分子发现，并确定支持节能、可持续发展的化学制造的化学转化途径
6	物理领域中的人工智能（AI for Discovery in Physics）	采用新颖技术解决物理领域中的特定挑战，促进异构数据集的集成和解释，加快模型的建立和不确定性的量化，应对复杂数据集的高维特征

三、立项评审机制创新，助力联邦部门间联动和需求嵌入

为了筛选出更具竞争力的资助项目，该计划评审过程制定了一套透明而公正、符合技术创新规律的评估流程。一是立项评审机制创新，"同行评审＋项目官员"并联进行。NSF 首先根据申请者的申报领域确定行业内的专家评审名单，然后进入同行评审流程，专家团队依据评审标准给出提案名单，然后由科学家、工程师、教育工作者等所组成的 NSF 项目官员进行审查，项目官员依据专家评审结果向各部门主管推荐拟资助名单，最终由 DGA 部门（the Division of Grants and Agreements）经过业务、财政以及政策审查最终确定资助名单。二是由相关联邦部门工作人员担任观察员，在嵌入用户需求的同时监督整个评审

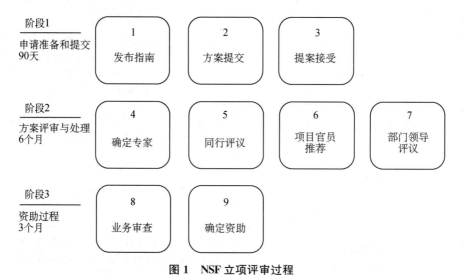

图 1   NSF 立项评审过程

过程。在整个评审过程中，为了保证 NSF 整个过程的公正性，该计划将与 NSF 共同出资的相关联邦部门工作人员设置为观察员，并及时将提案信息、专家评审意见以及最终评审结论与资助伙伴全程分享，并与其他资助伙伴共同协商最终资助名单，在促进联邦部门间联动的基础上，使技术应用端的需求得以充分嵌入立项评审过程中。

四、从"知识创造力＋社会影响力"两个维度设立评审标准，注重推动人工智能技术社会影响的扩散

为了使评审过程更具针对性，NSF 从知识创造力和社会影响力两个维度设置了评审标准，即要求评审过程中不仅要注重促进科学的进步、提升知识的创造力，更重要的是要造福社会并为实现特定的期望社会成果贡献自己的潜力。在审查和决策过程中必须考虑这两个标准，除此之外，在审查研究机构申报提案时，还将要求评审者关注以下标准：(1)拟建的研究机构在与人工智能直接相关的领域或者更大范围的领域推进人工智能基础研究的效果如何？(2)拟建的研究机构是否能够充分利用应用导向型研究，为基础研究提供重点信息并加速人工智能赋能创新发展？(3)拟建的研究机构是否能够为培养训练有素的下一代人工智能人才做出贡献？(4)拟建的研究机构在多大程度上由适合该项目的跨学科科学家、工程师和教育工作者组成？(5)拟建的研究机构如何有效地成为创新协作的关键节点？这表明该计划不仅要求受资助的人工智能研究机构具备基础研究和应用研究能力，同时要求机构成为创新网络中的关键节点，在向各类创新主体输出知识的基础上，进一步将影响力延伸到社区、个体，为人工智能技术的社会化应用提前铺平道路。

《保持人工智能和机器学习的竞争优势》报告解读

| 赵程程

　　2020 年美国咨询公司兰德公司对美国和中国的人工智能战略、文化和机构因素及军事能力发展进行比较分析，形成《保持人工智能和机器学习的竞争优势》报告（以下简称《报告》）。《报告》认为"目前美国在人工智能技术发展方面处于领先地位，特别是美国在先进半导体领域具有巨大的优势；中国对人工智能技术应用发展拥有优势，该优势不足以战胜美国在半导体领域的优势。短期而看，中国人工智能不可能超越美国"。

　　任何可行的国家战略必须要有清晰的目的、合理的资源、适当的机制的方法。《报告》分析中国中央层面人工智能领域政策集，认为中国人工智能战略的首要目标是建立和维持一个国家人工智能技术体系，在三个时间阶段实现智慧经济、智能社会和强大国防：到 2020 年中国追赶上人工智能世界领导者；到 2025 年中国实现人工智能基础理论的重大突破；到 2030 年中国进入世界领先水平。实现战略有六个明确的方法：国内人工智能研发、大学和科研机构合作、国际投资、兼并收购、国内和国际招募科技人才等。该战略寻求广泛利用各种资源，如大量用户数据、巨大财政投入、足够多的硬件、全国的研发基础设施以及活跃的商业群体。

　　美国情报部部门和军方都努力将人工智能融入其行动之中，利用人工智能技术获得战略优势地位，例如美国情报界提出了《以机器增强情报》计划，国防部建立了"联合人工智能中心"。2016 年奥巴马政府发布了《国家人工智能研究与发展战略计划》，2018 年 5 月白宫列出政府范围内高优先级的人工智能项目，2019 成立人工智能国家安全委员会，发布《人工智能战略（第 13859）》，2019 年 9 月国防高级研究计划局（DARPA）启动 20 亿美元投到 20 多个项目启动下一代

作者系上海产业创新生态系统研究中心研究员、上海工程技术大学工业工程与物流系副主任。

人工智能技术计划。

《报告》从计划、文化、结构三个方面,对中美双方进行对比,并对美国人工智能未来发展保持乐观态度。其中充满对中国的偏见甚至抹黑,但我们也可从中看出中美两国在人工智能战略上的竞争态势,值得我们研究和警惕。

表1 中美人工智能战略比较

	中国	美国
计划比较	(1)中国在领导力以及全国动员方面更有实力,可以集中大量资源、集中力量实现中国共产党确立的目标。(2)中国在建立和维持政府机构、商业部门、学术界的协调水平方面稍占优势,可以充分发挥商业部门的活力。(3)中国已确立了人工智能的优先领域	(1)美国在将人工智能技术用于军事方面更占优势。(2)美国积极应对基础研究领域挑战,因为美国政府具备承担可持续基础研究工作的历史传统
文化比较	(1)在科学家和技术研究人员当中,中国的文化倾向于遏制创新。(2)中国的人工智能战略具有巨大的财力支持,却受制于中国社会流行的贪污腐败文化。虽然美国的资金较少,但严格监管和财政监督意味着财力更不容易被浪费	(1)在一个以结果为导向、高度信任的社会环境下,实施人工智能战略更加顺利。(2)美国更容易将人工智能投入军事应用,人工智能更简单地融入美国军队容纳风险的文化,即倾向于指挥下级,而非控制下级。(3)在科学家和技术研究人员当中,美国的研发文化鼓励创新。(4)美国的研发体制具备更清晰的认证、验证、测试和评估(WT&E)流程,而中国没有这样的流程
结构比较	(1)在实施人工智能战略时,中国高度集中化的体制可能更有优势,但这又受制于中国严重的官僚烟囱效应。(2)在军用人工智能方面,中国有具备一定的优势,但解放军保守主义的官僚体制是军民融合有效性的阻碍。(3)在数据方面,中国几乎没有法律或伦理上的数据共享障碍	(1)虽然一些美国的人工智能公司试图以伦理为由,通过拒绝合作的方式,阻止美国政府将人工智能用于军事领域,但许多其他公司仍热切希望获得国防或政府合同。(2)美国有着著名的法律和伦理障碍,阻止数据的广泛共享

《报告》参考了大量的文献,走访中美人工智能领域的代表性企业,通过追溯中美人工智能发展历程,认为"美国凭借60多年断断续续的人工智能基础研究积累,特别是军事方面的应用胜于中国";"中国人工智能战略涵盖了整个国家体制,要求大范围的'科研—军方—商业'多主体协调"。相比"高校—政府—企业","科研—军方—商业"模式涉及主体更加宽泛。其中,科研是指从事人工智

能技术创新的高校、公共科研机构;商业指的是将人工智能技术应用到场景过程中的私有部门;军方主要是从事国防领域基础研究和技术创新的军工研究所。

《报告》指出"在中国,科技创新面临着突出的文化和结构性阻碍。然而,最高领导层意识到了这些阻碍,正在采取一些措施克服这些障碍。其中,最重要的举措是 2015 年启动的国防体系组织改革,形成适合创新的文化和结构是当前中国最大的挑战"。

德国政府如何助推高成长性创新型企业发展

陈　强　陈玉洁

　　高成长性创新型企业(high-growth innovative enterprise，HGIE)通常可视为高成长性企业(high growth enterprise，HGE)的子集。根据欧盟统计局的相关定义,高成长性创新型企业指的是"观察期开始时拥有 10 名以上员工,并至少连续 3 年员工人数年均增长率超过 10%的创新型企业"。德国的高成长性创新型企业在欧盟国家中表现抢眼,在一定程度上得益于德国政府各方面的支持和保障。

一、做好支持高成长性创新型企业发展的顶层设计

　　2006 年,德国政府提出第一个全国性的高科技战略——《德国高科技战略》(*The High-Tech Strategy for Germany*),并于 2010 年和 2014 年先后升级。2018 年 9 月,德国政府颁布《高科技战略 2025》(The High-Tech Strategy 2025),为德国之后 7 年的 12 个重点工作领域制定目标。

　　在高科技战略中,德国联邦政府和州政府支持高成长性创新型企业发展的政策框架如图 1 所示。

二、优秀人才的培养和引进

(一) 双元职业教育制度

　　基于企业内部在职培训和职业学校课堂培训的德国双元职业教育制度,为年轻人提供了宽基础、高价值的职业能力提升机会,为企业输送了大批高技能人才,是德国经济获得强劲发展动力的重要基础,在全球范围内得到广泛认可。

　　本文摘编自《德国研究》2019 第 1 期《德国支持高成长性创新型企业发展的政策措施及启示》,作者陈强系上海市产业创新生态系统研究中心执行主任、同济大学经济与管理学院教授、同济大学中国特色社会主义理论研究中心研究员;陈玉洁系同济大学经济与管理学院 2017 级硕士研究生。

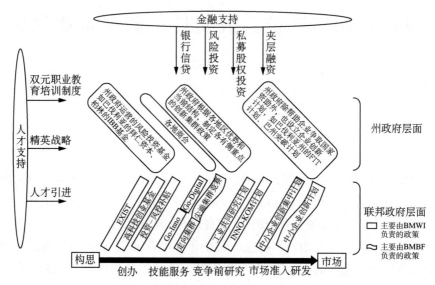

图 1　德国政府支持高成长性创新型企业的政策框架

（二）面向创新创业的教育体系

2005 年,德国联邦教育与研究部(BMBF)和德国科学基金会(DFG)发起"精英倡议计划(Excellence Initiative)",之后该计划升级为"精英战略(Excellence Strategy)",包含"精英集群""精英大学"两条资助主线。德国政府一并通过了与其配套的"创新型高校"和"学术后备人才促进"计划。

德国政府还致力于在大学与研究机构营造创新创业氛围。德国联邦经济与能源部(BMWi)推出 EXIST 计划,旨在改善大学和研究机构的创业环境。EXIST 计划包含三个方案:企业家文化(Culture of Entrepreneurship)、创始人奖学金(Business Start-up Grant)、科研成果转移(Transfer of Research)。其中第一项方案支持大学制定并实施全面和持续的大学战略,提供以实践为导向的教学和咨询服务或密集的创业研究。后两项方案为大学和其他科研机构建立初创企业直接提供金融资助。

（三）人才引进

2005 年德国通过了影响深远的移民法案,之后多次修订,旨在通过更加积极的移民政策,吸引全球优秀人才。2018 年 12 月德国通过首部移民法草案,将吸引移民的范围扩大到受过职业技能培训的专业人员。此外,德国自 2012 年开始,面向满足学历和年薪两项条件的人才发放欧盟蓝卡,作为技术移民到德国工作。

三、满足初创企业的资金需求

2005 年,在《德国高科技战略》框架下成立了"高科技创业基金(HTGF)",采用公私合营和股权投资方式,为初创高科技企业提供资金,主要关注互联网、能源和自动化以及生命科学等领域高度创新的初创企业。该基金是德国最大、最活跃的种子阶段投资者,占据 40% 左右的市场份额。

"德国商业天使网络(Business Angels Network Deutschland,BAND)"是德国商业天使及网络的公认组织。其典型的项目为 BMWi 援助的"投资—风投补贴(INVEST-Grant for Venture Capital)"计划,旨在动员更多私人投资者对年轻的创新型公司进行风险投资。每家公司每年最高可投资 300 万欧元,投资者股份至少持有 3 年,便可获得投资总额 20% 的免税购买补助金。

四、推进行政减负和服务提效

一直以来,德国政府努力为企业行政减负。2006 年,启动"减少官僚主义和改善立法计划(Programme for Cutting Red Tape and Creating Better Regulation)"。具体施行措施包括 2014 年联邦内阁批准第一部《官僚削减法》,2015 年引入"一进一出"规则,2016 年起草第二部《官僚削减法》。

另一方面,德国政府通过启动德国加速器(German Accelerator)计划、"Go-Inno"和"Go-Digital"专项计划以及服务于目标国会员企业的德国商会,着力为高成长性创新型企业提供咨询、培训等各种服务。

五、支持企业研发创新和产学研合作

(一)重视竞争前研究,研究成果惠及所有企业

"工业共同研究计划(Collective Industrial Research,IGF)"主要支持中小企业竞争前研发,消除中小企业的科研劣势。德国工业研究协会(AiF)提供全面的服务支持,成员企业可以提出不限于技术和领域的项目申请,经评审后共同开发选定的项目,所有利益相关者都可以获取项目的研究成果,从而缩小基础研究与工业应用之间的差距。

INNO-KOM 计划主要资助德国结构薄弱地区的中小企业相关项目,主要向创新型企业尤其是中小企业提供面向应用的技术解决方案,弥补工业研究的不足。

德国政府通过资助处于竞争前阶段的公司开展满足其需求的产品研发工作,使得研究结果可以快速有效地转化为开拓市场的产品和服务。

(二) 推出面向中小企业的专项科技计划,加强产学研合作

德国政府推出多个支持中小企业研发创新和产学研合作的计划,其中最重要的是"中小企业创新集中计划(Central Innovation Programme for SMEs,ZIM)",自 2008 年实施至今,不断扩大资助企业范围及力度,是德国支持创新型中小企业发展的最大项目。ZIM 计划支持面向应用的基础研究项目和科技成果转化,资助对象不限于技术和行业领域的中小企业及与之合作的研究机构,资助类型包括单个项目、合作项目和合作网络三部分。

此外,"中小企业创新计划(KMU-innovativ)"于 2007 年施行,旨在促进生物技术、医疗等十个领域中小企业的前沿技术研究。该计划从构思到实施研究项目仅需六个步骤,处于初创阶段的小型研究公司也可以获得计划的资助。

六、推动创新集群发展,提升产业竞争力

联邦和各州政府根据实际情况制定相应的创新产业集群政策。联邦政府层面的创新集群政策主要分为三类:针对单一产业,如"生物区域计划(BioRegio)"振兴德国生物技术产业;针对特定区域,如"创新区域计划(InnoRegio)"提升东部地区企业创新能力;面向多产业、跨区域的综合发展计划,如"走向集群计划(Go-cluster)""尖端集群竞赛"等。

德国各州在结合各地区优势的基础上,围绕该地区的当前结构和特有特征,采取各种方式,支持创新型产业集群发展的行动,提升区域创新产业的竞争力。

巴特尔纪念研究所对新型研发机构的启示

刘 笑 胡 雯

  巴特尔纪念研究所(Battelle Memorial Institute,以下简称"巴特尔")成立于 1929 年,是美国著名的非营利科研机构,是世界上最大的独立研究机构,按照公司方式运行,其总部位于美国俄亥俄州哥伦布市,其最初定位为"鼓励和促进煤、钢、铁、锌等材料冶炼技术研究和创新",是"科学技术转化成生产力""专利转成为生产力"运动的实践者和领导者。经过 80 多年的发展,巴特尔形成了包括科学研究、科研服务(成果转化、实验室管理)、STEM 教育在内的综合业务体系,研究领域涵盖国家安全、健康与生命科学、能源、环境和材料科学等,在全球范围内的 130 个城市共雇用了 22 000 多名科学家和研究人员,每年支配高达 65 亿美元的研究经费。近年我国加快推进新型研发机构建设,提出构建更加高效的新型科研组织体系,然而针对"新型"的理解、定位、理念和运行机制仍在摸索中前进,巴尔特的独特体制和运行机制对我国发展新型研发机构具有重要启示,作为美国科学技术发现以及知识转化的主要力量之一,巴特尔的运行特点有以下几个方面:

  (1) 内部业务链形成资金循环圈以支撑机构公益运营

  巴特尔作为非营利科研机构,研究所每年的最大收入来源于实验室管理,其次是国家安全领域和项目,再次是健康与生命科学,最后是能源、环境与材料科学。研究所将所获的收益一部分投入科技创新领域,另一部分则投入STEM 等公益教育事业当中,不仅实现了"研发—收益—研发"的科研良性循环,而且将内部业务链形成的资金循环圈支持机构的公益发展。由此可见,巴特尔虽然是民办性质的非营利科研机构,但与政府部门的合作极为紧密,一方面能够获得财政资金和免税优惠,另一方面通过自身业务特色实现自我造血,

  作者刘笑系上海市产业创新生态系统研究中心研究员,上海工程技术大学管理学院讲师;胡雯系上海市产业创新生态系统研究中心研究员,上海社科院信息研究所助理研究员。

所得收益还能继续转化为公益支出回馈社会,这种资金循环的模式值得研究和借鉴。

(2) 以合同契约人身份对实验室进行标准化管理

自 1965 年成为美国能源部国家实验室的合同承包商以来,巴特尔纪念研究所管理了隶属于美国能源部和国土安全部的 8 个实验室,作为国有承包商经营(GOCO)治理模式下国家实验室的合同经理,巴特尔以合同契约人身份参与实验室管理,为国家实验室提供专业化的业务管理,为科研人员提供安心的工作环境。为满足不同客户的需求,巴特尔构建了一系列的合同机制(科研管理、物料管理、供应商管理等)供客户选择,在此基础上,为进一步提升管理效率,巴特尔将同类型的合同条款加以标准化,使其易于衡量和执行。例如,巴特尔将实验室复杂的科研管理过程以详细的合同条款加以标准化,用合同的形式厘清相应管理模块的权责利关系,使资金使用、物品采购、劳动权益、人员聘用、绩效考核等执行过程更加透明而规范。由此可见,由研究机构、第三方专业管理和服务机构(巴特尔)、高校(科学家团队)共同组成的国家实验室管理运行模式,不仅可以保证科学研究的独立性,而且可以为科研人员提供专业化的服务,使其从繁忙的行政事务中解脱出来更加专心地从事科学研究,也使研究机构的绩效考核标准制定和执行更符合科研规律。

(3) "走出去"与"引进来"推动科技成果转化

为促进科技创新与产业化的紧密结合,巴特尔从成立之初便致力于面向市场的应用研究活动,除此之外,通过种子基金提供前期支持、衍生公司等多种举措促进内部科技成果转化。为进一步发挥其科研服务功能,巴特尔将科技成果转化服务拓展到全球,一是为外部科技成果提供测试基地。巴特尔专门建立了5 家生产样品的小型工厂,帮助在市场上找不到生产样品的研发人员,以实物的形式验证其研发成果的市场价值,可以帮助其较早较快地占据市场。二是设立专门的巴特尔风险基金积极打造全球化的成果转化体系。例如巴特尔纪念研究所和巴特尔风险基金共同在新加坡成立了 380ip 公司,旨在推动国际知识产权商业化。由此可见,新型研发机构应该向创新链的上游和下游同时延展科技成果转化功能,从上游介入科技成果的研发阶段,在自有研发体系下提升科技成果转化率,也可对外部市场进行研判从事风险投资;在下游阶段则应进一步拓展与潜在使用对象的合作机会,在有能力的条件下为潜在转化对象提供测试平台与生产平台,探索商业转化模式。

（4）提供研究与服务的同时更加注重 STEM 教育

巴特尔主要拥有科技创新、科研服务、科普教育三个核心业务板块，其中，科技创新板块主要聚焦健康与分析、药物与医学分析、消费与产业、能源与环境、国防安全等领域；科研服务主要提供国家实验室管理和科技成果转化两项服务；除此之外，巴特尔在注重自身研发与对外服务的同时也非常注重 STEM 教育，通过公私合作等多种方式支持 STEM 等领域的公益教育。例如，巴特尔 2019 年制定了新的 STEM 资助计划（详见表 1），共投资 75.3 万美元为俄亥俄州中部学生提供 19 种不同的课堂外拓展计划，旨在加强年轻人的基础教育，挖掘年轻人的潜力，为世界科技创新的未来奠定坚实基础。因此，新型研发机构未来不应仅聚焦于科技创新与科研服务两个功能，应长远布局，将科普教育融入到主营业务板块中，在回馈社会的同时实现基础学科对未来科技创新的推动作用。

表 1 2019 年最新的 STEM 资助项目

序号	项目名称	项目内容
1	运河内的有氧运动	运河温彻斯特当地学校通过设计思维为 3 500 名 K-12 师生提供体育锻炼
2	为移动未来创造创新解决方案	该项目与 Smart、Columbus 等企业合作为小学适龄儿童提供为期 10 周的夏季课程，以了解未来的出行和汽车设计解决方案
3	哥伦布艺术博物馆的工作室思维连续体	针对所有年龄段哥伦布艺术博物馆将实施和评估开放式工作室的可能性，并针对所有年龄段提供一个用于图书阅读、听音乐的开放工作室计划
4	校外学习时间包	该计划为大约 150 名 10—14 岁的年轻人提供 1 年的 STEM 内容领域或职业领域的深入研究
5	富兰克林大学的社区编码	社区编码是一个为期 10 周的计划，旨在促进计算机科学教育，并通过面对面的竞赛来提高高中学生的大学和职业准备程度
6	音乐学院的绿色 STEM 计划	利用音乐学院广泛的植物收藏作为生活教室，通过烹饪，舞蹈和设计等富有创造力和吸引力的方法来学习环境和生命科学
7	制作区扩展计划	面向 K-12 年级女孩提供的关于机器人技术，3D 打印的制作计划，使他们在参与动手科学和课外活动的同时获得领导技能
8	格拉登社区之家的重力驱动项目	Gladden 社区之家为 K-12 年级的富兰克林顿青少年创建一个基；TSTEM 的重力动力项目，将为其提供为期一年的关于力和运动的教育程序，并帮助学生制造重力动力车辆，以在行动中展示相关原理

(续表)

序号	项目名称	项目内容
9	高地青年园的绿色青少年成长	该计划将把花园教育从小学生扩展到青少年,让青少年将与教育工作者合作,带领小学生学习 STEM 课程
10	艺术园艺和电影工作室计划	该计划将组织 5—18 岁的儿童参观国王艺术中心,在绿化工作坊中学习园艺的魅力以及用天然和可回收材料创造艺术品的乐趣,在电影工作坊中让 13—18 岁的年轻人与来访的电影制片人合作,构思并制作自己的短片
11	莱克伍德地方学校 STEM 俱乐部	学生将使用"设计思维"解决基于俄亥俄州科学与技术内容标准的各种挑战,并在家长和当地社区的庆祝活动中展示他们的工作
12	地铁中部的开放制造商空间	该计划旨在鼓励初中和高中生在地铁中打造创客空间,并通过俱乐部和其他社区团体举办自己的创客服务展览会、拍卖会和外部研讨会
13	现代农业的探索	该计划将培训 20 名职前教师在 2019 年夏季和 2020 年带队学生对现代农业的探索活动
14	女孩腾飞计划	通过学习空中交通管制和飞行原理来探索航空事业
15	艺术 ASL	与哥伦布州立社区学院建立合作伙伴关系,通过在身体和情感上拥抱舞台上的角色,向学生诠释美国手语
16	通过"T"教育,激发和增强学生能力	向 200 名中小学生提供为期 1 周的全日夏令营,旨在通过技术教育,激发学生想象力,促进其创造力与批判性思维和协作能力
17	建筑与设计中心计划	该计划帮助青少年了解俄亥俄州立大学诺尔顿建筑学院的建筑、景观建筑、城市和区域规划等设计思想
18	俄亥俄州历史、艺术与技术中心计划	以前期活动为基础,通过专业学习和跨领域指导扩大学生获得创造性的校外学习机会
19	STEM Possible 计划	该计划旨在通过鼓励好奇心,培养想象力和重视批判性思维,提高中学生对 STEM 的兴趣和参与度,以有趣、创新和包容的方式将学生连接到 STEM 领域

疫情下的车企百态之日本篇

| 薛奕曦　龙正琴

　　汽车产业具有产业链长、涉及领域广、供需合作关系复杂等特点,其稳定发展严重依赖于产业链各环节的密切配合。然而,受突发新冠肺炎疫情(以下简称"疫情")的冲击,全球汽车产业链出现部分中断,引发多米诺骨牌效应,暴露出现有汽车产业链韧性建设的脆弱和安全问题,各国政府和汽车巨头纷纷采取措施应对疫情冲击。近期,日本政府和汽车行业联手开展行业自救和产业链韧性建设,其中不乏创新举措和亮点,值得我国政府部门和汽车行业参考借鉴。对此,本文通过对当前日本政府及汽车行业相关举措的总结和分析,希望能够对我国汽车行业应对疫情冲击提供参考和借鉴。

一、第一时间成立"专责小组",支持部分海外生产线回撤国内

　　疫情发生后,日本政府在今年2月就立即成立专责小组,负责处理疫情对汽车行业带来的影响。日本经济产业省在一份声明中表示,专责小组的主要工作是监督事态发展,协调沟通,并与日本政府合作,制定措施,确保零部件供应链运转正常。如果情况恶化,该小组将共享调查信息,并提供任何必要的融资和政策支持。专责小组将与日本汽车制造商协会和日本汽车零部件工业协会一起合作。

　　2020年3月5日,结合日本各界人士的建议,日本首相安倍晋三在未来投资会议上明确提出,考虑让对一个国家的依存度过高的制品、附加价值比较高的制品的生产据点回归国内。安倍特别指出,应该改变在中国集中投资的问题,将一部分生产线撤回国内。对于附加价值不高的产品,遵循生产地多元化原则,考虑将生产向东盟国家分散,以此强化供应链,不要依赖于一个国家。

　　作者薛奕曦系上海市产业创新生态系统研究中心研究员、上海大学管理学院讲师;龙正琴系上海大学管理学院研究生。

二、及时成立"新冠病毒对策研究汽车协会",共同制定疫情应对措施

面对市场和供应链影响的不确定性,2020 年 2 月 20 日,日本汽车工业协会(丰田汽车社长丰田章男)、一般社团法人日本汽车零部件工业协会(冈野教忠会长)、经济产业省牵头成立"新冠病毒对策研究汽车协会"。会议产生了两点重要结论——疫情有可能影响到很多企业,影响有恐长期化。根据商议,该协会的主要作用是行业内信息共享以及对策研究,包括全行业的共同问题(防疫措施、供应链、物流等)以及对策共享、政府政策信息共享等。

三、联合发起应对疫情宣言,无偿公开"抗疫"相关技术

2020 年 5 月 9 日由佳能、日产汽车等牵头组织日本国内的企业和团体宣言"OA CVD 19",为应对新型冠状病毒感染,对于以终结 COVID-19 蔓延为目的的行为,将无偿提供专利等知识产权。参加该宣言的成员,在世界卫生组织(WHO)正式宣布 COVID-19 蔓延终止之前,不行使相关的专利权、实用新型权、设计权与著作权(其中不包括商标权和商业秘密)。

目前,日产、丰田、本田、五十铃汽车等汽车均已加入该宣言,相继宣布将无偿公开与抗疫情相关的开发技术,椿本千英和堀场制作所也表示将无偿公开。例如,作为发起人企业之一的日产汽车,预计可以在医疗领域使用可以测量身体表面温度的红外线传感器的专利等,由于不接触就能检测到身体的异常,可以防止感染。日产公司表示,希望产学研联合开发和制造治疗药物、疫苗、医疗设备、感染预防产品等,从而打破以往惯性常识和观念的束缚。

四、统筹协调全球范围内的停工减产,优先考虑本国生产和就业稳定

当前,受疫情带来的需求量下降、疫情导致的零部件供应波动、安全健康管理需要三大因素影响,日本大多车企已宣布停工、减产。例如,2020 年 4 月 22 日,马自达宣布,由于在世界各国的出口受限以及下游零售业活动的受限,对汽车销售活动产生了重大影响,而未来需求的预测也较为困难,因此 4 月 27 日以后将实施生产调整。丰田公司的生产线将在满足安全管理规定的基础上继续运营,但 4 月 20 日,丰田也宣布考虑到今后零部件供应的前景,将暂停埼玉制作所的狭山工厂和寄居工厂的生产。

从停工减产的具体措施看,日本车企并非全球"一视同仁",而是根据各国疫

情具体情况进行整体性布局,对北美、南美、欧洲、除日本以外的亚洲国家和地区(如越南、马来西亚、泰国、巴基斯坦)工厂,具体安排哪些国家和地区的哪些工厂何时停工、何时复工。

在具体生产线中,日本车企也针对不同车型进行生产安排和调整。在总体的生产安排中,日本车企以确保国内生产为主,以维持国内就业。丰田宣布将保持其国内300万辆的产量,日产和本田将在日本保持其100万辆的产量。

五、及时调整供应链布局,推动生产基地多元化发展

日本车企普遍重视风险管理:一方面是存在备选供应商系统,另一方面是形成注重安全、注重预防风险的企业文化。2011年3·11大地震和2016年熊本地震中,丰田、本田、日产等整车企业皆出现过停产,从而引发对供应链的反思和重构。之后,丰田开发了供应链数据库,该数据库提供了有关公司供应商的详细资料,以此识别紧急事故中供应链可能发生的中断。2016年,丰田对生产系统改进细节,"准时"生产系统的大方向不变,但特殊时期会采取特殊的措施,并通过供应商多元化、产地多元化等措施降低风险。

2020年4月7日,为应对疫情对经济带来的负面影响,日本经济产业省推出了总额高达108万亿日元(约合人民币7万亿元)的一项抗疫经济救助计划,其中"改革供应链"项目专门列出了2 435亿日元(约合人民币158亿元),用于资助日本制造商将生产线撤出,以实现生产基地的多元化,避免供应链过于依赖某一国。

六、开展紧急转产、跨界生产,为疫情防控提供设备支持

日本车企纷纷转产防护物资,助力抗击疫情。2020年4月7日,在日本部分地区发布紧急事态宣言后,丰田率先表明将对医疗现场及医疗用品进行支援。例如,丰田拟运用试制型和3D打印机等在车辆开发中制作试制零部件的技术(有制作批量生产品以外的部件的能力),开始制作医疗现场所需的"面屏蔽",从4月27日开始将月产提高到约4万个,预计今后将扩大到7万个月产。

丰田合成(Toyoda Gosei)与丰田汽车公司和丰田集团公司联合开发诸如"电动下一代橡胶-e-rubber"之类的医疗设备,推动特殊设备车辆的生产与改装。例如PCR试验车可以很容易地移动到必要的地方,并且通过非接触收集样品,有助于预防医务人员的感染。

三菱汽车工业也于 4 月 21 日开始在爱知县冈崎市的工厂等地使用 3D 打印机生产防护面罩,月产 1 500 个,并宣布将与世界各地的政府、地方政府和有关组织合作,通过利用在车辆开发和生产过程中积累的知识和工厂设施,继续支持应对新型冠状病毒。日产汽车也宣布将使用 3D 打印机生产医疗面罩。

七、紧急生产专业医疗车辆,针对疫情创新汽车租赁模式

丰田将旗下营业用车的 JPN TAXI 改装成轻症患者运输车(负压隔离车),减少从后排座椅被感染者到前排驾驶员的感染风险。另外,丰田的关联公司,在日本的救护车市场拥有压倒性市场份额的"TOYOTA STATION 和 DEBELOVENT",正在紧急开发在救护车上运送患者时使用的"背压搬运用简易胶囊"。另外,该公司还开发了面向医疗从业者使用的、面罩无法防御的、能够将大范围的飞沫扩散降到最低限度的器材。无论哪一种,都是将至今为止依赖于海外产品的产品国产化,并且通过与救护车的匹配来实现今后的发展。

除此外,日本车企还为国外提供专业医疗车。例如本田已开始在美国为新的冠状病毒感染者提供运输车辆,2020 年 5 月 6 日,已有 10 辆车交付到密歇根州底特律市。同时,本田将开始生产用于呼吸器官主要部件的医用压缩机的生产支持,目标是每月生产 10 000 台。

2020 年 5 月 13 日,丰田汽车启动了"通勤辅助租赁汽车"计划,该计划以合理的价格在通勤时间内提供租赁汽车。在丰田汽车租赁商店中,以"U-Car(二手车)租赁"为目的,以低廉的价格为公司租赁二手车的服务,也为个人通勤提供服务。从 5 月 13 日开始,在全国约 25 家丰田汽车租赁商店接受预订和租赁车辆,主要针对 15:00 之后出发,直到次日早晨 10:00 返回的汽车租赁。

疫情下的车企百态之德国篇

| 薛奕曦　　龙正琴

德国是世界汽车工业发展历史最悠久的国家之一,汽车产业被认为是德国经济的心脏。然而,受突发新冠肺炎疫情(以下简称"疫情")的影响,德国汽车产业遭受巨大冲击,产业链出现部分中断。在疫情冲击与环境保护的双重背景下,德国政府和汽车行业联手开展行业自救和产业转型深化,其中不乏创新举措和亮点,值得我国政府部门和汽车行业参考借鉴。对此,本文通过对当前德国政府及汽车行业的相关举措的总结和分析,希望能够为我国汽车行业应对疫情冲击和产业转型提供参考和借鉴。

一、多个经济刺激计划并施,刺激电动汽车购买

为缓解疫情对经济的冲击,德国政府在短时间内先后两次推出经济刺激计划。2020 年 3 月 23 日,德国通过一项总额高达 7 560 亿欧元的一揽子刺激计划,该计划包括提供企业贷款担保、提供企业股权纾困资金、提供国家支持贷款等,以减轻疫情给德国经济造成的损害。受该一揽子刺激计划影响,许多汽车厂商获得政府贷款以渡难关。如 2020 年 4 月 20 日,汽车供应商莱昂尼(Leoni)即在此计划下,获得由联邦政府提供担保的 3.3 亿欧元贷款。

2020 年 5 月 6 日,德国政府再次推出总额为 1 300 亿元的覆盖 2020 年和 2021 年的经济刺激计划,该计划包括降低增值税、行业扶持、居民补贴等措施,其中政府将重点拨款 500 亿欧元用于电动汽车行业的扶持,具体包括电动汽车购置补贴(6 000 欧元/辆纯电动汽车、4 500 欧元/辆插电式混合动力汽车)、电动汽车充电设备建设、电动汽车双倍退税等各项激励政策。

作者薛奕曦系上海市产业创新生态系统研究中心研究员、上海大学管理学院讲师;龙正琴系上海大学管理学院研究生。

二、颁布"短时工作条例",缓解车企及员工压力

2020 年 3 月 25 日,德国政府颁布《短时工作津贴规制宽松条例》,宣布自 2020 年 3 月 1 日至 2020 年 12 月 31 日止,将降低企业申请短时工作津贴额的条件。在相应月份中,企业雇员收入损失超过其月薪总额 10% 的公司员工比例达到 10% 即可申请(过去则必须满足至少三分之一比例),临时工也有权取得短时工作津贴,在特定领域的兼职收入可以不从短时工作津贴中扣除。短时工作条例的实施意味着员工工作报酬的损失将由劳动部门通过短时工作津贴的形式进行补偿。一般情况下,雇员将取得至少为因停工而损失的税后收入的 60%。因此,短时工作条例一方面能够增加汽车企业的财务灵活性,另一方面能够帮助车企员工保留其工作职位,并在疫情期间获得政府补贴收入,因而成为疫情防控期间众多汽车企业的重要支撑。大众、戴姆勒、宝马等各大车企以及德国 37 000 家经销商和 70% 以上的二手车商等企业都为员工申请了短时工作,累计申请人数超过 100 万人。

三、政府携手行业协会,共同磋商应对策略

为应对疫情对德国汽车行业带来的影响,德国政府多次与汽车行业代表开会磋商。2020 年 4 月 1 日,德国总理默克尔、德国联邦副总理舒尔茨同汽车行业协会(VDA)主席穆勒、德国金属协会(IG Metall)会长霍夫曼、宝马 CEO 齐普瑟、戴姆勒 CEO 康林松以及大众 CEO 迪斯等多位汽车行业的代表开会,讨论当前的疫情之下汽车行业受到的冲击以及如何复工的问题。2020 年 5 月 5 日,德国总理默克尔再次和来自大众汽车、戴姆勒公司、宝马汽车公司、德国汽车游说团体和德国金属协会(IG Metall)工会的高管通过视频会议展开磋商,默克尔首席发言人表示,磋商重点是对汽车制造商的援助,目标是促进"创新技术"。

四、车企多措施削减成本,推出优惠计划吸引客户

受疫情影响,德国大多车企于 2020 年 3 月陆续宣布关闭工厂,此后众多车企纷纷采取降低经营成本、推出优惠活动等多种措施提高经营的可持续性。

目前,车企的经营成本削减多以劳动成本支持为主要对象。例如,2020 年 3 月 23 日,莱昂尼(Leoni)关闭北非和美洲的工厂,在德国引入短期工作以及在其他欧洲地点采取类似措施来减少材料和人员成本;2020 年 4 月 13 日,戴姆勒集

团也宣布戴姆勒首席执行官与管理委员会成员将削减 20％的固定薪酬,其他高管未来三个月将降低薪酬的 10％;世博集团也通过减少员工工作时间和削减全球众多工厂的生产活动、降低专家和经理级别员工(包括管理层在内)的薪水以及延长投资周期等方式来削减成本。

与此同时,德国车企也积极采取措施实施自己的支持计划来增加汽车销售。如,2020 年 5 月 11 日,德国大众推出购买新车和二手车的"利率保护保险",该保险最多涵盖相应融资或租赁合同的 12 个月分期付款,分期保护保险的起始费用为每月 10 欧元。大众还承诺进一步降低租赁和融资计划的折扣,以减轻客户在经济形势不确定时期的购车恐惧。

五、车企紧急转产、跨界生产防控疫情所需设备

疫情期间,不少德国车企开始积极转产、跨界生产疫情防控设备。例如,2020 年 3 月 27 日,博世集团最新研发的 COVID-19 全自动快速检测可以助力诊所、医院、实验室和健康中心等医疗机构实现快速诊断。另外,博世集团在 9 个国家的 13 个工厂都已经开始根据当地需求生产口罩,包括意大利的巴里工厂、土耳其的布尔萨工厂、美国的安德森工厂等。此外,许多德国汽车工业协会(VDA)成员公司也做出承诺,通过提供材料、财务资源和人员、制造呼吸面罩或诊所需要的呼吸防护设备等行动对医疗保健系统中的瓶颈情况做出立即响应。

六、车企统筹安排复工复产,制定协议保证员工安全

随着德国的疫情防控取得阶段性成效,防疫措施也逐渐宽松,陆续有部分汽车工厂在 4 月份恢复生产。但从复工复产的具体情况来看,德国车企有规划的根据各地疫情具体情况进行整体性布局。例如,大众在德国茨维考和斯洛伐克布莱迪斯拉发的工厂于 2020 年 4 月 20 日复工,而位于德国沃尔夫斯堡的工厂则于 2020 年 4 月 27 日复工;宝马位于巴伐利亚州的丁格芬工厂于 5 月 11 日起复工,而包括慕尼黑总厂、莱比锡工厂等生产基地则在 5 月 18 日之后根据疫情防控情况和车企自身实际情况逐步复产。

汽车工厂的重新开放也意味着疫情风险的增加,车企们制定相关的协议和规则来保证员工们的安全。例如,2020 年 4 月 27 日,大众汽车已采取了 100 种不同的健康和安全措施,并征得其工人的同意,在工厂的 8 000 多个海报上展示了信息,并在手册中进行了说明。其中包括要求工人每天早上在家而不是在现

场检查自己的体温并换上制服;要求员工们使用肘部打开门,并在进入室内后单步走,沿着地板上的标记保持人与人之间的空间。此外,还减少公共区域的座位,要求工人们自带午餐等。

七、疫情加速汽车产业生态转型,电能氢能助力气候保护目标

为实现减排目标,德国政府于 2019 年 9 月出台了"气候保护计划 2030",以期达成 2030 年温室气体排放比 1990 年减少 55% 的目标。并且,从 2021 年起,欧盟将对汽车制造商的车队设定强制性的二氧化碳排放上限,否则将面临高达数十亿美元的罚款。德国政府向电动汽车提供额外资金,各大汽车制造商都纷纷深化生态转型,而疫情的发生加速推进汽车行业的变革。

国家层面出台了相关援助计划,德国政府希望通过购买奖金和税收优惠,到 2030 年在德国道路上投放 1 000 万辆环保汽车,并且国家为纯电动汽车、插电式混合动力车的购买者提供环保奖金等。为推动环保事业的发展,大众汽车也计划在 2023 年底之前生产 100 万辆电动汽车,并投资 330 亿欧元。2020 年 4 月 14 日,宝马集团首次公布了宝马 iHydrogenNEXT 氢动力系统的技术细节,并重申宝马公司正在系统、全面地推进零排放出行的落地。

八、疫情成为经济转型的引擎,汽车产业加速进入数字化时代

疫情一方面给德国汽车产业带来巨大的冲击,另一方面也给汽车行业带来新一轮的科技革命和产业变革。受疫情影响,不少车企和行业协会都选择将许多与生产没有直接关系的活动以数字方式继续进行,保证了经营活动的继续也避免疫情传播。例如,自 2020 年 3 月中旬开始,戴姆勒、宝马等车企都陆续向非生产一线的工程师及管理人员发送邮件,告知其除有必要情况外,需尽可能居家远程办公。政府也加强数字化基础设施的建设。例如,2020 年 5 月 6 日,德国政府推出的 1 300 亿欧元的经济刺激方案中,拟投入 50 亿欧元设立移动网络基础设施公司(MIG),其目标是在五年内建成全覆盖的 5G 网络,提高汽车行业数字化水平。

疫情下的车企百态之美国篇

| 薛奕曦　龙正琴

美国被称为"车轮上的国家",汽车普及率居全球首位,汽车行业在美国创造了约 1 000 万个就业岗位,汽车制造、销售和服务创造了近 2 万亿美元的经济产出。然而,受突发新冠肺炎疫情的影响,美国汽车产业遭受巨大冲击,生产停滞、产业链中断、需求低迷等。在疫情冲击下,美国政府和汽车行业联手开展行业自救,其中不乏创新举措和亮点。对此,本文通过对当前美国政府及汽车行业的相关举措的总结和分析,希望能够为我国汽车行业应对如疫情这类突发性冲击提供参考和借鉴。

一、颁布多个经济救助和刺激法案,帮助车企和员工缓解疫情冲击

疫情发生后,美国总统特朗普于 2020 年 3 月 13 日宣布进入"国家紧急状态"。为应对疫情,美国政府在短时间内先后颁布四个经济救助法案。其中,特朗普于 2020 年 3 月 18 日签署了总额为 1 920 亿美元的《家庭优先新冠病毒应急法案》,该法案包括提供带薪病假、税收抵免和失业救济等,这些应急计划减轻了疫情对美国汽车行业工人等工薪阶层的影响。

2020 年 3 月 27 日,美国总统特朗普签署《新冠病毒援助、救济与经济安全法案》,推出了总额为 2.2 万亿美元的美国迄今规模最大的财政刺激计划。该计划主要包括提供贷款、担保或投资等多形式的财政援助、失业保险福利、对个人和家庭的现金援助等。在此法案下,美国 33 家车企和零部件公司共获得 500 亿美元贷款,发行 160 亿美元债券。其中,通用汽车是融资最多的汽车公司,获得 216 亿贷款,并出售 55 亿债券。

作者薛奕曦系上海市产业创新生态系统研究中心研究员、上海大学管理学院讲师;龙正琴系上海大学管理学院研究生。

二、车企联手工会成立"特别工作组",确保员工安全和健康

2020 年 3 月 15 日,为应对疫情影响,更好地保护公司员工和生产任务,通用、福特、菲亚特克莱斯联合全美汽车工人联合会(UAW)宣布共同成立特别工作组。据了解,声明中主要包括汽车生产计划,强调加强对访客的筛查,增加对公共区域和接触点的清洁和消毒,并为可能接触者以及表现出流感样症状的人实施安全规程等。

美国车企也根据特别工作组的要求,格外重视工厂的清洁消毒和员工防护等。福特、通用汽车和菲亚特克莱斯这三家公司都表示,他们在两次轮班之间分配额外的时间以便于彻底清洁设施。除增加清洁外,在菲亚特克莱斯勒工厂,员工之间至少间隔 6 英尺(约 1.8 米),工作站被透明的塑料面板隔开,工人互相靠近时,他们还需佩戴外科手术式的口罩和透明的塑料面罩或护目镜。

三、美国汽车协会退还汽车保费,向医务人员免费提供路边援助

由于疫情的发生和居家令的发布,汽车行驶里程下降并导致索赔减少,提供旅游、汽车、保险等服务的美国汽车协会于 2020 年 4 月 17 日宣布,向其汽车保险客户退还 20%的已收取保费,从 4 月 30 日起生效的每位投保人都将获得 4 月份和 5 月份两个月保费的退款,预计返还给客户的总金额约为 6 000 万美元。此外,汽车保险公司也纷纷宣布保费返还等举措,目前美国汽车保险前十公司已宣布保费返还或保费优惠金额超过 70 亿美元。

除了退还保费以外,美国汽车协会俱乐部还为出现轮胎漏气、电池问题或其他车辆故障的医务人员和一线急救人员提供免费的路边援助服务。

四、为应对疫情带来的影响,车企多次紧急停工减产

此前,由于疫情带来的需求下降、汽车零部件供应波动和安全生产管理等因素的影响,美国车企基本上都宣布停工减产。例如,2020 年 3 月 15 日,在 3 名员工的 COVID-19 测试结果呈阳性之后,福特宣布关闭在西班牙瓦伦西亚的汽车装配厂。由于疫情的蔓延,2020 年 3 月 20 日,美国福特、通用汽车、克莱斯勒均已暂时中止其所有美国工厂的运营。

2020 年 4 月初,大部分美国汽车工厂逐渐开始复工。因疫情持续的影响,车企们多次紧急停工减产。因为员工的 COVID-19 测试结果呈阳性,美国福特

汽车工厂不得不在 5 月 18 日的一周内紧急暂时停产 4 次。2020 年 4 月 3 日,固特异轮胎橡胶公司宣布暂停在美洲的制造业务,以应对因疫情引起的市场需求突然下降。此外,2020 年 6 月 1 日,由于墨西哥的零件短缺,通用汽车不得不推迟在印第安纳州韦恩堡和密歇根州弗林特的两个主要卡车工厂增加第二班次。

五、车企紧急转产、跨界合作,为疫情防控提供设备支持

疫情发生后,美国车企纷纷转产防护物资,与相关企业积极合作,跨界生产疫情所需设备等。例如,2020 年 3 月 20 日,美国通用汽车公司宣布与呼吸机制造商 Ventec Life Systems 合作,以帮助提高 Ventec 的呼吸机产量。2020 年 4 月 8 日,美国政府与通用汽车签订一项价值近 5 亿美元的呼吸机合同,该合同是第一个根据《国防生产法》用于呼吸机生产的合同。

2020 年 3 月 27 日,福特汽车公司宣布与 GE 医疗集团合作,以提高 GE 的呼吸机产量,在 4 月底产量为 1 500 台呼吸机,到 7 月 4 日,呼吸机的生产数量已进一步扩大到 50 000 台。2020 年 4 月 14 日,福特汽车公司又宣布与 3M 公司合作为医护人员生产新型加压呼吸器面罩,以帮助 3M 公司将产能扩大 10 倍。福特还表示,它与汽车安全气囊供应商 Joyson Safety Systems 合作,为医护人员生产可重复使用的由制造安全气囊的材料制成的手术袍,并将产量扩大到 1 周可生产 100 000 件。另外,福特还一直在与科学和医疗用品公司 Thermo Fisher Scientific 合作,以帮助其增加用于 COVID-19 测试的采样套件的生产。

六、车企多措施稳定现金流,推出优惠活动吸引客户

疫情的发生给车企造成了极大的财务冲击,美国车企采取多种措施来降低成本稳定现金流,并通过优惠活动吸引客户等方式积极自救。例如,2020 年 3 月 26 日,福特汽车率先表示,自 5 月 1 日起,福特汽车公司 300 名高管薪酬的 20%～50% 将被延迟支付至少 5 个月。2020 年 3 月 27 日,为节省现金流,通用汽车表示,其所有受薪员工(约 69 000 人)采取工资延迟支付的措施,并临时削减 20% 的工资,削减的工资以及利息将在 2021 年 3 月 15 日之前一次性返还。同样,美国另一汽车巨头克莱斯勒也宣布了类似措施。除了降薪之外,福特和通用都采取一系列措施以稳定公司现金流:福特使用两笔高达 154 亿美元的信贷额度,同时暂停派发股息等;通用则从现有信用额度中借款 160 亿美元,将现金储备增加 1 倍。

与此同时,美国车企也积极采取措施实施自己的支持计划来刺激汽车销售。例如,美国克莱斯勒汽车公司表示,从 4 月 1 日开始,消费者可以享受为期 84 个月的零息贷款服务,而且在购买 2019 和 2020 款车型时,消费者可以享受首付延期 90 天付款服务。此外,美国通用汽车也已经启动金融服务计划,将向最高信用等级的客户提供零利率 84 个月的贷款和最长 120 天的延期付款。美国福特汽车提供了 6 个月的付款减免,其中 3 个月福特汽车会替客户代为偿还债务,并允许客户在此后的 3 个月内推迟付款。

七、疫情打破传统营销模式,汽车进入网络销售时代

为提振疫情期间的汽车销量,克莱斯勒和通用汽车出台最新的购车政策,客户可以通过线上购买汽车。2020 年 4 月 2 日,美国克莱斯勒汽车公司推出了一个名为"Drive Forward"的新营销项目,该项目所提供的线上购车工具将首次允许美国消费者通过网络完成车辆购买,无需前往经销商门店。"Drive Forward"项目可以让消费者在线上完成全部的购车流程,包括从经销商处购买车辆、完成以旧换新以及申请贷款等操作。另外,美国通用汽车通过现有的"Shop Click Drive"项目,帮助客户在线上寻找合适的车型并完成下单,之后该公司将安排送货上门服务。通用汽车还表示,与疫情爆发之前相比,其雪佛兰、别克、GMC 和凯迪拉克几个品牌的网站访问量和线上销量提升了 2～4 倍。

新经济、新产业、新模式、新技术与创新治理

中国人工智能发展突破的几点思考

赵程程

一、中国人工智能发展弱点

(一) 相对薄弱的原始积累

没有哪种技术创新是一蹴而就的。技术创新不是无源之水、无根之木,需要长期的知识学习与积累。中国人工智能起步比美国晚了 40 多年,尽管目前中国在应用场景方面正努力发力,但是诸如芯片制造、强基础研发领域,与全球领先技术水平相差甚远。而这些人工智能基础层技术的突破,才是人工智能产业可持续发展的源动力。目前我们应该更清楚地认清这道伤疤,外部合作环境促使中国科研机构和人工智能领军企业不得不调转"车头",深耕人工智能基础层的技术研发。

(二) 不再适宜的人工智能发展战略

中国人工智能产业发展主要遵循于李开复提出的"做最好的创新",即"中国首先应把大部分精力集中在人工智能应用技术开发,迅速占据市场;其次通过全球化体系,从半导体制造技术领先企业购买到人工智能芯片,弥补不足"。此外,李开复认为,"中国人工智能成功关键在于成本相对较低的大量大学毕业生,这些人力能忍受长时间重复性工作,对大量的数据进行分类以训练人工智能算法,中国应利用这种优势,以较低的成本在人工智能应用市场上领先"。然而,这种模式有利有弊。的确,从短期看中国人工智能在应用领域迅猛扩张,甚至在某些领域超越美国。然而,这种有"利"局面是否能可持续下去? 值得深思。另一方面,中国人工智能产业发展遵循李开复的建议,导致中国企业对外国企业产生严重的供应链依赖性。这种长期的依赖性,致使中国企业产生研发"偏好",不愿意从事人工智能基础层的技术创新。

作者系上海产业创新生态系统研究中心研究员、上海工程技术大学工业工程与物流系副主任。

(三) 难以打通的人工智能发展轨迹

中国人工智能发展轨迹大致分为三类：

第一类公共研究组织(国有研究所、大学院校或大型国有企业的研发部门)主导,发展轨迹依循《新一代人工智能发展规划》纲要。这些研究机构的研发论文与专利,产业界并不容易接触到。中国人工智能业者也表示,与学界之间的深入交流是近期才开始。这使得有许多人工智能研究成果呈现闲置状态,未能发挥其应用价值。

第二类数字平台领导型供货商(华为、阿里巴巴、腾讯、百度与联想等业者)主导。以这些公司的规模与资源,他们在中国人工智能研发扮演关键角色,但根据访查,这些业者是将人工智能应用技术开发列为第一优先,而对人工智能芯片与算法开发的投资较少。

第三类人工智能芯片独角兽主导。此类企业分为两种:第一种是利用现有的机器算法/神经网络来销售人工智能应用软件,第二种是专注于人工智能芯片设计。这类公司获得了中国政府的大力支持。调查发现,中国人工智能独角兽公司大多都满足市场快速扩展的应用需求,为此这些业者积极寻找中国各地的年轻工程师人才,甚至加入了对海外经验丰富顶尖人才的争夺战。

上述三种发展轨迹各具优势,各有所长,但都独立发展,未能在技术研发方面,形成合力。短期看,中国业界在人工智能芯片等基础领域与公共人工智能研究组织有更为密切的互动,但是这种互动是否能可持续进行,仍需一套合理化的制度保障。

二、中国人工智能发展突破口

(一) 人工智能芯片自主创新之路是必然选择

根据美国技术限制要求:如果一个产品含大于等于25％的美国技术,则该产品不可出口中国;如果其他地区和国家的产品直接或间接使用大于等于25％的美国技术,则该产品不可出口中国。这项政策首先冲击中国智能手机芯片。中国芯片强在设计,弱在制造。以华为为例,尽管华为技术世界领先,但其最大的短板是芯片制造工艺始终无法突破7 nm。华为一直借助台积电,以弥补其短板。根据美国技术限制要求,台积电不得不断供华为,重挫华为全球供应链。百度、阿里巴巴也不得不转向韩国三星、日本等芯片制造企业寻找合作机会,但是合作关系仍然可能十分脆弱。因此,坚持人工智能芯片自主创新之路是中国人工智能发展的唯一选择。

（二）中国 ICT 巨头是实现人工智能芯片技术突破重要主体

根据 2020 年市场研究机构 IC Insights 预测，2024 年中国本土芯片制造规模将达到 430 亿美元，但仅占中国本土芯片需求量的 8.5%。目前中国至少一半的芯片制造来自英特尔、三星电子、SK 海力士与台积电的芯片制造厂。部分企业被迫"离席"，留下的市场空白或将留给本土企业、韩国或日本企业。本土企业谁能攻坚克难，谁就能分得第一块"蛋糕"。

纵观中国数字平台领导型供货商（华为、阿里巴巴、腾讯、百度与联想等业者）和人工智能芯片独角兽，前者有进行人工智能芯片制造研发的资本雄厚和技术积累，后者胜于人工智能芯片的设计，但在芯片制造工艺与世界领先水平上仍有较大的差距。因此，中国芯片制造工艺的技术突破，要以华为、阿里巴巴、百度 ICT 巨头为创新主体。

（三）公共研究组织将助力人工智能芯片技术突破

目前中国芯片强在设计，弱在制造。华为、阿里巴巴等 ICT 巨头通过扩大人工智能芯片的购买规模，提高其议价能力，降低产品制造成本，但导致中国企业更不积极主动地进行人工智能芯片制造工艺的技术研发（因为可以从全球人工智能芯片制造商购买到便宜的芯片）。全球著名的芯片制造商台积电将断供海思硅，导致华为将垂直整合人工智能价值链上重要环节，积极部署人工智能芯片制造技术的研发。然而，中国芯片制造工艺技术（14 nm）远低于世界先进水平（7 nm）。这需要外力推动中国人工智能芯片技术突破。在政府长期持续的资金支持下，中国公共研究组织实验室硬件设施和高水平论文与专利的产出，都逐步媲美国际领先水平，某些领域甚至超越国际领先水平。因此，公共研究组织将会是华为等 ICT 巨头进行人工智能芯片技术创新的重要助力。建立灵活、多样的合作交流机制是实现学界与业界技术转换的关键。

（四）警惕技术民族主义，抓住机遇争取全球知识资源

美国对中国进行半导体先进技术的限制激发了技术民族主义的流行，加上新冠疫情的爆发，将会摧毁全球人工智能知识共享体系。在美国颁布"签证限制令"等方式驱逐人才的同时，政府以此为契机以更加开放的环境吸引全球人工智能人才集聚中国。针对无法继续赴美留学的博士生，紧急安排在国内名校研修或短期工作，务使这批"后备军"不致流失。强化人才引进政策，以更加开放的环境，吸引不满美国人才政策或被美国驱逐出境的人工智能基础科学、关键技术领

域高端人才汇集中国。这需要大量投资，使得引进人才的待遇和生活达到先进水平，让其安心工作、大展所长。同时，加强对地方新型研究机构的支持力度，筹建具有国际影响力的研究机构，为全球人工智能研究提供平台，吸引海外精英，培育本土人才。

全球人工智能技术创新发展监测与中国机会

在大数据、移动互联网、区块链、云计算等新型技术的驱动下,全球人工智能(Artificial Intelligence,简称 AI)发展进入了新的膨胀式爆发阶段。据预计,从 2019 年开始,随着上述科技的持续变革,人工智能的创新与应用进一步实现高科技化,将打破技术边界展现出更大的创新规模与更快的速度能力,迎来大爆发。以人工智能为引领的新一代技术革命正深刻改变人类的社会生活,并成为新时期全球各国产业竞争的重要"制高点"。站在"十四五"规划的新起点上,中国以人工智能塑造参与全球新型产业体系的竞争优势,首先是对全球人工智能创新发展进行有效的监控及预测,需要全面梳理分析人工智能创新热点和创新趋势,在未来发展中下好"先手棋"。

一、全球人工智能技术专利分布

(一) 年度趋势

使用检索策略在德温特数据库里检索,全球 AI 领域发明专利授权为 53 134 件,按照专利申请年份(Filing Year)统计,图 1 展现 2010—2019 年中国 AI 领域

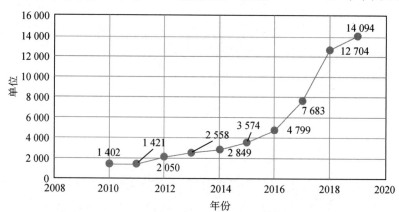

图 1 2010—2019 年全球 AI 发明专利授权趋势图

专利申请趋势图。

由图 1 可知,全球 AI 发明专利呈逐年上升趋势,2012 年以前的专利相对较少,近 5 年(2015 年至 2019 年)专利增长速度明显加快。从 2015 年的 2 849 件至 2019 年的 14 094 件,不到 5 年授权专利超过了 5 倍,说明全球人工智能技术处在高速发展阶段。由此可见,人工智能领域技术已引起业界极大的关注,AI 技术正在成为研究热点。

(二)机构分布

通过对比专利权人的情况,可以了解领域的竞争态势。对全球 AI 领域的 53 134 件发明专利进行统计分析得出 Top30 的专利权人。可以发现,从发明专利授权数量上来看,专利权人排名首位是 IBM,拥有 1 744 件专利,遥居榜首,其次是谷歌(913 件)、微软技术授权有限公司(617 件)。Top30 专利权人中大部分是美国企业,30 位中美国企业 12 家,日本企业 9 家,中国企业 6 家,韩国企业 3 家。其中百度、中国国家电网、阿里巴巴集团、平安科技代表了我国 AI 领域专利授权数最多的科技公司。

二、全球人工智能技术专利知识图谱绘制

笔者以 2010—2019 年的人工智能相关专利为数据源,借助 CiteSpace 5.5 软件进行统计分析和可视化处理。节点类型选择"category(类别)",主题词来源选择"title(标题)""abstract(摘要)""author keywords(作者关键词)"和"keywords(关键词)",阈值调节为(2,3,15)、(3,3,20)、(4,3,20),分别表示相应类别的出现次数、共现次数、词间相似系数的最低要求,同时设置每年出现频次最高的 50 个节点数据。绘制人工智能专利类别共词图谱,得到共有 85 个节点、309 个连接,网络密度为 0.086 6。图中的每一个节点代表一个技术类别,节点越大表示相应时段内对应的技术类型专利数量越多。经过 LSI、LLR 聚类,最终得到共词图谱。

(一)关键技术识别

在共词网络中,一个节点处于与许多节点联接的最短途径上,则该节点在共词网络中具有较高的中介中心度(后文简称中心度)。中心度越强的节点,与其他节点间的信息流越多,与其他专利类别在专利文献中共现的次数也就越多,越能说明其在整个网络中的关键性。所以,在一个表征技术领域的专利文献共词网络中,中心度强的节点一般代表该领域的关键技术。同时,出现词频越高的专

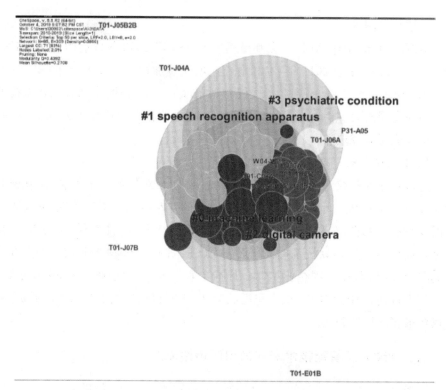

图 2　2010—2019 年全球人工智能领域专利类别共词图谱

利类别说明该类别的技术得到越广泛的研究。

通过对德温特手工代码进行统计，对排名 Top30 细分技术进行分析，发现 AI 技术大多归类于 T01（数字计算机），特别是用于 T01-J（数据处理系统）与 T01-N（网络与信息传输）。这说明人工智能领域的大多数关键技术都涉及数据处理系统。

同时发现，AI 的关键技术主要聚焦在字符识别、图像识别、语言识别、软件产品、机器学习、便携式移动终端等领域。特别是视觉识别（包括字符识别、图像识别）、语言识别是人工智能诸多细分领域的共性技术。智能产品、智能教育、智能终端是人工智能的重要应用领域。

视觉识别（包括字符识别、图像识别）是计算机替代人眼对目标进行识别、跟踪和测量的机器视觉。视觉识别技术的应用场景广泛，主要涉足智能家居、语音视觉交互、增强现实技术、虚拟现实技术、智能安防、直播监管、视频平台、三维分析等领域。国内外代表性企业和科研机构包括百度（人脸检测深度学习算法

PyramidBox)、商汤科技(智能视觉国家 AI 平台)、Amazon Rekognition、Google Cloud Services、IBM Visual Recognition。

语音识别是通过信号处理和识别技术让机器自动识别和理解人类语言,并转换为文本和命令,主要应用场景包括智能电视、智能汽车、智能家居等。国内外代表性企业和科研机构有科大讯飞(深度全序列卷积神经网络语言识别框架)、搜狗(语言识别转文)、阿里巴巴、Microsoft Azure Cognitive、Google Cloud ML Service、IBM。

智能教育技术模拟老师对学生一对一的教育过程,带给学生个性化学习体验,提升了学习投入度,提高了学生学习效率。该技术在美国和欧洲应用广泛,时间累计超十年,用户群庞大,产品较为成熟。相比下,智能教育技术在中国积累数据量稍落后,技术有待进一步打磨。国内外代表性企业和科研机构有义学教育(松鼠 AI 教育)、OpenAI(写作 AI)。

表 1　人工智能领域技术类别中心度分析

中心度	频次	代码	技术识别
0.38	6 328	T01-J10B2A	识别技术(字符或图像)
0.32	5 692	T01-C08A	语音识别/合成输入/输出
0.22	8 468	T01-S03	软件产品(带权力声明)
0.21	4 279	T01-N01B3	在线学习
0.15	5 425	T01-J30A	学习辅助(支持)系统
0.13	2 356	W01-C01D3C	便携式移动终端(移动电话)
0.06	2 532	T01-N02A3C	服务器
0.06	2 775	T04-D04	识别技术(光学字符或指纹识别)
0.04	705	T01-J06A	医疗
0.04	1 365	T01-N02B1B	用户权限/密码系统
0.04	3 492	W04-V01	语义分析(术语解析)
0.04	4 438	T01-J05B4P	数据库应用程序
0.03	685	T01-F04	子程序执行
0.03	2 203	T01-N01D3	远程服务器

(续表)

中心度	频次	代码	技术识别
0.03	2 258	T01-J05B3	检索(检索大型数据库的算法)
0.03	2 999	T01-J16C3	自然语言与图像语言处理
0.03	3 557	T01-J10B2	图像分析
0.02	1 804	T01-J10B1	图像增强
0.02	1 813	T01-N01D2	文件传输(非多媒体文件)
0.02	2 299	T01-J18	语音的计算机处理
0.01	406	W01-C01G8	智能手机
0.01	462	W01-C01P2	个人数字助理
0.01	546	T01-J10B3	目标处理
0.01	951	W01-A06C4	无限电联
0.01	1 037	W04-V	声波的分析、合成与处理
0.01	1 459	T01-J10B3A	目标的扩大、减少与交替
0.01	1 584	T01-N03A2	搜索与搜索引擎
0.01	2 213	T01-J07D1	车辆微处理器系统
0.01	2 320	T01-J11A1	拼写/词典、语法检查、句法分析
0.01	2 461	T01-J05B2	存储(目录、文件整理、记录分类)

(二) 热点技术判断

结合图 2(聚类)和表 1(词频最高的前 10 项细分技术类别)可知,人工智能的热点技术分布在智能诊疗、数码相机等领域,聚焦在机器学习、识别技术(字符、图像、语音)、数据库算法等基础技术领域。这与人工智能关键技术所在领域一致,说明人工智能企业或机构已识别并着重研发出人工智能领域的关键技术。

表 2　研究热度排前 10 的技术类别

频次	中心度	代码	技术识别
8 468	0.22	T01-S03	软件产品(带权力声明)
6 328	0.38	T01-J10B2A	识别技术(字符或图像)
5 692	0.32	T01-C08A	语音识别/合成输入/输出

（续表）

频次	中心度	代码	技术识别
5 425	0.15	T01-J30A	教育辅助（支持）系统
4 438	0.04	T01-J05B4P	数据库应用程序
4 279	0.21	T01-N01B3	在线学习
3 557	0.03	T01-J10B2	图像分析
3 492	0.04	W04-V01	语义分析（术语解析）
3 019	0	W04-W05A	学习设备
2 999	0.03	T01-J16C3	自然语言与图形语言处理

（三）技术前沿领域识别

CiteSpace 的突现度（Burst Term）代表该技术的前沿领域。笔者聚焦 2010 年至 2019 年的突现词，借以探究人工智能领域技术前沿（表 3）。研究发现，近十年人工智能前沿领域主要聚焦在智能穿戴设备（便携式技术、智能手机）、语音识别技术（智能自然语音翻译、语音控制）、机器学习（神经网络、模糊逻辑关系）、视觉识别技术（色彩处理）。其中，智慧商业、智能制造、语音识别是 AI 未来最有发展潜力的领域。

智慧商业主要体现在零售业 AI 化。深度学习和视觉识别技术成为支撑智慧零售的两大技术。深度学习被应用于商业数据的分析与建模，实现产业链优化和市场偏好预测。视觉识别技术被应用于消费者行为分析与商品识别、自助结算等。据 Global Market Insights 预测，2018—2024 年全球人工智能在零售领域应用平均复合增长率超过 40%，应用市场规模在 2024 年将达到 80 亿美元，其中亚太市场复合增长率将超过 45%。智慧零售将会是未来人工智能技术应用热点。

智能制造一方面体现在人工智能技术有机融合到制造各环节当中，提高生产效率；另一方面借助深度学习算法处理后提供建议甚至自动优化。据预测，人工智能技术可降低制造商 20% 的加工成本，至 2035 年人工智能将推动劳动生产力提升 27%，拉动制造业的 GDP 高达 27 万亿美元。智能制造是一片未被开垦"肥田沃土"。

语音识别技术作为共性技术，被广泛应用于电视、手机、智能教育、智能商业、智能制造等多个领域。其中，设备或机器的语音控制技术的突破将直接影响众多 AI 应用领域。

表3　近 10 年人工智能领域突现词分析结果

技术类别		突现强度	开始年份	结束年份	2010—2019
T01-F04	子程序执行	135.222 5	2010	2016	▬▬▬▬▬▬▬▬
T01-J14	智能自然语音翻译	124.541 6	2013	2015	▬▬▬▬▬▬▬▬
T01-J16B	模糊逻辑系统	121.365 4	2015	2017	▬▬▬▬▬▬▬▬
W01-C01G8S	智能手机	107.384	2015	2017	▬▬▬▬▬▬▬▬
T01-F05B2	配置	97.373 7	2013	2015	▬▬▬▬▬▬▬▬
T01-C03C	无限电链路（接入网路的接 U）	93.804 2	2015	2016	▬▬▬▬▬▬▬▬
T01-J10B3B	物体色彩处理与色彩系统转换	75.179	2014	2015	▬▬▬▬▬▬▬▬
T01-J07B	制造/工业机械的计算机控制和质量控制	73.593	2016	2019	▬▬▬▬▬▬▬▬
T01-M06A1	便携式	66.357 9	2011	2015	▬▬▬▬▬▬▬▬
T01-J16C1	神经网络	62.975 5	2013	2016	▬▬▬▬▬▬▬▬
T01-N01A2	物联网商业模式	52.062 5	2017	2019	▬▬▬▬▬▬▬▬
W04-V04A5	设备或机器的语音控制	41.884 8	2017	2019	▬▬▬▬▬▬▬▬

三、中国机会

2017 年中国宣布了自己的人工智能发展规划，即到 2030 年中国将成为全球人工智能的研发中心。对此，美国已采取举国体制发展人工智能，并把中国作为首要竞争国家。美国总统特朗普在一份行政命令中强调，要确保美国不会在人工智能竞赛中输给中国。纵观全球科技强国，美国在芯片、顶尖创新人才数量上占据世界绝对优势，处于相对垄断的地位。欧洲由于工业技术的成熟与整体协同，试图建立一个范欧合作平台，并制定欧盟框架下的"全球人工智能宪章"，统一人工智能发展原则和道德标准，借以主导全球人工智能技术创新。日本在人工智能的智能制造、机器人等领域积累了丰富的经验和资源，提出"超智能社会 5.0"概念，并同时提出研发目标和产业化路线图。中国并不是人工智能始发国家，整体上仍属跟踪发展阶段，特别是在核心技术和核心零部件方面，我国较欧美先行者明显"先天不足"。在人才培养上，中国不乏某一领域的"专才"，而缺乏普适性广的"通才"，而人工智能是需要材料、电子、机械、计算机、生物等多学科交叉融合。面对"全球竞发"的世界格局，中国独有的优势也让中国走出一条独特的人工智能发展道路。结合上文中对全球人工智能技术创新发展态势的分析，中国人工智能未来发展机会可能有以下三点。

（1）紧盯领先国家 AI 研发趋势和战略导向，与其他国家开展多领域合作，提升中国 AI 影响力。

专利强度高的专利人和最具发展潜力专利权人大多聚焦在美国、中国、日本、韩国、德国。受到美国政府对华不友好政策的阻挠，难以与美国 ICT 巨头企业开展多元合作，但不影响中国与其他国家展开 AI 多领域研发合作。例如，2018年由五眼联盟（美国、英国、澳大利亚、加拿大和新西兰）发起的联合遏制华为 5G 的风暴在 2019 年初偃旗息鼓，截至 2019 年 2 月，华为已获得 30 多个国家的 5G 商用合同，其中 18 家来自欧洲。五眼联盟中的英国、新西兰、加拿大也已经宣布和华为合作。合作的同时也要紧盯领先国家 AI 研发趋势和战略导向，为我国 AI 研发提供新思路、AI 治理提供新理念。例如，美国国防高级计划局（DARPA）计划开发"微脑"项目，旨在了解昆虫的神经系统是否有助于开发更小、更轻、更节能的 AI。这些新研发思路，对中国"重大首创"创新具有重要启示。

（2）抓紧推出 AI 标准，提高中国 AI 话语权。AI 标准的建立将为统一全球 AI 技术创新奠定基础。因此，美国、欧盟纷纷推出自己的 AI 标准。尽管 2018 年中国推出《人工智能标准化白皮书 2018》，明确了 AI 概念与范畴，但未能对技术层面划定统一标准，也未涉及 AI 道德标准。中国作为紧逼美国的 AI 领先国家，急需学界、业界等多领域专家通力打造中国首个系统全面的 AI 标准，提高中国 AI 话语权。

（3）以算法端为中心，芯片和开源数据作为 AI 发展的硬件和软件，向产业上下游延伸，构建完整 AI 产业链。中国专利强度高的专利人和最具发展潜力专利权人大多是 AI 某一领域的硬核企业，缺乏跨领域关键企业。这也反映出中国 AI 应用场景广而散的特点，缺乏跨领域关键企业带动整个 AI 产业链升级。未来中国重点是从算法端向上下游延伸，芯片和开源开放平台作为人工智能发展的硬件和软件，以此挖掘跨领域关键企业，构建完整的 AI 产业链。

（摘选赵程程，邵鲁宁，全球人工智能技术创新发展监测与中国机会[J].科技与经济，2020(05):1-5）

人工智能赋能音乐内容分析

| 姜宜凡

人工智能时代,文化创意产业创新的范式发生改变,这给音乐艺术带来了新的议题。目前,人工智能已经开始渗透进音乐产业链的各个环节。当前音乐界对人工智能应用于音乐内容分析的态度尚未统一:一些数字音频领域,技术流专家对人工智能的应用优势抱有极大的信心,认为人工智能可以参透音乐的本质,音乐将会像围棋一样被计算机破解;而一些一线创作领域,价值流艺术家则对此不屑一顾;在实务界,为了抢占先机,许多人工智能创新项目组开始了积极的尝试,但在实际应用中有不少技术成果并没有达到市场预期。在音乐内容分析领域的探索中,人工智能能否发挥积极作用及其如何发挥积极作用,成了当下亟需回答的问题。

传统的音乐内容分析和研究主要是从音乐学和美学的角度展开的,由专业人员去归纳和抽象音乐内容的表达,因此可能会出现评价含糊、抽象、不全面、不一致的情况。这就要求人工智能时代,要开发适用于计算机数据分析的音乐内容归纳思路,通过分类、排序、训练、迭代让人工智能对音响和音乐内容相关联,产生具象化的表达。

具体而言,在人工智能加速发展且其应用的广度和深度不断扩展的宏观背景下,人工智能音乐内容分析包含了:以数字文件为对象的底层音乐分析,囊括其中所有可以感知的音响变化;归纳整理音乐内容解读中的共识,提取音乐语义;拓宽智能音乐内容分析应用场景,降低音乐创作门槛等三个方面。音乐创作是一种艺术实践,允许多样化的呈现,但计算机对音乐的数据分析应当建立于广泛的共识之上。这也就意味着在实践过程中,要以客观的音乐感受为主。优先选择经典的具有代表性的具象化的音乐表达作为研究的切入点,或许是一种可行的方案。

作者系上海韶乐人工智能科技有限公司,同济大学艺术与传媒学院硕士。

技术路径一：歌剧音乐具有相对明确的指向性，是音乐内容研究的捷径。

以数字音乐文件为材料的音乐特征标注，将是底层音乐内容解读的基础。底层音乐内容研究随着数字音频的普及，音乐流媒体在短短几年内已成为音乐行业的主要商业模式。可以说数据文件中记录的音乐内容已经得到了广泛的认可。同时，这也说明，音乐产业的数字化转型已经为我们积累下了非常全面的数字化音乐内容。因此，理论上我们已经具备了以音频数据为对象开展底层音乐内容研究的条件。根据过往的研究经验，歌剧中存在大量为角色塑造服务的音乐，对其音乐内容的理解，被限定为有关此人物性格、内质等元素的表达。

技术路径二：微旋律的识别将音乐看作旋律的组合，旋律可长可短。

人耳对同一个音高、音色的音的最小分辨时间约为 0.1 秒，因此如果旋律时值小于 100 毫秒，我们只能大概地听出其高度和强度，无法感觉出它在音色、音高、音强上的变化。根据人类听觉的边界，将短于 100 毫秒的微旋律看作音乐表达的最小单位，定义为微旋律。微旋律是否记录的音乐内容？用简单的常识判断，如果采样频率不够或者过压缩即使是简单的曲子听起来也失真，也就是说有些表达音乐内容的微旋律被略过了。在数字音频文件中，微旋律以二进制代码的形式被记录。识别微旋律的过程，可以简单概述为：用人工智能的思想，对记录微旋律的二进制数据进行分类，归纳通过微旋律表达音乐内容的方法。

路径三：基于微旋律的音乐特征标注。

首先我们将人工分析部分音乐作品的主题，确定其中角色形象，然后在针对角色形象的一个方面（情感、经历、行为等）寻找曲子中与之关联的旋律（以及其对应的二进制代码），对越容易引发这种情感倾向的旋律赋予权重越大。然后我们在人工智能系统中，把从该部分音乐作品中找出的与角色形象相关联的旋律以及其权重标记为音乐特征，让机器将已知的音乐特征带入未进行人工标记的音乐作品中进行比对，实现对音乐作品的自动标记，并结合人工对机器标记结果的抽查不断训练迭代。

展望智能音乐内容分析是推动音乐产业向多向度、分众化、差异化方向发展的关键技术。基于内容的音乐识别作为一种底层技术广泛出现于智能音乐的各种应用场景中。目前该技术的缺点在于：要达到实际应用的标准，需要在系统中积累对一定数量音乐作品透彻的内容分析。相对于语音而言，音乐的频谱更宽信息量更大。同时音乐语义灵活多变，一些现代作品特别是当今的一些流行音乐，目前对其内容表达还未有经过验证的达成群体共识的结论。本文提出根据

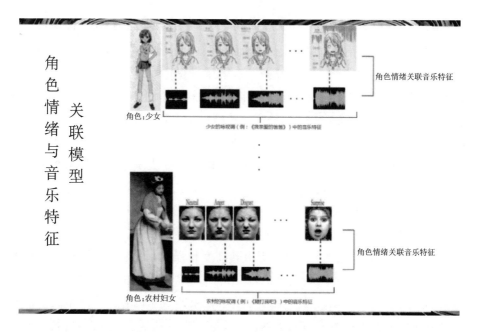

角色形象与音乐特征关联建立数据模型,减轻数据处理压力,有的放矢,能够对目标音乐内容识别提供有针对性的训练。这种架构一方面能与应用传统机器学习实现的音乐内容识别算法衔接,另一方面也能不断充实数据模型,为未来建立完整的音乐语义数据集做准备。

AI 产业发展的重要动源：泛领域关键企业

赵程程

在当前经济形势下，我国启动"新基建"刺激经济。其中，人工智能产业是"新基建"战略的重要组成部分。本文从人工智能产业链出发，结合 2010—2019 年全球人工智能专利图谱，提出泛领域关键创新主体和单一领域硬核创新主体，其中泛领域关键创新主体是人工智能产业发展的重要动源。

一、人工智能产业链构成

综合《人工智能标准化白皮书（2019）》《人工智能技术专利深度分析报告（2018）》《人工智能中国专利技术分析报告（2019）》中的人工智能标准体系架构，人工智能产业链可分为基础层（上游）、技术层（中游）、应用层（下游）。

表 1　人工智能产业链构成

层级	主要内容
基础层	大数据、云计算、智能感知与互联、智能芯片、智能计算
技术层	机器学习、自然语言处理、计算机视觉、人机交互、生物特征识别、VR/AR
应用层	智能机器人、智能运载工具、智能终端、智能服务、智能制造、智慧城市、智能交通、智能医疗、智能物流、智能家居、智能金融

基础层是支撑 AI 计算能力和数据输入输出的硬件和数据工具。技术层是 AI 的核心，是在基础层的基础上开发的各类算法和基于算法面向应用场景的模型。应用层是 AI 的商业化，将 AI 技术与应用场景相结合，面向市场的产品/工具。此部分也是我国 AI 产业最活跃的领域，如智能安防、智能家居、无人驾驶、机器人等。

作者系上海市产业创新生态系统研究中心研究员、上海工程技术大学管理学院讲师。

二、全球人工智能泛领域关键创新主体识别

笔者以 2010—2019 年全球人工智能相关专利为数据源,借助 CiteSpace 5.5 软件进行数据处理,得出人工智能技术创新网络聚类图谱(图 1)。图中聚类分为 0♯主机/设备、1♯人脸识别、2♯云服务/云计算、3♯传输能力、4♯信息存储、5♯输出互联、6♯声学模型、7♯数据/信息采集器八个领域。其中,主机/设备、人脸识别、云服务/云计算是主要的三个领域。

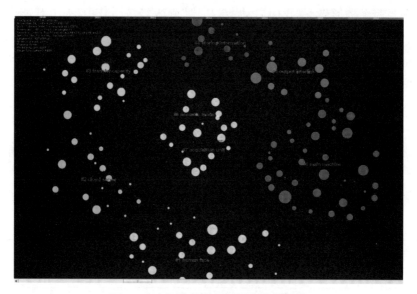

图 1　人工智能技术创新网络聚类图谱

根据对各个聚类进行深入分析,AI 领域创新主体可分为泛领域关键创新主体与单一领域硬核创新主体。其中,泛领域关键创新主体涉及 AI 基础层和技术层多个领域的核心技术。这类企业或将引领全球人工智能新一轮的产业革命,是人工智能产业发展的重要动源(表 2)。

表 2　全球人工智能泛领域关键企业/科研机构识别

中心度	频次	机构	领域	地域
0	850	eBay	主机/设备(基础层)	美国
0	350	eBay	传输能力(基础层)	美国
0.08	264	IBM	主机/设备(基础层)	美国

(续表)

中心度	频次	机构	领域	地域
0.01	244	IBM	传输能力(基础层)	美国
0.08	152	百度	主机/设备(基础层)	中国北京
0.1	119	百度	人脸识别(技术层)	中国北京
0.02	112	百度	声学模型(技术层)、数据/信息采集器(基数层)	中国北京
0	29	北京航天航空大学	主机/设备(基础层)	中国北京
0	28	北京航天航空大学	人脸识别(技术层)	中国北京
0	26	格力	云服务/云计算(技术层)	中国珠海
0.02	23	格力(珠海)	人脸识别(技术层)	中国珠海
0	16	哈尔滨工业大学	人脸识别(技术层)	中国哈尔滨
0	16	哈尔滨工业大学	云服务/云计算(技术层)	中国哈尔滨
0.01	10	华为	云服务/云计算(技术层)	中国深圳
0.01	9	华为	传输能力(基础层)	中国深圳
0	8	南京信息工程学院	信息存储(基础层)	中国南京
0	7	南京信息工程学院	声学模型(技术层)、数据/信息采集器(基础层)	中国南京
0.05	6	平安科技	人脸识别(技术层)	中国深圳
0	4	平安科技	传输能力(基础层)	中国深圳
0.08	4	微软	主机/设备(基础层)	美国
0.02	4	微软	声学模型(技术层)、数据/信息采集器(基础层)	美国

三、全球人工智能泛领域关键创新主体特征分析

全球人工智能泛领域关键创新主体具有以下几点特征。

(1)中美引导全球人工智能技术创新,中国偏应用场景设计,美国偏硬件设备研发

图 1 中 10 家全球人工智能泛领域关键创新主体,中国 7 家,美国 3 家。中国创新主体聚焦 AI 应用场景设计,如云服务、人脸识别、语音识别等。美国聚焦

AI 芯片、采集器等硬件设备研发。尽管在 AI 泛领域关键创新主体的列表中美国企业数量远不及中国,但以 IBM、微软为代表的美国企业掌控了全球 AI 主机/设备和传输能力领域的核心技术。

(2)掌控 AI 硬技术的 ICT"老面孔"VS 开创 AI 软技术的"小巨头"

从企业类型上,图 1 中 10 家全球人工智能泛领域关键创新主体可分为掌控 AI"硬技术"的 ICT 巨头(如 IBM、微软、华为)和开创 AI"软技术"的小巨头(如 eBay、格力、平安科技)。两类企业创新路径逆向而行。AI"硬技术"的 ICT 巨头从芯片走向算法、场景。譬如,Google、IBM 在深入第三代 AI 芯片研发(如 Google 的 TPU)的同时,也加强 AI 应用场景的开拓(如 Google Cloud、IBM Watson,英伟达 DRIVE Platform)。AI 软技术的"小巨头"从场景走向算法、技术。譬如,随着 AI 技术的发展和电商转型,eBay 试图通过开发移动端的技术(如图像搜索 API、机器翻译 API 和市场动态消息 Feed API)运用进一步促进自己电商生态的发展。

(3)中国以"企业+高校"为主导,美国以企业为主导

7 家中国全球人工智能泛领域关键创新主体中 3 家高校、4 家企业,美国 3 名创新主体全部为企业。由此可见,中美两国的人工智能技术创新主体存在较大的差异。在美国以企业为主导,所以其技术创新更加贴近市场需求,从而能更快地推动人工智能产业快速发展。中国"高校+企业"研发模式,一方面,由高校承担国家重大科技计划项目,设立联合攻关团队(校企联合或校校联合等)对 AI 的基础性和前沿性技术进行联合攻关;另一方面,以国内 AI 巨头企业(如百度、华为、平安)为主导并协调高校和有关科研院所的资源对有关人工智能的应用技术进行研发,从而提高应用技术的针对性和实用性。这也是我国 AI 产业高速发展的动力引擎。

谁能挑起"AI 新基建"的大梁？

| 赵程程

自疫情爆发以来，中央会议多次提到加快新型基础设施建设。中央高度重视"新基建"，寄望"新基建"成为我国稳投资、调结构、扩内需的关键新引擎。人工智能被列入"新基建"的核心板块。此次疫情防控工作中，卫生防疫智能服务机器人、智能病毒检测、CT 影像智能分析系统、AI 测温系统、智能配送机器人等人工智能技术及产品，在医院、交通枢纽、社区等疫情防控关键节点发挥了积极的作用，引起业界广泛关注。在"新基建"战略背景下，如何下好第一步棋，寻找到最有潜力的创新主体是关键。

一、我国最具有发展潜力的 AI 创新主体

科学知识图谱是以特定领域的文献为研究对象，通过对文献信息的参数化和图谱化分析映射一段时间内特定学科知识脉络的全方位关系。其研究功能具有"图"和"谱"的双重性质与特征：既是可视化的知识图形，又是序列化的知识谱系。借助知识图谱技术对人工智能技术专利数据进行处理分析，可全方位展现人工智能技术创新合作关系，进而挖掘出最有发展潜力的创新主体。

笔者以 2010—2020 年人工智能相关专利为数据源，借助 CiteSpace 5.5 软件进行统计分析和可视化处理。节点类型选择"Co-Institution"，主题词来源选择"title(标题)""abstract(摘要)""author keywords(作者关键词)"和"keywords(关键词)"，阈值调节为(2，3，15)、(3，3，20)、(4，3，20)，分别表示相应类别的出现次数、共现次数、词间相似系数的最低要求，同时设置每年出现频次最高的 30 个节点数据，选择关键路径 pathfinder 算法。经过 LSI、LLR 聚类，最终得到人工智能技术创新网络聚类图谱。CiteSpace 的突现度(Burst Term)代表该技术的前沿领域。研究聚焦 2020 年的突现词，识别出 33 家人工智能领域最有

作者系上海市产业创新生态系统研究中心研究员、上海工程技术大学管理学院讲师。

潜力的专利权人,其中 25 家是中国企业或研发机构(表 1)。

表 1　人工智能领域专利权人突现词分析结果

专利权人(机构)		突现强度	开始年份	结束年份	2010—2020 年
PINGAN TECHNOLOGY SHENZHEN CO LTD(PING-C)	平安科技	57.538 5	2018	2020	---------------
BAIDU ONLINE NETWORK TECHNOLOGY BEIJING (BIDU-C)	百度在线网络技术(北京)有限公司	29.690 4	2018	2020	---------------
CAPITALONE SERVICES LLC (CPTL-C)	美国第一资本金融公司	25.675 3	2018	2020	---------------
SHENZHEN ONECONNECT INTELLIGENT TECHNOLO (PING-C)	深圳壹账通智能科技有限公司(金融壹账通)	24.739 4	2018	2020	---------------
GOOGLE LLC (GOOG-C)	谷歌	21.280 9	2018	2020	---------------
FANUC CORP (FUFA-C); FANUC CORP (FUFA-C); FANUC LTD (FUFA-C)	日本发那科	21.171 8	2018	2020	---------------
KONINK PHILIPS NV (PHIG-C)	飞利浦	12.935 8	2018	2020	---------------
ACCENTURE GLOBAL SOLUTIONS LTD (ACCT-C)	埃森哲全球解决方案	10.771 8	2018	2020	---------------
HUAWEI TECHNOLOGIES COLTD (HUAW-C)	华为科技	9.919 5	2018	2020	---------------
4PARADIGM BEIJING TECHNOLOGY CO LTD (FOUR-Non-standard)	第四范式	9.536 7	2018	2020	---------------
UNIV SUN YAT-SEN (UYSY-C)	中山大学	9.536 7	2018	2020	---------------
ZHUHAI GREE ELECTRIC APPLIANCES INC (GREZ-C)	格力电子(株洲)	9.212 9	2018	2020	---------------
UNIV XIAN JIAOTONG (UYXJ-C)	西安交通大学	8.919 6	2018	2020	---------------

（续表）

专利权人（机构）		突现强度	开始年份	结束年份	2010—2020 年
SUZHOU AISPEECH INFORMATION TECHNOLOGY C (SUZH-Non-standard)	思必驰（苏州）	8.762 8	2018	2020	-------------
UNIV SOUTHEAST (UYSE-C)	东南大学	7.975 8	2018	2020	-------------
GREE ELECTRIC APPLIANCES INC ZHUHAI (GREZ-C)	格力电子（株洲）	7.710 9	2017	2020	-------------
UNIV SHENZHEN (UYSZ-C)	深圳大学	7.069 6	2018	2020	-------------
UNIV BEIJING POST & TELECOM (UBPT-C)	北京邮电大学	7.055 9	2018	2020	-------------
UNIV KUNMING SCI & TECHNOLOGY (UKST-C)	昆明理工大学	6.761 6	2018	2020	-------------
UNIV HARBIN SCI & TECHNOLOGY (UYHS-C)	哈尔滨理工大学	6.747 3	2018	2020	-------------
UNIV HANGZHOU DIANZI (UYHH-C)	杭州电子科技大学	5.990 5	2017	2020	-------------
UNIV CHONGQING POSTS & TELECOM (UCPT-C)	重庆邮电大学	5.742 5	2018	2020	-------------
NIPPON TELEGRAPH & TELEPHONE CORP (NITE-C)；NIPPON TELEGRAPH & TELEPHONE CORP (NITE-C)	日本电报电话公司	5.521 7	2018	2020	-------------
UNIV CENT SOUTH (UYCS-C)	中南大学	5.434 1	2018	2020	-------------
UNIV NANJING POST & TELECOM (UNPT-C)	南京邮电大学	5.306 8	2018	2020	-------------
UNIV FUZHOU (UFZU-C)	复旦大学	5.205	2018	2020	-------------
UNIV SHANGHAI JIAOTONG (USJT-C)	上海交通大学	4.887 5	2018	2020	-------------
LENOVO BEIJING CO LTD (LENV-C)	北京联想	4.509 2	2018	2020	-------------

（续表）

专利权人（机构）		突现强度	开始年份	结束年份	2010—2020 年
UNIV TONGJI (UYTJ-C)	同济大学	4.131 3	2018	2020	- - - - - - - - -
UNIV GUANGDONG TECHNOLOGY (UGTE-C)	广东工业大学	4.090 2	2018	2020	- - - - - - - - -
SICHUAN CHANGHONG ELECTRIC CO LTD (SCCE-C)	四川长虹电子	33 236	2018	2020	- - - - - - - - -
HITACHI LTD (HITA-C); HITACHI LTD (HITA-C)	日立	2.968 9	2018	2020	- - - - - - - - -
CANON KK (CANO-C); CANON KK (CANO-C)	佳能	2.501 5	2018	2020	- - - - - - - - -

（一）科研院校与机构成为中国人工智能技术创新的重要力量

中国科研院校与机构是人工智能技术研发的重要场所，主要集聚在北京、上海、深圳、杭州。四地科研院校与机构实力差异明显，各具特点。其中，北京综合实力最为雄厚，拥有超过全国 50% 的科研院校以及超过 10 家国家实验室。同时，百度、小米、京东、联想等互联网巨头及优必选、第四范式等新兴 AI 企业建设企业实验室，向人工智能技术研发投入大量的社会资本。

上海借助包括复旦、同济、上海交大等优质高校资源，人工智能技术力量在全国位居前列。高质量的高校资源源源不断为上汽集团、中兴通讯、亚马逊、微软等"老牌"行业巨头企业提供技术支持，也吸引着商汤科技、依图科技、科大讯飞等新兴 AI 企业集聚上海。

深圳科技企业众多，借助腾讯、华为、平安科技、金融壹账通等领头企业的力量在人工智能技术占据一席之地。同时，政府也开始发挥其作用，建设了深圳智能机器人研究院与深圳人工智能与大数据研究院，以进一步提升技术实力。

相比之下，杭州无论院校数量、院校实验室或企业实验室的数量仍然与北上深有一定的差距，主要是依靠阿里巴巴这一巨头开展人工智能研究。

（二）京津冀、长三角、珠三角引领中国 AI 技术创新，中西部地区逐步崛起

2010—2020 年全球 AI 专利主要集聚美国、中国、日本、韩国。（图 1）其中，京津冀、长三角、珠三角引领中国 AI 技术创新，中西部地区逐步崛起。这主要得益于近些年各地政府为推动产业升级、实现经济新旧动能转换，纷纷颁布与人工

智能产业相关的产业规划指导意见，提供税收优惠、资金补贴、人才引入、优化政务流程等措施优化营商环境，吸引国际实力企业入驻，同时培育本土 AI 企业。特别是京津冀、长三角、珠三角最惠政策和资本双重力量的推动下，人工智能企业数量快速上升，成为全球 AI 产业高地。同时，由于大量的传统制造业需要利用人工智能技术进行智能化升级，再加上政府政策的支持，以格力电子、四川长虹、郑州云海为代表的中西部川渝地区或将成为下一个 AI 创新集聚地。

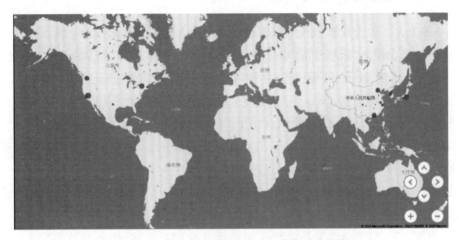

图 1　2010—2020 年全球人工智能专利分布图

（三）中国在全球 AI 地位显著提升，硬件领域严重依赖进口

无论是 AI 专利数量，还是 AI 创新主体数量，中国在全球 AI 地位显著提升，位居全球第二。尽管中国人工智能产业发展迅速，2019 年人工智能企业数量超过 4 000 家，在数据以及应用层拥有较大的优势，然而在基础研究、芯片、人才方面的多项指标上仍与全球领先国家地区存在一定差距。

中国是全球芯片需求量最大的市场，但高端芯片依赖进口。人工智能芯片是人工智能技术链的核心，对人工智能算法处理尤其是深度神经网络至关重要。2019 年，中国从美国进口的集成电路芯片的价值超过 2 000 亿美元，被狠狠扼住了 AI 创新的"咽喉"。值得注意的是，阿里巴巴、百度和华为为首的互联网巨头进入了全球高端 AI 芯片竞争的洪流，特别是华为掀起了智能手机领域的人工智能芯片竞争，因此被美国政府视为"最危险的外资企业"，以多种方式抑制中国 AI 芯片的崛起。中国政府十分关注这一问题，并积极采取应对策略。

作为先进制造业建设的重要组成部分，中国机器人产业快速发展，增速保持全球第一,但机器人的关键零部件在很大程度上依赖进口。在机器人三大核心零件中,控制器和伺服器国产化脚步加速,但全球精密减速器市场被日本企业占据。尽管如此,中国的服务机器人仍处于全球先进行业,BAT 等互联网巨头凭借强大的技术支持切入市场,传统家电企业例如格力、海尔积极布局家庭服务机器人,此外,以哈工大为代表的科研机构通过与企业合作的方式转化研究成果。

二、"AI 新基建"的领航者

基于人工智能技术创新网络图谱及对中国人工智能技术创新主体识别与特征分析,结合我国"新基建"战略思想与布局,识别出我国"AI 新基建"的领航者。

（一）百度、腾讯、阿里巴巴、平安科技或是"AI 新基建"建设的领军企业

区别于传统基建,2020 年"新基建"正在通过 AI、云计算、5G 等新兴科技的快速突破带动国家经济发展新旧动能的转换。在 AI 领域,能够"肩负大任"的领军企业除了具备扎实的技术底蕴和完备的技术布局外,还应掌握人工智能关键技术。纵观全球 AI 技术创新关键路径,互联网巨头百度、腾讯、阿里巴巴、平安科技占据重要节点,或将成为"AI 新基建"建设的领军企业。目前,已有部分企业强势布局新基建。2020 年 6 月,腾讯联合超过 1 万家合作伙伴,以"一云三平台"的腾讯云,打造一个从技术研发到产业落地相互协同、优势互补的"AI 新基建"方案。同期,百度对外公布了业内首张"AI 新基建"版图。百度正在依托包括百度大脑、飞桨、智能云、芯片、数据中心等在内的新型 AI 技术基础设施,推动智能交通、智慧城市、智慧金融、智慧能源、智慧医疗、工业互联网和智能制造等领域实现产业智能化升级,目标为中国新基建 AI 服务最大提供商。阿里巴巴集团预投入 2 000 亿元,制定战术"组合拳"深耕新基建。金融之于"新基建",好比血液系统之于人体。作为"金融＋科技"、"金融＋生态"的倡导者和践行者,平安在金融、智慧城市等领域的革新、升级思路,将为"新基建"注入新鲜血液。

（二）清华、北航、上海交大、同济、浙大等科研院所或是"AI 新基建"建设的智力保障

"企业＋高校"是我国 AI 研发合作的主要模式。纵观我国人工智能最有发展潜力创新主体和主要创新主体,北京科研实力最为雄厚,拥有超过 50％以上的科研院校,例如清华大学、北京大学、北京航天航空大学、中科院自动化所。从科研和技术平台的建设来看,上海位居全国领先地位。上海人工智能平台建设包括上海自主智能无人系统科学中心、复旦脑科学协同创新中心、上海交通大学

认知机器与计算健康研究中心、同济大学人工智能研究院等。企业与科研高校建立联合实验室，加深产业与科研高校在人工智能领域的联动，为"AI 新基建"建设提供智力保障。另一方面，科研高校为我国人工智能产业提供 75％的专业人才，肩负"AI 新基建"建设重要人才输出任务。目前，国内 AI 专业人才缺口百万。与美国相比，企业从业人员数量方面，我国拥有 1 510 名，而美国则超过4 000 人。

(三) 以自主创新应对美国 AI 技术封锁，并寻求潜在国际研发合作伙伴

中美 AI 技术研发合作不频繁，就其根本是美国多轮对我国技术封锁和限制。早至 2018 年 11 月，美国就宣布对人工智能、芯片、机器人、量子计算、脑机接口以及生物技术等前沿科技领域进行出口管制，而此次又将软件纳入到出口管制范围。对此，美国强化出口管制虽然会对中国相关产业形成一定影响，但从另一个角度来看，美国的这一举措将激发中国自主研发的能力，加快人工智能产业的发展进程。另一方面，积极寻找潜在的国际研发合作伙伴。譬如，智能通讯领域的韩国电子通讯研究院、三星电子、LG 电子；无人驾驶领域的丰田汽车、本田汽车、三菱汽车；机器人领域的发那科；视觉识别领域的佳能、索尼等。

改变技术上被"卡脖子",提升科技创新治理效能是关键

陈　强

习近平总书记指出,当前中国处于近代以来最好的发展时期,世界处于百年未有之大变局,两者同步交织、相互激荡。同样,我国科技创新也迎来了发展的历史机遇期,进一步优化国家创新体系,系统提升科技创新治理效能已成为能否把握历史性机遇的关键。

一、综合国力的竞争说到底是创新能力的竞争

2018年两会期间,习近平总书记在参加解放军代表团审议时强调,综合国力的竞争说到底是创新能力的竞争,是创新体系的比拼。在我国,国家创新体系的概念最早出现在《国家中长期科学和技术发展规划纲要(2006—2020年)》中,指的是以政府为主导、充分发挥市场配置资源的基础性作用、各类科技创新主体紧密联系和有效互动的社会系统。具体包括技术创新体系、知识创新体系、国防科技创新体系、区域创新体系、科技中介服务体系。

十多年来,我国国家创新体系建设成效显著,总体科技实力进入世界前列。具体表现为创新指数排名持续上升、基础研究实现多点突破、学科实力进一步增强、被引论文数高,发明专利申请量和授权量等创新指标表现抢眼,科技人才储备已形成一定规模。载人航天、探月工程、北斗导航、超级计算等战略领域实现跨越发展。人工智能、5G、物联网、量子通信等新兴技术领域占据发展先机,越来越多的中国企业成为高科技领域的新锐力量。科技体制机制改革逐步深化,改革举措陆续出台,一系列制约科技发展的体制机制障碍得以破除,科研人员的创造性和创新主体活力被进一步激发,科技创新的体系能力有所增强,创新驱动

作者系上海市产业创新生态系统研究中心执行主任、同济大学经济与管理学院教授、上海市习近平新时代中国特色社会主义思想研究中心特聘研究员。

发展格局初步形成。

随着经济全球化、政治多极化、社会信息化、文化多样化不断向纵深发展,国家创新体系也暴露出一些局限性,面临一系列新的挑战和压力。习近平总书记在两院院士大会上指出,国家创新体系整体效能还不强,科技创新资源分散、重复、低效的问题还没有从根本上得到解决,"项目多、帽子多、牌子多"等现象仍较突出,科技投入的产出效益不高,科技成果转移转化、实现产业化、创造市场价值的能力不足,科研院所改革、建立健全科技和金融结合机制、创新型人才培养等领域的进展滞后于总体进展,科研人员开展原创性科技创新的积极性还没有充分激发出来。显然,面对新的全球变局,科技创新亟待提升治理效能,形成更具韧性、黏度、张力、活力和弹性的体系能力,不断推动实现从点到面,从局部到系统的突破,为经济社会的高质量发展提供源源不断的新动能。

二、哪些因素制约了科技创新

当前,我国在诸多关键核心技术领域受制于人的局面没有得到根本改变。人工智能发展方兴未艾,我国在数据和商业应用方面已形成一定优势。但是,与领先国家相比,在基础算法领域的差距仍然很大。2018年上半年,《科技日报》头版连续报道分析了制约我国科技发展的35项"卡脖子"关键技术,该报负责人坦言,这35项技术只是"冰山一角"。另一个方面,随着我国综合国力的快速提升,一些西方发达国家对于中国发展的心态变得日益复杂,戒备心理急剧抬升,各种质疑和指责层出不穷,国际科技合作的外部环境正遭遇严峻挑战。可以预见,如果不能实现关键核心技术领域的持续突破,将严重影响和制约我国战略性新兴产业和未来产业的发展,甚至危及国家安全和可持续发展。在很大程度上,科技创新治理必须承担起保障高质量科技供给的责任。

当前,国内经济下行压力逐渐增大,国家创新体系一方面需要承担起不断塑造经济发展新动能的责任,另一方面还要面对可能出现的科技财政投入减少的困难局面。这就更加强调创新主体间密切协同,打破学科、产业、区域、机构之间的界限,实现科技和经济的融合、科技与教育的融合,缩短从基础研究到应用研究、从技术原型到产品开发和商业化的时间,这就需要所涉及的各方主体形成共同发展愿景和心理意识,进而采取一致行动。这就意味着,在发挥市场在资源配置中决定性作用的同时,政府必须主动作为,加强科技创新治理。

随着人工智能、量子计算、大数据、区块链等技术迭代加速,新一代信息基础设施日益完善,应用场景逐步丰富和成熟,科技创新模式和科研组织形式正显现出日益增强的网络化、数字化、平台化及社会化趋势,"开源、外包、社交化、并行式"成为创新体系的新特征,群体式、策略化、有组织的颠覆性创新开始推行。科技创新领域的竞争态势发生了根本性变化,开始从实体、组织之间的竞争,逐步演化为系统、生态之间的竞争,对科技创新治理提出更高要求。

三、如何提升科技创新治理效能

面对国内外发展新形势,提升科技创新治理效能,需要思考并正确处理以下几个方面的关系。

（一）处理好"政府"与"市场"的关系

在科技创新治理中,政府要贯彻和落实国家战略意志和重大需求,集中资源和力量,构建战略科技力量,不断推动关键核心技术领域的克难攻坚。要提高政策和制度供给的质量和效率,为科技创新提供高质量公共产品和公共服务,并正确发挥学术团体、行政决策、市场机制在科技资源配置中的作用。要厘清各类创新主体的功能定位及协同关系,避免出现"越位""缺位"和"错位"。同时,增进创新主体间的互动,推动创新网络和创新生态的形成,营造崇尚科学、鼓励创新的社会氛围。

（二）处理好自主创新与对外开放的关系

习近平总书记明确指出,"国际上,先进技术、关键技术越来越难以获得,单边主义、贸易保护主义上升,逼着我们走自力更生的道路,这不是坏事,中国最终还是要靠自己"。因此,在涉及国计民生和长远发展的核心技术领域,不管存在多大差距,我们必须保持战略定力,发挥"集中力量办大事"的制度优势,积极探索和推进科技创新领域的"新型举国体制",切实提升自主创新能力,努力实现关键核心技术领域的突破,力求自主可控。同时,推进更高水平的扩大开放,提升国家创新体系的开放质量。积极并深度参与全球科技治理,开展广泛的国际科技合作,集聚和运筹全球创新资源,提升自主创新的有效性和效率。当然,这种开放必须建立在新的对等能力和平等对话的基础上。

（三）处理好科技创新中"源"与"策"的关系

科技创新治理是"源"与"策"双螺旋交互推升的过程,"源"强调的是科技创新条件的形成和累积,"策"指的是依托"源"的条件,策划、组织和实施各类创新活动,不断推动科学新发现,促进技术新发明,催生产业发展新动力。同时,高水平的"策"可以进一步提升"源"的质量和能级，为更高层次的"策"创造条件。通过"源"与"策"的高效互动，增强创新策源能力。

党的十九届四中全会提出了整体构建与完善国家制度和国家治理体系的理论框架，为提升科技创新治理效能提供了明确的理论指引。全球治理格局正在发生全方位、深层次变化。未来已来，唯变不变。所谓的"不变"就是要"不忘初心、牢记使命"，从容应对百年未有之大变局，将我们的制度优势不断地转化为科技创新发展的磅礴动力。

（转自上观新闻 2020-01-07）

无人驾驶深入零接触"战疫"前线，智能汽车产业可能迎来提速契机

| 薛奕曦

2020 年 2 月 23 日，习近平总书记在统筹推进新冠肺炎疫情防控和经济社会发展工作部署会议上提到"疫情对产业发展既是挑战也是机遇。一些传统行业受冲击较大，而智能制造、无人配送、在线消费、医疗健康等新兴产业展现出强大成长潜力。要以此为契机，改造提升传统产业，培育壮大新兴产业"。表明中央政府从疫情中看到这些新兴行业的潜在爆发力，未来势必会重点扶持这些产业发展壮大，这部分新兴产业来说无疑是重大的利好。

一、疫情之下的"危与机"，"宅经济""非接触式经济"加速崛起

毫无疑问，此次新冠肺炎疫情爆发以来，由于其高传染性使得许多对于物理空间的聚集性和接触性要求极高的行业深受打击，旅游、餐饮、酒店、电影、运输、房地产等行业首当其冲。据恒大任泽平的研究预测，仅电影、餐饮零售、旅游三大产业春节期间直接经济损失可能超过 10 000 亿，占 2019 年一季度 GDP 的 4.6%。考虑其他行业及后续影响，2020 年一季度 GDP 增长可能大幅下滑。就制造业领域而言，汽车制造业可能成为受冲击较大的产业。中国的新车销售量自 2009 年就超越美国成为全球第一，此次疫情的重灾区武汉恰巧就是中国的汽车制造业中心之一。

另外一个不可忽视的变化是，此次疫情却为智能科技领域带来了特有的"春风"，随着非接触式需求的急速增长，在线医疗、线上娱乐、线上旅游、远程办公、在线教育、生鲜电商、VR 看房、无人配送等新业态、新模式迎来爆发式增长。疫情爆发以来，"钉钉"已经为 1 000 万家企业提供在线办公服务，同时，支持了全国超 30 个省份 300 多个城市的大中小学开课，覆盖超过了 5 千万的学生。根据

作者系上海市产业创新生态系统研究中心研究员、上海大学管理学院讲师。

Mob 研究院《疫情下的移动互联网数据洞察》显示,游戏《王者荣耀》2020 年春节期间日活跃用户数均突破 5 千万,大年初一到达日活跃用户数巅峰 5 400 万。"宅经济"加速崛起,"非接触式消费"全面爆发,将对国民生活产生深远影响。

二、"无接触配送"场景下,非载人无人驾驶车"大显伸手"

疫情爆发以来,为满足"抗疫"前线各大医院、车站、检查站等场所"非接触式"需求,无人移动终端开始走向战场,无人巡逻车、无人消毒车、无人清扫车、无人送药和测体温机器人等纷纷加入疫情防控战役。武汉的火神山和雷神山医院中就引入了很多低速无人配送车,京东无人车也参与武汉第九医院医疗物资的配送工作。北京智行者宣布将为全国 16 个"抗疫"重点医院分别配备 1—2 台无人清扫消毒车/无人配送车。据不完全统计,目前有近 30 家公司纷纷把无人车等设备投放到到武汉、北京、上海等城市的"抗疫"第一线,包括阿里、京东、华为、百度、驭势科技、钛米机器人、智行者等企业。

同时,为满足群众"非接触式"消费需求,各大电商、外卖、快递平台纷纷推出了"无接触式配送"。美团无人配送车"魔袋"在北京顺义多个社区投入运营,苏宁物流的 5G 卧龙无人车也于近日在苏州上岗。

疫情期间,为鼓励智能科技企业积极参与抗击疫情第一线,2020 年 2 月 4 日,工信部发布《充分发挥人工智能赋能效用协力抗击新型冠状病毒感染的肺炎疫情倡议书》,倡议进一步发挥人工智能赋能效用。近日,发改委、工信部等 11 部委联合印发《智能汽车创新发展战略》,明确提出到 2025 年"实现有条件自动驾驶的智能汽车达到规模化生产,高度自动驾驶的智能汽车在特定环境下市场化应用"。这无疑为智能汽车产业的未来发展指明方向。

三、加快发展智能汽车产业的几点思考

智能化是汽车行业未来发展的趋势和重要方向,此次疫情对其智能汽车产业的发展也带来一定影响。短期看,疫情对智能汽车产业的发展有一定负面影响,但较为有限。根据正和岛的调查显示,汽车与零配件在此次疫情中所受到的冲击影响排列第三,其中最主要的冲击在于员工复工困难以及资金周转困难。由于国内汽车制造目前仍然是劳动力密集型为主,需要大量的生产人员,因此由于复工困难等问题会对智能汽车的生产带来一定的短期影响。然而,从长期看,疫情可能会加速智能汽车的市场需求和商业化。此次疫情中,无人物流车、无人

消毒车、无人巡逻车等在不同非接触场景发挥了重要作用,同时也激发了智能化零部件的生产与研发,消费者的"非接触"需求将会对智能汽车行业的发展产生长期深远影响。可以想象,疫情结束之后,无人驾驶的应用场景还将有更大的拓展空间,其商业化应用将很可能驶入快车道。在此,本文对智能汽车未来的发展提出几点思考和建议。

(1)加快无人驾驶相关法律法规建设

由于无人驾驶车还处在测试阶段,相关法律法规的制定和完善也需要一段时间,但非载人无人驾驶车的商业化进程可能会提速,为此相关部门应及时出台相关的法律法规,为非载人无人驾驶汽车行业提供法律保障。

(2)注重智能汽车应用场景的细分创新

在未来智能汽车的商业化过程中,应注意商业模式创新中的市场细分,超常规拓展智能汽车的商业化应用场景,打破已有的汽车交通需求的惯性思维,及早布局突发应急事件下的智能交通运用方案。

(3)提升智能汽车的智能制造水平

此次疫情能让公众认识到无人驾驶及机器人的重要性,也培养了不少人的使用习惯。在延迟复工的影响 下,相信不少企业也意识到智能制造的替代作用,以规避未来可能出现的各种风险。因此,提高生产弹性,加快生产的智能化、自动化,减少突发情况对生产中"人"的影响将成为部分智能汽车企业的选择。

(4)加快布局非载人低速无人驾驶智能汽车

非载人低速无人驾驶车在"抗疫"前线大显神威,为疫情过后智能汽车行业商业化提供了更大的想象空间。因此,智能汽车企业在未来发展过程中,应注重开拓产品的多样化,不仅应该关注乘用车、小汽车的智能化生产,还应该关注低速无人驾驶智能汽车,这可能成为最快实现商业化应用的领域。

(5)注重知识型员工的培养与引进

智能汽车的生产研发具备极强的科技、知识密集性特点,其生产力和创造力主要来源于员工头脑中的知识。此次疫情虽影响了生产环节,但对智能汽车的研发环节影响不大,未来智能汽车应更加注重高端研发人才的引进。

(6)完善智能汽车的绿色化、生态化和健康化

智能汽车本身作为一个整合性平台产品,应在满足已有智能化出行的基础上,进一步拓展和融合其他平台特性,在已有的绿色化、生态化基础上,关注健康化需求,并加强此方向的研发。

（7）加快智能化研发速度

突发疫情的到来，使得国内对智能化相关产品的需求激增，与此同时相关智能化汽车的研发生产却大多仍停留在初级水平。另外，疫情对智能产业带来的加速推动力也意味着企业的研发速度必须加快，以免错失全球智能汽车产业链布局的黄金时期。

遏制数字汽车数据垄断，完善产业竞争生态环境

| 曾彩霞　尤建新

在当今数字经济时代，数据不仅在互联网行业发挥举足轻重的作用，在传统制造业的作用也逐渐凸显。例如，数字汽车的智能传感器和地理位置跟踪器所收集的海量数据为制造商、服务供应商、数据市场运营商等提供了新"商机"。麦肯锡咨询公司研究显示，汽车数据可以用于如导航、娱乐、维护、诊断以及保险等多种类型的服务，这些数字服务可以为每辆车创造 225 欧元/年的价值，预计到 2021 年，欧盟总市场规模预计可达到每年 38 亿欧元。因此，数字汽车各利益攸关方纷纷制定数字化战略，加入汽车数据资源争夺的大军，希望在未来的竞争中占据主动。因此，和互联网行业一样，制造业的数据垄断问题也将逐渐引起各界的关注。2018 年 9 月，欧盟委员会联合研究中心(JRC)发布了《数字汽车数据的准入与售后服务竞争》报告(以下简称《报告》)，探讨了智能汽车数据生态系统的基本特征，对汽车数据准入的几种方案及其对不同利益相关方的影响进行了分析，并提出了相关建议。

一、汽车制造商垄断优势明显，数据垄断态势初显

由于汽车数据对汽车制造市场以及其他相邻市场的作用越来越重要，汽车制造商会试图独占汽车数据，并采取相应的措施。虽然汽车制造商面临汽车销售和售后服务市场的竞争，但汽车制造商可以通过对数据收集方式的设计确保自己独占数据，使自己成为汽车制造相关市场和汽车售后服务相关市场的垄断者。

首先，汽车制造商具有天然的数据垄断优势。目前，获取汽车数据有三种主

作者曾彩霞系同济大学法学院工程师、上海国际知识产权学院博士研究生；尤建新系上海市产业创新生态系统研究中心总顾问、同济大学经济与管理学院教授。

要方式:汽车中的人机界面(HMI)或屏幕和按钮、机械传感器收集数据、卫星定位数据。无论哪种方式,均需要由汽车制造商运营的数据服务器收集,汽车制造商都可以设计成自己独占数据访问权的模式。消费者购买汽车后,就被锁定在该汽车的特定硬件和软件设置中,而由于汽车价格昂贵,消费者不会在不同汽车之间轻易切换。因此,汽车制造商可以独占汽车产生的数据,可以使用数据生成自己的售后服务,还可以向第三方服务供应商授权准入其数据,从而在其品牌汽车的数据市场中处于垄断地位。

其次,数据垄断扭曲市场竞争环境。在没有可替代的数据准入渠道的情况下,售后服务供应商别无选择,只能从汽车制造商处购买数据,并只能接受汽车制造商所提出的价格等购买条件。汽车制造商将成为垄断市场的价格制定者,而不是竞争市场中的价格接受者。垄断性定价将汽车制造商的收入最大化,减少了汽车内部服务的数量和种类,数据服务无法得到充分利用,同时也扭曲了数据服务供应商的公平竞争环境。目前唯一的汽车数据在线商店宝马 AOS 系统(2017 年 6 月推出),对客户的每次数据检索收取 0.29 欧元固定费用。在美国,驾驶员在使用汽车制造商提供的售后服务时,也被收取每年 200 到 350 美元之间的费用,欧盟相对低一些,每年大约 100 欧元。

二、通过数据主体权益保护和多元化准入遏制垄断

以上分析可以看出,虽然汽车制造商可能会受到围绕互联汽车的其他数据驱动服务平台的竞争,例如媒体和信息娱乐服务、导航服务和数据市场。但是,所有这些竞争者都依赖于汽车制造商的数据供应以及对车内人机界面的访问。其他替代数据可以发挥些作用,但仅局限于汽车制造商控制通道的部分替代品。由此可见,为了打破汽车数据的垄断,形成适当的数据准入条件和定价机制,对于塑造公平竞争环境至关重要。《报告》提出,欧盟政策制定者应考虑采取措施促进市场竞争,减少汽车制造商对汽车数据和服务交付渠道的垄断控制,主要体现在两方面:第一,提供多元化的汽车数据准入路径;第二,通过数据可携权保护数据主体利益。

在多元化的汽车数据准入路径方面,《报告》建议从以下五个方面开放汽车数据准入路径,在汽车设计中开放更多的服务交付渠道:

(1)通过"中立"服务器。即汽车制造商将其数据传输到由第三方运营的服务器,并且对服务器运营商和售后服务供应商之间的交易不再享有监管的特权。

与独占汽车数据相比,汽车制造商不再知悉客户的数据或数据使用目的,这使得歧视性定价变得困难。

(2)通过"旁路"服务器。即第三方服务器不再从汽车制造商的服务器那里接收汽车数据,而是直接从汽车中收集数据。这消除了汽车制造商接口的独占地位,从而消除了他们为数据收取垄断价格的能力,但要防止该服务器的运营商很容易替代汽车制造商成为数据垄断者。

(3)通过车载诊断系统。即车载诊断系统作为访问汽车数据的替代网关,完全绕过汽车制造商服务器,让驾驶员在驾驶时实时访问他们的汽车数据。这种模式的优势是,服务供应商能够突破基于各个汽车制造商品牌的"数据孤岛",通过数据聚合分析获得更多的信息,产生额外的经济价值。

(4)通过第三方数据服务平台。第三方服务平台可以产生直接或间接的网络效应:一边市场(如汽车制造商)用户数量的增加将导致另一边市场(如售后服务供应商)更具吸引力。如现代导航服务依赖于大量用户群来获取交通堵塞、道路工程、空置停车位等的实时信息,并且导航服务中的网络效应会在汽车制造商之间累积,而不是在单个汽车制造商服务平台内。当服务供应商享有比汽车制造商更强的网络效应时,可能会使消费者倾向于选择外部供应商。汽车制造商也可以与外部服务供应商建立合资企业合作以最大化其收入。

(5)通过 B2B 汽车数据市场。B2B 汽车数据市场从不同品牌收集数据,对数据集的标准化和传输协议进行投资并销售打包数据集,在数据生产中实现规模经济,降低个体服务供应商的市场准入成本。与单个汽车制造商相比,B2B 汽车数据市场拥有更完整的数据市场概况,可以从聚合数据中提取额外的价值,吸引更多的服务供应商。

在通过数据可携权保护数据主体权益方面,《报告》建议可以援引《欧盟通用数据保护条例》(GDPR)第 20 条规定的数据主体所享有的数据可携权。驾驶员可以通过该条款要求汽车制造商将自己的汽车数据从汽车制造商服务器或中间服务器传输到他们选择的另一个"控制器"或数据服务供应商。通过汽车制造商将汽车数据交给汽车司机/车主,原则上可以消除汽车制造商对数据的垄断和垄断定价,包括在下游售后服务市场的数据价格杠杆行为。

欧盟遏制汽车数据垄断的探索,对营造未来数字汽车产业竞争生态环境有重要的意义。当前,我国无论在理论研究还是立法方面都存在较大的差距。我国应借鉴欧盟遏制汽车数据垄断的探索,在智能制造市场发展方面,提高对数字市场的敏锐性,警惕国外的新型垄断形态对我国汽车制造产业发展的挑战,并尽快制定相应政策激励汽车数据市场的充分竞争,加强对我国汽车用户的数据保护。

推动数据要素市场培育，规范数据交易需先行

2019年10月，党的十九届四中全会指出，要"健全劳动、资本、土地、知识、技术、管理、数据等生产要素由市场评价贡献、按贡献决定报酬的机制"。这是首次提出将数据作为市场化生产要素之一，将数据纳入"以按劳分配为主体"的分配制度。2020年4月9日，中共中央、国务院发布了第一份关于要素市场化配置的文件《中共中央 国务院关于构建更加完善的要素市场化配置体制机制的意见》，明确指出了要加快培育数据要素市场，推进政府数据开放共享，提升社会数据资源价值，加强数据资源整合和安全保护。

由此可见，目前我国出台的很多政策都表明现在的聚焦点在于数据的开放共享，而数据的开放共享需要建构数据的利益分配机制，形成数据要素市场，从而来促进数据的流动。欧盟在2018年发布《关于欧洲企业间数据共享的研究》，该研究提出，未来的数据共享交易大有五种路径：（1）数据货币化，由公司与公司之间直接进行交易；（2）数据交易市场，如目前我国已经建立的上海数据交易中心等；（3）企业联盟之间的数据平台，实现数据的小范围共享；（4）技术支持企业，即专门做数据交易平台的企业，为数据交易提供技术支持和保障；（5）数据开放战略，类似于政府开放数据平台。

一、我国当前数据要素市场交易中的主要问题

在数据交易市场方面，我国早从2015年建立贵阳大数据交易所起就已经开始了实践探索。随后各类大数据交易机构呈井喷式出现。大数据作为早期市场，需求侧有着跨越性大、非标准性的特点，供方根据自己理解所做的标签化产品和服务化产品跟需方的需求往往是两个不同的标准体系，存在不匹配的问题，同时供方产品和需方需求呈碎片化，此时便衍生出了数据交易中心。数据交易

作者袁娜娜系同济大学法学院硕士研究生；马军杰系同济大学法学院副研究员。

中心的主要角色是作为协调与连接数据供方和数据需方的组织者,以上海大数据交易中心为例,上海数据交易中心采用自主知识产权虚拟标识和二次加密数据配送技术,保障数据产权和数据衍生产品在供需双方进行交易。同时,数据交易平台不响应应用场景合理维度之外的任何数据请求,不存储任何交易方的数据,不传输任何个人的隐私数据。

但由于面临法律上的巨大困境,我国设立的数十家数据交易中心大多还处于起步阶段,实践中发现,这些数据交易平台的交易规则也存在诸多分歧。

表 1 我国部分数据交易中心交易规则概况

名称	成立时间	交易规则	交易主体	主要规定
贵阳大数据交易所	2014 年	《贵阳大数据交易所702公约》	不包括自然人	平台服务内容、用户使用规则、数据交易模式、数据的定价
华东大数据交易中心	2015 年	《华东江苏大数据交易中心用户协议》	包括自然人	平台与用户的权利与义务、知识产权的保护
哈尔滨数据交易中心	2016 年	《哈尔滨数据交易中心交易规则》	包括自然人	用户行为规则
上海大数据交易中心	2016 年	《数据互联规则》《流通数据处理准则》《个人数据保护原则》	不包括自然人	平台的权利义务、个人数据的保护、流通数据禁止清单

(一) 数据交易主体问题

在数据交易主体方面,国内的数据交易中心在自然人是否能够成为其交易主体这一方面存在着明显的区别。目前大部分数据交易平台例如贵阳大数据交易所和上海大数据交易中心等都明确规定了自然人不可成为其交易主体,这背后有对交易安全的考虑,有对维护平台秩序的利益抉择,也有对数据价值的衡量取舍。但实践中发现,对于自然人变相注册公司进行交易的行为部分平台并不予以限制。因此,强制性地将自然人排除在数据交易平台的交易主体之外始终不是一个长期可取的办法,仍然有待商榷。且按照目前的主流观点来说,"自然人对其个人数据享有数据权"则其享有对其个人数据进行处分收益的权利,排除自然人的数据交易主体资格也许会导致更多的黑产交易。

(二) 数据交易质量的标准问题

数据交易中心的业务流程跟普通的交易基本上一致,但是里面有很多不一样的细节。效率、留存、安全、质量和价格都是交易中心关注的问题。其中最需要关注的是交易数据的质量标准,目前国内的数据交易平台并没有一个统一的数据标准,分散的数据处理标准影响着数据处理效果从而会影响到数据安全,尽管数据交易平台的角色是协调和连接供需双方,但数据脱敏标准一旦紊乱则极容易引起个人隐私泄露等重大问题,因此数据交易中心应有一套统一的数据处理标准得以遵循,以保障数据流通的安全性。

（三）数据平台的交易规则问题

目前各大数据交易平台的交易规则还有待加强与完善,部分平台对数据交易主体的准入、平台自身的权利义务内容、用户行为规则与违规的责任负担等方面仍缺少详细规定,存在较大的风险敞口。数据交易中心作为我国数据要素市场的实践先驱,承担着试错补差的重要任务,一系列亟待填补的法律和制度空白,都期望通过高密度的交易,在实践中探索出解决方案。只有从用户协议和平台交易规则不断入手修订,才能逐渐形成有规可依、行之有效的一套数据交易规范,以期为数据要素市场的培育和发展注入强大动力。

二、完善我国数据要素市场培育的建议

当前我国培育数据要素市场的进程发展较为缓慢,仍任重而道远,还需要从以下四个方面入手。

（一）实现清晰的数据权属

培育数据要素市场的基础与关键问题在于数据权,数据权目前在国内存在着较为严重的立法空白问题。我们应当知晓的是数据权是一种新型权利,与当前传统民法中的物权和知识产权等权利都有着明显的不同,其属性呈现出多向化的态势。2020 年,深圳出台了《深圳经济特区数据条例（征求意见稿）》（以下简称《条例》）,提出了数据权的明确概念:"数据权是权利人依法对特定数据的自主决定、控制、处理、收益、利益损害受偿的权利。"规定自然人、法人和非法人组织依据法律、法规和本《条例》的规定享有数据权。这是向实现数据权利清晰迈出的重要一步。

（二）提供配套的制度支撑

首先是要落实组织机制,推进数据要素市场的统筹管理。其次需要建立市场信任机制,淘汰诚信度较低的交易主体。缺少完善的市场信用体系会使得技术服务方、数据分发商、数据查询节点等私下缓存并对外共享、交易数据的情况

屡禁不止，数据使用企业不按协议要求私自留存、复制甚至转卖数据的现象普遍存在。再次，需要建立数据融合机制，数据融合机制可以推动跨机构跨区域的数据融合，从而推进数据互通。

(三) 规范数据交易中心的合法化发展

数据交易中心作为我国目前主要的数据流通共享的平台和数据要素市场的培育雏形，其合法化发展问题有着重大的意义，规范数据交易中心相比规范数据交易、数据市场等笼统概念来说会更加可行和有效。首先，需要制定数据平台规范条例等，在数据平台的成立、运营、维护、监督各个节点进行严格把控，避免非法数据交易于源头。其次，应明确数据交易平台的责任范围，加大对违法数据交易平台的惩罚力度，倒逼数据交易平台自觉合法化地运营发展。

(四) 加强对数据交易的监管

在现有的交易模式下，数据交易平台既要对数据交易的全过程进行监督，保障交易安全，承担起"监管者"的角色，又需要在日常运作中接受政府部门的监管，作为"被监管者"。鉴于数据交易中心的"特殊身份"，应当对数据交易实行双重监管，即平台自我监管和政府监管相结合。首先要真正赋予平台监督权，从制度层面明确交易平台的监管权利及义务，敦促平台利用技术对数据交易进行全方面的监管。其次，需要厘清政府和平台的关系，政府部门要对数据交易平台进行行政监管，避免出现数据垄断、数据内容不合法、数据侵犯第三方权益等问题，确保数据交易的平稳发展，推进数据要素市场的形成。

数据价值释放的关键，在于数据确权

| 袁娜娜　马军杰

随着大数据时代的到来，关于个人数据保护问题的讨论愈演愈热，这其中起先决作用的就是数据权属问题。数据正在成为新的生产要素，数据价值的释放依托于数据流转，而数据权利的界定对此具有重要影响。确定数据权属已经成为推动我国数字经济发展进程中首需解决的问题。

一、数据确权的必要性

罗纳德·科斯在 1960 年发表的《社会成本问题》中就提出，"如果没有初始的权利界定，就没有交换和重组它们的市场交易"。数据在现如今的经济生活中的地位堪比原材料，其价值是不可估量的。数据确权的意图是为了更好地发挥数据的应用价值，以激发数据经济更稳定高效地发展。

如今，数据产业竞争乱象频出，数据保护与数据利用之间的矛盾日益凸显，数据权利化已经成为通过数据交易进一步实现数据开放和共享的现实所需。明确数据权利是对其进行保护与利用的必经之路。旺盛的市场需求使得数据交易蓬勃发展，与此同时，滞后的法律规范更需要加快步伐，从而为大数据交易保驾护航，促进数据的流通共享，提高经济效率。如何确定数据保护和利用的调整思路，如何分配数据这一新型资产所带来的巨大经济利益并促进数据的流通，是一个棘手又迫在眉睫的问题。因此，在推进大数据交易的过程中，需解决的最核心的法律问题就是数据的权利归属问题。一旦确立好数据的权利性质和权益归属，获得的效用既包括对社会成本的节约也包括经济效益的释放。

二、数据的权利性质

本文将数据权利性质的讨论范围限定在企业数据与个人数据。其争论焦点

作者袁娜娜系同济大学法学院、硕士研究生；马军杰系同济大学法学院副研究员。

或是说确权的难点是在于个人信息数据的确权，即与个人有关的，收集起来后通过计算机识别、处理加工并输出的符号。2012 年全国人民代表大会常务委员会通过的《关于加强网络信息保护的决定》明确了公民个人身份和涉及公民个人隐私的电子信息受保护，赋予用户自己的个人信息一种类似具体人格权的地位，其中最重要的是具有排除他人非法获取、非法提供的权能。

（一）个人信息数据具有人格权属性

人格权是指为民事主体所固有而由法律直接赋予民事主体所享有的各种人身权利。人格权是一种支配权、绝对权、专属权，因而具有排他的效力，任何他人都不得妨碍其行使，他人不得代位行使。在北大法宝中输入关键词"个人信息"，可以得到我国现有法律体系里对个人信息（本文所称"个人信息"与"个人数据"同义）的相关法律规定。

表1　我国关于"个人信息保护"的主要规定

名称	实施时间	现行有效	性质	具体条款	主要内容
中华人民共和国消费者权益保护法	2014 年 3 月 15 日	是	法律	第十四条、第二十九条、第五十条	经营者应公示其收集使用消费者个人信息的规则，且收集使用的范围限于法律规定和双方约定
中华人民共和国网络安全法	2017 年 6 月 1 日	是	法律	第三十七条、第四十一条、第四十二条、第四十三条	网络运营者对用户个人信息进行收集和使用的相关规定
中华人民共和国民法总则	2017 年 10 月 1 日	是	法律	第一百一十一条	明确个人信息受法律保护
中华人民共和国刑法（2017修正）	2017 年 11 月 4 日	是	法律	第二百五十三条之一	对侵犯公民个人信息罪的量刑规定
中华人民共和国民法典	2021 年 1 月 1 日	尚未生效	法律	第四编第六章第一千零三十四条、第一千零三十五条、第一千零三十六条、第一千零三十七条	界定了个人信息的定义，明确了处理原则和民事责任承担的除外范围

（续表）

名称	实施时间	现行有效	性质	具体条款	主要内容
个人信息保护法（专家建议稿）	发布时间为2019年10月	无	立法草案		基础理念为通过强化个人敏感信息保护和强化个人一般信息利用,实现信息主体、信息业者、国家机关三方主体之间的利益平衡
中华人民共和国数据安全法（草案）	发布时间为2020年7月	无	立法草案		界定数据和数据活动的含义,构建数据安全制度框架,明确法律责任

在 2020 年 5 月 28 日发布的《中华人民共和国民法典》中第一次对"个人信息"作出了概念界定,即以电子或者其他方式记录的能够单独或者与其他信息结合识别特定自然人的各种信息,包括自然人的姓名、出生日期、身份证件号码、生物识别信息、住址、电话号码、电子邮箱、健康信息、行踪信息等。综合我国现有的法律规定来看,个人信息是"可以识别个人身份"的信息,这一部分的个人数据是以电子形式记录下来的民事主体的生物信息和社会痕迹,是稍加整理就可直接定位到某个具体个人的带有强烈个人特征的数据集。这一部分的个人数据是基础性的,带有强烈的人格权属性的,且依据我国目前的立法情况来看,也已经倾向于将其作为一项人格权来进行保护。

（二）个人信息数据具有财产权属性

财产权,是指以财产利益为内容,以物质财富为对象,直接与经济利益相联系的民事权利。财产是与人格权相对的一种权利属性,不具专属性。其特点有可以以金钱计算价值,一般具有可让与性,受到侵害时需以财产方式予以救济,可以处分。本文关于"个人信息数据"的概念界定为与个人有关的,收集起来后通过计算机识别、处理加工并输出的符号,与前文所述的具有强烈人格权的基础性个人信息的概念并不相同。二者在概念上存在包含关系,即个人数据包括基础性个人信息数据。但在大数据的环境下,数据的使用范围已经远超于"基础性个人数据",更多的是在数据的处理加工过程产生的人工智能式的预测性个人数据或是一些伴生的衍生性的个人数据。这些数据已经脱离了强烈的个人属性,无法识别至具体个人,并具有巨大的潜在经济价值,若将此种类型下的个人数据也纳入人格权的保护范围之内,悖离了"促进大数据的合法利用"这一目标。当下的个人数据中并不仅仅包括传统意义上的基础性的个人信息数据,还有惊人数量的衍生性的个人数据。关于衍生性个人数据的权利属性,其讨论思路与数据法学中最为直接的一个问题"数据权利"完全一致。莱斯格曾在《代码和网络中的其他法律》一书中提出了颇具影响力的"数据财产化"理论,他认为应该赋予数据财产权从而打破传统法律思维下依据单纯的隐私权对用户的过度保护,因而对数据收集流通等活动造成限制和阻碍的僵化格局。因此,衍生性个人数据的财产权属性不容忽视,其具有绝对的财产价值。从某种意义上来说,赋予数据财产权才是符合时代发展、社会发展的趋势。

数据之所以无法当然地归置于传统民法视角下的"财产",是因为数据既不在"无形资产"的概念范围之内,也不符合"有形资产"的物质特征。数据需要依托一定的载体才可存在,但这不是可以否定其独立性的理由。现有的交易实践表明,数据具有可交换性和可让与性。权利人可以进行占有控制、处理分析、使用处分,并通过这些方式获得可观的经济收益,这是数据的财产权属性的本质体现。

(三)大数据交易过程中数据财产权的权利配置

确定个人数据的权利性质是认定权益归属的前提,基础性个人信息的人格权属性就已经决定了这部分数据理所当然地归个人所有。但衍生性个人数据的数据财产权利益涉及到多方主体,这部分的数据权益应该属于谁?

目前关于数据权益归属问题大致形成了四类主要观点。第一种观点认为衍生性个人数据的权利依然只属于个人,数据收集方并不具备对用户数据的任何权利,第三方平台只是在用户授权的情形下进行数据获取行为,无权进行进一步的加工处理或独占用户在该平台内的行为痕迹。若以用户个人数据为基础和支撑进行了处理使用行为并获取了一定的经济收益,该收益应由个人用户享有。第二种观点认为,衍生性个人数据的权利主体应为企业平台,平台拥有限制用户对在该平台上所发布的内容进行再授权的权利,同时有权对收集到的用户信息进行加工处理,对再处理后产生的脱离"可识别性"的衍生型大数据享有处分和收益权。第三种观点认为,应适用均衡论的思想,数据的提供方与数据的收集处理方共同拥有数据权。数据的收集方首先取得用户授权而对必要的数据进行收集和处理,在作为数据收集方的平台向第三方平台获取个人数据时,第三方平台还应当明确告知用户其使用的目的、方式和范围,并同时取得用户的同意。第四种观点来源于 HIQ 诉领英一案，HIQ 方认为数据与信息的访问权是一种言论自由的权利，受到美国《宪法》第一修正案的保护。根据这种观点，数据的本质其实是一种言论，而言论的本质就是流通与共享，具有公共属性。因此，对部分数据的抓取就不需要网络平台授权或个人授权。

数据利用和数据保护的重要性如同鸟之双翼、车之双轮，强调以用户为中心的单边保护框架根本无法适应当前数据经济时代下对数据运用及创新的需求。衍生性个人数据由于已经脱离了个人的"可识别性"，其安全级别已经大大降低，显然，将权利过多倾斜于用户个人是不可取的。衍生性个人数据存在巨大的经济价值和应用场景，实践中若采取"共有"模式，不仅大大降低了交易的成功性，同时对于经济利益的划分也会存在较多争议。而对于认为数据权利应归属于"公共"所有的观点，仅可作为个案抗辩的理由，无法应用至数据法领域，否则将引起概念混淆和违背经济法的成本效益原则等问题。而衍生性个人数据多产生于平台企业的识别加工，是一个再处理的过程，对于已经剔除"可识别性"的个人数据来说，经过一系列再处理流程，产生出的新数据已经基本脱离了数据提供方（个人用户）给出的数据信息，具有强烈的财产权属性。而加工处理的技术成本和人工成本等均由数据收集方负担，出于对流通成本和流通效率的考虑，这部分的数据财产权应归属于合法获取用户授权的数据收集方。

必要设施原则在大数据垄断规制中的适用

| 曾彩霞　朱雪忠

必要设施原则是指当垄断者对竞争所必要的原料或者资源享有瓶颈式的控制,尤其是对下游市场竞争所必要的设施享有控制时,且设施不能被复制,垄断者必须与下游市场的竞争者共享设施。必要设施原则实际上是法律强加给市场支配企业额外的交易义务。

在数字经济时代,只要分析出大数据与新产品的相关性,就可以创建新的需求市场。在新的相关市场中,大数据是新产品或新服务生产经营的瓶颈资源,大数据垄断者只要通过拒绝大数据交易,就可以将竞争对手排除在市场之外。由于大数据使用的非竞争性,大数据垄断者可以将大数据重复使用在其他细分市场,而不用担心影响现有市场业务的正常开展。因此,垄断者利用大数据将现有市场支配力跨界传递到其他相关市场更为容易,这将破坏市场的竞争秩序。在此情况下,是否可以像传统设施一样,适用必要设施原则(Essential Facility Doctrine)来规制大数据垄断者的拒绝交易行为?鉴于大数据的非竞争性以及易于形成高度集中等特征,将必要设施原则适用于大数据是否应满足特殊的构成要件?

一、必要设施原则适用的一般标准

在 MCI 案中,美国第七巡回法院提出了必要设施原则适用的条件,认为适用必要设施原则必须满足四个基本要件:(1)垄断者控制了必要设施;(2)竞争者没有能力获取该必要设施;(3)垄断者拒绝向竞争者开放该必要设施;(4)开放必要设施具有可行性。

之后,欧洲在 Oscar Bronner 案中确定了适用的四个条件:(1)拒绝交易可能排除下游市场的竞争;(2)该拒绝交易行为缺乏合理根据;(3)准入竞争者的设

作者曾彩霞系同济大学法学院工程师、上海国际知识产权学院博士研究生;朱雪忠系同济大学上海国际知识产权学院教授、博士生导师。

施是不可或缺的;(4)市场上没有实际或潜在的替代品。

在此基础上,TROY 提出了竞争者标准。依照其提出的架构,必要设施的成立只需要满足三个要件:(1)进入该市场必须使用该设施;(2)重建该设施的成本超过进入设施的标准成本;(3)竞争对手持续地被拒绝交易将被迫退出市场。

我国在《禁止滥用市场支配地位行为的规定》中对必要设施适用提出了几个考量因素:"应当综合考虑另行投资建设、另行开发建造该设施的可行性,交易相对人有效开展经营活动对该设施的依赖程度、经营者提供该设施的可能性以及对自身生产经营活动可能造成的影响等因素。"之后在《关于禁止滥用知识产权排除、限制竞争行为的规定》中直接提出了三个适用条件:(1)该项知识产权在相关市场上不能被合理替代,为其他经营者参与相关市场的竞争所必需;(2)拒绝许可该知识产权将会导致相关市场上的竞争或者创新受到不利影响,损害消费者利益或者公共利益;(3)许可该知识产权对该经营者不会造成不合理的损害。

二、必要设施原则在大数据中的适用标准

从国内外理论与实践来看,虽然在适用标准、适用范围以及表述上存在差异,但设施的不可替代性、拒绝交易动机以及设施共享的可行性是必要设施原则适用的主要构成要件。和传统知识产权不同,大数据的非竞争性、实时性以及确权难等特征对必要设施原则的适用造成了实施障碍。基于此限制,本文认为将必要设施原则适用于大数据应至少满足四个条件:第一,垄断者对相关市场竞争所必要的大数据享有排他性控制权,且拒绝交易是以排除竞争为目的;第二,大数据垄断者与要求企业是下游市场的直接竞争者;第三,必要大数据在特定相关市场上没有合适的替代品;第四,必要大数据的共享具有可行性。

(一)垄断者对必要大数据享有排他性控制权

和其他有形资源以及传统知识产权不同,大数据的所有权确定存在很大的争议。无论是原始数据、观测数据还是衍生数据,垄断者是否享有所有权、享有何种所有权都无定论。甚至有学者认为,赋予大数据控制者所有权会停滞大数据的自由流动,从而阻碍竞争和创新。与识别大数据所有权相比,确定大数据准入和再使用的权利更为重要。事实上,目前垄断企业对大数据的排他性控制已导致数据瓶颈现象的出现。基于大数据的固有特征和当下相关法律制度的缺失,如果对必要设施原则的适用只限定于大数据的所有权人既不符合现实情况,也不符合大数据的特有属性。因此,大数据所有权不应是必要设施原则适用的

必需要件,应将必要设施原则适用于对大数据享有控制权的企业。

另外,在大数据的整个价值链中,必要设施原则适用的客体也存在边界模糊。有学者认为原始数据不能作为必要设施原则适用的对象,衍生数据才是讨论的焦点,因为原始数据在强制许可中会存在很多操作问题,而且衍生数据的获取能力越强,原始数据的重要性就越小。该观点主要是基于大数据价值来自算法技术而非大数本身的认知。实际上,原始数据无论是对算法技术,还是衍生数据的获取都具有非常重要的价值,因为算法技术可以通过原始数据的输入不断精进,原始数据获取能力越强,其数据分析能力和衍生数据获取能力就越强。而且在三类数据中,企业对原始数据的投入和所有权主张都更弱。和衍生数据相比,原始数据更应成为必要设施原则适用的对象。

因此,无论原始数据、观测数据还是衍生数据,只要垄断者对其享有排他性控制权,就可以适用必要设施原则。

(二)大数据垄断者与要求企业在下游市场构成直接竞争关系

在 Commercial Solvents v. Commission 案中,欧洲法院称垄断企业拒绝向既是自己客户又是自己下游市场的竞争对手交易竞争所必要的设施,构成滥用市场支配地位。从该标准可以看出,要求企业既是垄断企业现有相关市场的客户,也是下游市场的竞争对手。

尽管在适用必要设施原则时应扩展适用主体和客体,但就大数据要求企业和垄断者之间的商业关系应严格限定。从竞争的视角来看,大数据垄断者与要求企业在上游和下游市场存在四种关系(见表1):(1)在上游市场是竞争对手,但下游市场不是竞争对手;(2)在上游市场不是竞争对手,下游市场是竞争对手;(3)在上游和下游市场都是竞争对手;(4)在上游和下游市场都不是竞争对手。

表 1　大数据要求企业与垄断者的竞争关系类型

大数据要求企业 ＼ 大数据垄断者	上游市场	下游市场
Ⅰ	✓	✕
Ⅱ	✕	✓
Ⅲ	✓	✓
Ⅳ	✕	✕

在这四种情况下,只有第2种情况才能适用必要设施原则,这种基于必要设

施原则是为了促进市场的竞争,而不是保障竞争者的利益。倘若大数据要求企业和垄断者在上游市场已经是竞争关系(如第 1 和第 3 种情况),那么在下游市场的角逐应是两家企业实力较量的延伸,而不应牺牲垄断者的利益来满足要求企业开展市场竞争需要。且在这种情境下,大数据要求企业完全可以通过进入上游市场,改善上游市场服务来获取相关大数据。开放垄断者的大数据不是要求企业获取必要大数据的唯一路径。

如果大数据要求企业和垄断者在上游和下游市场都不是竞争对手(第 4 种情况),垄断者拒绝交易的动机则难以确定,而垄断者拒绝交易理由是必要设施原则适用的一个主要标准。既然不是竞争关系,垄断者拒绝交易大数据就很有可能不是为了排除限制竞争。在自由经济下,法律赋予垄断者有权选择交易对象和设定交易条件,垄断者拒绝交易大数据不应受到法律的规制。因此,只有当大数据垄断者与要求企业在下游市场存在直接竞争关系时,且垄断者拒绝大数据交易是为了牺牲短期利益以获取下游市场的垄断利润时,才能适用必要设施原则。

(三)必要大数据在市场上没有合适的替代品

在几乎所有的必要设施认定标准中,设施的"不可替代性"是必要因素,市场上不存在可替代性产品是必要设施原则适用的先决条件。"不可替代性"意味着设施的唯一性。在分析是否存在可替代性产品时,往往会出现将大数据的非竞争性视为可替代性的误区。这其实是将所有大数据视为可替代性产品,忽视了大数据的功能性差异,但不同的相关市场需要不同类型的大数据。以领英案为例,hiQ 需要的是职业大数据。可见,在分析是否存在合适的替代品时应先界定相关市场。如果该特定类型的大数据不能识别相关市场,或存在其他替代品以实现相同目标的话,那么即便垄断者对该大数据享有排他性控制权,也不能认为在该相关市场享有瓶颈式垄断。

同时,也不能忽视合理期限和经济上的可行性。如果要求企业重新开发大数据的成本极大地超过了准入垄断者大数据的成本,那么不应将重新开发大数据视为可替代品。因为从整个社会资源配置效率来看,投入大量的资本和人力资源重复开发相同的设施,尤其是原始数据和观测数据,是对有限社会资源的一种严重浪费,该重复投入的资源完全可以用于其他创新。因此,只有在合理期限内经济上可行的所有路径都穷尽了,还没有合适的替代品,才能适用必要设施原则。

(四)必要大数据的共享具有可行性

设施占有者开发设施的首要目的是为了满足自身业务的开展,并为此承担相应的市场风险。如果设施共享会影响其业务正常开展,那么会抑制其对设施建设的投资动力。由此可见,设施共享的可行性也是适用必要设施原则必备的要件。大数据的资源固有属性是否满足共享可行性在前文已有论述,这里不再赘述。除此之外,在法律上和技术上的可行性也应进行考察。

首先,由于大数据承载着个人、组织或国家的相关信息,大数据的共享可能会披露个人隐私、商业秘密或国家秘密,给个人、组织、国家带来安全隐患。因此,和传统设施相比,大数据共享会存在更多的法律风险。目前,我国在大数据相关领域的法规还不健全。在此背景下,强制要求开放设施还应具体情况具体分析。如果是国家政府部门基于业务开展所获取的大数据,大数据共享可能涉及国家秘密等国家利益,抑或企业基于自然垄断获取的特定种类的大数据,大数据共享可能违反国家设施管制的相关法律,那么即便满足其他要件,也不应适用必要设施原则。

其次,强制要求共享大数据还应考量技术的可行性。目前,大数据几乎都是各企业根据自己的序列进行存储的,大数据的传输可能存在不兼容,而不兼容会直接影响大数据的共享是否能够最终实现。如果大数据存储不兼容是基于垄断者业务正常开展所致,那么大数据要求企业受制于自身技术不足,不应要求垄断者降低大数据存储标准或更换设施以配合大数据的复制,也就是设施共享不应增加垄断者额外的经济成本,因为设施共享的可行性分析应该在设施占有者业务正常开展的范围内进行,不能要求设施占有者穷尽所有可能。

虽然和传统设施相比,大数据具有非竞争性,但对于特定的相关市场来说,大数据具有功能性差异和获取渠道有限,并由此对市场竞争具有不可或缺性和不可替代性。由于大数据瓶颈现象和垄断杠杆行为的出现,将必要设施原则适用于大数据是对竞争失序的有效干预。鉴于大数据资源固有属性的限制,在大数据垄断规制中适用必要设施原则还应设特定的条件。

另外,将必要设施原则适用于大数据在实践中可能会存在特有的困难。例如,在适用必要设施原则时,大数据许可价格应遵循什么原则? 共享的大数据质量以及大数据垄断者的商业秘密等利益如何保障? 这些问题对必要设施原则在大数据垄断规制中的实践将产生一定的影响,在未来还有待于进一步探讨。

(本文节选自《必要设施原则在大数据垄断规制中的适用》,发表于《中国软科学》2019 年第 11 期。)

区块链思维对企业创新质量提升的思考

│宋燕飞　刘　笑

新时代背景下,提高企业创新质量是高质量发展的必由之路。基于当前国际和国内经济形势复杂多变,中外贸易摩擦频发,我国企业正处于创新发展转型升级的关键阶段,如何助力企业提升技术创新质量,是当前企业进一步提升核心竞争力亟待解决的现实问题。目前新冠肺炎疫情仍在持续,已对全球产业链和供应链产生一定影响,广大企业,特别是中小企业受到较大冲击,探索和优化企业技术创新质量更是具有现实意义。

2019 年 10 月 24 日,习近平总书记在主持中共中央政治局就区块链技术发展现状和趋势进行第十八次集体学习时强调,"区块链技术的集成应用在新的技术革新和产业变革中起着重要作用。我们要把区块链作为核心技术自主创新的重要突破口,明确主攻方向,加大投入力度,着力攻克一批关键核心技术,加快推动区块链技术和产业创新发展"。2020 年 4 月,国家发改委正式将区块链技术纳入"新基建"范围,这意味着我国区块链技术标准化进程将会加速进行。作为新生事物,区块链需要产业应用、创新热情和政策支持。坚持区块链与产业互联网和实体产业的深度融合,不断寻找新的应用场景、不断在技术上进行完善,将助力区块链技术在未来社会和经济发展中发挥重要作用。

区块链技术的本质是由分布式数据存储、点对点传输、共识机制、加密算法、智能合约等构成的技术体系。区块链思维是基于区块链技术体系所衍生出的分析和解决问题的思考方式,其核心在于构建一个去中心化(或弱中心化)的共识生态,在此生态内实现信息(或价值)的分布式存储、共同创造以及高效流通。区块链思维能够帮助企业构建相互信任合作共赢的共识生态,有助于透视企业技术创新质量的影响因素,改进企业技术创新质量的评价体系和评价效果,从而有

作者宋燕飞系上海工程技术大学管理学院讲师;刘笑系上海市产业创新生态系统研究中心研究员,上海工程技术大学管理学院讲师。

效提升企业创新质量。通过区块链思维,建立全新的创新评价体制机制,实现企业创新价值传播、流转和共享的合三为一,真正解决企业痛点,提升企业创新质量和效率,助力当前处于严峻形势的实体行业更好地创新商业模式、创造行业新需求,占据价值链高端、推动经济高质量发展。研究探寻区块链技术背后产生的逻辑与思维模式,利用区块链思维可以更好地发展区块链技术(孙德尔,2019),同时也可以对其他领域的企业创新发展提供新思路、新路径。

目前,在企业创新过程中存在的问题主要有:

一是创新合作成本较高。创新合作是一个博弈过程,创新主体之间的合作行为,往往依靠组织间的行为准则和合作协议来规范。当创新成果和利益在合作过程中不断显现时,创新合作者之间的矛盾也逐渐浮出。为保障自身利益的不受侵害以及创新合作的稳定进行,创新主体间对创新合作投入的信任成本通常较高,没有一个规范有效和可靠稳定的系统,很大程度上会造成创新合作的失败。

二是创新技术和资源共享较难。随着互联网的发展,网络时代推动了科技信息等资源的利用和共享,也催生了更为先进的信息共享技术。然而由于产权保护不到位、法规制度不匹配、监管机制不完善等问题,我国科技创新资源共享服务发展缓慢,各领域信息资源共享平台的实施都存在一定难度。在企业创新过程中同样存在创新主体之间信息和资源不匹配、不能及时和可靠地进行共享等问题,严重影响了创新活动的发展。

三是运营机制不完善、创新热情不足。技术创新终究是要面向市场需求的,创新成果不具有市场领先性,或缺少必要的网络外部支撑,都会造成创新成果的"滞销",创新质量也大打折扣,企业创新热情必然会削减。过去,企业要预测市场需要什么产品,就会开发什么产品。但随着互联网时代的快速发展,用户和市场需求不断变化,创新和研发需要紧跟甚至超前于市场需求,对企业而言市场需求存在明显的不确定性。如何在快速变化的环境中迅速找到市场发展趋势,并能够协同创新技术相关产业链共同发展,高效推动创新成果的商业化进程是企业最为关心的问题。

基于此,在企业技术创新过程中引入区块链思维,从以下三个方面探索提升企业创新质量路径,对助力企业进一步提升核心竞争力和国际影响力具有很高的应用价值,对政府制定相关行业政策有很高的参考价值。

一是创造信任的能力,降低创新合作成本。区块链的优势之一是防篡改,是其创造信任的能力。作为企业创新和发展的基石,信任在企业技术创新过程中具有重要作用。在区块链中,整个系统的运作机制是透明的,节点之间不可能存在互相欺骗,信息不可篡改,数据一旦经过验证并传至区块链后,就会存储起来,单个节点对区块链数据的修改是无效的,因此系统中的数据具有可靠性和稳定性。借鉴和利用区块链机制,可以提高建立信任的速度、减少建立信任的成败、有效降低企业创新成果产生与传播过程中的信任风险,保障和催化创新过程的高效发展。

二是解决信任危机,促进资源共享。区块链中的分布式记账操作可以实现去中心化的资源管理和共享。共享数据时可以在账本上进行信息读写操作,每一次操作都要经过所有节点的同步确认,保障了所有存储记录的时间有序和不可篡改,进而实现了整个账本的完整性和可靠性。这样,平台上所有的用户都有更新的账本,可有效实现对数据的记录和追踪,能缩短搜索时间,加大共享范围和共享速度,对于提升创新资源共享具有重要的意义。因此,通过引入区块链,能够有效解决合作过程中的信任危机、平台和技术受限、用户体验不佳等问题,共建一个能够帮助利益各方相互信任、合作共赢的生态系统。

三是透明化运营机制,释放创新热情。区块链具有开放性,其开放性不仅体现在账目的开放性,同时体现在组织结构乃至生态的开放性。区块链中的数据和开发相关应用对外公开,打破原有的层级、步骤和流程,整个系统信息化高度透明,支撑了区块链中开放的生态,在这个生态中价值传递越来越容易、成本越来越低、效率越来越高,进而构建更高效的透明化运营机制,助力创新主体在进行创新活动过程中充分释放创新热情。

区块链思维可以为企业创新打开一扇窗,能够充分释放企业创新热情、降低创新成本、实现创新共享,进而提升企业创新质量和创新效率。引入区块链思维,在宏观层面有助于提升政府透视企业技术创新质量的水平,进而提升创新政策的精准性和政策支持效果;在微观层面有助于提升企业技术创新价值评价,进而提升企业创新能力和企业竞争力。因此,在企业创新发展过程中,不仅要推动企业提升创新技能和研发水平,而且要学习和应用区块链思维中的核心价值,创造性提升企业创新质量和创新能力。

构建面向未来产业的创新生态:深圳经验

刘 笑 陈 强

"未来产业"不仅具有战略新兴产业的前瞻性特征,还兼具高新技术产业的基础性与高技术性特点,是尚处于孕育阶段或成长阶段,未来最具创新活力与重大引领力的新兴业态,是产业创新策源能力的重要体现,必须提前谋划、主动布局。2009 年以来,深圳六大未来产业发展态势良好。其中,智能装备制造业年产值 5 000 亿元左右,生命健康产业产值已突破 300 亿元,现代海洋产业体系形成了海洋交通运输业、海洋油气业、滨海旅游业三大优势产业,航空航天产业已形成较为完整的产业链。总体上看,深圳构建了政府、行业和社会多方共治的产业治理体系。

一、治理架构:政府、市场、社会多点联动,协同推进

一是政府层面组建领导小组,规划统筹协调。该领导小组由市长、副市长以及市发改委、市科工贸信委等部门的负责人组成,各部门根据职责分工负责编制各类未来产业项目扶持计划、落实项目优惠政策,为解决跨区域、跨领域和跨部门的重大问题提供了便利。同时,各相关部门开展了深圳市生命健康产业发展规划(2013—2020 年)、海洋产业发展规划(2013—2020 年)、航空航天产业发展规划(2013—2020 年)的编制,重点明确了各产业细分领域的发展方向,具有良好的产业指导意义。

二是行业层面成立未来产业促进会,搭建产业平台。该协会于 2015 年 7 月成立,是由从事生产、研发、经营的企业、科研机构及个人等行业主体自愿结成的社会团体。目前共有包括高校、企业、投融机构在内的会员 71 家。该协会主要开展未来产业调查,参与未来产业相关规划和政策制定,进行市场预测等,同时

作者刘笑系上海市产业创新生态系统研究中心研究员,上海工程技术大学管理学院讲师;陈强系上海市产业创新生态系统研究中心执行主任,同济大学经济与管理学院教授。

为会员宣传政府政策、提供国内外产业技术经济和市场信息、搭建未来产业创业大赛、孵化器等服务平台等。协会为增强政府与企业沟通、促进未来产业科技与经济的结合、助力产业和资本融合发挥了重要作用。

三是社会层面筹办"未来论坛",营造发展环境。该论坛由科学界、教育界、投资界和互联网界领袖共同发起,是我国唯一一个商学跨界科学公益平台。论坛通过民间资本带动社会力量促进科学发展,组织了系列高品质活动。目前,已经形成未来科学大奖颁奖典礼暨 F2 科学峰会、以科学为源动力助推产业、资本、城市协同发展的未来论坛、促进产学研对接与发展的高端闭门研讨会议、面向社会公众开放的月度科普公益讲座等系列品牌。

二、支持体系:政策、资金、空间多方并举,链式资助

一方面,制定未来产业政策和资金扶持体系。深圳专门制定了面向未来产业发展的专项政策扶持体系,出台《深圳市未来产业发展政策》,自 2014 年起至 2020 年连续 7 年,市财政每年安排 10 亿元设立未来产业发展专项资金,并通过直接资助、股权投资、贷款补贴等方式支持产业发展。具体方式如下:(1)通过直接资助手段,设立"创新链+产业链"融合专项项目,全面覆盖技术创新和产业发展全生命周期(前沿基础研究—共性技术研发—产业化—市场开拓),形成链式资助促进创新链与产业链融合;(2)通过引入社会专业股权投资机构配合财政资金共同投资的方式鼓励社会资本投身未来产业;(3)为企业提供贷款利息补贴。

表 1　深圳资助未来产业发展的主要模式

资助方式	具体方式
直接资助类	(1) 研究实体与平台*、市级实验室与研究中心等研究实体 500 万元;国家级研究实体 1 500 万元;产业公共技术服务平台 500 万元; (2) 技术创新与模式创新*:产品研发与模式创新 500 万元;国家级科技计划 800 万元; (3) 创新成果产业化*:产业化与应用示范 500 万元;国家产业化项目 1 500 万元; (4) 企业开拓市场* 500 万元; (5) 创业人才和团队每年 1 000 万元支持创业; (6) 参加展会每年不低于 1 000 万元
股权资助类	引入社会专业股权投资机构作为合作单位,对拟投资企业开展股权估值、入股谈判、确定入股价格等工作,财政资金按照同股同价、共同进退的方式与合作股权投资机构共同对拟投资企业进行投资

(续表)

资助方式	具体方式
贷款补贴类	对签订贷款合同实际产生的贷款利息给予贴息,项目的资助总额为企业项目总投资额度内实际发生贷款利息总额的70%,且不超过项目总投资额的30%,贷款利率按照实际发生的利率计算。项目的贷款贴息额度年度最高不超过500万元,年限最长不超过3年,单个企业累计贴息额最高不超过1 500万元

注:标注 * 的额度为最高额度。

另一方面,开辟未来产业集聚区,为产业发展提供空间保障。深圳率先启动了十大未来产业集聚区建设,并明确授牌了龙岗阿波罗、南山留仙洞、龙华观澜高新园、大鹏坝光、坪山聚龙山、宝安立新湖以及深圳高新区北区7个集聚区,明晰了产业规划和功能定位,为产业发展和企业落户指明了路径。

三、创新环境:着眼原始创新,强化未来人才体系

一是支持高水平基础研究机构发展。截至2019年12月,深圳"十大诺贝尔奖实验室"已建成9家,其中依托深圳大学组建的马歇尔生物医学工程实验室延揽了包括杰青3人、优青2人、青千6人以及教授22人的青年顶尖团队。同时,还建设了鹏城实验室和深圳湾实验室2个省级实验室,全市累计建成省级新型研发机构42家,实现了国际顶尖创新资源的高度聚集,有效弥补了深圳基础研究方面的短板。

二是结合产业需求构建工程技术中心和工程实验室。依托专项资金扶持,对相关市级和国家级工程实验室、重点实验室、工程技术中心进行直接资助(国家级最高1 500万元,市级最高500万元),大力促进企业创新能力提升,形成了依托核心产业构建布局完整、运行高效、支撑有力的创新载体发展体系。如在机器人、可穿戴设备和智能装备领域支持平安科技建设深圳金融智能服务机器人关键技术工程实验室,在人机交互、感知能力和全自动服务能力、精准定位等方面取得了重大突破。

三是内育与外引并重,强化未来人才体系。深圳将未来产业纳入市级高层次专业人才认定范围,将符合条件的海外高层次人才纳入"孔雀计划"专项资金支持范围;专项资金支持创业人才,每年安排1 000万元支持竞赛优胜者在深圳实施竞赛优胜项目或创办企业;建立人才支撑体系,鼓励在深圳的院所创建特色学院,设立未来产业相关学科,多渠道强化人才培养,建立未来产业专业人才库和专家库。

上海与深圳、北京（企业）研发投入比较："标兵"遥不可及，"追兵"步步紧逼

卢 超

　　近年来，上海加大全社会研发经费投入，并积极引导、鼓励企业加大创新力度。据统计，2019 年，上海全社会 R&D 经费投入 1 526 亿元，占上海 GDP 的 4％，较 2018 年增长 15.9％，这也是自 2010 年以来上海研发经费投入连续第九年增长，已提前完成《上海市科技创新"十三五"规划》提出的到 2020 年全社会研发经费支出占 GDP 比重达 4％左右的目标。但与深圳和北京相比，上海的研发投入，尤其是企业研发投入依然存在突出的问题。

　　一是上海全社会研发经费投入与北京的绝对值差距总体上一直在拉大，相比深圳的绝对值优势逐渐在缩小。图 1 显示，2009—2018 年，与深圳相比，尽管上海的全社会研发投入一直大于深圳，但深圳的增速明显快于上海，两地之间的差距正在缩小，上海与深圳的全社会研发经费投入比值已由 2009 年的 1.51 减

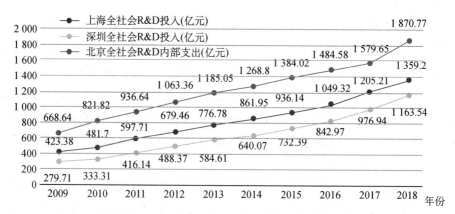

图 1　上海与深圳、北京全社会研发经费投入（内部支出）金额比较

　　作者卢超系上海市产业创新生态系统研究中心研究员，上海大学管理学院副教授，上海高水平地方高校重点创新团队"创新创业与战略管理"骨干成员。

小到 2018 年的 1.17;与北京相比,上海的全社会研发投入一直小于北京,且两地之间的绝对值差距总体上不断拉大,上海与北京的全社会研发经费投入绝对值已由 2009 年的 245.26 亿元扩大至 2018 年的 511.57 亿元。

二是上海研发投入强度一直低于深圳和北京,且呈现被进一步拉大的趋势。图 2 显示,相比深圳,除 2012 年、2014 年外,上海的研发投入强度一直低于深圳 0.4~0.5 个百分点,2018 年拉大至 0.8 个百分点,呈现出差距进一步扩大的趋势;相比北京,尽管 2009—2017 年总体上呈现快速追赶的形势,但 2018 年被北京明显甩开。

图 2　上海与深圳、北京研发投入强度比较

三是上海企业研发经费投入被深圳反超并不断拉大差距,亦呈现出被北京追赶的势头。图 3 显示,自 2012 年深圳企业 R&D 投入金额首次超过上海以

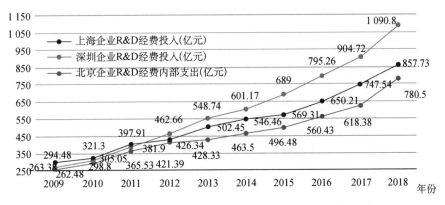

图 3　上海与深圳、北京企业 R&D 经费投入(内部支出)比较

后,上海企业 R&D 投入金额与深圳差距越来越大,至 2018 年上海在企业 R&D
投入金额方面和深圳已有 233.07 亿元的差距;与北京相比,除了 2012 年两地企
业研发经费投入基本等同外,上海企业研发经费投入总体大于北京,但 2017 年
以来京沪两地的企业研发经费投入差距正在快速缩小。

　　四是上海企业研发投入占全社会研发经费投入的比重远远低于深圳且总体
呈现下滑趋势,北京呈现稳步上升的态势。如图 4 所示,2009—2018 年,上海企
业研发投入占上海全社会 R&D 投入的比重总体呈下降趋势,与深圳的差距从
2009 年的 25％左右进一步拉大至 30％左右;而北京尽管比重一直小于上海,但
自 2013 年以来呈现出稳步增长的势头。

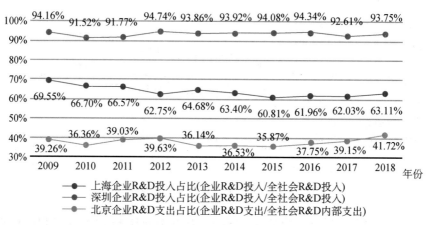

图 4　上海与深圳、北京全社会研发经费投入(内部支出)中企业占比

打造"服务集装箱"、助推产业创新

——浙江在路上

| 薛奕曦

近年来,浙江在产业创新生态体系建设方面成效显著,特色小镇、隐形冠军、小微企业园等先进做法不仅受到国家层面的认可,不少成功经验已经在全国开始复制推广。当前,浙江正在全省范围内开展产业创新服务综合体建设,并且明确提出"2022年之前建成300个产业创新服务综合体"的目标。可以预见,未来几年,产业创新服务综合体将成为继特色小镇之后浙江又一重大创新举措,其经验做法值得各地学习借鉴。

产业创新服务综合体是以科技创新公共服务平台为基础,围绕新兴产业培育和传统动能修复,集聚公共科技创新资源,为中小企业提供技术创新、业态创新、营销模式创新等产业公共服务的创新平台。为加快推进产业创新服务综合体建设,浙江省先后制定《浙江省产业创新服务综合体建设行动计划(2017—2020年)》(2017年9月)和《浙江省产业创新服务综合体建设导则》(2017年10月)。截至目前,共开展98家产业创新服务综合体建设和35家培育工作(见附录)。

一、围绕九大体系建设推动公共服务平台转型升级

《浙江省产业创新服务综合体建设导则(试行)》明确提出,要按照产业链部署创新链、完善资金链的要求,围绕建设现代产业集群与新兴产业集群的基本任务,坚持存量盘活与增量带动的基本思路,推进产业创新服务综合体建设。其主要目标是打造九大体系:创意设计体系、技术创新体系、政产学研用协同创新体系、科技创新公共服务体系、科技成果交易市场体系、知识产权保护体系、创新创业孵化体系、科技金融服务体系、产业创新生态体系。其主要做法包括:

一是重点面向特色鲜明、服务完善的公共服务平台。产业创新服务综合体

作者系上海市产业创新生态系统研究中心研究员、上海大学管理学院讲师。

建设要符合以下三点要求:(1)具有较完善的产业创新服务综合体建设规划,发展目标明确、路径清晰、重点突出,规划科学合理,政策举措有力。(2)特色产业集聚度高、产业规模大。产业符合国家产业政策发展方向,具有较强的产业配套能力、技术创新能力、市场竞争力,具有广阔的市场空间、发展潜力,能够培育形成一批具有行业影响力的龙头企业或高成长性的科技型中小微企业,形成龙头骨干企业与上下游中小企业协同融通的完整产业链条。(3)具有较完备的一站式综合服务体系。建设能为区域内产业培育提供全流程创新服务的集研发、设计、检验检测、计量测试、标准信息、创业孵化、知识产权、科技金融、人才培训、技术市场为一体的综合服务体系。

二是聚焦中小企业全产业链公共服务,打造创新生态圈。产业创新服务综合体建设重点聚焦以下三方面:(1)聚焦服务中小企业。中小企业由于实力所限,亟需平台化的公共服务支撑,弥补自身创新资源不足的劣势。因此,产业创新服务综合体将中小企业做为第一服务对象。(2)聚焦创新生态圈营造。以产业创新服务综合体为桥梁,构建政府、平台营运者、高校院所、中介组织、融资机构"五位一体"的创新服务体系。(3)聚焦全产业链升级。结合浙江块状经济和专业市场优势和特点,统筹企业技术创新、产品创新、业态创新、组织创新和商业模式创新,从产业链源头到末端,从最初的创意设计、创业孵化到最终的市场营销、品牌经营,在公共平台中形成相对应的完整服务链。

二、以体制机制创新和配套制度保障

一是创新建设运行体制机制。在建设运行体制机制方面,浙江提出聚焦服务中小企业、全产业链升级、创新生态圈营造,根据营利性和公益性相结合、政策性扶持和市场化服务相结合的思路,突出资源联动共享,鼓励各地探索建立股份制、理事会制、会员制等多种形式的运作模式,形成符合创新规律、激发创新活力的运行机制。浙江还鼓励平台承担各级政府、企业委托的科研项目,通过检验检测、技术开发、成果转化、创业孵化等有偿服务形式,实现自我造血、良性发展。

二是完善考核评价管理制度。为确保考核评价的科学合理,浙江提出围绕打造以龙头企业为主体、上下游大中小企业协同的平台体系,构建市县政府、运营机构、高校院所、中介组织、融资机构参与的"五位一体"创新服务体系,建立绩效评价体系,实行动态调整机制,形成有进出、优胜劣汰的动态管理机制,根据考核评价结果给予绩效奖补,对绩效考核不达标的,予以整改或淘汰。

三是完善创新资源配置机制。结合产业创新服务综合体建设的产业定位，浙江规划布局建设了省级（重点）企业研究院、科技企业孵化器、众创空间等，还谋划建设专业网上技术市场或分市场，支持创新创业人才和团队落户产业创新服务综合体为中小企业服务。为加大财政资金投入力度，形成稳定性支持和竞争性支持相结合的投入方式，浙江实行差别化分类支持，增加对特别重大、产业关联度高、创新绩效显著的支持力度。此外，为了拓宽建设资金投入渠道，浙江还鼓励各地探索推广运用PPP模式，支持多元主体加大对产业创新服务综合体的投入力度。

四是强化创新用地保障机制。用地保障对产业创新服务综合体建设至关重要。为此，浙江要求各地统筹新增计划指标、存量建设用地、增减挂钩指标等，做好用地保障工作。对利用原有工业用地建设标准厂房用于支持产业创新服务综合体的，在符合规划的前提下，其载体房屋可按幢或层等有固定界限的部分为基本单元进行产权登记、出租或转让，如涉及土地用途改变的，按有关规定办理用地手续，补缴土地出让金。为推进环境综合治理，保护土地等要素资源，浙江进一步强化环保标准引领、环境空间管控和污染减排约束机制，促进污染排放减量化、生产方式绿色化，推动产业创新服务综合体绿色发展。

三、浙江经验对上海产业创新生态体系建设的启示

围绕传统动能修复与新动能培育两大主题，浙江培育和创建了一批产业创新服务综合体，目的就是推动浙江经济发展走上内生增长、创新驱动的发展轨道，浙江的经验对上海打造产业创新生态系统有诸多可借鉴之处。

一是强化现有政府平台服务体系的改革与升级。浙江的经验表明，通过政府主导的方式，推进产业创新综合服务平台建设，可以改变传统基于单个企业的一对一技术导入机制，将给予单个专家或单个技术补助的方式，转变为对于平台的补助，从而促使"点对点"扶持变为"面对面"的交流、服务与技术指导，强调创新要素获取的整体性。上海可以借鉴浙江经验，完善现有产业创新服务平台功能，打破原平台服务内容相对单一、服务能力欠强的局限，结合行业特点，引入研发设计、技术评价、人才培训等专业化服务，提升现有政府平台服务水平和质量。

二是依托行业中介服务机构构建综合服务体系。浙江通过专业中介服务机构联结综合服务体系，有效集成科技成果交易服务、产学研用协同创新服务、知

识产权服务、科技中介服务、科技金融服务、创业孵化服务、检验检测服务等与产业创新紧密关联的服务功能。通过有效梳理产业的共性瓶颈与个性化需求，引导和支持高校、院所、科研机构以及大型企业研究院等的创新资源下沉，针对具有行业代表性的特定需求，给予精准支持。因此，上海可以借鉴浙江经验，大力发展研究开发、检验检测认证、科技金融、创业孵化等中介机构，一站式提供政策解读、业务培训、法律咨询、质量管理咨询、工程建设等服务，促进产业链与服务链的融合发展。

三是提高协同创新的质量和效率。浙江通过构筑产学研用协同创新网络，聚焦特定产业领域，布局建设国家和省级重点实验室，支持产业导向的前沿性原创研究。还通过重大科技资源开放共享，加大科技创新云服务平台建设，实现省市县三级科技数据、系统、资源的互联互通、共享共用。上海可以借鉴浙江经验，围绕关键共性技术研发攻关，支持工程技术研究中心、制造业创新中心、协同创新中心等创新载体协同创新、协调发展。同时，不断完善科技创新服务平台开放共享管理系统，支持各类科技创新服务平台提供检验检测、标准信息、合作研发、委托开发、研发设计等创新服务，降低中小微企业创新创业成本。

附录：浙江省产业创新服务综合体创建和培育名单

第一批创建名单（2018 年 1 月）（17 家）	
杭州滨江网络信息技术产业创新服务综合体	诸暨大唐袜业创新服务综合体
余杭家纺、服装产业创新服务综合体	永康五金产业创新服务综合体
宁波新材料产业创新服务综合体	义乌饰品产业创新服务综合体
乐清电气产业创新服务综合体	江山木门产业创新服务综合体
嘉兴南湖电子信息（智能硬件）产业创新服务综合体	舟山现代海洋产业创新服务综合体
嘉善木业家具产业创新服务综合体	黄岩模塑产业创新服务综合体
安吉椅艺产业创新服务综合体	椒江智能马桶产业创新服务综合体
德清地理信息产业创新服务综合体	龙泉汽车空调产业创新服务综合体
绍兴柯桥现代纺织产业创新服务综合体	
第一批培育名单（2018 年 1 月）（13 家）	
杭州生物医药产业创新服务综合体	嘉兴秀洲光伏产业创新服务综合体
临安微纳技术及应用产业创新服务综合体	长兴新能源产业创新服务综合体

（续表）

第一批培育名单（2018年1月）（13家）	
萧山新能源汽车及零部件产业创新服务综合体	上虞绿色环保化工产业创新服务综合体
宁波杭州湾新区新能源汽车产业创新服务综合体	衢州氟硅钴新材料产业创新服务综合体
宁波精细化工产业创新服务综合体	温岭泵业创新服务综合体
温州激光与光电产业创新服务综合体	丽水生态产品（丽水山耕）全产业链创新服务综合体
海宁经编产业创新服务综合体	
第二批创建名单（2019年1月）（34家）	
浙江省杭州生物医药产业创新服务综合体	浙江省海盐县紧固件产业创新服务综合体
浙江省杭州临安微纳技术及应用产业创新服务综合体	浙江省上虞绿色环保化工产业创新服务综合体
浙江省杭州萧山新能源汽车及零部件产业创新服务综合体	浙江省新昌轴承产业创新服务综合体
浙江省桐庐笔业创新服务综合体	浙江省嵊州市厨具电器产业创新服务综合体
浙江省宁波新能源汽车产业创新服务综合体	浙江省东阳横店影视文化产业创新服务综合体
浙江省宁波镇海精细化工产业创新服务综合体	浙江省武义电动工具产业创新服务综合体
浙江省宁波鄞州微系统产业创新服务综合体	浙江省磐安中药产业创新服务综合体
浙江省宁海模具产业创新服务综合体	浙江省衢州氟硅钴新材料产业创新服务综合体
浙江省温州激光与光电产业创新服务综合体	浙江省常山县油茶产业创新服务综合体
浙江省瑞安汽车关键零部件产业创新服务综合体	浙江省龙游特种纸产业创新服务综合体
浙江省永嘉系统流程装备产业创新服务综合体	浙江省舟山普陀水产品精深加工产业创新服务综合体
浙江省长兴新能源产业创新服务综合体	浙江省温岭泵业创新服务综合体
浙江省湖州南浔智能电梯产业创新服务综合体	浙江省三门橡胶产业创新服务综合体

（续表）

第二批创建名单（2019 年 1 月）（34 家）	
浙江省德清通航智造产业创新服务综合体	浙江省玉环市水暖阀门产业创新服务综合体
浙江省海宁经编产业创新服务综合体	浙江省临海现代医药化工产业创新服务综合体
浙江省嘉兴秀洲光伏产业创新服务综合体	浙江省丽水生态产品（丽水山耕）全产业链创新服务综合体
浙江省桐乡毛衫时尚产业创新服务综合体	浙江省缙云锯床和特色机械装备产业创新服务综合体
第二批培育名单（2019 年 1 月）（14 家）	
浙江省杭州上城健康服务与大数据产业创新服务综合体	浙江省乐清物联网传感器产业创新服务综合体
浙江省杭州拱墅汽车互联网产业创新服务综合体	浙江省湖州吴兴童装产业创新服务综合体
浙江省富阳信息经济核心产业创新服务综合体	浙江省海宁皮革时尚产业创新服务综合体
浙江省宁波北仑智能装备产业创新服务综合体	浙江省诸暨珍珠产业创新服务综合体
浙江省宁波江北智慧供应链产业创新服务综合体	浙江省绍兴越城集成电路产业创新服务综合体
浙江省宁波海曙时尚服装服饰产业创新服务综合体	浙江省定海金塘塑机螺杆产业创新服务综合体
浙江省温州瓯海眼镜产业创新服务综合体	浙江省庆元竹木产业创新服务综合体
第三批创建名单（2019 年 12 月）（47 家）	
浙江省杭州上城健康服务与大数据产业创新服务综合体	浙江省海宁家纺产业创新服务综合体
浙江省杭州拱墅汽车互联网产业创新服务综合体	浙江省海宁皮革时尚产业创新服务综合体
浙江省杭州滨江集成电路设计与测试产业创新服务综合体	浙江省嘉兴港区智慧化工新材料产业创新服务综合体
浙江省杭州萧山智能物联产业创新服务综合体	浙江省湖州生命健康产业创新服务综合体
浙江省杭州余杭先进碳材料产业创新服务综合体	浙江省湖州吴兴童装产业创新服务综合体

(续表)

第三批创建名单(2019年12月)(47家)	
浙江省富阳信息经济核心产业创新服务综合体	浙江省湖州南浔绿色家居产业创新服务综合体
浙江省建德通用航空产业创新服务综合体	浙江省绍兴黄酒产业创新服务综合体
浙江省宁波北仑智能装备产业创新服务综合体	浙江省绍兴越城医疗器械产业创新服务综合体
浙江省宁波鄞州纺织服装产业创新服务综合体	浙江省诸暨珍珠产业创新综合服务体
浙江省余姚光电信息产业创新服务综合体	浙江省嵊州真丝·领带产业创新服务综合体
浙江省慈溪智能家电产业创新服务综合体	浙江省兰溪棉纺织产业创新服务综合体
浙江省宁波新型光电显示产业创新服务综合体	浙江省衢州空气动力装备产业创新服务综合体
浙江省温州鹿城鞋业产业创新服务综合体	浙江省衢州柯城柑桔产业创新服务综合体
浙江省温州龙湾眼视光产业创新服务综合体	浙江省衢州衢江高性能纸及纤维复合新材料产业创新服务综合体
浙江省温州瓯海智能锁具产业创新服务综合体	浙江省舟山定海远洋渔业产业创新服务综合体
浙江省温州瓯海眼镜产业创新服务综合体	浙江省舟山定海金塘塑机螺杆产业创新服务综合体
浙江省平阳印包装备产业创新服务综合体	浙江省台州路桥机电产业创新服务综合体
浙江省苍南印刷产业创新服务综合体	浙江省天台大车配产业创新服务综合体
浙江省乐清物联网传感器产业创新服务综合体	浙江省玉环汽车零部件产业创新服务综合体
浙江省嘉兴秀洲智能装饰产业创新服务综合体	浙江省台州湾产业集聚区智能缝制装备产业创新服务综合体
浙江省平湖汽车零部件产业创新服务综合体	浙江省遂昌金属制品产业创新服务综合体
浙江省嘉善通信电子产业创新服务综合体	浙江省遂昌金属制品产业创新服务综合体
浙江省庆元竹木产业创新服务综合体	
第三批培育名单(2019年12月)(8家)	
浙江省宁波海曙时尚服装服饰产业创新服务综合体	浙江省绍兴柯桥现代建筑产业创新服务综合体

（续表）

第三批培育名单(2019 年 12 月)(8 家)	
浙江省宁波江北智慧供应链产业创新服务综合体	浙江省义乌信息光电产业创新服务综合体
浙江省德清生物医药产业创新服务综合体	浙江省仙居甾体药物产业创新服务综合体
浙江省绍兴现代医药产业创新服务综合体	浙江省温岭工量刃具产业创新服务综合体

促进服务型制造的创新与发展正当其时

| 蔡三发

日前,工业和信息化部、国家发展和改革委员会、教育部、科学技术部、财政部、人力资源和社会保障部、自然资源部、生态环境部、商务部、中国人民银行、国家市场监督管理总局、国家统计局、中国银行保险监督管理委员会、中国证券监督管理委员会、国家知识产权局等15个部门联合发布了《关于进一步促进服务型制造发展的指导意见》。这是继工业和信息化部、国家发展和改革委员会、中国工程院于2016年联合印发《发展服务型制造专项行动指南》之后,国家相关部委深入贯彻党中央、国务院相关部署,进一步解决服务型制造发展中存在的问题,推动服务型制造深入发展,为制造强国建设提供有力支撑。

服务型制造是制造与服务融合发展的新型制造模式和产业形态,是先进制造业和现代服务业深度融合的重要方向。近年来,服务型制造快速发展,新模式新业态不断涌现,有效推动了制造业转型升级。在2016年的《行动指南》中,主要行动包括:推动创新设计发展、推广定制化服务、优化供应链管理、推动网络化协同制造服务、支持服务外包发展、实施产品全生命周期管理、提供系统解决方案、创新信息增值服务、有序发展相关金融服务、把握智能服务新趋势等十个方面。在2020年的《指导意见》中,推动服务型制造创新发展在原来基础上提出:工业设计服务、定制化服务、供应链管理、共享制造、检验检测认证服务、全生命周期管理、总集成总承包、节能环保服务、生产性金融服务、其他创新模式等。通过比较可见,新的指导意见更具方向性、原则性与开放性,既涉及制造业各个环节的服务创新,也涵盖了跨环节、跨领域的综合集成服务,对当前的形势与发展趋势的判断准确把握,提出了更加符合国家战略需求的发展方向。

我国正处经济转型时期,企业需要进一步提升在全球价值链与创新链中的

作者系上海产业创新生态系统研究中心副主任、同济大学发展规划部部长、联合国环境署—同济大学环境与可持续发展学院跨学科双聘责任教授。

地位,促进服务型制造创新与发展正当其时。为更好落实《指导意见》,构建服务型制造良好的产业创新生态,建议可以在以下几个方面进一步着力:

一是进一步加强中央各部委之间的政策协调与联动。此次《指导意见》由 15 个部门联合发文,可见服务型制造的重要性以及对其的重视程度,但是也说明了促进服务型制造涉及与需要协调的部门多,要进一步加强部门联动,加强相关政策协同与支持协同,精准发力,有效创造良好政策环境。

二是进一步鼓励各地方政府因地制宜落实《指导意见》。各个地方政府可以从本地实际出发,根据本地制造业发展情况与特色优势,结合《指导意见》相关精神,推出地方版的《指导意见》或者具体实施方案,有效促进《指导意见》在全国的落地。

三是进一步鼓励各类社会机构参与《指导意见》落实。意见提出:统筹行业协会、研究机构、产业联盟和制造业企业等多方资源,开展"服务型制造万里行"主题系列活动,促进模式创新和应用推广。要充分发挥行业协会、研究机构、产业联盟以及各类服务型制造平台的作用,构建体系、研究规范、建设平台,加强宣传与推广,促进服务型制造的发展。

四是进一步发挥企业的主体作用,鼓励企业探索服务型制造创新。促进服务型制造发展,关键要强化制造业企业主体地位,鼓励制造企业积极探索各具特色、引领市场的服务型制造模式;要鼓励企业充分利用 5G、物联网、人工智能、大数据等新技术创新企业的服务型制造模式;要鼓励企业利用或者构建服务型制造平台,推动服务型制造创新发展。总之,要通过各种模式创新,促进服务与制造的有机融合,更好服务需求与创造需求,形成企业的核心竞争力,争取在全球竞争中形成新的优势。

《指导意见》提出服务型制造我国近期发展目标是:到 2022 年,新遴选培育 200 家服务型制造示范企业、100 家示范平台(包括应用服务提供商)、100 个示范项目、20 个示范城市,服务型制造理念得到普遍认可,服务型制造主要模式深入发展,制造业企业服务投入和服务产出显著提升,示范企业服务收入占营业收入的比重达到 30% 以上。支撑服务型制造发展的标准体系、人才队伍、公共服务体系逐步健全,制造与服务全方位、宽领域、深层次融合发展格局基本形成,对制造业高质量发展的带动作用更加明显。相信通过各方面的共同努力,这个目标能够如期达成,服务型制造对我国高质量发展的贡献会进一步凸显。

疫情之后，人工智能产业发展新判断与若干启示

| 赵程程

自新型冠状病毒感染引起的肺炎疫情爆发以来，众多人工智能企业发挥自身技术和业务优势，积极投身于抗击疫情的战斗中，在疾病诊疗、疫情监测、民生保障等多个方面发挥积极的作用。大疫之后，我国人工智能产业将面临重新洗牌，研究者对其发展趋势作如下判断。

一、马太效应将持续放大

疫情袭来，以百度、华为、科大讯飞等为代表的人工智能巨头企业，在关键时刻敢于担当，利用技术力量迅速投入抗疫。以百度为代表的中关村互联网科技企业，推出免费开放线性时间算法、开展新型智能测温设备和系统的研发和应用、推出疫情防控机器人及捐款捐物等一系列举措，直接参与此次疫情抗击与防控工作。以深兰科技、之江生物、纳米科技等为代表的上海人工智能企业助力抗病毒药物和检测试剂研发、打造专业智能机器人保障医院安全诊疗、设计智能测控系统强化疫情防控。可以说，在这场没有硝烟的战"疫"中，人工智能巨头企业正在大显身手。可预见，大疫之后，掌握核心关键技术、资金雄厚的巨头企业将会进一步得到政府大力扶持，或将迎来新的发展机遇。

但是，疫情的突然爆发也将中小 AI 企业打了个措手不及。让本就融资不易的初创企业的日子雪上加霜。从中央到地方，各级政府群策群力推出减税降费的政策集，以帮助企业渡过难关。但可预见，疫情持续升温，将会拖垮更多的中小 AI 企业。

大疫之后，我国人工智能产业的马太效应愈发加强，当小企业面临融资困局在生存线上苦苦挣扎，巨头企业将纷纷刷新这个行业的融资记录。

作者系上海市产业创新生态系统研究中心研究员、上海工程技术大学管理学院讲师。

二、信息安全防线将迎来严峻考验

全国同心抗击疫情期间,各地方政府、单位、企业等均展开了相关人员的信息收集和排查工作,特别是部分 AI 企业为疫情防控工作,利用掌握的信息进行大数据分析。以百度地图为例,开放百度地图迁徙大数据用于观察各城市的人口流动情况,尤其是重点疫区的人口流出方向;此外三大运营商在工信部及各地通信管理局的组织下运用大数据分析以加强对流动人员的疫情监测。

"非常之时,非常之举。"然而,大疫之后,无数公民无偿提供的数据,被极少数人、极少数企业控制,这很危险。尽管我国已有多部法律、法规、规章涉及个人信息保护,比如刑法、民法总则、消费者权益保护法、网络安全法、电子商务法等都作出了相关规定,但总体上看,对公民个人信息的保护立法仍呈分散状态。疫情过后,数据的归属权,数据的使用权等将面临无法可循的尴尬境地。所以,需要提早制定有针对性的专门法律《个人信息保护法》来加以规范,形成合力。

三、AI 应用场景将得到进一步释放

这次疫情,让很多人变宅了。这也意味着同时在线的频次和时长瞬时增加了,严重影响了大部分平台的运转效率。以线上平台来说,考验了其运算能力、推送能力、匹配能力,如今日头条、抖音、百度、淘宝等。以线上线下平台来说,考验了网上接单能力、配送能力、客服能力,如盒马、叮咚买菜等。最终,考验了平台后面的大数据运算能力。疫情之后,AI 技术算法将会应用到更多的线上平台。

AI 技术算法将会助力政府打造智能城市。本次疫情的教训,也呼唤智慧城市的到来。如果每个市民情况被掌握,每个人行踪被精确掌握,也许疫情苗头就能被扼杀在摇篮里。智慧城市运行,需要的是各种信息的监控与合理的判断和处置机制,基于 AI 人工智能＋大数据＋5G＋区块链技术,会给城市管理者提供更为科学的决策模型、更为快速的响应方式。

AI 技术将在医疗领域快速蔓延。在新型冠状病毒感染肺炎诊疗以及疫情防控的应用场景,企业攻关并批量生产一批辅助诊断、快速测试、智能化设备、精准测温与目标识别等 AI 产品,助力疫病智能诊治,降低医护人员感染风险,提高管控工作效率。比如,拿药机器人可以代替医护人员完成简单的配送工作,较大程度降低感染风险。在疫苗科研研发上,通过 AI 技术的深度学习处理,能够为

科研人员进行数据分析、快速筛选文献以及相应的测试工作提供便利。AI 技术还可以应用于建立模型以观察疫情传播。可以预判,疫情之后更多企业将利用自身技术支持,加入到医疗领域,进一步促进 AI 技术价值的释放。

四、若干启示

当前,国内抗击新型冠状病毒感染肺炎疫情的战役进入僵持阶段,拐点尚未出现。上海、北京、广州等多个城市都陆续迎来"返岗潮",在一系列帮扶政策的支持下,企业逐步复工复产。面对人工智能产业未来发展的新趋势,得出以下几点启示。

一是联合大企业、携手中小企业共建城市 AI 工程。随疫情结束,AI 产业两级分化将会加剧。短期内中国经济可能会出现小幅波动。尽管多地政府已出台一系列扶持政策,从要素成本、财政税收、金融支持等方面减轻企业负担,恐怕也是杯水车薪,难以"拯救"中小 AI 企业。参考罗斯福 18 万个大型工程项目拯救美国经济危机,我国地方政府是否也可联合大企业、携手中小企业共建城市 AI 工程,给中小 AI 企业一线生机?

二是敢于"先行先试",严守信息安全防线。"非常之时,非常之举。"然而,大疫之后,无数公民无偿提供的数据,被极少数人、极少数企业控制。目前,我国暂时没有针对性的专门法律。地方政府在此方面的监管经验,尚有不足。这很危险!海量个人信息一旦泄露、滥用、盗用,不仅对公民,甚至对国家安全都是极大的威胁。面对人工智能产业等新兴经济,政府要敢于"先行先试"。在公民信息保护政策制定中加入"日出条款"引导行业规范与主体行为、"日落条款"确保不适应社会和科技发展步伐的法律和政策自动失效。2018 年共享经济迅猛发展,政府监管滞后,导致了一系列社会问题。2020 年 AI 发展如破竹之势,政府监管面临极大挑战。

三是加快建成智慧城市、智能政府,提升政府决策能力。本次疫情呼唤智慧城市的到来。上海这座千万级人口的大城市,要加快建成智慧城市,精确掌握每个主体(公民、企业、单位等)的信息,通过整合处置机制,给城市管理者提供更为科学的决策,更为快速的响应。让上海,不会成为下一个疫情爆发地!

请保持对制造业的敬畏之心

| 宋华振

一、概念解释概念的产业界

这个世界充满了概念,各种产业的群里讨论着各种概念,软件定义 PLC、软件定义智能、软件定义安全、软件定义网络、软件定义 PLC、软件定义制造、中台、容器,就像 1999 年那会也学会了 ASP、PowerBuider、盈利模式、高端等各种词汇,也因此产生了众多的大咖、专家,而且参与着产业各种政策的建议与指导意见。制造业那么久没有人关注,一直以来觉得制造业真是个蛮苦的领域,今天受到如此多的关注,实在让产业的人有点受宠若惊的感觉。被定义为大型、引领着行业标杆的一大帮标杆型企业,其利润也仅在 10% 左右,因此,在很长一段时间里,我会觉得困惑,这种利润如此薄的产业,大家进来图个什么呢?

当前,各种论坛都讨论着各种高端、大气上档次的话题,嘉宾也都有着靓丽的 TITLE,院士、教授、CEO、CTO、CIO、CXO,你总是期望着从中听到点指点你的未来发展的方向,各种概念冲击着你的大脑,通过数据,发现规律,然后优化制造过程,提高品质的、节省能耗的、预测性维护的……但是,一谈到具体的"场景""应用"的时候,基本上都是"框图""架构",还有一些"为了智能而智能"的场景应用,非要为了个电机跑偏弄了个所谓的工业互联网场景还用起了 5G,而且说原有的网络实时性不足、封闭、成本高,还有一些用了各种高大上的数据驱动、模型之类新词汇拼出来的场景,搞得我心浮气躁。听多了就觉得把我们做自动化的一帮人众都给冤枉了,有时候搞得我不得不给我的友商说句公道话。小邪对此也是有点意见,有一天跟我说"这帮讨论着人工智能赋能制造业的人居然不

作者系上海市产业创新生态研究中心特聘研究员,贝加莱工业自动化(中国)有限公司技术传播经理,1999 年毕业于武汉工程大学检测技术仪器仪表专业,2015 年获得同济大学工商管理硕士学位,全国工业过程控制与测量分技术委员会/现场总线分技术委员会委员(SAC/TC124),OPC 基金会(中国)技术顾问,中国自动化学会集成自动化委员会委员。

知道什么是鲁棒性",包括各种讨论互联的——连接起来获得数据的潜能,做分析,但是,如何连接,就没有人说话了。

和华为的朋友聊得比较多,他们在做很多项目,而且每个人都比较务实的,即使知道很难,却砸下去大量的人在干,有时候觉得大概就这么一家真干啊!那么多讨论概念的,真正干事的,可能就华为这样的,有意思的事情是和外资圈的一些朋友聊起来,反倒觉得真正干事的可能是这些公司,即使讲概念。但是,也来自其设计的软件、系统,而非纯粹的概念,真家伙在下面可以商业应用的,不是闹着玩的。这就让人比较担心,忽悠的多,总说人家卡脖子,自己却什么也不干,总想着靠忽悠概念拿点项目、资金、补贴,这种产业氛围有点让人忧心啊!

要是说起来,感觉自动化这圈人还是有点土的感觉啊!总是会讨论点鸡毛蒜皮的事情,什么工艺流程、现场总线、协议栈,采样频率、延迟这些有点 LOW 的词汇——PLC 被认为是很落后的,要用新的架构来提升。但是,我要是拿出现在 PLC 能干啥的话,包括自动化圈我们这些人搞 Hypervisor 来用多核处理器分别执行实时和数据任务的时候,大概他们才能明白原来这些东西已经有了。

更有意思的是有一次和一位 IT 界的朋友聊起来,我说现在这场景有点乱啊!怎么话语权似乎被你们 IT 圈给控制了,做 OT 端的人似乎没有什么声音,结果让我吃惊的是他的反应——不对呀!我们觉得是你们 OT 端的话语权大啊!搞得我们都没法干事。这倒是让我反思了一下"执念",难道我们都深陷"执念"中不能自拔?认真地想想,必须为工业互联网赋予潜能,否则,就是我们太"自我中心"了。

二、敬畏专业才能真正看清问题

记得韩寒《不要拿你的业余爱好与专业》一文,很有些道理,其实,的确如此,就像以前在武汉的时候大楼里打乒乓球比赛,不知道哪个公司请了个外援。据说只是武汉少年队的小伙,直接灭掉武汉国际贸易大厦那栋大楼里最好的球手,轻松 11∶0 就干掉,大概为了显得不要那么嚣张跋扈,也就有两局打个 11∶1、11∶2 这种比分。

说这个是的确想说"别把制造"不当回事,以为谁都可以玩,技术的进步都是经历过上百年的,今天我们是站在前人的肩膀上,而这些前人所创造的伟大成就,今天我们都没有超越。

有些总想"颠覆"的力量,似乎要革命制造业。但是,却对制造业知之甚少,也不知道何来的颠覆之念。包饺子不用面粉或是馅了?矿泉水不用瓶子装了?还是口罩不用熔喷布了?或者,你的印刷精度更高了,人家都±0.1 mm 精度,你颠覆了,达到了 0.01 mm。我想告诉你这个没用,overqualified,人家总是说要颠覆,没有想到颠覆哪里了?问及细节,又似乎完全不知所云,看来想超过我们的认知也不是件容易的事情,如果不能超越我们制造业的认知,颠覆就无法发生。谁能让我们眼前一亮呢?

三、你想赋能,但你得经历苦逼的过程

传统的制造业,就其发展而言,本身是经历过非常艰苦卓绝的历程才到今天的自动化程度比较高,很多人试图开始为制造业赋能。

对于书法而言,你若想创造所谓"风格",你必须得经历大量的临摹,对汉字的结构之美有一定的了解后,你才能按照自己的特征发展出所谓的"独特"风格,因为你首先得让"结构"这个基本的架构是稳定的、合理的。

记得有一次和我们的一个新的工程师、算法设计的博士聊起数据驱动的模型,他就说了一句:"如果机理模型可以干,干嘛要用数据方式呢?"。因为机理模型,PID 这样的算法经过数十年已经非常成熟,而且"经济",编个程序方便,都有现成的,大量的工程师都基本上受到这样的训练。

要做一个行业,都是得沉下去数十年不断地优化。就像吹个瓶子,有多少种材料呢?有多少流程,这个过程中光出现的质量问题很多种,比如珠化(分子的过方向性分布造成)、材料固有的特性带来的变形、珍珠光膜(造成瓶子不清晰透亮)、热瓶(乳白色的瓶子,透光率差、抗爆性差)、注口偏移、局部变形、底部过重/积料、重量分布不均匀,这些问题都是依靠工艺不断对材料、流程、机械、控制参数等进行复杂的测试验证才能生产出高品质的瓶子,才能到后道灌装、贴标确保质量,而又要不断降低成本(通过壁厚控制实现均匀,满足材料的最小和强度的质量要求)。

做一件你认为高级的事情,必须经历这个制造现场苦逼的过程,记得 2010年,看富士康针对注塑机的各种缺陷的分析与处理的牌子,挂了上百块,在那里看了半天,深刻感受这其中的艰难,想做好制造业是非常艰苦的,没有去过现场的人不能理解什么叫"现场有神明",必须到现场,你才知道你想赋能的对象它有什么特征?它的流程有多么复杂?工艺有多少?材料有多少?

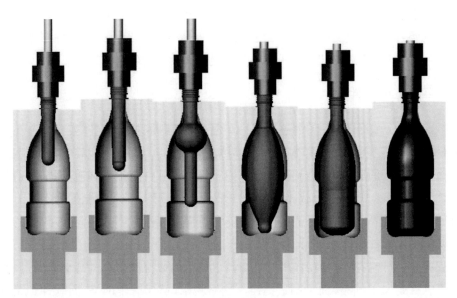

吹瓶过程

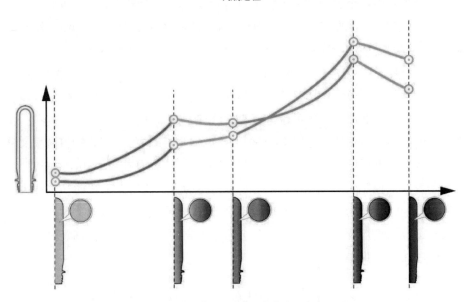

吹瓶中的烘炉温度曲线分布

　　建模是整个工业领域最关键的环节,所有机理模型用于制造业都是经过上百年、数十年成熟起来的,而采用数据驱动模型本身在工业里就已经大量应用了。今天,我只能说新的方法在硬件上更有经济性。但是,建模,无论是机理模型还是数据模型,都是工业基础,而且,在很多时候,你如果不从机理开始,你就无法理解,因为"数据"模型不可解释。这是问题,你如果不懂现场,你不知道模型为何无法达到效果? 也无法明白,因为模型不会主动告诉你这样不行。

四、工业软件

前几天,就工业软件的困惑问了几位行业的前辈,对于"软件定义 X",比如软件定义制造,个人有些觉得不大严谨,因为 IT 的自上而下可以这样定义制造。这么说有一定的道理,但是制造业自下而上就不是软件来定义制造,而是制造的工艺知识凝聚。软件仅为载体,但是,如果只是个载体,那就不能称为定义。对此问了几位业界专家,大家都觉得不是非常严谨。当然另一方面,已经封装的工艺知识通过软件作为载体可以配置生产,应该说这是一个类似于"知行合一"的过程或者"理论与实践相互作用"的过程,也可以以数字孪生来进行交互的过程,不是软件定义了网络,而是制造提出了网络需求,然后有了网络,而软件定义网络只是为了实现一个灵活的配置能力以应对变化与不确定的生产环境而提出的一个需求,是被拉动的。当然了,有些时候也有技术推动的,但是,如果没有需求,那么推动也会没有着力点,应该说"软件定义 X"是一个闭环过程。

软件背后实际上是工艺知识的封装,如果这个世界用什么可以定义和描述,那么肯定是数学。第一次听郭老师讲 4.0,他会以数学的视角看待内生的逻辑和复杂的关系。抽象地理解问题还是数学专业比较功底深刻。在制造业里,无论是逻辑控制的布尔代数还是 PID 的牛顿-莱布尼兹,包括人工智能符合主义从罗素在数理逻辑领域奠定的基础,爱因斯坦的相对论也是在黎曼几何的基础上,维纳和香农的控制论、信息论在统计力学、概率统计,包括人工智能马尔科夫过程等,所有我们今天讨论的话题,都可以回到数学,而数学是物理世界与虚拟世界的桥梁,用数学看待一切制造,你就会看透事物的本质,而不会为概念所困惑,或者明白如何去获得创新的源泉。

$$u(t) = K\left[e(t) + \frac{1}{Ti}\int_0^t e(\tau)\mathrm{d}\tau + Td\,\frac{\mathrm{d}e(t)}{\mathrm{d}t}\right]$$

数学的独特力量来源其普适性,数学普遍性在于"一切现象下面,都有物理结构,而这个物理结构只能用数学来表示","大自然这部书是用数学文字写成的"。

由乔治·布尔所研究的布尔数学为逻辑控制奠定了基础,后来由于电子控制计算机的推出,这种继电器逻辑形成了可能性,继电器逻辑电路由继电器、接触器等构成,实现开关动作、联锁保护等机制。但是,这种继电器回路的控制方法往往是比较固定的控制,而且维护成本也比较高,因此在电子计算机与单片机出来后,才能更好地开发可编程逻辑控制器,这个带来了今天 PLC 的基础逻辑,因此,PLC 本身基于布尔代数的逻辑控制,由香农提出"开关电路与逻辑控制"。

关于数学与制造业的关系,今后可以专门写篇聊聊。这个话题挺有意思,最近看了很多科技史,发现数学真地可以把各种问题看清楚。在这个纷繁的世界里,数学就像一把"照妖镜",如果你无法在数学上进行描述、构建模型、测试验证,那么都是假的。

五、智能制造是先进的吗?

记得 2001 年刚毕业那会,是 IT 产业兴奋得打了鸡血的年代,有一位 ERP 业的朋友聊天起来总是喜欢用"传统"行业来说我们这些"过去年代"的产业,IT 被认为是高科技产业。刚好那段时间在一个个小的代理商那里卖一些小的工业零配件,有个玩意叫"卡套",就是仪表阀上连接 316SS 不锈钢管的类似于"垫片"的东西,这玩意还真挺神奇,就一个类似垫片(锥形设计)的东西(有单卡套、双卡套,原因区别在于专利,单卡套申请了专利,另一家公司只好做双卡套),连接仪表与管子后在高压下管子都可以裂了,这个卡套也不会产生泄露。这玩意挺贵,大概 8 美元一个,客户会问:"这玩意怎么这么贵?"我就问机械设计的工程师。他说:"你想一个圆是什么?圆心到圆上的每个点称为半径对吧?那么这个半径的偏差是多少呢?如果这个偏差是 0.1 mm 的话,这个东西就是按吨随便卖,如果是 0.05 mm 的话那就得按斤卖,但是,如果到 0.001 mm 的话那就得按个卖。"具体忘记了,但是,这个小玩意看样子还真是有科技含量。

顺便给我提到了"吉列刀片",你觉得这个刀片的钢材得多高强度?你别以为胡子这个东西就是软的,如果刀刃不够强照样给你"崩掉",这个刀片寿命可以很长,难道没有技术含量?包括像 3M 做胶带,你可得想想,这些胶为什么这么高粘性,在一个温度、湿度都变化的环境里还能用很久?这些都是长期的工艺积累才形成的,很多人总是会说这些东西怎么卖得这么贵?暴利啊!其实,这个世界上哪里有什么暴利?因为,很多这样的公司都是上市公司啊!你去看看它们的年报啊!你觉得它们有多少利润?跟我们的工商银行比起来,都是"不值一提"。

最近给学校讲"智能制造导论",希望学生预先提问,以便有针对性地讲解,想不到学生问了 50 来个问题，觉得大家都是很认真的提问，还是一个个回复，其中两个问题拿来分享。

24. 智能制造其主要研究的是否即为最新科技前沿的有关知识，社会发展较快，该行业是否能够长久保持优势？

答：智能制造研究如何更好地制造出产品，任何技术都有历史发展的过程，即使再先进的制造，都必须把材料处理好、工艺处理好，智能制造只是指用更好的方法和工具，而不是说制造就不管质量、成本和交付能力了。想想，你用手工包的饺子和机器包的饺子有什么不同？

43. 智能制造比较于传统制造行业的优势之处？

答：它没有比传统产业更有优势，它只是传统制造的升级，它们之间不是优势的关系，而是一个进化的关系，智能制造是传统制造的进化，它有新的特征，但这个不称为"优势"。

要说起制造业，大量的材料经过长期的工艺改善、制造成本不断的优化才形成今天大家用的高品质、低成本产品，只有不断地降低成本，就像美国的 NNMI 所设定的目标，通过材料、工艺、产业协同降低成本，比如将 SiC、GaN 降低到和 IGBT 一样的成本，才能推广大规模应用，而大规模应用才能不断降低成本，产业化。这就是唯有经济性才能有前途，包括食品饮料行业，不断地降低瓶子的材料消耗，全球的食品饮料行业都在大量并购，为什么？因为利润太薄了，必须通过规模效应，削减中间部门，扩大采购量，才能形成不断下降的成本，制造业从大量的精益管理投入、工程师现场大量的持续改善、不断投入研发进去改善品质、成本、交付能力，才让大家用上越来越便宜的汽车、消费电子、日常用品。想当年一瓶矿泉水 3 元(1990 年那会)，现在一瓶也不过 5 元，通货膨胀这么多年，这是怎么做到的呢？

银行靠什么，你翻一下银行的利润构成，我还真看过工商银行的利润来源，1 100 亿元中 800 亿元来自利差业务、100 亿元手续费，剩下的才是它们的"创新"类业务，如私人银行、保险投资、股权投资类。在 2000 年时候就有老师讲到银行业，全球的大银行都依赖中间业务金融创新，而利差业务则是人民银行把利息差扩大，带宽利率是下降了，但是存款利率下降得更快，这样反倒产生了它们更高的利润。20 年过去了，我们的银行也没有提高创新能力和服务能力，依旧依靠利差占据 70%(一个优秀的银行这个利差通常在 30% 以内)。

看看工商银行 2018 年的年报，7 737 亿元营业收入，利息净收入有 5 725 亿元,净利润接近 3 000 亿元,看看人家这个利润率,制造业汗颜不? 虽然不大玩股票,但是,还是经常翻看一下制造业的利润,15%那就是很牛的。

	2018 年	2017 年	2016 年
全年经营成果(人民币百万元)			
利息净收入	572 518	522 078	471 846
手续费及佣金净收入	145 301	139 625	144 973
营业收入	773 789	726 502	675 891
业务及管理费	185 041	177 723	175 156
资产减值损失	161 594	127 769	87 894
营业利润	371 187	361 842	360 315
税前利润	372 413	364 641	363 279
净利润	298 723	287 451	279 106
归属于母公司股东的净利润	297 676	286 049	278 249
扣除非经常性损益后归属于母公司股东的净利润[1]	295 539	283 963	275 988
经营活动产生的现金流量净额	724 133	770 864	239 221

再看看制造业的标杆格力电器,不用计算,大概一扫就是 13%左右,再翻翻就知道,这个已经算不错的了。

项目	2018 年	2017 年		本年比上年增减	2016 年
		调整前	调整后	调整后	
营业收入(元)	198 123 177 056.84	148 286 450 009.18	148 286 450 009.18	33.61%	108 302 565 293.70
归属于上市公司股东的净利润(元)	26 202 787 681.42	22 401 576 204.94	22 400 484 001.26	16.97%	15 463 625 768.05
归属于上市公司股东的扣除非经常性损益的净利润(元)	25 580 865 501.38	21 170 457 791.80	21 170 184 740.88	20.83%	15 643 181 222.32
经营活动产生的现金流量净额(元)	26 940 791 542.98	16 358 538 247.83	16 338 082 774.25	64.90%	14 859 952 106.92

（续表）

项目	2018 年	2017 年		本年比上年增减	2016 年
		调整前	调整后	调整后	
基本每股收益（元/股）	4.36	3.72	3.72	17.20%	2.57
稀释每股收益（元/股）	4.36	3.72	3.72	17.20%	2.57
加权平均净资产收益率	33.36%	37.44%	37.44%	−4.08%	30.44%

什么是高科技？人工智能是高科技吗？难道不知道在河南有一个数据标定产业，有数十亿的产值，就是靠人去给各种物品标定，这个是玫瑰花、这个是苹果，这不是"劳动密集型"产业吗？

另外，有工业专家谈道："AI 界如今承载大部分工作的调包党、调参侠，也称得上高科技吗？"你以为机器学习自动化的啊？还不是人工设定特征值，降维，验证。

笔记本电脑现在还是高科技吗？就是个加工业，记得在 20 年前我的大学寝室同学做软件，就跟我聊过，印度的软件外包在全球做得非常大。这是靠什么？可不是靠大学生，而是高中学生、职业高中学生经过严格的软件工程训练，写的代码、文档、注释很规范，因此，能够拿到全球大的软件外包。我们的大学生有天赋是吧？但是，程序写得乱七八糟，没人看得懂，就没有多少软件外包业务。软件外包产业是一个"劳动密集型"产业吧？

不管干啥都得老老实实地现场干，抬头看路这个事情不是经常干的，脚踏实地是大部分时间要干的，不要把时间分配比例搞反了。

说了半天，回到主题。我们的确需要敬畏制造，而且，不要停留于概念，拿出实干精神来做具体的推动它实现的事情，我们有那么多事情，而不是每天讨论概念。

（转载自"说东道西"公众号）

制造业需要创新生态系统的建设

宋华振

一、制造创新生态系统研究的迫切性

今天,制造业正在推进智能制造,而智能制造最为显著的特征在于集成,也即三大集成:从底层传感器到云端的数据垂直方向集成,机器与机器之间的横向集成(M2M)以及端到端(设计、制造、供应链、用户、财务等)的集成,而这种集成本身则意味着更多的连接。人们将聚焦都放在了技术的集成,包括了通信的规范与标准/软件的接口连接。然而,更为重要的则是我们需要一种制造业创新的生态,因为如果没有良好的顶层设计,这种推进将会非常低效、混乱,就像很多年来不断推进的计算机集成制造(CIMS)、两化融合、工业互联网等一样,不断追逐欧美先进国家建立在坚实产业基础之上的规划、愿景,最终沦为"概念炒作""造

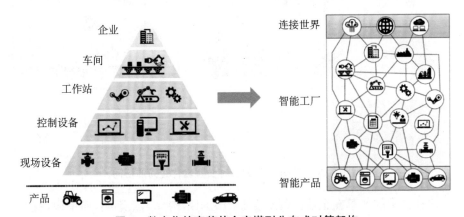

图1　数字化的变革从金字塔到分布式对等架构

作者宋华振系上海市产业创新生态研究中心特聘研究员,贝加莱工业自动化(中国)有限公司技术传播经理,1999 年毕业于武汉工程大学检测技术仪器仪表专业,2015 年获得同济大学工商管理硕士学位,全国工业过程控制与测量分技术委员会/现场总线分技术委员会委员(SAC/TC124),OPC 基金会(中国)技术顾问,中国自动化学会集成自动化委员会委员。

词",然后成为一些企业骗取补贴的名头,而真正做事的企业却又不愿意参与其中,因为真正需要的投资这点补贴又太少,还有太多的流程和监管,流于形式,没有真正发挥其高效的运行机制,推进产业真正的升级,使得制造如此强大的今天仅仅是制造,而没有真正掌握核心技术,如高端机床、工业软件、芯片等。

从以下几个方面先阐述生态系统建设的必要性,先抛开生态系统理论背景,从产业实际来进行表述:

(1) 智能集成是一种跨界的集成,涵盖了数字化设计,包括了建模仿真过程 CAD/CAE/CAPP,也包括了生产运营管理的 ERP、MoM、PLM 等 IT 架构软件,还包括了 MES 系统以及 OT 端(Operational Technology),在 OT 端则包含了具体的机械、电气、工艺的技术集成,当然也包括了运营管理。如果说软件是工业知识的载体,也是竞争力的塑造关键,那么这些集成就是在软件之间的集成,统一的规范,则变得至关重要。在欧洲,包括各家仿真软件基于 FMU/FMI(功能模型单元 Functional Mock-up Unit,而其接口称为 Functional Mock-Up Interface)实现集成,在现场端的集成,IIC、LNI 4.0 等均定义了将 OPC UA 规范实现信息建模与语义互操作的连接实现。

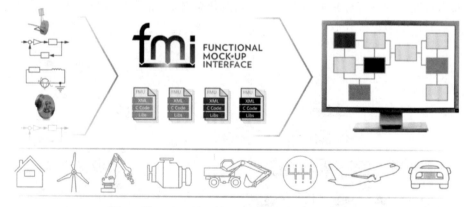

图 2 基于 FMI 接口的多种仿真软件之间的协同

这种技术的变革在企业内部对企业的组织架构会产生影响,简单说,我们不能用集中式架构的组织架构来匹配"分布式计算"的运营系统,另一面,在企业外部,一个独立的企业无法应对来自一个"集团军"的挑战,企业必须打破原有的壁垒与其他企业联合才能赢得市场。

(2) 智能时代的利益再分配问题。所谓的革命如果没有影响利益格局不能称之为"革命",在历史上,技术变革带来的质变往往也伴随着生产关系的变革,跨界的力量希望借助于在其他领域的成功进入制造业分一杯羹以扩张自己的商业版图,因为原有市场已经饱和,而既有的制造业则希望通过新技术的采用巩固原有的竞争壁垒。尽管技术视角这是一种合作,但是从商业的视角却是一种竞争力量,跨界有创新,跨界同样要冒风险,不仅仅是自己的转型失败,也可能是被降维打击而失去既有阵地。但是,对于一个国家而言,必须去拥抱这种变化,才能让整体产业在融合中合并同类项,降低产业整体成本,进军国际市场,而非仅仅在内部搏杀。

(3)数字时代的生存战略。不确定性、干扰对于企业永远存在,而且是在加剧,企业的竞争战略必须调整。原有通过行业特殊工艺 Know-How 的独特核心竞争力模式难以应对集团军作战的对方,例如单机的生产无法应对连线的整机厂商的竞争力,传统企业的单个企业掌握某项核心技术的能力也被打破。机器视觉、机器学习、数字孪生这些都是非常具有专业性的跨界领域,它与传统制造现场的融合本身就意味着企业自建一个这样的研发队伍显然无法与专业的来自IT 巨头们的实力竞争。如 Michael Porter 所说,战略就是选择不做什么,那么,那些你不做的就交给合作伙伴,来自生态系统里的其他企业、组织来配合。

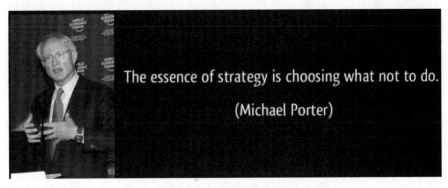

图3　迈克尔·波特(图片来源于网络)

这也正是今天各种联盟越来越多的原因,各种论坛/讨论更多的原因,在制造业里诸如各种产业联盟、技术组织与协会,各家公司加入了各种由政府、协会、媒体、企业等各种力量建立的联盟试图建立一个生态系统,来获得一种相互的资源。然而,在很多时候,更像是一个开会的组织、社交的组织,并不能真正产生有意义的合作,因此,非常有必要对这些联盟进行一些梳理和思考,如何更为有效地构建制造创新的生态系统,创新来自跨界,这种生态系统在其开始即具有"创新"的要素。

二、当前生态建设的问题

当前的各种产业联盟生态系统组织存在的一些问题,需要进行改善,包括以下四个方面:

(1)缺乏有需求的大型企业的参与,提出明确的需求,大企业会存在比较多的在知识产权保护、技术泄密等方面的问题,尝试新的技术需要较大的投入,而这种做小白鼠的工作与其自身的工作压力不相符,因此,积极性不高,如何设计驱动力让其愿意领导产业发展也是需要考虑的。

(2)目前很多联盟主要产生了一些白皮书,而这些白皮书,通常都有一些对国外的抄袭,仅在描绘一个愿景,需求的提出也通常并没有经过前期严格的调研,用事实说话,主要停留在定性说明,并且对问题的解构也缺乏专业,用了一些建制派"专家",通常喜欢大学与研究机构。事实上,现场有神明,真正的制造专家往往是在现场大量实践的人,它不同于科学,因此,很多时候,教授往往不一定比高级技师更懂现场,也许政府和大学、研究机构都属于一个"体制内"的,具有相同的风格,而且拿出这些大的 Title 更能给人以高端大气的感觉。脱离现场实际的专家的视角和观点,往往缺乏逻辑与事实的说服力,其指导意义并不大。

生态系统必须是一种具体的利益驱动型的发展性组织,而不是一种联盟、市场、信息平台的角色,否则,这样没有实质性内容的组织,就会缺乏真正的影响力。

(3)体制性的约束。目前很多所谓的联盟实际上是处于"非法"状态,未经民政部注册或没有管理部门,因此,在财务、法律上都存在潜在问题,这导致其业务运营会受到限制,无法发挥其真正更为广泛的产业聚集和协同的能力。

(4)缺乏专业的组织设计。实际上,一个联盟也应该最好有专业的机构为其进行设计,大家都不愿意花钱请个咨询公司的专业人士来进行规划设计,通常都是几个发起人或公司靠着情怀要干点事情,每个人在其领域都很专业,却对怎么运行一个非营利组织没有专业的设计能力。这也是普遍存在的问题,也并非制造业才有。

三、生态建设也同样需要专业

制造业的人基本上都是"工程"背景,即工科出身,机械工程、材料工程、电气工程、通信工程,在大学里也被称为"硬学科",来自硬学科的人总是会有些对软科学,如管理科学与工程、组织架构、战略、人力资源这些有一些不那么认同。因为,觉得硬的科学技术才是"真本事",这是一种很硬朗的制造业文化,显著的比较就是工科的人可以去转行从事管理工作,而几乎鲜有管理口专业的人转向工程技术领域,这种不可逆使得理工科专业的人先天觉得管理无用或者认为那些东西都是"虚"的,不像工程技术那么实在,可以验证、可以精确测量与控制。

这个有一定的背景原因,中国管理科学领域的人通常都非来自工程领域,而工程领域又有显著的门槛,这使得一个外行很难管理一个内行。另一方面,国内管理科学领域的专业通常都讲的是一些国外知名学府和专家的理论,而不同于国内的管理科学领域,哈佛、耶鲁的管理学教授们都具有深厚的产业功底,就像迈克尔·波特这样的大咖,本身就经营着自己的管理咨询公司,并且担任 PTC的顾问,而 IBM 的咨询业务本身来自于其在研发管理方面自身的深厚功底,这使得国内的教授、咨询公司面对工业领域的企业时很难有说服力,讲的都是来自于丰田的精益生产而又缺乏实操,对于各种战略的咨询却对产业无法了解,这都使得管理专家难以赢得信任。

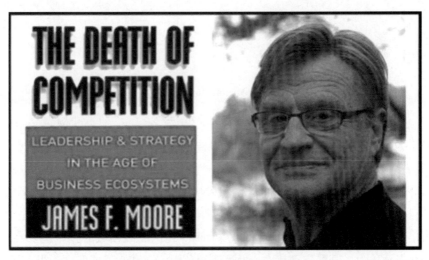

图 4 《竞争的衰亡》(图片源于网络)

战略管理领域自 James Moore 的《竞争的衰亡》一书出版也逐渐转向了生态系统建设,而不是原有的核心竞争力塑造问题,这是一个大的趋势,显然也符合今天产业的发展。构建生态系统必须相信"术业有专攻",而非是一种"人脉""信息获取"平台,这将使得生态系统无法真正运行,取得良好效果。

四、生态系统建设参考 NNMI 和 IVI

在这里,我们以美国制造创新网络现在称为制造业美国(Manufacturing USA)和日本的工业价值链促进会 IVI 为例,希望从中对产业生态建设有一些借鉴。

(1) NNMI 美国国家制造创新网络研究院

图 5　Manufacturing USA

制造业领域的生态系统建设,我们可以参考一下美国的 Manufacturing USA。早期它被称为 NNMI 美国国家制造创新网络,由 14 个制造创新中心构成,其有着明确的目标设定,即通过共建产业生态系统,劳动力培养三大战略目标,如图 6 显示了其在生态中的构建。NNMI 设定了明确的体系目标、架构、阶段性目标(里程碑)、关键技术难题、资金分配、会员等级、专利转让与优先权、劳动力培养计划等一系列相应的匹配政策,使得其达成该领域的技术能够在全球市场获得竞争力。其聚焦于技术成熟度等级 TRL3-7 和制造成熟度等级 MRL3-7 这个阶段,即在实验室已经有了概念,小型测试。但是,由于成本、技术成熟度等问题而无法大量推广,其旨在通过一种政府引导的技术投资,杠杆作用带动产业投资,用一笔小的资金通过杠杆撬动 10 倍的研发投入,再撬动数倍的产业市场发展。

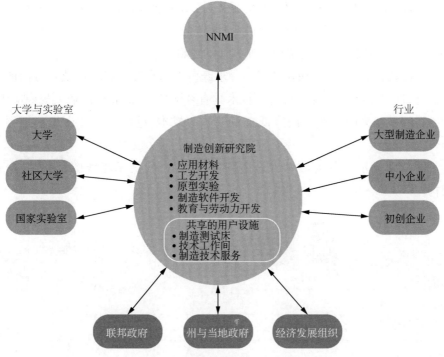

图 6　NNMI 的生态系统战略

　　在 NNMI 的前期由咨询公司 Nexight 进行了早起的文献综述、产业调研、专家访谈,对目标进行了定义,并组织由中立的大学担任组织的领导者,由 End User、机械制造商、材料供应商、技术提供商等产业链上下游共同面对产业难题,制定 Project Call 计划,并由各个企业或研究机构提交提案来制定其项目计划以及分享计划,这样就可以推动整个产业链条上的企业之间进行合作,通常会由波音、洛克希德·马丁、雷神等终端企业提出需求,然后采取政府资助、企业自筹各50%的方式而不是大量资金补贴出去的方式,这样可以使得企业自身有付出,更为重视,更多看重产业协同中的合作。

　　NNMI 的生态中包含了 NextFlex 针对柔性混合电子,这是面向可穿戴设备、柔性电子产品等领域所开发的技术;IACMI 针对碳纤维增强复合材料,面向的领域包括了汽车减重设计、氢燃料电池储罐、风力发电叶片等重大的市场;PA-Power America 针对柔性混合电子 SiC、GaN 宽禁带功率电子、AM 增材制造、AFFOA-革命性纤维等共计 14 个。每个领域都面对着以产业协同制造来解决材料、能源问题,这个生态将围绕制造的材料与能源,以制造创新,包括机械、仿真、自动化、材料、工艺等领域的企业共同解决产业实际问题,并发布和拟定了关键技术的攻关课题组。这是一种围绕制造的协同,而非仅仅以"本位主义"所主导的工业互联网、人工智能驱动制造业的逻辑。

关键就在于制造创新的本质是"寻求经济性",在工艺、流程、质量方面的不断提升,通过不断的完善使得这些技术具有经济性,从而获得产业大规模应用,最终目的在于美国产业协同降低自身整体的成本,进而在全球市场获得领导地位。

图 7 则显示了其为柔性混合电子制定了方向、技术路线图、测试平台的架构。

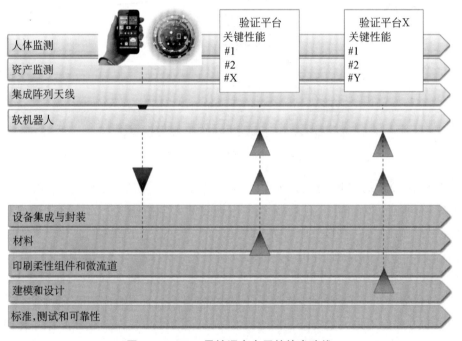

图 7　NextFlex 柔性混合电子的技术路线

当然,特朗普的上台,使得大家担心 NNMI 是否能够继续。但是,实际上这些组织目前仍然在运行之中。另外,关于美国制造创新网络研究院的机制,当时参与研究时有一种感觉,这个架构很好,但是美国属于"弱政府,强企业",因此未必能够很好地执行。而中国则是强政府,其执行效率更高,但是可能更需要一种科学的方法体系来构建生态,这样会发挥出更大的力量。

（2）日本工业价值链促进会

第二个例子就是日本的 IVI（Industrial Value-Chain Imitative，工业价值链促进会），其制造构建一个生态系统，以应对在智能制造时代的企业之间协同问题，其具有显著的三个特征。

工业互联网技术是为精益制造服务的：这里明确了工业互联网的角色扮演，并非像中国一样成为一种主导力量，试图 Internet＋的形式来主导制造业，而在日本制造业以精益为显著特征的情况下，互联网技术就是一种工具，这个定位应该是明确的。

致力于共同构建连接的规范：IVI 首先对制造场景进行了梳理，然后聚焦大家的共性问题，定义了针对各种设备、软件之间协同连接的"松散"型规范，大家共同制定各自行业的规范、信息模型，使得各个软件之间可以进行协同，达到语义互操作。而在中国，显然，这样的联盟似乎也未能成型，中国似乎并不愿意采用国际通行的规范，而试图另起炉灶。然而，这条道路必须建立在非常深厚的工业基础和结构性思维的文化根基上。标准与规范通常是建立在较高的生产管理水准之上的，它并非是技术，而是一种管理理念的落实，即规范与标准是产业能力的一种外在表现形式，而其内核则在产业的制造运营能力。

图 8 是 IVI 干的实际工作，构建一个企业之间信息交互的接口和规范，并且是一种松散而非强制的方式，各个企业都可以建立自己的本地字典（Local Dictionary），这些字典保存了企业自身的 Know-How，并映射到通用字典

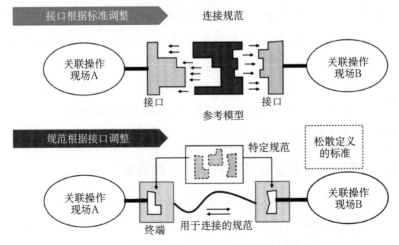

图 8　IVI 所设计的企业之间的连接规范方法

(Common Dictionary),这些用于连接、配置整个生产系统,而对于用户,则根据选择配置这个对象字典,他们可以在整个联盟的字典库中去查询对应的厂商的字典。

制造业的生态系统往往必须建立在技术规范与标准之上,因为制造业有一个基础连接问题,包括物理连接、数据连接、物料流及价值流的连接。

生态系统建设同样是 IVI 的核心要旨:来自各个领域的 End User、OEM、自动化厂商、IT 厂商均加入了 IVI,共同发布各自的需求。图 9 显示了这个生态系统中各方的关系,图 9 右侧的软件则是由 IVI 开发的用于用户与供应商对其数据、信息、流程、功能、场地等进行配置的软件。

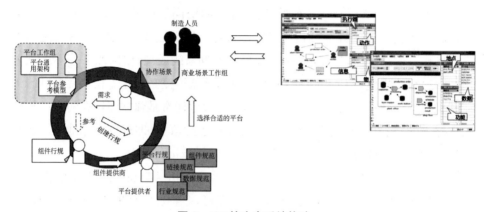

图 9 IVI 的生态系统构建

另外,IVI 还有一个与欧美复杂架构不同的地方,它们会用一种非常通俗易懂的卡通形象来传播它们的思想和行动,使得成员更易于理解,这与其本身具有的动漫产业文化有一定关系。

德国的工业 4.0 本身由 Fraunhofer 研究院主导,包括了德国国家标准组织、大型企业共同组建,实力也同样雄厚,关于德国的产业组织在过去有很多的表述,这里不做过多赘述。

五、对于制造创新生态系统建设的一些想法

对于制造业的生态系统建设,结合国外的一些经验,觉得有以下一些建议:

(1) 必须有明确的目标设定和顶层利益驱动力的设定,只有利益才能驱动灵魂。这是 2013 年李克强总理在担任总理记者招待会上的原话,产业生态建设

必然是如此的,其核心是为企业在这里谋取福利,不是一种荣誉,而是实实在在的产业合作利益的期望能够被满足,有落地的项目和研究合作计划。

图 10 为 IACMI 制定的关于碳纤维在汽车减重设计中的阶段性目标和具体的任务目标,具有清晰的数字量化其目标的达成。当然,IACMI 本身有整体的目标,比如 5 年内将成本降低 50%,可重复利用率达到 95%。

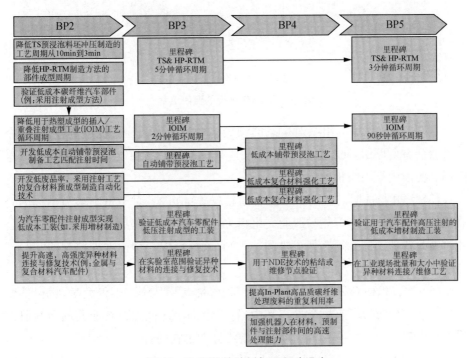

图 10　IACMI 的计划与里程碑设定

(2) 必须有中国自身独特的文化背景下的设计,必须考虑到企业的层次、技术等级、各自的状况。由大型企业担纲,设计一种利益出让和互信机制,让企业在这个过程中所参与的项目的收益(专利与成果)能够有一定的保护。另外,能够让资源又同时被更多企业分享(美国采用的优先 6 个月的机制),这样保证了一部分利益的同时让研发投入可以被整个产业链分享,降低该领域的技术研发整体成本。

(3) 精准的产业调研,引入专业咨询机构对整个产业的问题进行梳理。对核心关键技术进行可量化的目标设定,具体到参数。所需的技术标准与规范不是笼统地列一个"包含各种术语"的词汇筐,装下各种词汇的概念讨论一样的模式。

图 11 是 ICAMI 引入的外部咨询公司 Nexight 进行前期调研的过程,形成产业的目标设定和关键技术挑战等的梳理,具有非常强的针对性。

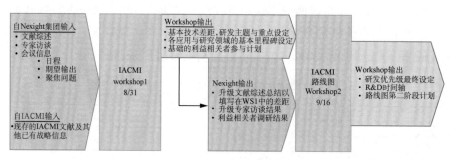

图 11 IACMI 进行的调研流程

(4) 必须确保中立组织对生态的领导。由于技术往往牵扯到利益,私有企业必然会有所保留,而中立组织的专家具有行业的大局观以及公益的特性。这使得需要由中立组织担纲。

(5) 公开与透明的机制。不能有暗箱操作的可能,对于每个参与招标的企业都机会均等。这个可能与产业文化相关,必须有一定的法律保障,对于违反公开原则的各种操作必须有惩罚机制。否则,就会形成一种内部人控制的"圈子"分享资源的状况。

(6) 教育机构必须作为一个"必须"的力量参与其中。不仅大学,也包括职业技术类院校"必须"有机会参与其中,有一定的倾向性配对企业共同参与研发与人员培养,必须作为一个核心力量,始终被考虑在内。

(7) 管理咨询类专家也需要参与其中,对组织设计进行调研、观察、分析,并同时形成一种逐步进化的"制造生态系统"建设理论与实践融合的体系。通过对这样的制造生态系统的问题分析、数据统计、模式研究,形成中国特色的制造创新网络体系理论,不能完全照搬国外的理论、方法与模式。

以上,仅作为思考,希望更多的专家对于本文给予建议,包括深入研究的方向、方法等。

管理视角谈智能制造

宋华振

一、智能制造服务于企业战略转型

智能制造是企业战略实现的一个环节,而企业战略则必须服务于市场。对于智能时代,必须从源头去理清,即消费者需求的个性化变得更为迫切和显著,智能制造作为一种应对变化的实现环节,必须要有响应变化的能力,并且对于自身企业而言又是有利可图的。

因此,良好的规划,包括市场的发展趋势把握、客户的需求演进、横向技术的演进都必须清晰把握客户需求和横向技术这两个重点。创新首先必须是用户导向的,横向技术变得成熟后,就可以融入到我们的生产制造中,将原有的机械电气与新的感测、通信、计算技术融合,共同开发更具竞争力的装备。而对于制造型企业来说,就是要把数字化设计、产线运营和维护结合起来,能够实现更为经济的"个性化"生产,这也是实现"差异化"产品的关键。

虽然变化是无处不在的,但是落地必须是有规划的、有序的,必须以有序应对无序。企业所处的环境在任何时候都是变化、不确定的,而企业的运营能力就体现在以有序应对无序。规划就是对变化的预测以及确定适应的方法与工具来应对。

二、智能制造需要跨界人才

智能制造这个话题在产业里有很多热议,但是,人们很多时候更为聚焦在"技术"这个视角。智能制造需要全局的规划,包括规划的人才以及人才的规划。

作者宋华振系上海市产业创新生态研究中心特聘研究员,贝加莱工业自动化(中国)有限公司技术传播经理,1999 年毕业于武汉工程大学检测技术仪器仪表专业,2015 年获得同济大学工商管理硕士学位,全国工业过程控制与测量分技术委员会/现场总线分技术委员会委员(SAC/TC124),OPC 基金会(中国)技术顾问,中国自动化学会集成自动化委员会委员。

规划型的人才应该能够在管理与技术之间进行有效的协同。由于大学的专业垂直属性使得大多数毕业生缺乏全局规划,即同时掌握管理思维和技术能力的人才是较为缺乏的。

精益生产本身就是一种应对个性化生产、提高客户满意度、缩短面市时间的思想体系,目前阶段在精益生产运营方面还是比较弱的,在很多时候我们尚未具备很强的践行能力。仅精益思想提出消除生产中的七大浪费,就已经可以让企业的运营效率得到大幅度的改善。

过度生产　　等待　　搬运　　过度处理　　库存　　动作浪费　　不良品浪费

精益中的七大浪费

技术一定是服务于生产的。至于智能制造所谈到的各种技术,只是实现精益目标的手段。自动化技术解决生产中的不良品问题,包括视觉检测、高精度运动控制、降低开机浪费。通过有效的商业智能来让库存得到更好的优化,通过机器人降低搬运的时间消耗。

我们需要的是跨界人才来整合这些资源,巧用资源解决问题,最小的成本干最大的事,这个本身就是人才的力量,而非技术的力量。因为,技术要被人有效地利用,而能够更好利用技术的人就是智能制造所需的人才。

三、智能制造旨在实现个性化定制的成本效率

智能制造的核心在应对"个性化生产",旨在让个性化的生产与大规模生产具有相等或接近的成本效率,品质、成本、交付能力一致,这显然是非常困难的。

为了解决这些问题,需要对生产制造过程进行全局的协同,通过连接后寻找解耦,就是消除中间的浪费环节,让生产在时间、位置、工艺参数上获得最优的匹配,让系统具有一定的预测性、动态调节能力,这就是智能制造的任务。

要实现这一点,第一步是让生产系统连接,包括物理的机械连接以及数字、软件层面的连接,实现数字化,因为只有数字化才能为后续的工作奠定基础。第二步,对生产过程进行数字孪生映射,通过物理对象与虚拟对象的映射,我们可以对生产过程进行虚拟环境中的测试验证,并对其物流、时间节拍匹配、工艺参

数匹配,实现虚拟环境下的最优,这是需要机理建模的过程,如果物理对象真地如此"确定",这里可以采用边缘计算对生产过程进行调度、优化。第三步,通过数字孪生体反馈来的数据,对于那些不确定性的过程进行学习,分析其中与质量、时间、成本相关性的分析来优化,形成持续的优化能力,将生产中的知识也变为可重复利用的技术。当然,这种需要人的介入,需要人与机器的协同。

对于整个智能制造系统,产线设计与规划、制程管理、精益制造的人员必须介入。因为,对于智能系统的技术人员来说,他们必须了解用户需求。这里的用户可以是内部的生产运营部门的需求,作为技术提供商则是客户的制造流程。Know-How 不仅是技术,也包括产品如何设计规划以及生产制程设计。这些设计最终要能够被有效地执行,生产制造必须与智能技术之间形成协作,才能实现技术与生产的任务、目标、过程的结合。因此,在未来我们会发现需要大量可以衔接管理与技术的人员。

但是必须意识到,在真正实现个性化生产方面,工艺本身的突破才是真正颠覆性的。这也需要一个成熟过程,并且需要传统的制造和新制造相互弥补。工艺上的变革是比较难的,因为同样需要大量的技术研发投入,这种往往容易产生颠覆性的生产能力。比如数字印刷技术,它会取消传统的印刷版辊,实现非常个性化的生产。当然,数字印刷在生产速度和产品品质方面是无法和传统印刷相比的,它胜在灵活性。3D 打印也是一种更为有效的生产方式,增材制造与传统的减材制造相比显然有更好的灵活性,但是它要求材料和工艺处理有更好的发展。通过印刷方式生产电路板的柔性混合电子同样是更为高效的生产方式,但是它也对制造本身的技术提出了新的需求。任何新的生产并不能说是完全脱离原有的制造技术,是如何更为有效地发挥这些技术,新旧技术之间是连续的而非割裂的。

四、制造业应该寻求更为有效的盈利模式

从上市公司中制造业企业的年报来看,其盈利能力往往并不高,因为传统制造业的确是竞争的红海状态。人们应该先关注什么样的业务模式可以更好地盈利,无论是传统制造还是智能制造,其本质都是让我们在竞争中赢得先机。很多企业依赖于高速的"资金周转率"来盈利,低利润率并不意味着低的整体利润,例如快速消费品、日用化妆品、服装类都是这样的盈利模式。但是,在狭义的制造业,例如非消费市场的制造业(如机器与装备领域),产品制造周期比较长,如果

没有较高的利润率保障,资金年化回报就会比较低,相对重资产来说,资产回报率也会比较低,这个主要以财务评价指标来看待。那么,盈利能力强的地方在哪里?

（1）从产品的各个环节来分析

盈利能力高自然来源于稀缺性和人员智力的凝聚,最容易走的路也是最难走的路,这就是辩证法的视角。如果没有什么技术门槛或者行政门槛,大家都可以进入,那就会成为一个纯竞争市场。因此,加大技术投入,筑高壁垒,能够获得更高的回报。从整个产品的各个环节来看,设计是在物理性投入最小而在回报上面变数最大的,它可能很弱,但是也可能会很大,其次是制造环节。因此,欧美国家会把设计、工业研发牢牢把握在手里,把制造部分分包出去,包括生产工艺在内的制程管理也会把握住,而会把制造组装这个过程分包出去。因为,那是一个利润比较低的环节,需要大量的设备投入、人员投入。

（2）从产业链链条来看——上游筑坝

对于一个产业来说,往往越往上走,越是容易把握高利润环节。例如一个产品,末端是生产企业,上游是制造设备的厂商,再上游可能就是自动化厂商,再上游就是材料。材料一直是一个非常高回报的领域,我们会发现 3D 打印的金属粉末、柔性混合电子与数码印刷的油墨、芯片生产中的光刻胶、SiC 和 GaN 的功率器件,原料本身往往处于高垄断地位,机器与设备对这些原料的成型处理本身的工艺也需要大量测试验证,这些技术含量比较高的地方,才是利润比较高的地方。

（3）软的比硬的更值钱

就像以前有位朋友说他们作为软件,每次报关都会要被要求提交说明,因为几张光盘就卖几百万元,它的物理成本可以忽略不计。如果产品标准化做得好,那么软件产品本身它的物理成本是很低的。同样,包括被"卡脖子"的工业软件都是知识的价值,通过大量测试验证形成的知识,被复用为各种软件,这些都是高附加值的。其实,管理也是一样的。好的管理会带来效率,而差的管理会带来灾难。好的人才会让企业有更好的产品与技术,而磨洋工的员工只会增加成本。中国的工业软件之所以没有发展好,对于软件不重视是一方面,但是知识产权保护不严格,太容易被复制而法律追溯耗时费力,使得很多企业不愿意投入研发。

五、提升成本效率是制造的永恒话题

无论是传统制造还是智能制造企业,必须以成本效率为生产运营的追求目标。传统的精益运营打下了良好的基础,制造本身就是要追求成本效率的。智能制造业仍然是制造,它的挑战在于"个性化",既如何在个性化生产时代实现成本效率的问题。对于传统标准化、大批量生产来说,开机浪费是较低的、可以承受的,但是小批量就是完全另外一个情况。智能制造要解决的是"小批量、多品种"生产下的成本效率问题,这包括了很多实现方法:通过设备互联,削减中间环节,提高速度;通过 CPS 架构设计,让数字孪生在早期验证采用虚拟方式打样;更快的工艺换型,降低时间的消耗,提高产出;采用新的产线规划方法,调度让效率提高;动态的质量预测,降低质量的不确定性;采用智能,来形成更好的质量、路径规划等提升效率。智能制造与传统大规模生产的成本效率诉求是一致的,仍然可以基于原有的生产目标设定,但是实现质量、成本、交付能力的方法,包括了机械、电气、工艺的各种升级来实现。

六、提高知识的使用效率推进智能制造

生产系统运行逻辑始终是:发生问题,人根据经验分析问题,根据经验调整以解决问题,然后人进一步积累经验。依据人的经验,这当然也是一种智能的方法,但是这种方法具有"不可复制性",还受到个体的因素制约。因为它存在"对人的依赖""不易复制""难以自动化实现"的特点。机器的智能就是将人的智能转换为可被复制的"智能",因为机器的智能具有高一致性、稳定性。实现人的智能方法有演绎和归纳,基于模型就是对物理对象的机械、电气、光学、电磁、热、流体等进行建模并形成稳定的算法,对输入进行推理,得出稳定的控制输出,并周期性执行。这是所有自动化技术基本原理,这也是成本比较低、非常成熟的。另一类智能实现就是"归纳法",基于数据的收敛来形成"模型",所谓的"数据驱动的建模"。但是这类建模适合于"非线性系统",因为它无法有直观的可解释、确定性的模型,只能依赖大量数据来"训练"模型。这就是产业里常说的机理建模(Physics Modeling)、数据驱动建模(Data-Driven Modeling),相对来说,机理建模的历史更悠久,更成熟,也更稳定,经济性更高,当机理模型已经发挥到极致的时候,人们会来寻求数据建模方法,以期可以获得更为有效的模型改善生产。

必须要说明的是,机理建模是非常好的。如果能够有物理建模,那么一定是

经济且可解释性、确定性最好的。今天的人们聚焦在"数据驱动建模"的人工智能这个方向,这其实是一种"捷径"思想,就像在传统的燃油发动机领域,中国经过这么多年也没有更好的发动机材料、设计、制造等方面的能力,希望通过"电动汽车"换条路走走的想法。其实,无论是燃油汽车还是电动汽车,汽车本身的空气动力学储备和精益运营能力方面的管理能力,仍然是要有的。

七、AI 的人是否在智能制造中更具优势

AI 的应用必须是计算技术结合物理对象、行业经验的,如果没有行业经验、物理对象的了解,你就不知道你要干什么。

AI 在商业领域主要处理图像、语音、视频这类数据,这类数据维度高,更适合 AI 来干。但是工业数据特征是低维度的,而且数据类型是温度、压力、液位、流量、开关量、速度、扭矩、视觉、脉冲这些参数。同时,工业的应用有"周期性"要求、数据处理、传输方法的不同,必须是实时网络。所以,工业的人才有自身的优势,要在系统中构建适用于工业的知识、算法、模型,必须是有工业背景知识的人才配合,而 AI 只是工具。作为 AI 产业来说,进入工业中往往会陷入泥潭,它们的优势在于工具与平台的能力,但是如果陷入到具体的应用中很难从经济性上支撑其快速发展。因此,具有可复制性、易于学习、易于使用的工具设计,利用在软件工程、用户体验方面的能力,可能是最好的选择。

大数据时代数据资产化的发展与挑战

| 徐　涛

随着大数据、云计算、人工智能、区块链、5G 等技术的快速发展,以数字化、网络化、集成化、数据化、智能化为特征的数字化转型浪潮正席卷全球。根据中国信通院发布的数据经济白皮书,2019 年数字经济规模达 35 万亿元,约占 GDP 的 1/3。我国高度重视数据产业的发展,十九届四中全会从国家治理现代化的高度把数据与劳动、资本、土地等一并视为生产要素。中央《"十四五"规划建议》中再次提出加快数字化发展。数据正在作为新生产要素和战略资产,为技术创新和产业升级提效增能。

一、数据资产的概念

大家都在讨论数据,研究数据。那么数据资产到底是什么? 首先我们回到数据本身,什么是数据? 有人说数据是信息,有人说数据就是数字。信息本身就是一个抽象的概念。我们说数字是数据没错,但是数据就是数字是不是太狭隘了? 举个例子,声音是不是数据? 图像是不是数据? 显然都是。不同于数字数据,声音和图像我们称之为半结构化的数据,也是数据。但是,我们现在把声音和图像都看作是数据,有一个重要的前提,是现代科技的发展,回到秦始皇时期,声音能是数据吗? 显然不是。声音在今天可以成为数据因为我们的声音可以被记录并且被计算机读取和分析。北京大学王汉生教授采用了一种通俗朴素的方式来理解数据,认为数据是一种电子化的记录。结合资产的定义,可以认为:数据资产是由企业过去的交易或事项形成的,企业拥有使用权,并且能够预期为企业带来经济利益的数据。这里的数据,指代的就是电子化的记录。与实物资产的归属明确不同的是,企业在经营过程中生成并控制的数据也可能存在所有权问题,如消费者在电商消费平台上的数据,可能包含隐私信息,如消费者的个人

作者系同济大学经济与管理学院博士研究生。

信息和购买的产品等,此类数据由消费者购物行为产生,但受电商平台企业控制。直接使用或交易的企业会侵犯个人隐私权。在对数据资产进行概念界定时,需要明确的是,企业控制的数据是否具有使用和交易的权限。

二、数据资产的价值发现

从组织内部对数据资产的分析和使用,到企业内外部的流通融合以及市场的竞争垄断,数据资产正在通过多种方式发挥其巨大市场价值。

(一) 数据资产的运营

从产业界来看,数据资产的应用已经在互联网、金融、电信等行业释放出巨大的价值,已经有不少企业对数据资产进行运营,让数据发挥价值。当前,企业对于数据资产的运营场景主要包括内部使用和外部使用。其中,内部使用主要指企业通过收集、分析运营产生的数据,用于服务于自身经营决策,从而提升公司的盈利能力。例如,零售商可以通过顾客的消费数据了解客户的消费偏好,推送个性化商品和服务,还可以了解产品需求,有助于企业开发新产品;商业银行通过对客户的数据分析,了解客户的风险偏好、消费能力、信用状况等信息,帮助商业银行实时关注、理解客户业务需求;电信运营商通过分析客户的套餐消费情况,在用户使用异常时,通过一定的优惠吸引客户继续订购使用套餐。

数据资产的外部使用主要是指企业通过对数据资产进行分析和整理后,形成可以对外提供服务或者交易的数据产品。例如,蚂蚁金服采用人工智能技术,通过分析用户的信用历史、履约能力、行为偏好等特征,对用户进行信用评估,得出芝麻信用分,已经在酒店入住、分时租赁、签证办理等多个场景提供信用服务。万得公司(Wind)的主要业务之一是为量化投资与各类金融业务系统提供准确、及时、完整的数据,公司将提取的公开数据或购买的数据进行汇总和整理,形成万得数据产品,成为国内多数金融机构的数据供应商。

(二) 数据资产的流通交易

数据资产的价值真正发挥,不仅在企业内部,更重要的是在外部流动。数据的流动与整合可以进一步在其上下游及产业间发挥价值。世界各国都在积极探索数据交易平台促进数据资产流通,欧美国家对大数据交易的探索和实践较早,在国外的大数据交易平台中,至今发展较好的是美国的 Factual 和日本的 Data plaza。成立于 2008 年的 Factual 是一个提供实时数据交易市场的网站平台。Data plaza 成立于 2013 年,在该平台上,数据提供商可以上传可供市场交易的数据,用户可以通过列表选择需要的数据进行下载,数据在对全部个人信息进行匿名化处理后进行交易。我国也已经开始探索设立数据的估值和交易平台。2015年,北京中关村成立"中关村数海数据资产评估中心",成为我国首家数据资产登记赋值机构。同年,贵阳大数据交易所开始运营,提供完整的数据交易、结算、交付等服务。此后,武汉、盐城、哈尔滨、上海等地先后成立数据交易中心,探索大数据及其衍生产品交易。目前,我国已成为世界上最大的数据资源大国和全球数据中心,数据交易推动数据互联,具有广阔的市场空间。

(三)数据资产的竞争垄断

随着数据资产价值的不断提升,不少企业为了保持自己的优势地位,通过技术封锁、兼并收购等手段,保持竞争优势,实施数据垄断行为。例如,谷歌被指从2007年开始在搜索服务行业占有绝对的支配地位,并且通过修改搜索算法,打压竞争对手,新市场准入者无法继续在该领域获得重要地位。在资本市场,已经出现多例数据驱动型并购,在并购交易中,如果目标公司拥有的数据资产能够增加收购方的竞争优势,投资人通常将为此类公司支付溢价。例如,2012年Facebook以190亿美元收购WhatsApp,当时该公司仅有50名员工,但拥有的用户已经超过10亿,该并购案中,WhatsApp的溢价主要得益于其拥有的活跃用户数据。目前,在数据竞争领域中的垄断现象已引起监管部门的重视,为打破这一现象,监管部门开始关注数据驱动的并购行为。Facebook对WhatsApp的收购也受到美国联邦贸易委员会的反垄断调查;2016年,微软公司斥资270亿美元收购职业社交网站领英,欧盟反垄断机构在公布收购案后表示,领英在欧盟拥有1亿名白领员工的数据,而微软这次收购可能会引发数据垄断和商业公平竞争问题,因此将对微软展开反垄断调查;2019年,谷歌计划斥资26亿美元收购一家数据分析公司,同样受到反垄断司法机构的深入审查。监管部门对数据领域的反垄断调查,不仅体现了数据作为企业的关键资产所体现的价值,更反映了数据资产对竞争生态的影响。

三、数据资产发展的问题与挑战

目前,数据资产的理论研究已经落后于行业实践,因此,针对目前实践中出现的一些问题和挑战,需要理论界和产业界共同探讨。

(一)数据的归属和使用权问题

确定数据的权属是数据资产化的重要前提。不同于实体资产的权属易于明确,数据的权属问题仍然存在争议。以医疗和电商消费数据为例,医院存储了大量患者的数据,包括个人信息、病情、治疗方案等,数据由患者提供、医生记录、医院存储,可以认为是共同产生,并由医院所控制。消费者在电商平台购买后会产生大量的消费数据,包括姓名、地址、购买的商品等记录,同样由个体和机构共同产生,以上数据的归属和使用权目前还没有明确的标准和规章。尽管医疗数据和电商数据可以为机构产生巨大价值,但在权属问题没有明确的情况下,对数据的挖掘和交易将会侵犯个人隐私权。因此,只有在数据权属问题明确的情况下,企业或机构才能将数据作为资产进行分析使用或交易。

（二）数据资产的质量评价问题

评价数据资产质量是数据资产化的关键步骤。企业运营决策对数据的依赖愈来愈强烈,零售商可以通过顾客的消费数据,了解客户的消费偏好,推送个性化商品和服务,还可以了解产品需求,有助于企业开发新产品。但如果数据质量存在瑕疵还被进行分析和挖掘,则分析结果不仅可能不会产生价值,甚至会出现偏差,从而影响企业的正确决策,误导企业的投资和产品研发方向。在大数据环境下,数据资产一般具有规模大、动态性等特点,传统质量管理工具在进行质量评价时存在一定的局限性。因此,需要研究和使用新的评价理论和方法对数据资产的质量进行评价。人工智能、机器学习等新方法的成熟,也使得在大数据环境下对数据资产质量进行评价和分析成为可能。

（三）数据资产的价值评估问题

评估数据资产价值是数据资产化的核心问题。数据资产的价值评估受到诸多因素的影响,包括数据资产采集、存储成本、未来收益等。数据还具备使用场景多样化、可重复使用的特点。同样的数据在不同场景下的收益不同,数据资产的价值体现也就不同。数据的重复使用的特性,使得数据可以同时在多个场景中使用,会使得数据产生更大的价值。传统的价值评估方法在对数据资产进行评估和分析时都会存在一定的局限,构建适用于数据资产评估的理论和方法尤为重要。此外,数据资产运营和管理风险也会对价值产生影响,比如未经授权获得的数据可能会涉及侵犯隐私和商业机密,在收集、存储过程中可能会流失、泄密,运营过程中的滥用行为可能触发法律风险,数据资产一旦触发上述风险,资产的价值则会产生波动。因此,构建科学、合理数据资产价值评估的方法将能进一步推动数据资产化发展。

消防大数据技术发展趋势与案例分析

| 何其泽

一、消防大数据的发展背景

大数据、信息化是我国重要的国家战略。习近平总书记在 2018 年两院院士大会上的重要讲话指出：世界正在进入以信息化产业为主导的经济发展时期。我们要把握数字化、网络化、智能化融合发展的契机，以信息化、智能化为杠杆培育新动能。

我国一直都是灾害频发的国家，为了防范化解重特大的安全风险，健全公共安全体系，整合优化应急力量和资源，推动形成统一指挥、专常兼备、反应灵敏、上下联动、平战结合的中国特色应急管理体制，提高防灾减灾救灾能力，确保人民群众生命财产安全和社会稳定，2018 年国务院机构改革调整，正式组建应急管理部。

应急管理是我国治理体系和治理能力的重要组成部分。2019 年 11 月，习近平总书记在主持中央政治局第十九次学习的时候强调：应急管理是国家治理体系和治理能力的重要组成部分，要发挥我国应急管理体系的特色和优势，借鉴国外应急管理有益做法，积极推进我国应急管理体系和能力现代化。应急管理体系和能力现代化主要包括提高监测预警能力、监管执法能力、辅助指挥决策能力、救援实战能力和社会动员能力。

二、相关政策规划

(一)《应急管理信息化发展战略规划框架》

2018 年 12 月，应急管理部下发《应急管理信息化发展战略规划框架》(2018—2022)，提出"两网络、四体系、两机制"整体框架，确保全国"一盘棋"推进应急管理信息化建设。

作者系应急管理部上海消防研究所高级工程师，消防队伍大数据技术中心主任。

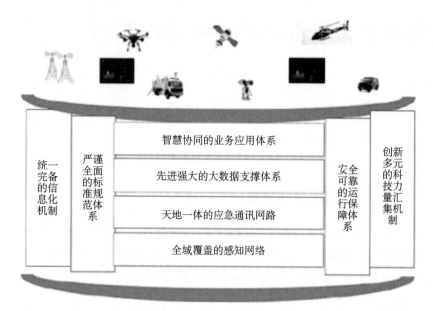

图 1　系统化、扁平化、立体化、智能化、人性化的中国特色应急管理体系

1. 智慧协同的业务应用体系

建设统一的全国应急管理大数据应用平台,形成应急管理信息化体系的"智慧大脑",通过机器学习、神经网络、知识图谱、深度学习等算法,利用模型工厂、应用工厂和应用超市等为上层的监督管理、监测预警、指挥救援、决策支持、政务管理 5 大业务域提供应用服务,有力支撑常态、非常态下的事前、事发、事中、事后全过程业务开展,构建统一的门户,为各级各类用户提供集成化的应用服务入口。

最终形成"1+5+5+1"的架构设计,即 1 个大平台、5 大业务域、5 大集成门户和 1 个应用生态。

• 1 个大数据应用平台:利用模型工厂、应用工厂和应用超市提供服务;

• 5 大业务域:监督管理、监测预警、指挥救援、决策支持和政务管理;

• 5 大集成门户:指挥信息网门户、电子政务外网门户、电子政务内网门户、应急信息网门户、互联网政府门户;

• 1 个应用生态:应急管理众创众智的应用新生态。

地方应急管理部门需要建设应急管理综合应用平台,与全国应急管理大数据应用平台对接。地方应急管理综合应用平台采取总体设计、急用先行、分步实施原则,按照"1+N+X+5"的应用体系框架实施建设。

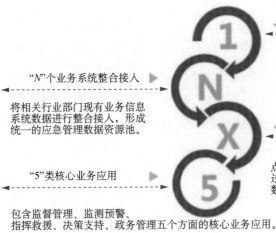

"1"个系统支撑平台

包含统一运行框架、统一身份认证、数据治理系统、大数据支撑应用、视频资源服务、统一门户信息等。

"N"个业务系统整合接入

将相关行业部门现有业务信息系统数据进行整合接入，形成统一的应急管理数据资源池。

"X"个大数据专题分析

围绕应急管理重大工作和重点任务，以及日常业务需求，通过大数据分析，对多个专题领域数据进行可视化展示。

"5"类核心业务应用

包含监督管理、监测预警、指挥救援、决策支持、政务管理五个方面的核心业务应用。

2. 先进强大的大数据支撑体系

建设全国应急管理数据中心，构建应急管理业务云，形成性能强大、弹性计算、易购兼容的云资源服务能力；构建全方位获取、全网络汇聚、全维度整合的海量数据内容资源治理体系，满足精细治理、分类组织、精准服务、安全可控的数据资源管理要求。

具体包括：建设"1＋3"部本级数据中心（北京、贵阳、中卫、上海）；构建应急管理业务云；实现全生命周期的治理。按照"数用分离，智能驱动"的思路，构建符合大数据发展的应急数据治理体系，实现从数据接入、处理、存储、应用等全生命周期的治理。

(二)《消防救援队伍信息化发展规划》

2019 年 5 月，应急管理部消防救援局下发《消防救援队伍信息化发展规划》(2019—2022)，提出未来 4 年消防救援队伍信息化的指导思想、愿景目标、体系架构、主要任务和实施步骤是今后一段时期消防救援队伍信息化发展的行动纲领。

消防信息化总体框架结构由业务支撑体系、技术支撑体系、基础通讯网络、消防感知网络组成。其中的核心内容为业务支撑体系，包括消防子门户和智慧业务应用。

消防智慧业务应用体系按照"1＋1＋5＋1"构架进行建设，即 1 套"门户体系"、1 个"智慧大脑"、5 大"业务应用域"、1 个"应用生态"。

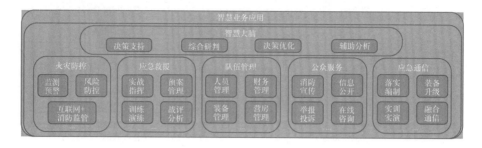

三、国内案例介绍

(一) 部消防局：应急指挥信息系统

应急指挥信息系统包括值班值守、突发事件接报、预案管理、培训演练、协同会商、指挥调度、救援资源管理等主要业务功能。

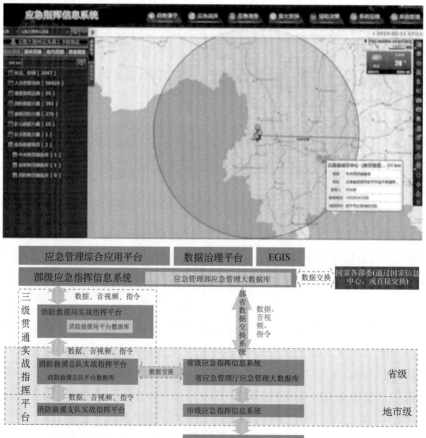

(二) 天津消防总队:消防大数据动态风险预警工作

依托天津超算中心,综合利用消防各项历史数据、外部天气数据、城市居住建筑物数据等,基于机器学习算法和深度学习模型构建。该平台具有"火警等级预测""火警类型预测""火警风险系数预测"等功能,可实现市、区、街道三级消防风险隐患预警体系,为智慧消防"宏观态势预警、微观精准定位"治理战略提供有力支撑。

比如,2019年天津市的火警变化趋势预测结果与它的实际结果对比准确率可以达到88.37%,但是预测的结果仅仅是火警的整体总量。下一步的研究方向是预测哪里会发生火灾,提前进行预测和预警。

综合国内的一些案例,国内消防大数据的发展目前还是处于发展阶段,有很多成功的案例,但是也有一些不足。第一,平台服务对象不够全面。现有系统平台偏向于服务社会层面,服务于队伍内部建设管理偏少。第二,平台功能定位差异较大。分别侧重智慧、预警、物联网、监控等不同功能定位,软件系统重复开发造成资源浪费。第三,平台分析研判不够智能。聚焦数据融合、地图服务、网络构建、视频分析等信息技术问题,设计的消防科学问题较少。

四、国外案例介绍

(一) 美国国家火灾事件报告系统(NFIRS)

NFIRS 是由美国消防管理局国家火灾数据中心(National Fire Data Center)建立的系统,旨在帮助地方政府提高火灾报告和分析能力,并通过获取数据从而更准确地评估全国的火灾问题。NFIRS 具有统一的报告标准,各州消防部门志愿报告其活动,从火灾到紧急医疗服务到恶劣天气和自然灾害。

(二) 火灾-社区评估反应评估体系(FireCARES)

FireCARES 是一个大数据分析系统,为消防部门和社区领导人提供风险环境信息,包括十多年来对建筑火灾和相关伤亡的研究以及建筑、住宅和人口等数据的研究,通过大量不同来源的数据,评估消防部门的环境风险、资源水平和应对紧急事件的总体能力。

总体来看,国外的相关应用案例更加关注具体科学问题与解决方法的模型,消防大数据平台有以下特点:第一,可为消防救援出动提供支持,包括事前规划、事中支持等。第二,可为消防安全风险评估提供支持,包括消防站布局、危险源分布等。第三,可为消防员职业健康提供支持,包括人员能力提升、健康监测等。第四,可为消防站库存管理提供支持,包括装备补给、保养和报废等。

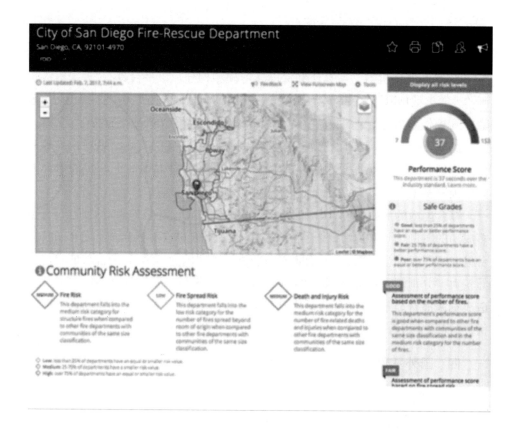

五、未来发展期望

国内的信息化建设缺少很多智能化、智慧化的应用,因此消防大数据发展必须要建一个大数据的平台,为各个项目队伍和部门提供科技支撑,因此,以"智慧大脑"为核心的科技支撑消防队伍信息化平台建设是未来发展的一个目标。

总体来看,消防大数据平台的发展基于以下逻辑:首先要有一系列的数据,在这个数据基础上需要各种各样的技术,其次,基于各项技术来处理各种各样的业务,然后我们各种业务和技术组合来智慧发展整个系统的业务。当需要处理某一项业务时,可以去调用各种各样的技术;当用到某一项技术的时候,可以调用各种各样的数据。这就是整个智慧大脑的逻辑关系。

目前上海消防所重点开展以及未来想要做的工作包括:消防安全风险智能防控、消防力量配置动态评估、重大灾害事故决策支持、消防员职业健康监测以及第三方行业机构服务。

(一) 消防安全风险智能防控

采用更加智能的方法评估消防风险,利用大量数据进行学习、训练,从而确定输入值和输出值之间的联系。以城市火灾风险评估为目标的神经网络模型通过分析专家们对于城市火灾风险指标权重的划分,在不清楚作用机理的情况下建立起火灾风险指标与火灾风险大小的联系,使模型具有根据指标的量化得分评估城市火灾风险的能力。

传统风险评估中有个别专家的评估分数与大多数专家差距较大,而计算机通过神经网络模型预测的分数均在正常的范围内,没有极端值的出现,因此使用该网络模型可以避免由于不同专家不同教育背景以及不同实践经历下的主观性差异造成的个别专家判断失效的情况。

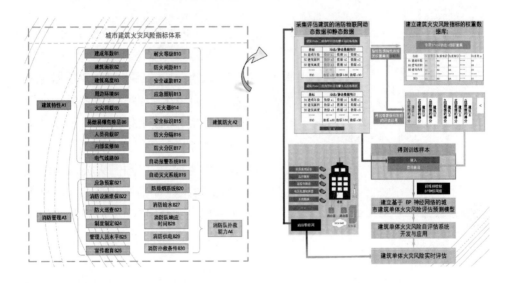

(二) 消防力量配置动态评估

消防力量的评估包括装备力量评估、人员编配评估以及消防战略优化评估,评估完成后定期发布研究报告,对各地的消防力量进行排名,采取措施针对性地提升。比如基于消防站的响应覆盖率评价,常熟市 2030 年规划布局 31 个消防站后,其消防站响应覆盖率为 51.44%,消防站交叉响应覆盖率为 14.88%,消防响应平均行车时间为 4.7 分钟。

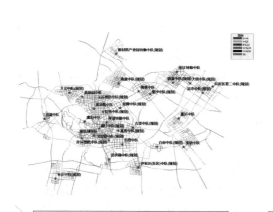

常熟市2030年规划布局31个消防站后，其消防站响应覆盖率为 51.44%，消防站交叉响应覆盖率为14.88%，消防响应平均行车时间为 4.7 分钟

郑州市规划布局 21 个消防站后，其消防站响应覆盖率为 43.93%，消防站交叉响应覆盖率为 10.21%，消防响应平均行车时间为 4.85分钟

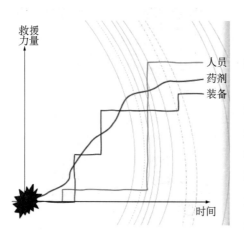

（三）重大灾害事故决策支持

利用系统动力学的模拟软件，可以把事故发生造成的后果耦合到数据分析中去。一旦发生大的火灾或者是大规模的森林火灾，可以采用这种基于计算机运算的模型来预测火灾的发生和发展。在火灾发生前，可以预测火灾发生的概率，给消防防控提供一些帮助。在火灾发生之后，快速计算火灾可能造成的后果，对消防救援的管理提供支持。

（本文根据何其泽博士在 2020 发展与管理论坛上的发言整理而成）

城市智慧治理探索之路

| 魏　璟

一、城市数据治理演进及痛点

近年来,各级公安机关在探索推进信息化建设、大数据应用等方面取得显著成绩。各地公安机关都认识到大数据的重要性,但如何构建统一的数据治理和评价体系,如何形成分布式统一数据治理框架,如何确保数据在风险可控原则下最大程度开放共享,还没有具体的实施路线图,这成为亟待解决的问题。

目前,公安大数据应用面临三大痛点。第一,公安信息化建设中产生了大量结构化、非结构化、半结构化的数据资源。这些数据包括包括音频数据、视频数据、卡口系统数据、DNA、指纹、空间位置(GPS)数据、报警数据、社交网络及移动互联网数据、射频(RFID)数据以及其他传感器数据。现有公安系统在数据应用中往往只能就结构化数据进行简单应用,多数非结构化和半结构化数据并没有发挥作用。第二,各地方公安数据库建设情况不同,大多只停留在标准库和原始库层次,数据之间缺乏有价值的关联。人、车、案、组织、地址等主题库建设与时空、全文、轨迹、手机、关系、图片、视频等专题库建设之间缺少有效可用的关

作者系上海芯翌智能科技有限公司 CEO。

联性。第三，大部分地区只有反恐、缉毒等少数警种在开展智能化应用探索，没有形成全警种的智能应用网络，预测、预警、预防能力普遍偏低。各地公安数据库建设普遍缺少与公安技术部门的实时性数据相结合，亟需数据共享应用机制。

二、视频数据特征及治理架构

随着 5G 通信技术、AI 技术、物联网技术的发展，视频数据以其庞大的数据量、真实性和实时性将成为公共安全乃至城市治理的最核心数据资源。5G 通信技术拓展了带宽，让更高清的视频传输成为可能，未来无线传输场景更加普及，场景覆盖率越来越大。人工智能技术提供越来越准确的视频图像结构化解析能力、更加丰富的解析内容和更高效的解析算法。物联网技术应用中感知设备布点和安装角度越来越取决于计算机识别用途，设备网格化程度也原来越高。

视频数据包括结构化数据（业务数据）、半结构化数据（图片、文件等）、非结构化数据（视频流）、特征向量数据（特征值）等。其具有三大特征：一是数据规模庞大，无论是数据记录数目或者存储量，视频数据都是所有数据中最大的；二是数据真实准确，视频相比传统数据更能直观地进行展示和理解，而且伪造成本高，更加真实；三是数据实时鲜活，视频数据动态实时，比传统结构化数据更能体现当前状况。

基于视频数据，目前实际应用中主要以公安大数据平台和视频大数据平台为主。公安大数据平台面向刑侦、情报、反恐、科信等部门用户，在整合公安自身业务数据、社会数据、视频图像数据的基础上分析挖掘实战需要，以人、事、地、物、组织为五要素进行数据建模，实现数据深度整合、信息充分共享、实战综合研判于一体的基于多种类型数据的一体化实战平台，具备公安行业跨警种应用的功能。而视频大数据平台是面向智慧、平安城市各行业，实现视频图像数据多源接入、内容解析以及人车特征识别、行为及事件分析的视频智能化应用平台，同时也可实现包括如目标快速筛查、智能检索、人/车信息的态势分析等功能，能够为业务部门提供视频算法优化和结构化数据输出能力的大数据分析平台，具备跨行业应用的功能。

从应用领域角度而言，公安大数据覆盖警种业务更广，视频大数据覆盖行业更广。从数据维度角度而言，公安大数据比视频大数据数据维度更多，视频大数据为其一个数据维度。从技术应用角度而言，视频大数据涉及技术领域更多，主要包含了云计算、大数据和人工智能技术。

三、城市精细化管理模式探索

上海芯翌智能科技有限公司(以下简称芯翌科技)深刻洞察城市管理者对视频和视频数据深度应用的迫切需求,自研推出了"禹"系列核心产品——视频全要素治理平台。该平台是以视频数据为核心的视觉中枢平台,以技术和创新链接赋能所有视频场景。

视频全要素治理平台具备视频全链路治理功能,治理要素涵盖了视频基础信息、视频业务信息、视频计算信息以及视频运维信息四大类,强调统一数据规范,给视频业务提供高质量、高可用的视频资源。反过来,通过视频业务赋能城市运行管理。视频全要素治理平台依托人工智能、大数据和认知经验为城市视频应用场景提供视频调阅、视频计算能力,对视频场景应用进行数据赋能、技术赋能和创新赋能。

视频全要素治理平台的全链路治理和赋能管理能力,依托于平台的七大能力中心。具体包括:视频互联中心、全量感知中心、视频档案中心、业务运营中心、计算调度中心、智能运维中心、赋能管理中心。通过七大能力中心的建设,构建了视频全要素治理平台的三大核心能力:

(1) 全量视频汇聚,构筑全业务体系视频支撑基础,实现视频精准查询和快速调阅;

(2) 全域权限管理,创建一体化全域视频权限体系,实现权限横向打通和纵向管理;

(3) 算法生态构建,打造可持续智能视觉计算生态,实现异构算法算力的融合发展。

平台面向公安、城运、企事业单位用户,提供视频图像数据全量接入汇聚、智能处理分析、多维数据融合、视频标签标注、统一运维管理、对外赋能服务等能力,满足视频数据全要素治理和统一赋能管理需求,助力公共安全防范、企业安全生产以及城市精细化治理的一体化、智能化、专业化建设。

芯翌科技积极探索及打造的以视频为基础,以专业城市管理和运行系统为核心的城市精细化管理新模式,希望能够助力支撑城市各委办局业务创新及流程再造,从而提升城市公共安全及治理效能。未来,城市精细化管理首先要做到感知智能化,事件自动识别。以物联感知数据为基础,探索群体性事件和突发性事件的自动感知,以及根据事件发生影响范围和严重程度的自动研判,推荐处置预案,辅助决策。其次,要做到事件处置闭环智能提速。打通事件处置流转环节,形成各部门对于事件的闭环(采集—确认—分派—处置—反馈—归档—分析)处置,自动推送到智能终端,全流程透明。最后,要做到城市级态势感知和研判。对城市的实有人口、车辆、房屋、设备、交通、治安事件等要素进行采集和态势分析,从宏观层面理清各要素规模及潜在数据关联,进而对城市资源投放规划进行决策辅助。

感知智能化,事件自动识别　　　事件处置闭环智能提速　　　城市级态势感知和研判

视频数据治理为城市精细化管理提供了数据底盘,而精细化治理业务需要从上而下、从各管理部门的角度来进行探索和践行,同时融合的数据治理能够对城市中各行各业进行赋能,进一步释放生产力,促进新业态的产生,从而加速城市和社会的智能进化,真正走向习总书记描绘的智慧社会最终目标。

(本文根据魏璟在 2020 发展与管理论坛上的发言整理而成)

大数据技术在土木工程领域应用的痛点问题

| 李唐振昊

改革开放以来,中国进入蓬勃发展阶段,在国家财力显著增长和个人物质生活水平明显提高等多方刺激之下,我国的基础设施建设投资、商业地产与住宅市场都经历了大幅的增长,土木工程领域也随之而繁荣。从三峡大坝工程到"八纵八横"高铁网,从青藏铁路项目到港珠澳跨海大桥,中国建设了大量吸引全世界目光的重大工程。

"大数据"的概念和技术正影响着整个世界,它带动着社会、经济、科学与技术等各个领域的研究热潮。土木工程领域也时刻产生着大量的数据,这些数据将成为评价工程结构质量、功能效用以及周期维护的重要指标,并为重大项目决策提供可靠参考。因此,依靠大数据技术解决质量与安全的问题与挑战,利用新技术改进工程领域的研究方式,使大数据技术逐渐成为土木工程领域的支撑技术,将是土木工程学科与大数据相结合的发展方向。

一、大数据技术对土木工程领域的影响

大数据思维的核心是量变引起质变的过程,不再是传统的抽样调查利用统计学手段进行研究,而是利用全样本进行相关性分析,是一个从局部到整体的过程。基于这样的思维模式,大数据技术的发展立足于以下两点:一是对各类海量动态数据的管理能力,二是基于硬件和软件发展的信息提取能力。这为土木工程领域的研究提供了新的思路和契机。

同时,大数据技术的发展,也对传统的研究带来了冲击。存在一个流行的观点:由于数据之全,无须再紧盯事物之间的因果关系,而应当寻求事物之间的相关关系。就此,同济大学土木工程学院陈隽教授提出了引人深思的问题:只要有足够多的数据,是否就不再需要理论模型? 这一观点无疑会给建立在因果分析

作者系同济大学经济与管理学院博士研究生。

之上的传统的结构工程理论研究带来了巨大的冲击。在大数据时代是否需要捍卫传统的理论研究的意义和价值体系,值得深入的思考并通过更多的实践来回答。

二、大数据技术在土木工程领域的应用

根据同济大学土木工程学院周志光副教授的研究,大数据技术在土木工程领域主要有以下应用:分析工程成本及耗能、结构健康及破坏监测和结构承载力及破坏准则研究等。工程成本及耗能的数据类型适合利用大数据进行相关分析。健康监测是一个比较热门的应用,通过实时监控,对结构进行可靠性、耐久性和承载能力等方面的评估,为预防突发灾害或进行维护以及管理决策提供指导依据的技术手段。结构和承载力破坏准则研究,是利用大数据良好的拟合能力突破传统的局限方法,使我们对原有的理论模型有新的理解。

当然,大数据技术在土木工程领域的应用还有很多,比如智能建筑与智慧城市、结构的性能预测、结构设计理论、工程咨询、灾害预警与应急和工程管理等。

现阶段我们处在第三代设计理论阶段,是基于全寿命的可靠性设计理论。关于大数据技术与设计理论的结合,以陈隽教授的活荷载研究为例。荷载是指施加在工程结构上使工程结构或构件产生效应的各种直接作用,常见的有:结构自重、楼面活荷载、屋面活荷载、屋面积灰荷载、车辆荷载、吊车荷载、设备动力荷载以及风、雪、裹冰、波浪等自然荷载。我国建国后至今 6 次荷载规范修订均采用人工现场抽样称重的调查方式,荷载规范的每次调整都与当时的经济发展和认识水平的提高相适应。现行荷载规范所依据的核心数据基础仍然是 1977—1981 年的调查结果。伴随社会经济持续高速发展,当前住宅和办公楼的设计理念、功能设置与室内用品等,与二三十年前相比都有了巨大的变化,荷载的调查方法也需要不断更新、提升。陈隽教授利用深度学习方法,识别室内物件,匹配相应的物件信息,取得了较好的拟合结果,为今后的设计理论研究中荷载的确定提供了相应的理论基础。

三、大数据技术在土木工程领域应用的"痛点"

在与相关行业从业和研究人员的调研中发现,数据质量问题是当下最"痛"的问题之一。以桥梁健康检测领域为例,数据质量不高主要体现在数据群所含信息量较小,而造成信息量小的原因与数据噪声过大、多源异构及无统一标准等

因素有关。归结来看,大数据技术在土木工程领域应用的"痛点"主要存在于三个层面:顶层设计问题;技术与理论研究问题;工程管理问题。

(一) 顶层设计问题

现阶段对于大数据技术在土木工程领域的应用,国内还未形成较为统一的行业标准、法规及治理体系。这就造就了在研究或应用时人的主观意愿对结果的影响较大。例如桥梁监测,在某一根梁上布置测点时,具体要布置几个测点,具体在什么位置布置测点,其主要依据是相关的力学理论,但是具体实际在操作时,每个人或每个公司都有自己的理解和现场处理方式,那这就意味着获取的数据标准有所差别,那么数据的质量就无法得到保障。数据源头的质量无法保障,后续的应用和研究的价值也无法产生相应的价值。

从国外借鉴角度,美国联邦公路局(FHWA)在其 Long-Term Bridge Performance(LTBP)项目中,制定了相应的标准。FHWA 确定了项目需要收集的数据,明确了数据获取的方式,规定了获取桥梁监测数据的测点布置方式。FHWA 初步完成了桥梁健康监测的标准制定,为后续开展研究和数据价值挖掘奠定了基础。

对于国内而言,相应的行业标准和法律法规也应尽快健全,在此可以引用尤建新教授的观点:构建数据质量治理体系的顶层设计和布局必须建立在充分研究的基础上,因此积极推进大数据研究中的数据质量和数据质量治理体系研究,夯实数据市场基础设施建设,是新时代的急迫需求,更是维护数据主权的责任担当。

(二) 技术与理论研究问题

技术层面存在的问题体现在两个方面,一是硬件,另一个是软件。

硬件层面主要体现在传感器等数据接收装置问题。现阶段普遍应用的传感器在使用过程中,不可避免地产生较大噪音,这对于数据质量的把控是极其不利的。此外,由于传感器大多处在自然环境中,对于其寿命的损伤较大,大多使用的传感器都不能保证长期的使用。因此,硬件层面的问题是亟待解决的。

软件层面主要体现在算法的适用性问题。现阶段大数据技术的应用都是基于机器学习或者深度学习的方式。在利用机器学习和深度学习的方式解决问题时,常被戏称为"炼丹"。主要原因是算法的适用场景较为单一,每变换一个场景都需要进行调参。对于工程领域的研究,由于每个项目"个性"较强,由于算法的适用性单一,将会导致较大的工作量。

理论层面也存在较多的问题。例如,在现阶段的硬件和软件条件下,如何能根据现有的数据,获得可靠性较高的结果,并以此为基础成为我们做出相应决策的依据。从现在的理论研究出发,仍不能提供较为完整和可靠的理论基础。

(三)工程管理问题

从工程管理的角度出发,现阶段的主要问题在于工程领域的"粗放"。

在施工阶段,由于赶工期等因素,数据的获取与管理是极其轻视的。因为数据现阶段不能直接带来实际的价值,因此各施工企业和地产公司不重视施工阶段的数据管理,这也就导致施工阶段的大量数据缺失。在管养阶段,由于操作人员的技术水平有限,导致获取的数据存在较大的噪声,数据质量无法得到保障。

四、解决方案初探

面对大数据技术在土木工程领域应用的"痛点",初步提出四项解决方案:加强顶层设计;拥抱新理论与新技术;夯实产学研结合;注重交叉学科人才培养。

顶层设计主要是解决了"是什么""朝哪去""要什么""怎么做"和"边界在哪"等问题,这是大数据技术应用的基础;新技术和新理论是解决数据质量问题根源的重要节点,例如利用视觉识别、光传感器等技术方式,寻求获取数据的新渠道,可能可以解决数据噪声较大等问题;由于大数据技术在工程领域的应用不仅仅是基于土木工程学科的研究,还与计算机科学、地理信息科学、材料学等诸多学科有关,为了更好地满足新时代的人才需求,交叉学科人才培养至关重要;此外,为了深度挖掘数据价值,产学研结合是大数据技术应用的必由之路,利用产业界的大量数据作为科研的支撑,将数据价值最大化。

大数据技术在土木工程领域的应用还有很长的路要走,在不断的探索和实践中,逐渐解决现存"痛点"问题,最终走出一条具有土木工程学科特色的大数据技术应用的道路。

警惕算法应用垄断效应，维护数字经济健康生态

| 曾彩霞　尤建新

数字化为经济社会发展带来了革命性的改变，成为新时代创新生态的重要构成要素。数字化进程中，算法是最关键的技术推动者，直接影响了数据资源的效率和数字经济的创新力。当前，算法对数字化创新的积极效应已得到普遍认可，但算法可能产生的负面效应还未受到广泛关注。

2019年11月，德国联邦卡特尔局(FCO)和法国竞争管理局(FCA)联合发布了《算法与竞争》(*Algorithms and Competition*)报告，对算法应用中可能产生的垄断风险问题进行了分析，并提出了有关建议。报告认为，算法在促进服务创新、实现产品和服务个性化、支持存货优化和降低搜索成本等方面发挥了重要作用，但也会对市场竞争产生负面效应，助推经营者之间的横向联合，破坏竞争生态。

一、与竞争有关的主要算法类型

广义上的算法不限于具体软件、源代码或者具体的程序语言。报告从"所执行的任务"、"输入的参数"和"学习方法"等多个维度对算法进行分类：

从所执行的任务看，主要有：(1)用于监测和收集数据的算法，如与市场动态相关的数据、与竞争者相关的数据、与客户行为或者偏好相关的数据等。欧盟委员会2015—2016年的调查发现，很多网络零售商通过算法来监测其他卖家的价格。(2)定价算法，用于公司基于自身的战略需求、成本管控要求、生产能力和市场需求等情形进行算法定价。欧盟委员会的调查显示，绝大多数的零售商都会利用该算法来追踪竞争对手的价格，并设置或调整自己产品的价格(包括实体店产品的定价)。(3)基于客户数据的个性化定制算法，用于对产品或者服务的个

作者曾彩霞系同济大学法学院工程师、上海国际知识产权学院博士研究生；尤建新系同济大学经济与管理学院教授、上海市产业创新生态系统研究中心总顾问。

性化定制,尤其是广告服务。服务商可以根据客户兴趣爱好和消费记录来给出产品建议,甚至是个性化定价。(4)排名算法,用于根据一定标准选择一系列对象进行排名,如比价网站、推送新闻、自动实时拍卖、线上价格追踪等。

从不同输入参数看,主要有依赖简单数据、大数据、数字数据、文本数据等类型的算法。从学习方法看,主要有自我学习(机器学习)算法和"固定"算法(如价格算法)两类。从与人类交互性程度看,主要有描述性算法和"黑箱"算法。从开发者身份看,主要有内部开发的算法和由公司外部软件开发商开发的算法。

二、算法的垄断效应与模式

一是支持横向垄断协议。当竞争者之间已经具有形成横向垄断协议的意愿或事实时,算法被用来支持或者促进这种垄断行为,这常被称为"信息员"情境。在横向协议或者联合行为中,竞争者之间可以通过算法来交换信息,算法让这种信息交换变得更简单、快速和直接。英国竞争与市场管理局(CMA)调查发现,在亚马逊英国市场,只有 Trod 和 GBE 两家公司销售某些被许可的运动或娱乐海报。它们使用了第三方提供的定价软件实施了联合行为,不实施削价竞争。

二是维护横向垄断行为。算法可以用于实施共谋价格或支持市场细分,还可以监测竞争的价格。如果发现价格偏离了协议约定,就会自动进行惩罚,从而加强垄断联盟的稳定性。算法还可以用来遮掩横向垄断行为,通过遮掩反竞争行为来假装在开展有效竞争。如在没有需求或需求很低时,用算法来实施不同的定价,或者用算法来表现价格等级,背后实际上保持了价格共谋行为。另外,算法还可以利用信息加密等手段隐藏沟通行为。

三是助长横向垄断蔓延。主要是指第三方为具有竞争关系的若干公司提供相同或者某种程度上可以协调的算法,竞争者之间没有直接的沟通和联系,但由于第三方为他们提供了类似的服务,而存在某种程度上的一致(代码层面的一致或数据层面的一致,或两者兼而有之)。如果经营者意识到他们在使用相同或者类似的定价算法,那么他们更容易预测竞争对手对价格变化的反应,从而能更好地分析竞争对手定价行为的逻辑或者意图。即使不知情,也依然可能由于竞争者之间存在编码或数据层面的一致而产生事实上的垄断。

三、对我国及上海发展数字经济的启示

当前,我国无论是在实践还是理论研究中,对于算法可能带来的垄断问题都

还未引起重视。鉴于报告中有分析和建议，我国在推进数字经济发展时，应尽早关注算法垄断对市场生态的破坏，积极开展我国现状的研究，从预防和监管两方面进行积极干预。

一是国家层面应加强对"算法＋大数据"的双重垄断的监管。与大数据具有人格属性不同，算法技术的开发和应用不受客户隐私权等束缚，还可以通过申请专利和著作权获得相应的合法权利。算法和数据之间具有相互促进的关系，即算法的精进需要数据的支持，而算法精进之后又可以支持数据空间迅猛扩大，强化数据分析结果的竞争性。因此，大数据垄断者往往又是算法垄断者，可能通过垄断算法来实现对大数据的实际垄断，很容易通过市场支配地位破坏市场生态，包括创新生态和竞争生态。因此，应加强对"算法＋大数据"双重垄断机制与规制的研究，并积极进行前期干预。

二是上海层面要率先制定相应的监管政策与标准。上海作为我国数字经济发展的前沿阵地，要更加关注算法垄断可能带来的各种负面效应。尤其是算法的共谋行为实施规制会存在具体的操作上的困难，比如举证困难。对于某些算法垄断行为，还需要调查算法内在的运作机制，这方面基于技术层面的复杂性会成为司法人员工作障碍。因此，应率先探索一套可行的规制方案和操作标准，在制度和技术两个方面做好算法垄断的应对。

（本文转载《中国价格监管与反垄断》2020 年第 9 期）

"双循环"下传统外贸企业战略转型的路径

| 邵鲁宁

2020 年 5 月 14 日,中共中央政治局常委会会议首次提出"构建国内国际双循环相互促进的新发展格局"。今年两会期间,习近平总书记再次强调要"逐步形成以国内大循环为主体、国内国际双循环相互促进的新发展格局"。随着全球化浪潮步入深度调整阶段,全球经济进入衰退期,作为拉动经济增长的"三驾马车"之一的外贸大军,必须要尽快适应外部环境和国内发展的变化。

对外,需要进一步开拓多元化的外部市场格局。施展的《枢纽》一书认为,中国正在成为世界新秩序的枢纽,在全球经贸结构中,中国与西方国家之间主要是二三产业的循环,中国出口制成品,西方国家出口高端服务业;中国与非西方国家之间主要是一二产业的循环,中国出口制成品,非西方国家出口原材料。如果未来一段时间,中国向西方国家出口受阻下降,那么应该积极拓宽出口格局的多样化,努力推动向一带一路国家和其他非西方国家的出口。但是,由于疫情的持续影响,众多外贸企业不得不面临经营成本持续上升、经营风险持续加剧、业务后劲不断乏力的状况,中小外贸企业的经营难度急剧上升,相比而言,大企业更有能力借助规模的优势控制好成本以使得订单可能会向大企业集中。

对内,需要积极引导外贸企业积极转向国内市场,适应国内需求。一方面将帮助外贸产品进行本地化设计和开发,充分利用国内原材料采购和生产资源的已有资源,打造具有国际设计水平和国内新影响力的新品牌,企业从发展战略上由传统的 OEM 企业向 OBM 企业转型。另一方面,积极下沉服务国内企业发展的需要,推动高端服务业的发展,及时填补个别西方国家出口限制带来的行业真空。

对于外贸企业来说,如何更快、更好地适应国内市场的竞争呢?

外贸企业需要认清自身的优劣势。传统的外贸企业在全球产业链中往往扮

作者系上海市产业创新生态系统研究中心研究员、副主任。

演代工厂的角色,无法建立同消费者直接对话的品牌形象。由于是按照外贸订单进行加工制造,无法深入了解出口市场主要国家的营销网络及特征,对终端需求了解的缺失限制其进行主动研发与创新,最多有能力进行一些逆向研发,服务于少了 SKU 的扩展。但是,外贸企业常年专注于生产制造层面,在原材料的采购和劳动力的组织方面具有一定的成本优势,面向欧美市场的订单往往有较高的设计、技术或者工艺要求,相比于国内规模小的企业有一定的先发优势和组织管理优势。

外贸企业需要积极拥抱国内新兴市场。发挥服务国际先进市场的经验优势,针对国内市场的需求,积极拥抱新技术,融合新的商业思维与新动能,布局针对性研发,快速试用,快速迭代。建立国内经销渠道,打造从市场到产品研发再到最终销售的完整闭环。外贸企业需要跟上国内以用户为中心的新零售环境,充分利用移动互联网驱动下智能化、协同化、可塑化的线上线下深度结合营销生态,积极创新设计基于人货场的消费场景,从场景、数据、时段、品类等方面探索更有效的销售模式。

外贸企业需要打造全新国内品牌。回归国内市场需要摒弃在国外低定价竞争的模式,突围价格血战泥潭,通过设计、科技、品质、服务等方面全面建立国内市场形象,围绕顾客心智打开认知。因为商业竞争不是产品之争,而是心智之争,赢得人心就能赢得竞争。正如君智咨询谢伟山董事长所言,企业的产品很容易被对手复制,技术壁垒很快就能被对手攻克,依靠物理层面的优势永远是暂时的。巴菲特护城河理论的核心,就是把品牌是否赢得消费者的选择作为判断企业价值的依据。

外贸企业需要警惕"去规模经济"。去规模化是数字经济时代带来的最大改变,大数据分析、人工智能等技术更广泛的应用使得个性化定制满足顾客需求成为可能,外贸企业熟悉的规模化优势可能成为劣势,未来的产品可能需要做到千人千面。这种趋势将极大地挑战外贸企业在规模化生产方式下的管理思维和组织方式,管理的架构和流程需要做创新调整,需要更多的小团队更敏锐地了解客户需求、洞悉国内市场变化。

在改革开放四十多年的发展过程中,每一次贸易结构调整都会对外贸企业带来冲击,都会有大量业务单一的外贸企业经营困难。在无法明确外需市场可以有效复苏的情况下,就会有一些企业希望单一地转向国内,但是其面临的生存现状和竞争环境并不容易轻易改变,或者说很难按照既有模式突破内需市场。

所以,在过去的十年,呼吁外贸企业出口和内销"两条腿走路"的声音就持续不断,但是鲜有企业转型成功。2020 年新冠疫情的全球爆发和持续蔓延,必定会成为一个重要的转折点,需要培育贸易新业态新模式,研究服务贸易在促进经济转型发展中如何发挥更重要作用,形成货物贸易和服务贸易的双轮驱动,为外贸企业战略转型提供更多更好的选择。

全息认知专利的社会贡献

——基于专利效率和质量的思考

| 李展儒

专利是技术创新的市场化产物,其市场价值体现一直是人们关注的焦点。其中,专利效率和质量是对专利市场价值评价的重要维度。自 2016 年国家知识产权局出台《专利质量提升工程实施方案》以来,各级政府、企业乃至高校和科研院所都逐步从关注"专利数量"向"专利效率和质量"转变。然而,正如同济大学尤建新教授所指出的"如果不能够全息认知专利的社会贡献,那么提升专利效率和质量的问题仍然难以得到根本解决",认知的局限将使得"提升"专利效率和质量缺少了抓手,而"专利数量"却"风韵犹在",这非常令人担忧。

一、如何全息认知专利的社会贡献

回答这一问题需要突破现有的认知局限,包括对专利角色的重新认识、对认知维度的梳理以及多维度叠加的空间效果等等,由于专利在市场经济下的不同角色,其经济贡献是整体社会贡献的一部分。即使是经济贡献,也因为专利角色的变化呈现着不同的测度。比如专利的市场交易价格,专利对产品竞争力的贡献(市场占有率、销售额、价格以及寿命周期),专利对生产绩效的贡献(效率、质量、成本),专利对竞争者的准入限制,专利对创新的激励等,这些测度是基于专利权人的视角。如果换成政府的视角,专利对健康市场竞争的积极贡献,专利带来的市场繁荣和财富增长等。当然,还应该有消费者的视角,等等。显然,亟需开展相关的研究才能逐步回答这一问题。并且,基于互联网和大数据,有了测度就不难获得结果。难点在于达成"全息"的程度。

作者系上海大学管理学院博士生。

二、对专利角色的认知

专利在经济活动中扮演着多重角色,应当基于专利在产品生产、销售或资产评估中的直接或间接贡献来思考。(1)在产品生产过程中,专利产生有益的技术效果有助于改善产品和服务质量、提高生产效率;有助于通过技术创新节约能源、减轻环境污染;有助于改进企业现有技术方案,研发创新产品和服务,创新产品、创新服务市场化对经济增长的贡献最大。此时,专利是重要的生产资料。(2)在产品销售过程中,专利的有效运用是市场竞争力的保障。符合市场需求的专利能为产品和服务巩固并提高市场占有率,甚至通过提高市场进入成本从而合法"阻碍"潜在竞争者进入市场。(3)在资产评估过程中,专利是可靠的评估依据,是一种无形资产。专利不仅在动态的经济活动中扮演着举足轻重的角色,也承载着宝贵的商业与科技信息。有效的专利信息不仅反映其市场主体的专利布局及科技竞争力,判断其潜在的竞争者及产品利润率,还能判断其未来发展趋势。基于专利在市场经济活动中的角色,一般认可的专利效率和质量指标归纳如下,见表 1 和表 2。

表 1　现有的专利效率评价指标

投入指标	产出指标
专利研发人员全时当量	实施专利技术的收益占生产总值或销售总额的比例
专利研发经费投入	R&D 经费支出与专利申请量的关系
新产品开发经费	转让、出售专利合同数与当年实际收入

表 2　现有的专利质量评价指标

输入质量	输出质量
在先技术突破程度	技术创新及市场垄断程度
专利技术生命周期	专利五年以上维持率
撰写专利文件水平	专利转让、许可的收益

专利效率涉及多个角色、多种维度,而专利质量与效率之间的关系十分密切。那么哪些指标对专利效率和专利质量的影响最大?每个指标的具体影响程度是如何?指标之间的关联性程度如何?专利产出中目前尚存在诸多问题,造

成大量的专利被置之高阁、得不到有效应用,这与专利质量之间有密不可分的关系。应该从哪些环节入手,评价专利效率和专利质量,以此来提升总体的专利转化和使用效率?这些都涉及对专利效率和专利质量进行综合评价。因此,基于专利组合(Patent Portfolio)理论,可将专利效率状态信息作为纵坐标与专利质量信息作为横坐标相结合,构成效率与质量二维指标分析模型,见图1。

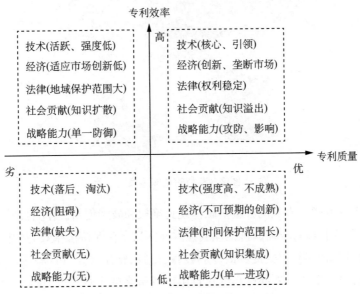

图 1 专利效率和质量二维指标分析模型

三、对认知维度的梳理

专利角色十分丰富,在此基础上专利认知维度也同样丰富。利益主体不再单单考虑专利在产品生产、销售或资产评估中某一角色的社会贡献,而是利用维度这个中轴线把它们串成一个整体,并放置于不同的位置,对专利形成多维度认知。认知维度至少包括经济维度、法律维度、科技维度、社会维度,甚至还有政治维度。

(1)经济维度。专利的社会贡献体现为专利的经济价值。首先,经济价值的实现源自专利技术的最终实施者将其物化于产品或服务。其次,专利效率和质量的提高有助于推动专利技术成果的商业转化。第三,经济维度下专利效率和质量的具象化,能积极推动整个经济社会突破技术桎梏、调整产业结构、优化营商环境。

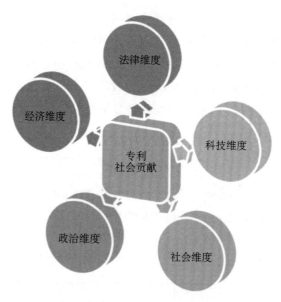

图 2　专利的认知维度

（2）法律维度。专利的社会贡献体现为确权和鼓励创新。作为提升竞争力的"特殊资源"，专利具有较强的排他性或独占性。只有在保持法律效力的前提下，通过制度鼓励创新发明，形成良性的专利授权、确权、转让、许可市场，通过制度约束降低市场交易产生的负外部性和绝对自由市场带来的市场失灵，保障专利产品在市场中充分发挥其经济价值和社会价值，此时专利成为不可模仿性的稀缺资源。

（3）科技维度。专利的社会贡献体现为专利的先进性和重要程度。专利技术在促进科技进步和巩固累积式创新过程中扮演着重要角色。那些难以模仿、无法替代的专利技术，形成持续竞争优势，从而推动产业逐步从粗放型消耗型产业结构向精细型节能型方向转变，促进供给侧改革，特别是为供侧改革提供有效的技术支撑。同时伴随着科学技术的更新升级，从技术端引发的营商环境结构也会随着专利效率和质量的提升不断优化，推动产业往高质量方向发展。

（4）社会维度。专利的社会贡献体现为专利有益于知识溢出。专利的实施者可以是个人、企业或者国家。他们实施专利的最终目的是为了提升竞争力，获取最大的经济利益，进而实现知识溢出、知识扩散、知识分享。基于社会维度，专利效率和质量是一个广义的概念，既可以是单个专利的效率和质量，也可以是一组专利的效率和质量；既可以是一个企业全部专利的整体效率和质量，也可以是一个国家全部专利的整体效率和质量。就企业或国家而言，专利技术能够在有效资本的庇佑下进行科学研发,并在市场中进行科学技术转化,不仅能够提高整体社会生产率,还有利于促成投资资本向高新科技产业投资的良性循环。

(5)政治维度。专利的社会贡献体现为专利效用的相对性。在不同的时间、不同的区域,专利的社会贡献不同。政治维度分析,则主要可以从国家间合作与竞争来理解。中美经贸磋商达成的第一阶段协议中将知识产权和技术转让作为主要问题,可见在大国博弈的中后期,知识产权,特别是对专利效率和质量的追求已然不仅仅是作为企业市场竞争的主要经济利益追求,更多会涉及各国相关政策、国家安全、国家整体利益。因此,专利在经济中重要性凸显之后,更会是以政治工具的面貌面世。一个国家与另个一国家的"合作"抑或"竞争",正是基于专利效用的相对性。

(6)创新与合作视角下专利的社会贡献。在创新与合作的过程中,即研发投入—过程与产品或工艺的创新—创新产品(或服务)的产出—市场交易完成,每个阶段都活跃着专利的身影。专利在 R&D 投入、技术研发及经济效益这一系创新活动过程中是最活跃的。在积极的环境政策影响下,专利能够推广应用新技术,形成创新产品或服务,获得经济效益,进而从整体上提高创新能力。专利效率和质量不仅是创新水平的核心指标,还是创新能力提升至关重要的环节。基于全息认知专利的社会贡献,构建专利效率和质量对创新能力提升示意图,见图3。

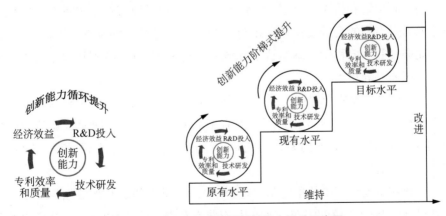

图 3　专利效率和质量对创新能力提升示意图

四、全息空间的组合

由于专利往往扮演着多重角色,且认知维度也不单一,所以就存在角色与维度的叠加和组合,构成了复杂的认知空间。只有全方位地去观测专利的社会贡献,才能对专利的效率和质量有更全面的判断,才能更合理地分析专利的市场交易价格。

(1) 经济维度的专利角色。专利的根本作用在于最大限度地提高分配效率和生产效率,即从稀缺的生产资料中换取尽量多的产品和服务。专利所包含的高质量技术方案为上述效率的提高提供了可能。同时,通过专利制度的设立,发明人的维权成本也得到了相应的降低。

(2) 法律维度的专利角色。在生产过程中,专利是重要的生产资料,即经过公权力确认的技术方案。专利主管部门对某一技术方案授予专利权的过程天然地包含了对该方案质量的要求。在销售过程中,专利为市场主体提供持续的竞争力。法律制度不仅为该竞争力提供了保障,同时也对其进行约束。例如,专利权的取得和实施必须遵循竞争法律的规定,市场主体不能滥用专利带来的垄断地位。

(3) 社会维度的专利角色。社会公众对专利价值的期待是多样性的。一方面,公众期待商品和服务的价格伴随着高质量专利的实施而降低;另一方面,公众更关注专利技术独占期过后,该技术对人类知识增长的积极作用。正是基于对专利社会贡献的认可和社会福利增进的期许,社会公众才认可专利权人有时限的独占权。

(4) 技术维度的专利角色。专利是具有新颖性、独创性和实用性的技术方案。在专利申请和授予的过程中,社会公众收集到对原有技术水平有所突破的方案并通过专利的合理使用等制度进一步推动科学技术的发展。因此,专利技术的先进性和重要程度是站在技术领域的立场上判定的,专利技术不会因为实施者不同而差异很大。

(5) 政治维度的专利角色。国家虽然不是普遍意义上的专利权人和专利实施者,但在国际竞争白热化的今天,拥有核心专利往往是一国科技竞争力的体现,也是国际竞争与合作的筹码。此时,专利的社会贡献是基于一定时期内、一定范围内相对比较而言。

专利在市场经济中的角色是多样,认知是多维度的。专利角色与维度的叠加和组合,构成了复杂的认知空间。只有将专利在经济、法律、科技、社会以及政治等维度上的贡献串成一个整体,从不同视角加以认知,专利的方方面面社会贡献才被展现出来。

换电模式的东风到来了吗

| 薛奕曦　龙正琴

一、换电模式受政策支持

目前,电动汽车的能源补给模式主要包括充电(插枪式与无线式)与换电模式,其中充电模式为主流方式。截至 2020 年 7 月,全国已累计建设充电站 3.8 万座,各类充电桩 130 万个,换电站只有 449 座。

然而,2019 年以来,国家连续出台各项有关换电模式的政策。2019 年 6 月初,国家发展改革委、生态环境部、商务部联合发布《推动重点消费品更新升级畅通资源循环利用实施方案(2019—2020 年)》明确提出,发展车电分离消费模式的新能源汽车产品,继续支持"充换电"设施建设。

2020 年 4 月,国家发展改革委等四部委发布《关于完善新能源汽车推广应用财政补贴政策的通知》,明确提到支持"车电分离"等新型商业模式的发展,换电模式车辆不受"新能源乘用车补贴前售价必须在 30 万元以下"规定限制。

2020 年 5 月,《政府工作报告》首次将充换电纳入到"新基建"范畴。

2020 年 7 月,工信部明确指出,要继续大力推进新能源汽车充换电基础设施建设,完善相关技术标准和管理政策,鼓励企业探索"车电分离"模式,加快充换电设施互联互通,并支持北京、海南等地方开展试点推广。

2020 年 11 月 2 日,国务院办公厅正式发布了《新能源汽车产业发展规划(2021—2035 年)》,明确提出要大力推动充换电网络建设,鼓励开展换电模式应用。

二、换电模式的车企布局

目前国内提供换电服务的车企主要包括蔚来汽车、北汽新能源、长安新能源

作者薛奕曦系上海市产业创新生态系统研究中心研究员、上海大学管理学院讲师;龙正琴系上海大学管理学院研究生。

和吉利汽车,其中蔚来直接面向私人客户,后三家主要面向出租车以及网约车,目前还未大范围铺开至社会车辆。

蔚来汽车:2017 年 12 月 16 日蔚来汽车在其 Nio Day 发布会上正式公布针对私人车主的 Nio Power 换电技术,可以实现 3 分钟以内完成动力电池的快速更换。2020 年 8 月,蔚来汽车、宁德时代、国泰君安和湖北省科技投资集团共同投资成立了武汉蔚能电池资产有限公司,上线蔚来针对 C 端用户电池租赁服务,从一开始便将车辆设计为可换电模式,旨在打造车电分离商业模式,采用 BaaS(Battery as a Service)推进换电模式。截至 2020 年 11 月,蔚来已在全国范围内建设了 155 个换电站,覆盖 61 个城市,并计划 2021 年在全国范围内实现布局 300 座以上第二代换电站,覆盖其重点销售区域,满足车主换电需求。

北汽:从 2016 年,北汽新能源已开始在全国推广换电站。2020 年 6 月,北汽通过海南项目,在出租车领域首次实现"车电分离"的商业模式。目前,北汽拟以山东、河北、海南等省份作为目标市场,投放自营换电站。截至 2020 年 11 月,北汽新能源已在全国 19 个城市建设换电站 209 座,运营 169 座;全国累计投放换电车辆 1.86 万辆,累计换电 667 万次,累计换电 9.64 亿公里。

吉利:吉利大约于 2017 年开始着手布局研发换电新能源模式和技术,随后三年内主要侧重于市场调研分析、选择技术路线及相关实验,并未立刻进行换电站的建设投产。2020 年 9 月 16 日吉利汽车首座换电站落户重庆,10 月 18 日,吉利科技集团在济南落地第二座换电示范站。截至 2020 年 11 月,吉利科技集团已在全国签约换电站超过 1 000 座,落地包括山东、重庆、浙江等省市。而到 2025 年,吉利科技计划在全国城际、省际公路与东南亚市场建设 5 000 座换电站,构建国内与海外的新能源汽车补能生态。

长安新能源:早在 2007 年,长安汽车便已经在探索换电技术。彼时,第一次换电潮尚未兴起,市场环境仅处于萌芽状态。因此 2007—2017 年期间,长安的换电模式更多地侧重于研发积累。直到 2017 年以后,换电才被纳入"长安香格里拉"整体战略规划体系,并进行实操与市场可行性论证,研发完成可换电车型。2020 年 7 月底,长安新能源和电网企业、换电服务提供商、电池企业等联合成立换电联盟,致力于推广换电模式。2020 年 9 月 10 日,长安新能源换电站首站在重庆奥体中心落成,并具备运营条件,已进入示范运营阶段。该新能源换电站是由长安新能源与宁德时代、奥动、国网、铁塔等伙伴组成的换电联盟联合打造而成。主要面向高频高负荷的出租车、网约车、城际用车、物流等运营场景,可覆盖其全生命周期需求。

目前长安新能源换电推出两种服务：一是车电一体换电服务，客户、换电企业各自购买电池进行换电交易；二是车电分离换电服务，用户仅需要购买车壳，电池由资方购买。

三、换电模式的发展建议

对于消费者来说，换电模式降低购车初始成本、减少充电时间、缓解里程焦虑，同时，在很大程度上能够规避充电期间所发生的自燃等危险事件。但目前换电模式推广存在两大主要障碍：

一个是标准问题。电池标准不统一是制约换电站发展的一大掣肘。各个主机厂的电动车技术和电池标准千差万别，而车企之间不愿共享技术标准，换电行业仍处于企业间"各自为战"的状态。

第二个是盈利模式问题。目前在换电站运营方面，单个换电站的投入大概为300万元，如需电力增容，投入会更大一些。无论是车辆持有方、换电运营方，还是电池所有权者，如何在换电模这一生态中实现可持续、健康生存与发展，是换电模式发展的关键。换电运营商在电池梯级利用方面的探索目前尚未形成规模化，也就无法反哺动力电池的购买成本。

因此，换电模式未来的发展，一方面要依赖于技术研发水平的提高，进一步提高电池能量密度，降低电池购买成本；同时应在政府支持下推动行业标准的统一，可基于平台化、通用化概念实现不同车型、不同电池技术路线的兼容；再次应围绕动力电池的全生命周期推进退役电池梯次利用，甚至应将城市的可持续发展与电池的再回收利用进行整合推进。

后疫情时代共享汽车如何更好出行

| 王卓莉　薛奕曦

一、引言

20 世纪 90 年代,经济生态效率服务理论被西方学者率先提出,该理论的主旨就是希望人类在满足生存必要需求之后,在追求生活质量的同时,尽可能提高资源的利用率,降低人类活动对生态环境的不利影响。共享汽车能给人们提供的就是一种经济生态效率服务,在满足人们的交通需求同时,提倡资源共享。共享汽车的产生,不仅提高了车辆利用率,而且将车辆使用权和车辆购买费用剥离,降低了大部分消费者使用成本。

我国共享汽车行业已有一定的发展。《2019 中国共享汽车平台创新白皮书》显示,共享出行季度活跃用户已达 1.53 亿,2019 年的中国汽车保有量是 2.5亿,这一数据相当于当年全国汽车保有量的 61.2%。共享汽车企业 GoFun 的月度用户活跃数也从 153 万增至 213 万,实现了近 40% 的增长。GoFun 出行负责人表示,企业原本的计划是在 2020 年优化共享车辆的车型、加大车辆投放量,将车辆规模扩大到 10 万至 30 万辆。

然而,2020 年初突如其来的疫情给共享汽车行业造成了巨大的影响。一方面,疫情期间,公众出行次数大幅减少,各种出行工具的使用率均降低,共享汽车自然也不例外。但是,从另一个方面考虑,疫情期间要避免乘坐人员密集的公共交通工具,就势必会增加人们对自驾车的选择,而且从经济成本考虑,使用共享汽车是一种有效避免人员密集和交叉感染的出行选择。因此共享汽车企业要一分为二地来看待此次疫情,思考对策来迎接疫情后的挑战和机遇。

作者王卓莉系上海大学管理学院研究生;薛奕曦系上海市产业创新生态系统研究中心研究员、上海大学管理学院讲师。

二、疫情对共享汽车的影响

此次疫情对汽车行业整体带来较大影响,导致短期销售量大幅下降;传统销售模式吃瘪,线下营销一跃成主场;延迟复工,全产业链深受影响;车内空气质量将成车企研发新方向。对于共享汽车行业,疫情对其发展带来了挑战,同样也提供了一些机遇。

(一) 挑战

1. 出行需求下降

疫情期间,为防控新型冠状病毒的传播,各大旅游景点、餐饮、娱乐场所纷纷关闭,全国人民都响应国家号召,宅在家里为国作贡献,因此,人们的出行需求大幅降低。

2. 消费者感知安全隐患增强

共享汽车的卫生状况一直都是消费者担忧的方面,在现有科技和制度水平下,运营系统无法保证每一个使用共享汽车的顾客都会保持车内干净卫生,这也就导致顾客对共享车辆卫生状况的不信任。疫情的到来,使得消费者不仅担忧共享车辆的卫生问题,而且担心车辆被多人接触没有及时消毒,存在被感染的风险。

(二) 机遇

1. 自驾需求上升

疫情期间,由于替代效应,人们选择自驾出行的概率升高。租用共享汽车出行也是自驾出行的一种,而且疫情期间,全国经济均受影响,很多无车家庭没有收入但有出行需求,此时,租用共享车辆是比购车更经济便捷的选择。

2. 安全意识将持续

经历了这一场战"疫",公众的安全防控意识将长期持续,部分消费者会主动减少乘用人员密集的公共交通工具。因此,后疫情时代,一部分没有经济能力购车的人会从公共交通出行转为租用共享车辆出行,共享汽车运营商要抓住发展机遇。

2003 年非典过后,普遍增长的安全意识持续致汽车销量同比增幅达到了 70%,然而由于 2018 年来受国内各种因素的影响,我国汽车销售在疫情前就出现近几十年来的负增长。同时相比 2003 年全国仅 2 400 万辆的汽车保有量,如今国内汽车保有量已经达到了 2.5 亿辆(至 2019 年年底)。兼之限号和限购等汽车数量管制措施,后疫情时代汽车销量迅速猛增的空间似乎不大,持续的安全意识将不太可能像非典过后通过购车量猛增来体现,而会使人们把目光投向经济又环保的共享汽车。

3. 积压出行需求将反弹

参考 2003 年非典过后人们出行需求的增加,2020 年公众在疫情期间积压的出行需求必然在疫情结束后释放。而且疫情对国内大部分从业人员经济收入有负面影响,这种情况下,无车家庭选择购车并不合适,再考虑到家人健康,尤其是老人和儿童,他们选择共享出行来释放积压的出行需求的概率较大。

三、对策建议

针对疫情给共享汽车行业带来的机遇和挑战,本文为共享汽车的发展提出了如下应对策略。

1. 保障安全卫生,重铸消费信任

疫情把共享汽车的卫生问题上升到了安全问题层面上,加重了消费者对共享车辆的不信任,极大程度上冲击了共享车辆行业的发展,为了重铸消费者的信任感,共享汽车运营商要切实做好车辆安全卫生保障工作,车辆使用前后要全面消毒,车辆维护人员要戴口罩着防护服接触车辆,并且制定奖惩规则来鼓励使用者爱护车内卫生环境等。据了解,共享汽车品牌 GoFun 统一为运维人员配备了口罩、手套、防护服等防护物资,并要求员工每天两次上报安全状况,对于分时租赁车辆,还推出"一客一消毒"措施,切实保护用户和工作人员的安全,值得其他共享汽车企业学习。做好卫生保障的同时还需要利用宣传手段让消费者感知到自己所享受到的服务是有安全保障的,比如让每辆车的消毒时间和频率可以通过手机客户端查看,才能达到重铸消费信任的目的。

2. 按需分配,定点投放

疫情期间部分公共交通的停运在某种程度上扩大了共享汽车的市场,共享汽车运营商首先要锁定这部分新增市场,然后采取措施进入市场。比如在公共交通停运路段增加投放共享车辆,并且推出有竞争力的优惠措施。在疫情期间培养消费者使用共享汽车的习惯,即使后疫情时代,公共交通压力缓解,该区域人们的出行习惯已经养成,只需日常维护就可以持续占有市场。

3. 优惠长时租赁

城市出行专家徐康明指出,在疫情过后,人们对共享汽车分时租赁的使用时长可能会由短变长,比如租赁时长会由原来的半小时、一小时变成半天、一天甚至一周。考虑到国外疫情和积压已久的出行需求,疫情后时代,大部分家庭会选择国内游甚至周边游来释放心情,再考虑到购车的高成本、疫情期间的低收入和家人的安全,大部分无车家庭会选择短期租赁共享汽车用于旅游,此时,共享汽车如果能推出较为优惠的长时优惠政策,将有助于扩展用户群。